ÉCONOMIE
DU BÉTAIL

par

M. A. SANSON

Rédacteur en chef de *la Culture, écho des comices*
ex-chef de service à l'École vétérinaire de Toulouse
Secrétaire adjoint de la Société impériale et centrale de médecine vétérinaire, etc., etc.

PARIS

LIBRAIRIE AGRICOLE DE LA MAISON RUSTIQUE

26, RUE JACOB, 26

ÉCONOMIE

DU BÉTAIL

DU MÊME AUTEUR

Les Missionnaires du progrès agricole; 1 vol. in-18.
Paris, 1858 . . . . 3 fr. 50

L'espèce ovine de l'Ouest et son amélioration; 1 vol.
in-18. Paris, 1858. . . . . 1 fr.

Le meilleur préservatif de la rage, *étude de la physionomie des chiens et des chats au début de la maladie;* bro-
chure de 84 pages, petit in-8°. Paris, 1860. . · . 1 fr.

Science sans préjugés, *exposé critique des faits et questions scientifiques du temps.* Première série. 1 vol. in-18.
Paris, 1865 . . . . 3 fr. 50

La Culture, *écho des comices et des associations agricoles
de France et de l'étranger,* grand in-8° sur deux colonnes,
paraissant le 1er et le 16 de chaque mois, depuis le 1er juil-
let 1859. Paris. Les cinq premières années, 6 fr. le vol.;
à partir de 1865. . . . . 8 fr.

Médecine vétérinaire (notions usuelles de). 1 vol. in-18
de 170 pages. . . . . 1 fr. 25

MONTEREAU. — IMP. ZANOTE.

ÉCONOMIE
DU BÉTAIL

PAR

ANDRÉ SANSON

Professeur de Zootechnie

Directeur et rédacteur en chef de *la Culture*; ex-chef de service à l'École
vétérinaire de Toulouse; secrétaire-adjoint de la Société impériale et centrale
vétérinaire; membre du Comité central de la Société d'anthropologie
de Paris, etc., etc.

PREMIÈRE PARTIE

ORGANISATION ET FONCTIONS PHYSIOLOGIQUES. — HYGIÈNE

PARIS

LIBRAIRIE AGRICOLE DE LA MAISON RUSTIQUE

26, RUE JACOB, 26

1865

PRÉFACE

Deux choses sont surtout à redouter dans l'accueil que reçoit un ouvrage : le silence et l'éloge banal. La première décourage l'auteur ; la seconde ne lui apprend rien. Cet éloge banal, dont les journalistes surmenés de notre temps, sollicités par la camaraderie, font un si grand abus, parce qu'il les dispense de lire les livres dont ils parlent, cet éloge non motivé est ce que, pour mon compte, je redoute le plus. Il peut faire, lorsqu'il se produit avec une assez grande unanimité, l'affaire de l'éditeur. Il ne manque pas, à notre époque, de grands succès de librairie qui lui sont entièrement dus. Mais je doute qu'il ait jamais servi l'intérêt bien entendu des auteurs, non plus que celui du public.

Ce que je souhaite donc pour le présent livre et ce que je sollicite de mes confrères, en le leur offrant, c'est une critique consciencieuse et sévère. Si elle est bienveillante et juste, j'en ferai mon profit et je leur en devrai, à double titre, des remercîments. Si elle est injuste et malveillante, ce sera tant pis pour ceux qui l'auront formulée et non pas tant pis pour le livre, ni pour son auteur. Et alors je les en plaindrai.

Mon but est avant tout d'être utile. Dans la première partie du travail que j'ai entrepris, et qui compose le présent volume, je n'ai pas la certitude de l'avoir atteint complétement. Je recevrai à cet égard avec reconnaissance les observations de ceux pour qui je l'ai écrite spécialement. Ils en sont les meilleurs juges. Pour leur en faciliter l'usage, j'ai joint à ce volume un index alphabétique de tous les termes techniques employés, en renvoyant aux pages où ils sont définis.

Cette première partie, en effet, consacrée à l'exposition de l'organisation anatomique, des formes les moins imparfaites et des fonctions physiologiques des animaux domestiques, présentait un écueil difficile à éviter. Ce ne pouvait être un traité complet, et il fallait cependant ne rien négliger des connaissances nécessaires à ceux qui élèvent ou utilisent des animaux, connaissances qui sont la base indispensable de toute instruction zootechnique. Si j'ai dit trop, ou trop peu, les lecteurs que j'ai l'ambition d'instruire auront l'obligeance de m'en avertir. Encore un coup, seuls ils peuvent être juges de la mesure de leurs désirs sur ce point. J'ai cherché à suppléer, par des figures anatomiques, à l'insuffisance des descriptions. Une préparation bien faite et bien présentée en dit plus à cet égard que de longues pages. Et je dois consigner ici, à l'occasion de cette remarque, l'expression de ma gratitude pour mon ami M. le professeur Chauveau, de l'Ecole vétérinaire de Lyon, qui a bien voulu consentir à ce que l'éditeur de son excellent *Traité d'anatomie comparée des animaux domestiques* cédât au mien les gravures des préparations anatomiques qui m'étaient nécessaires. J'aurais pu les faire copier en leur donnant d'autres dimensions et un autre aspect. Cela se pratique assez souvent ainsi. Mais outre que j'ai une répugnance invincible pour le travail superflu, il m'a paru plus moral d'emprunter ces gravures purement et simplement, et de ne faire dessiner sur nature que les objets qui n'étaient pas représentés dans l'ouvrage de mon ami. De ce nombre sont le cheval nécessaire pour la démonstration graphique de ma théorie des aplombs et les mâchoires où se lisent les caractères de l'âge du cheval et du bœuf.

Quant à ce qui est des principes de l'hygiène, exposés dans le livre second du présent volume, leurs limites sont assez déterminées par la nature même des choses et leurs bases scientifiques assez solides, pour que je n'aie pas à leur sujet les mêmes craintes. J'attends en confiance le jugement qui en sera porté.

La deuxième partie de l'*Économie du bétail*, formant un autre volume, sera consacrée aux *Principes généraux de la zootechnie;* enfin, la troisième, en un volume également, aux *Applications de la zootechnie*. De cette façon, nous aurons passé en revue tout ce qu'il faut savoir pour connaître, conserver et produire les animaux dont l'ensemble constitue le bétail; chaque partie, cependant, formant sur l'objet auquel elle se rapporte un travail distinct et autant que possible complet.

Par le plan sur lequel il a été conçu, au moins, l'ou-

vrage que nous offrons aux agriculteurs et à toutes les per
sonnes qui utilisent une ou plusieurs des espèces de nos
animaux domestiques, est donc entièrement neuf et sans
analogue dans la bibliographie française ou étrangère. La
partie zootechnique n'en sera que le développement scientifique, plus méthodique et plus complet, des principes
que j'avais déjà formulés ailleurs, principes en faveur
desquels le présent se prononce de plus en plus et auxquels, par conséquent, l'avenir est assuré.

Mars 1865.

ÉCONOMIE
DU BÉTAIL

IMPORTANCE ET DIVISIONS DE L'ÉCONOMIE DES ANIMAUX

En raison de leurs fonctions économiques dans
l'ensemble de l'exploitation rurale, les animaux domestiques, quel que soit d'ailleurs le système de
culture adopté, doivent être considérés comme l'une
des parties les plus importantes de cette exploitation.
Ils sont à la fois, ou successivement, agents et produits, ou bien exclusivement agents ou producteurs.
On ne conçoit point la fertilité constante du sol sans
le concours des animaux ; en leur absence les sociétés
humaines péricliteraient infailliblement. Et il serait
bon, soit dit en passant, que l'homme se montrât
un peu mieux pénétré de cette solidarité qui l'unit aux
brutes, qu'il sût mieux reconnaître les services qu'il
en reçoit ; il concevrait peut-être une idée moins
orgueilleuse de sa supériorité, et à coup sûr tout le
monde, bêtes et gens, s'en trouverait beaucoup
mieux.

1

Mais ce point de vue ne doit pas nous arrêter ; nous n'écrivons point un livre de philosophie. Nous voulons seulement faire sentir l'importance de la part qui revient aux animaux domestiques, dans l'industrie rurale, afin d'indiquer la portée du travail que nous entreprenons. Cette importance se mesure précisément à leurs fonctions économiques multiples, et dont chacune, qu'on la considère comme on voudra, apparaît avec le caractère d'une absolue nécessité.

Envisagez en effet les animaux comme producteurs de force ou de travail, d'engrais, ou de matières échangeables, d'objets de consommation ou de matières premières pour l'industrie manufacturière : dans tous ces cas, vous vous trouvez en présence d'un service dont la société ne peut se passer. On voit sans doute des individus qui, par des combinaisons particulières, se sont mis en état de s'affranchir plus ou moins d'une telle obligation ; mais, pour cela, le fait ne cesse point d'être général ; et c'est grâce à ce qu'il en est ainsi, au demeurant, que l'exception peut subsister.

C'en est assez pour montrer combien il importe aux agriculteurs, qui tout à la fois produisent des animaux et s'en font des auxiliaires dans leurs opérations culturales, de se mettre en état de les exploiter de la façon la plus rationnelle, en s'éclairant sur tout ce qui les concerne.

Le double objet de l'exploitation, ici, consiste à conserver et à améliorer. Le premier point est le but de l'hygiène et de la médecine ; le second, celui de la zootechnie ; les deux répondent à la conception plus large que l'on se fait maintenant de la vétérinaire; car celle-ci embrasse à présent dans ses études tout ce qui peut contribuer à la conservation et à l'amélioration des animaux.

Cette conception implique donc, dans l'exploitation rurale, le concours constant des lumières de la vétérinaire, soit que l'agriculteur possède lui-même ces lumières à un certain degré, soit qu'il invoque le secours de l'homme spécial pour en prescrire l'application. Ce dernier cas est nécessairement le plus commun, car il n'est pas encore admis que les études vétérinaires doivent être la plus convenable initiation aux connaissances capables d'assurer le succès d'une entreprise agricole de quelque importance.

Lorsque l'industrie rurale aura tout-à-fait acquis chez nous la prépondérance qui lui revient de droit, les idées changeront à cet égard. Alors l'enseignement agricole sera transformé, et l'on sentira mieux la nécessité de créer sérieusement cet enseignement supérieur si souvent réclamé, en invoquant un vague sentiment de son utilité, mais sans une conscience nette de sa formule. Ayant les mêmes bases scientifiques, la production animale et la production végétale qui sont les objets de l'industrie agricole, seront étudiées d'abord parallèlement, puis successivement, de façon qu'on n'oublie point qu'elles sont en tout et pour tout solidaires. Cette proposition : que pour produire avantageusement et gouverner avec intelligence les animaux, il est nécessaire de connaître leur organisation, leur physiologie et leur hygiène, cette proposition n'aura plus, il faut l'espérer, l'apparence d'un paradoxe. Dans l'état actuel des choses, ne voyons-nous pas chacun se croire en état de disserter sur la zootechnie, et quelques-uns même faire profession de maîtres en cette matière, bien que les notions les plus élémentaires de la science fondamentale des animaux leur manquent absolument? Il ne faut pas chercher d'autre cause aux interminables discussions dont les problèmes zootechniques sont l'objet, les prétentions étant ordinairement en raison même de l'insuffisance des connaissances. Tel éleveur se croit volontiers zootechnicien, tandis qu'il n'est qu'un empirique plus ou moins habile en zootechnie, et il veut à toute force ériger en préceptes généraux les résultats de sa pratique particulière; tel autre n'ayant même pas cette excuse, s'élève de prime-saut aux généralisations, d'après une simple idée préconçue, voit les questions à vol d'oiseau, et se targue d'un profond dédain pour les empêchements économiques de toute entreprise industrielle. Pour ces élus de la science infuse, les obstacles n'existent pas. La vérité est qu'ils n'ont point qualité pour les apprécier. Rien de surprenant, par conséquent, à ce qu'ils n'en tiennent compte.

Il est bon toutefois que les agriculteurs sensés soient mis en garde contre l'influence de leurs prédications, par une instruction spéciale suffisante, ayant pour objet et pour but l'art de produire et d'améliorer les animaux, qui est, ainsi que nous l'avons déjà dit, la branche principale de l'industrie rurale. On juge mieux les théories, lorsqu'on est éclairé sur la matière à laquelle ces théories se rapportent.

C'est donc surtout comme introduction nécessaire à l'étude de la zootechnie, que nous croyons utile de réunir ici, en les exposant suivant la méthode la plus propre à les faire bien saisir par le public agricole, les notions les plus indispensables sur l'organisation des animaux. Telles que nous les pourrons donner, elles ne seraient pas suffisantes pour servir de base à l'éducation d'un zootechnicien consommé. L'étude complète de l'anatomie et de la physiologie vétérinaires n'est pas de trop pour cela ; mais, du moins, un éleveur habile et éclairé peut-il se former avec ces simples notions. C'est encore au titre de l'hygiène des animaux et de leur médecine la plus usuelle qu'elles peuvent avoir leur utilité, celles-là devant d'ailleurs concourir elles-mêmes au résultat final, qui est l'exploitation la plus avantageuse du bétail.

Nous avons, par ce qui précède, exposé le plan de ce volume et fait sentir en même temps son utilité. C'est comme l'introduction d'un cours de zootechnie, à l'usage des lecteurs qui, n'étant pas vétérinaires, ont besoin d'être préalablement initiés dans la mesure du possible à l'organisation des animaux, à leur hygiène, à leur médecine même ; car de tout cela la science zootechnique tire parti. En même temps, et tout en remplissant de notre mieux cet objet, nous enseignerons aussi les moyens de conserver le bétail en l'entretenant en santé ou bien en portant remède au moment opportun, par soi-même ou par un autre plus compétent, à quelques-unes des maladies qui peuvent l'atteindre. Dans cette dernière partie de notre tâche, nous n'aurons qu'à reprendre, pour lui donner en certains points plus de développements, la partie principale du travail que nous avons publié dans la *Bibliothèque du cultivateur*, sous le titre de *Notions usuelles de médecine vétérinaire.* Le présent livre s'adressant à un public plus avancé, à cette élite d'agriculteurs dont le nombre va fort heureusement croissant chaque année, sur l'intelligence desquels un auteur peut compter sans crainte d'être déçu, pour ce motif nous nous montrerons moins réservé dans nos indications pathologiques, tout en conservant cependant la méthode adoptée par nous pour conduire au diagnostic, et en insistant sur ce qui concerne l'hygiène, plus particulièrement du ressort des lecteurs auxquels ce livre est adressé.

L'écueil des travaux de ce genre est de dire trop ou trop peu. Nous tâcherons de trouver la limite exacte dans laquelle il convient de se maintenir. Espérons que le sens pratique saura nous l'indiquer.

LIVRE PREMIER

ORGANISATION ET FONCTIONS PHYSIOLOGIQUES

CHAPITRE PREMIER

NOTIONS ZOOLOGIQUES. — APPAREILS. — SQUELETTE

Les animaux dont nous avons à nous occuper appartiennent à deux classes : celle des *Mammifères*, ainsi nommés parce qu'ils sont munis d'organes de sécrétion du lait pour l'alimentation de leurs petits, et celle des *Oiseaux*. Ces derniers méritent, de notre part, plus d'attention qu'on ne leur en a jusqu'à présent accordé, au point de vue où nous sommes placés. Quant aux mammifères domestiques, les ordres divers auxquels ils appartiennent présentent des différences telles, qu'il est absolument nécessaire de connaître assez exactement l'organisation de chacun, pour apprécier les nécessités imposées à leur hygiène par ces différences. Tout en bornant donc nos descriptions sommaires des organes et de leurs fonctions au type que l'habitude a fait choisir, nous aurons soin de signaler chacune des différences utiles à connaître.

Ce type des animaux domestiques, adopté par les anatomistes, est le cheval, appartenant à l'ordre des *solipèdes*, comme l'âne et le mulet, qui n'en diffèrent que par de légères particularités. On a coutume d'y rapporter, comme point de comparaison, l'organisation des *Ruminants*, bœuf, mouton et chèvre ; du porc, qui compte parmi les *Pachydermes* ; des *Carnassiers*, chien et chat ; des *Rongeurs*, représentés par le lapin. Nous définirons chacun de ces mots à mesure que nous arriverons à l'organe où à la fonction d'où il est tiré. C'est le meilleur moyen d'en faire bien apprécier la signification.

On comprendra que nous n'ayons pas l'intention de faire

ici l'anatomie proprement dite des animaux domestiques, non plus que leur physiologie; ce que nous tentons de réaliser, c'est le précis des notions de ce genre dont la connaissance peut être utile aux agriculteurs. Nous voulons leur enseigner de l'anatomie tout juste ce qu'il faut pour comprendre la physiologie, et de celle-ci suffisamment pour comprendre l'hygiène et la zootechnie, dans la mesure de l'intérêt particulier de chaque agriculteur ou éleveur.

Ce plan comporte une marche toute différente de celle qui est suivie dans les traités spéciaux. Pour arriver à la clarté, au lieu d'exposer tout d'une traite les notions d'anatomie que nous avons à donner, pour passer ensuite à celles de physiologie, mieux vaut considérer à part chaque appareil d'organes et la fonction qui y correspond. En frappant davantage l'esprit du lecteur, ce mode de procéder donnera plus d'attrait à nos descriptions. Il convient aussi d'éviter les généralités abstraites sur la constitution organique des animaux. Quelques mots dits à propos, à l'occasion des appareils, feront plus pour cela que de longs chapitres spéciaux. Il en est de même pour les beautés et les défectuosités de la conformation extérieure, qui sont une conséquence toute naturelle de la constitution anatomique et qui s'expliquent par la fonction même de l'organe auquel elles se rapportent.

Nous allons donc passer successivement en revue les divers appareils dont se compose l'organisation des animaux que nous avons à considérer.

En voici l'énumération :

1º Appareil de la locomotion ;

2º Appareil de la digestion ;

3º Appareil de la respiration ;

4º Appareil de la dépuration urinaire ;

5º Appareil de la circulation ;

6º Appareil de l'innervation ;

7º Appareil des sens ;

8º Appareil de la génération.

Avant d'entreprendre la description ou la simple indication des organes qui entrent dans la constitution de chacun de ces appareils, suivant leur degré d'importance, à notre point de vue, il convient de donner un aperçu du squelette, qui est comme la charpente osseuse de l'organisme animal, lui donne sa

forme générale, et sert de support ou d'enveloppe aux organes,
dont la plupart lui communiquent le mouvement. Nous reviendrons en particulier sur chacune de ses parties, à l'occasion de
l'appareil auquel elle appartient. Notre but, en ce moment, est
de montrer que les animaux dits *Vertébrés*, dont nous avons à

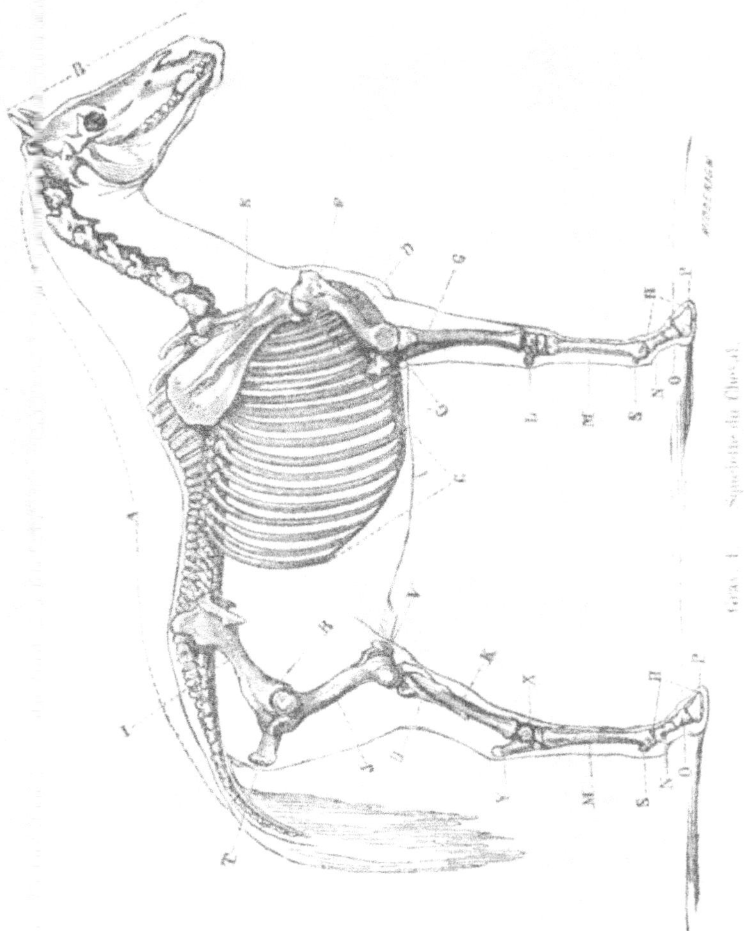

nous occuper, sont construits sur un plan unique, et de faire prendre une idée de ce plan, en même temps que des modifications
plus ou moins saillantes de forme qu'il subit, suivant les espèces.

Squelette. — C'est l'ensemble des os considérés dans leur

rapports naturels qui constitue le squelette. Les anatomistes,
pour la commodité de la description, le divisent en *tronc* et en

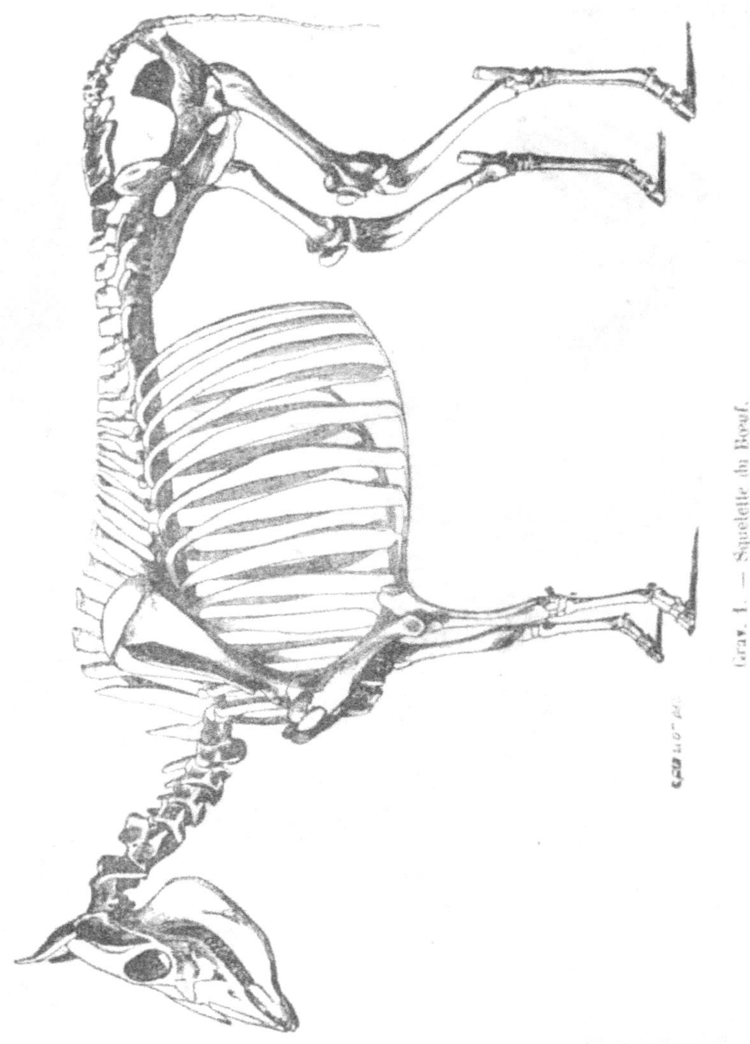

Grav. 1. — Squelette du Bœuf.

membres. Le premier a pour base une tige articulée, flexueuse,
qui mesure toute la longueur de l'animal, et qui caractérise précisément, dans la série zoologique, l'embranchement des ver-

tébrés, à cause du nom de *vertèbres* que portent les nombreuses pièces articulées dont cette tige se compose. C'est le *rachis* ou *colonne vertébrale*, a (grav. 1). A son extrémité antérieure se trouve fixée la *tête*, b, dont la forme varie, mais qui est elle-

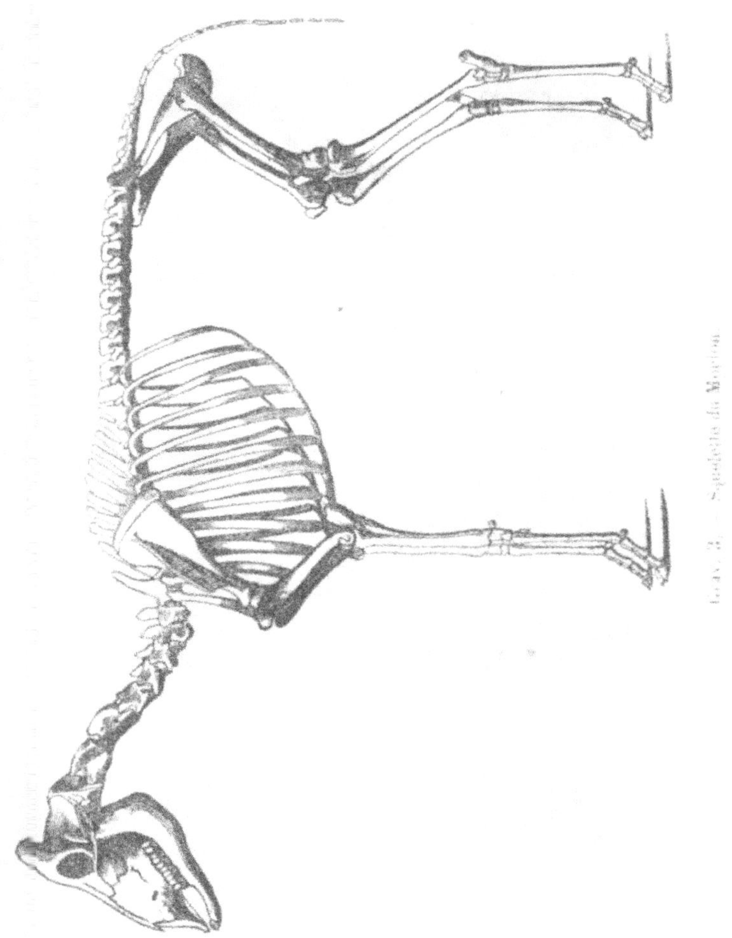

Grav. 2. — Squelette du Mouton.

même formée par un grand nombre d'os soudés entre eux par leurs bords. De chaque côté de la partie moyenne du rachis se détachent des arcs articulés avec cette tige ; ce sont les *côtes*, c, qui viennent s'appuyer directement pour les plus antérieures et indirectement pour les postérieures, sur un os unique situé inférieurement et qui porte le nom de *sternum*, *d*. Ainsi se trouve circonscrite la *cavité thoracique* ou le *thorax*, vulgairement nommée poitrine. Les membres représentent des colonnes bri-

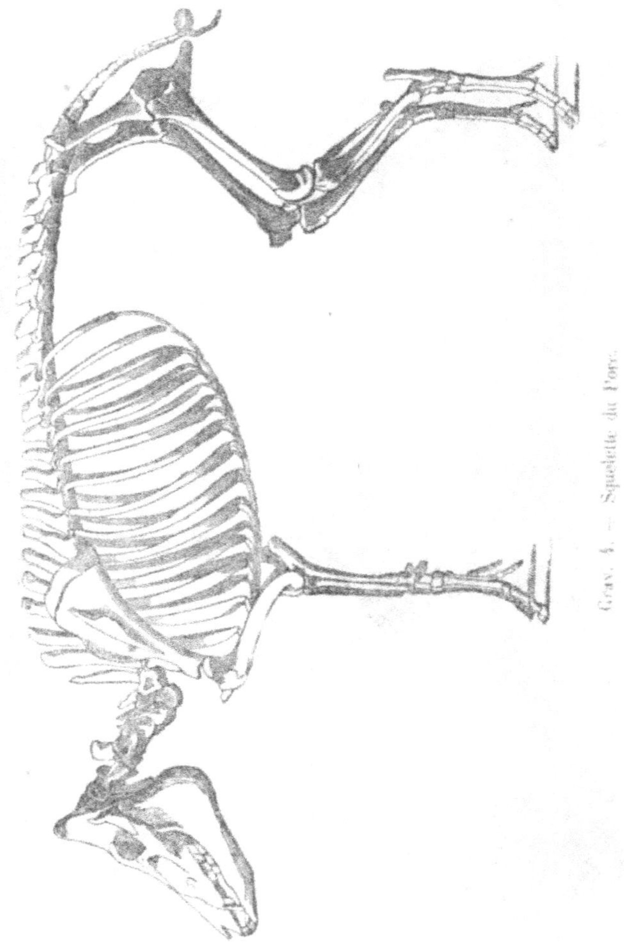

Grav. 4. — Squelette du Porc.

sées diversement , suivant qu'on considère les antérieurs ou les postérieurs, et sont formés de plusieurs rayons appuyés les uns sur les autres, d'après des angles plus ou moins ouverts. Chez les quadrupèdes, ils ont pour fonction de supporter le tronc et de lui imprimer la progression ; chez les oiseaux, leurs fonctions sont au fond les mêmes, mais ils agissent différemment et le plus souvent alternativement. Les postérieurs seuls servent de colonnes de soutien ; les antérieurs ou les *ailes*, ne servent qu'à

la progression. Chez tous les vertébrés domestiques, les membres sont néanmoins divisés en quatre régions principales, qui sont, pour les antérieurs : *l'épaule, e*, appliquée contre la partie antérieure du thorax ; le *bras, f*, qui vient ensuite, puis *l'avant-*

bras, g, enfin le pied, *h h,* qui est commun aux membres postérieurs. Les rayons supérieurs de ces derniers sont : la *hanche, i,*
articulée en haut avec la partie postérieure du rachis et soudée
en bas avec l'os du pubis, *r,* pour former avec les os similaires
du côté opposé la cavité du bassin ; la *cuisse, j,* et la jambe, *k,*
suivie du pied postérieur, *h,* ainsi que nous l'avons déjà
dit.

Le nombre des os qui constituent le squelette de nos animaux
domestiques arrivés à l'âge adulte varie d'une espèce à l'autre.
Nous indiquerons à cet égard les variations, lorsque cela sera
nécessaire. Nous pouvons maintenant passer à la description
des appareils et à l'indication de leurs fonctions.

CHAPITRE II

APPAREIL DE LA LOCOMOTION

L'appellation de l'appareil dont nous avons à nous occuper
dans ce chapitre n'a pas le sens restreint qu'on pourrait être
tenté de lui donner tout d'abord. Il semblerait qu'elle ne dût
s'appliquer qu'aux membres, dont la fonction est de servir à la
progression de l'animal. Point du tout. Elle comprend tous les
organes qui peuvent servir à l'exercice des mouvements volontaires que l'animal est capable d'imprimer aux différentes parties de son corps. L'appareil de la locomotion, tel que le con-
çoivent les anatomistes, embrasse donc l'ensemble du squelette,
formé de ces parties dures, d'apparence pierreuse, que l'on
appelle des *os ;* les *muscles,* composés de faisceaux de fibres de
couleur rouge ou rosée, qui constituent la viande ou la chair ;
un certain nombre de ces muscles aboutissent à des cordes
plus ou moins grosses, d'un blanc nacré, qui sont les *tendons,*
tandis que d'autres se terminent par des lames ou des membranes du même tissu blanc, qui sont des *aponévroses.* Dans
l'appareil locomoteur, les os sont des organes passifs, des leviers ; les muscles, jouissant de la propriété de se raccourcir,
de se contracter par le plissement de leurs fibres, sont les instruments de la puissance qui meut ces leviers ; les tendons

et les aponévroses, inextensibles par la nature de leur tissu, transmettent simplement la puissance des muscles aux os sur lesquels ils s'insèrent.

Ce n'est pas tout. Les divers rayons osseux du squelette, pour jouer les uns sur les autres dans l'appareil locomoteur, sont unis entre eux par des *articulations*, de la forme desquelles dépendent l'étendue et la direction des mouvements exécutés. Ce sont à proprement parler des charnières dont les parties, formées par les extrémités des os munies de *cartilages*, — substances de consistance moyenne et intermédiaire entre celle des os et celle des tendons, — sont adaptées les unes aux autres et maintenues par des *ligaments* en tissu fibreux blanc, de la même nature que celui des tendons et des aponévroses. Leurs surfaces lisses, destinées à glisser les unes sur les autres, sont à l'exemple des charnières constamment lubréfiées, huilées pour ainsi dire par un liquide visqueux, la *synovie*, contenu dans une membrane qui les circonscrit de toutes parts et qui porte le nom de *synoviale*. L'étendue de celle-ci et la quantité de liquide qu'elle secrète est en rapport, nécessairement, avec l'étendue de l'articulation et de ses mouvements.

Ces définitions posées, les anatomistes ont coutume de décrire successivement et dans leurs plus minutieux détails les os d'abord, puis les articulations, enfin les muscles. Dans l'école, cela fait autant de divisions de l'anatomie. On a ainsi l'ostéologie, la *syndesmologie* ou *arthrologie* et la *myologie*. Nous ne pouvons pas ici suivre cette marche analytique. Ce qui nous importe, c'est de jeter un coup d'œil synthétique, de façon à n'embrasser que les choses absolument nécessaires pour nous conduire au but que nous voulons atteindre. Et pour cela, il convient même de ne pas trop nous conformer strictement à la division classique établie plus haut. Il faut nous borner, en ce moment, à l'examen des parties de l'appareil locomoteur qui contribuent aux mouvements de déplacement du corps, en réservant pour plus tard celles qui concourent en même temps à l'exécution des autres fonctions que nous avons à étudier. Cette méthode n'est pas scolastique, nous le reconnaissons ; mais à ce qu'il semble elle a l'avantage d'être plus claire et plus accessible pour les lecteurs en vue desquels nous écrivons. Ne faisant pas un cours complet d'anatomie, il nous sera permis de sacrifier le respect des formes reçues aux nécessités de notre enseignement.

Nous nous occuperons donc ici de l'appareil locomoteur, principalement en vue du soutien du tronc dans les diverses attitudes de l'animal et de l'exécution de ses allures. C'est dire que nous allons décrire d'abord les membres, puis accessoirement les parties du tronc qui entrent en jeu dans l'exécution de leurs propres mouvements. Prenant pour type le cheval, ainsi que nous l'avons déjà dit, nous donnerons un aperçu suffisant de la constitution anatomique et des fonctions de cet animal, puis nous signalerons les différences notables qui caractérisent les organes locomoteurs des autres espèces domestiques.

Il est superflu de rappeler que nous n'avons à parler des membres qu'au point de vue de la fonction locomotrice. Il ne sera question, par conséquent, que des os, des ligaments, des muscles et des tendons qui les composent, ainsi que de ceux des régions avec lesquelles ils ont des rapports de fonction.

1. Membres antérieurs.

Les membres étant disposés par paires similaires, la description de l'un convient en conséquence à l'autre, pourvu qu'ils appartiennent à la même paire.

Solipèdes. Sous ce titre se rangent le cheval, l'âne et le mulet, dont la constitution anatomique est essentiellement la même, quant aux membres du moins.

Os. — En considérant le membre antérieur de haut en bas, on trouve :

1° L'os de l'épaule, *Scapulum* ou *Omoplate* (grav. 1, *e*), os plat, triangulaire, prolongé à son bord supérieur par une lame cartilagineuse flexible (*e'*), et appliqué contre le plan latéral du thorax, dans une direction oblique de haut en bas et d'arrière en avant. Du degré d'obliquité de cet os dépend pour une partie l'énergie et l'étendue des mouvements d'ensemble du membre dans les allures, ainsi que nous nous en rendrons compte en indiquant les fonctions des muscles qui s'y attachent et le font mouvoir.

2° L'os du bras, *Humerus* (*f*), os long, tordu sur lui-même, et renflé à ses deux extrémités, qui portent des surfaces articulaires et des tubérosités volumineuses pour l'insertion des muscles.

3° Les os de l'avant-bras, *Radius et Cubitus*, soudés l'un à l'autre dans une partie de leur étendue et dirigés verticalement, tandis que l'humerus est oblique dans un sens opposé à celui du scapulum; le radius (*g*) légèrement recourbé en arc et déprimé d'avant en arrière, est dans des conditions d'autant plus favorables à sa fonction qu'il est plus large et plus long, proportionnellement aux autres os du membre; on n'a jamais vu de cheval qui eût l'avant-bras trop long; le cubitus (*g'*) se termine par un prolongement muni en avant d'une surface articulaire qui concourt avec celle du radius, et en haut d'une tubérosité portant le nom d'*olécrâne*; l'extrémité inférieure du radius est aplatie d'avant en arrière, porte en dessous des surfaces articulaires et sur les côtés des tubérosités pour l'insertion des ligaments et des coulisses destinées au glissement des tendons.

4° Les os du *Carpe* ou du genou (correspondant au poignet de l'homme), au nombre de sept, disposés sur deux rangées superposées, de formes variables, mais généralement cubiques, et dont l'un, dit *os crochu* ou *sus-carpien (l)* fait saillie en arrière de la première rangée et du côté externe.

5° Les os du *Métacarpe* ou du canon (*m*), comprenant un *métacarpien principal*, et deux *métacarpiens rudimentaires* ou *latéraux*; ceux-ci représentent deux petites tiges situées en arrière et de chaque côté du métacarpien principal, avec lequel ils sont soudés chez les individus adultes; ils s'étendent jusqu'au quart inférieur environ de cet os et se terminent en haut par une tubérosité munie d'une facette articulaire, en bas par un petit renflement de leur pointe, sorte de bouton, qui, faisant saillie sous la peau, est souvent pris par les personnes inexpérimentées pour une de ces tumeurs osseuses anormales connues sous le nom de *suros*, lesquelles sont assez fréquentes sur les côtés de l'os du canon; celui-ci est cylindroïde, dirigé verticalement entre la deuxième rangée des os du carpe et la première phalange, avec lesquelles il s'articule en haut et en bas. Cet os est d'autant mieux conformé qu'il est plus large et plus court; de même qu'on n'a jamais vu d'avant-bras de cheval trop long, on n'a jamais vu non plus de canon trop court.

6° Les os de la région digitée, correspondant à ceux du doigt de l'homme, et qui comprennent les *phalanges* et les *sésamoïdes*. La première phalange, *os du paturon (n)*, le plus petit des os longs, et la deuxième phalange, *os de la couronne (o)*, de forme cubique, articulés ensemble, sont dirigés dans le même sens oblique de haut en bas et d'arrière en avant. Cette direction n'est pas indifférente pour les bonnes conditions de l'aplomb du membre antérieur, non plus que celle que nous avons indiquée pour ses autres rayons osseux. Dans les conditions les plus normales, elle est telle que l'axe des phalanges prolongé sur le plan horizontal, en traversant la troisième phalange ou *os du pied (p)*, doit former exactement avec ce plan un angle de 45 degrés.

Ce dernier os, qui a la forme d'un segment de cône très-raccourci, obliquement tronqué d'avant en arrière du sommet à la base, est complété en arrière et de chaque côté par des fibro-cartilages élastiques, sortes de ressorts qui jouent un rôle considérable dans le mécanisme de la marche, pour l'amortissement des pressions que supporte l'ongle ou boîte cornée dans laquelle la troisième phalange est entièrement contenue. En arrière de sa face supérieure articulaire, l'os du pied est évidé d'un côté à l'autre. C'est dans cet évidement que se trouve logé transversalement le *petit sésamoïde* ou *os naviculaire*, qui fait là visiblement office de poulie de renvoi pour l'appareil tendineux du pied, admirable agencemeut mécanique sur lequel nous aurons à insister. Les *grands sésamoïdes (s)*, petits os courts au nombre de deux, situés à la partie postérieure et supérieure de la première phalange, ont évidemment pour objet d'augmenter l'étendue de la surface articulaire de cette phalange.

Au reste, avant d'aller plus loin, nous pouvons dès maintenant indiquer les conditions de la meilleure disposition des membres, au point de vue de la belle conformation et de la rectitude des aplombs, dont nous avons été le premier à faire connaître le moyen rigoureux d'appréciation ; les procédés antérieurs au nôtre, encore généralement adoptés et reposant sur les lignes verticales, sont à peine approximatifs et dans tous les cas arbitraires.

Ces conditions sont telles que, quelle que soit la direction des rayons obliques, leurs axes doivent former entre eux, lorsqu'ils sont opposés, un angle droit, et être exactement parallèles à ceux de leurs similaires des autres membres. C'est ainsi qu'ils forment tous avec le plan horizontal un angle de 45 degrés. Quant aux rayons droits, leur axe doit-être une verticale parfaite. En dehors de ces conditions, la conformation et les aplombs sont défectueux. Et par ce procédé de vérification géométrique aussi simple que rigoureux, rien n'est plus facile que d'en juger. En vertu de la loi de corrélation anatomique qui préside à l'agencement des diverses parties du corps, une défectuosité dans la direction de l'un des rayons entraîne l'autre dans le même sens. C'est ainsi que l'épaule courte et droite entraîne le paturon court et droit; la croupe avalée a la même conséquence dans les membres postérieurs, comme nous le verrons plus loin. Nous verrons aussi tout à l'heure que ces conditions normales d'aplomb sont les plus favorables au fonctionnement régulier des membres et à la conservation de l'intégrité de leurs principales parties. Continuons d'abord notre description.

Articulations. — La première est l'articulation de l'épaule ou *scapulo-humérale*, dont le nom indique suffisamment les deux éléments. Du côté du scapulum, elle est formée par une cavité ovale peu profonde, et du côté de l'humerus par une convexité beaucoup plus étendue, ce qui permet un glissement dans divers sens et dans des proportions relativement considérables. Les deux os ne sont maintenus adaptés que par une sorte de manchon ligamenteux, qui clot l'articulation en se fixant en haut sur le pourtour de la cavité dite glénoïde du scapulum, et en bas autour de la tête de l'humérus. L'articulation scapulo-humérale permet des mouvements dans toutes les directions, et qui ne sont bornés que par les moyens d'attache des os eux-mêmes. Chacun de ces mouvements porte un nom dans la science. Nous les mentionnerons en les définissant une fois pour toutes. Ce sont ceux d'*extension*, ou d'arrière en avant; de *flexion*, ou d'avant en arrière; d'*abduction*, ou de dedans en dehors (le bras s'éloignant du corps); d'*adduction*, ou de dehors en dedans; de *circumduction*, ou de rotation du bras sur lui-même; et de *rotation* ou de pivot. Il est bien entendu que dans tous ces mouvements, c'est le bras qui se meut sur l'épaule.

Après vient l'articulation du coude, ou *huméro-radiale*. Trois os concourent à la former : l'extrémité inférieure de l'humérus, en forme de poulie double dont les gorges, dirigées dans le sens longitudinal, s'étendent sur toute la demi-circonférence irrégulière que représente cette extrémité inférieure, et l'espèce d'arc creux qui résulte de l'assemblage de l'extrémité supérieure du radius et de la face antérieure du cubitus. Ces deux surfaces articulaires sont maintenues par deux ligaments latéraux, l'un interne et l'autre externe, et un ligament antérieur capsulaire qui clot l'articulation.

Il est facile de voir, par ces dispositions, que les mouvements de l'articulation ne sont possibles que dans deux sens opposés, la flexion et l'extension, et encore ceux d'extension sont-ils bornés par la rencontre postérieure de l'humérus avec l'olécrâne.

Il existe entre le radius et le cubitus une articulation très-peu mobile, qui ne nous intéresse aucunement.

L'articulation du *carpe*, ou du genou, est visiblement organisée pour joindre à une grande mobilité la solidité de la colonne de soutien dont elle fait partie, et pour amortir les pressions directes que la station verticale de ses éléments et la direction horizontale de ses surfaces articulaires lui font supporter. La force s'y décompose et s'y partage certainement. Tous les os des deux rangées du carpe sont mobiles les uns sur les autres. Ils portent à cet effet des surfaces articulaires et de petites synoviales, et sont unis par des ligaments solides. Leurs mouvements, quoique bornés par la direction plane de leurs facettes articulaires, s'exécutent dans tous les sens. Indépendamment de ces articulations des os carpiens entre eux par leurs faces latérales, il faut donc considérer l'articulation de la première rangée avec l'extrémité inférieure du radius ; celle de la seconde rangée avec l'extrémité supérieure du métacarpe ou canon ; enfin celle des deux rangées entre elles. Celle-ci, dont les surfaces sont planes et serrées l'une contre l'autre par des ligaments courts, n'exécute que des mouvements d'écartement fort restreints ; les deux autres, à peu près de même nature, peuvent cependant glisser dans une mesure plus grande, qui permet la flexion complète de l'articulation. Outre les ligaments particuliers dont il vient d'être parlé, l'articulation si complexe du carpe a pour moyens d'union généraux quatre ligaments qui l'embrassent complètement, deux latéraux, un postérieur et un antérieur. Ce dernier est capsulaire et recouvre toute la face antérieure des articulations carpiennes ; c'est celui qui est lésé lorsque les chevaux se couronnent assez fortement pour qu'il y ait écoulement de la synovie.

Tous les mouvements sont possibles dans l'articulation carpienne, mais dans une étendue très-restreinte, excepté pour la flexion, qui peut aller jusqu'au contact du canon avec l'avant-bras.

Nous arrivons à la plus curieuse de toutes les articulations, et sur laquelle nous devons appeler l'attention d'une manière toute particulière, parce que l'appareil spécial dont elle fait partie devra nous occuper plus tard longuement, au double point de vue de la physiologie et de l'hygiène. Il s'agit de l'articulation *métacarpo-phalangienne*, ou articulation du boulet. Nous négligeons les petites articulations intermétacarpiennes, qui ne nous offrent aucun intérêt.

Cette articulation métacarpo-phalangienne est une parfaite charnière formée, d'une part, par l'extrémité inférieure du métacarpien principal, qui porte deux condyles latéraux ou surfaces cylindroïdes et une arête médiane à courbe antéro-postérieure ; de l'autre, par l'extrémité supérieure de la première phalange, qui porte deux cavités exactement correspondantes aux condyles, se prolongeant en arrière sur les grands sésamoïdes, plus une gorge intermédiaire qui reçoit l'arête du métacarpien. Les sésamoïdes sont unis solidement entre eux et à la phalange, par des ligaments que nous n'avons pas à décrire en détail. Quant aux deux surfaces articulaires principales, elles sont maintenues par quatre ligaments, deux latéraux, un antérieur et un postérieur. Nous n'avons pas à nous arrêter aux premiers, si ce n'est pour dire qu'ils sont volumineux et solides ; quant à l'antérieur, c'est un ligament capsulaire, membraniforme, qui enveloppe la face antérieure de l'articulation ; il est très-résistant. Le postérieur doit particulièrement nous occuper. C'est une longue et forte lanière de tissu fibreux blanc, qui se confond en haut avec le ligament commun postérieur du carpe, et s'étend, entre les métacarpiens latéraux, jusqu'à la face postérieure de l'articulation où elle se divise en deux branches, pour se fixer sur le sommet de chacun des deux grands sésamoïdes ; là, elle donne naissance à deux brides fibreuses qui se dirigent en avant et vont se réunir, de chaque côté, à un tendon, ainsi que nous le verrons plus tard.

Ce ligament a reçu très-justement le nom de *suspenseur du boulet*. L'articulation a lieu en effet suivant un angle à sommet postérieur, et dont l'étendue n'est bornée par aucun obstacle osseux. Le ligament dont il s'agit n'est pas le seul moyen de contention qui s'oppose à la fermeture de l'ange, mais il y concourt pour une part, comme nous l'expliquerons.

Les mouvements de l'articulation du boulet sont l'extension et la flexion, plus quelques légers mouvements de latéralité, quand le rayon osseux mobile est porté aux limites de la flexion.

Les articulations *inter-phalangiennes*, qui sont des charnières imparfaites, à mouvements très-bornés, complétées en arrière par des cartilages et unies par des ligaments latéraux solides, ne doivent pas nous arrêter autrement. C'est à leur pourtour que se développent, chez les animaux usés par le travail, ces tumeurs osseuses plus ou moins volumineuses que l'on appelle des *formes*. L'articulation de la deuxième avec la troisième phalange, ou os du pied, est entièrement contenue dans la boîte cornée ou *sabot*. Elles sont toutes les deux maintenues par des ligaments latéraux.

Avant d'indiquer les différences principales que présentent à observer, les os et les articulations du membre antérieur, chez les animaux domestiques autres que le cheval, l'âne et le mulet, nous parlerons d'abord des muscles, afin de faire connaître ensuite toutes les différences anatomiques en même temps.

Muscles. — Les parties musculaires du membre antérieur comprennent quatre groupes principaux, formés des muscles de l'épaule, de ceux du bras, de l'avant-bras et du pied. Nous devons dire que cette dernière région anatomique commence immédiatement au-dessous du carpe, ou genou ; elle correspond à la main de l'homme. Pour les facilités de notre description, nous serons forcés de mentionner avec les muscles du membre proprement dit, quelques uns de ceux du tronc qui aboutissent à celui-là et concourent à la production de ses mouvements.

La face externe du scapulum est munie de quatre muscles, qui s'attachent en divers points de cette surface et viennent

aboutir à la région supérieure et antérieure de l'humérus. Tous
ces muscles sont très-distincts sur la gravure 6 sous les n°s 1,
2, 3 et 4. Ils concourent tous à la flexion du bras sur l'épaule,
mais leur principale fonction est de porter l'humérus en
dehors en lui imprimant un léger mouvement de rotation. Un
seul, le n° 2, est extenseur de l'humérus. Nous croyons inutile
de surcharger la mémoire du nom anatomique toujours compliqué des muscles, — cela soit dit une fois pour toutes. —
Nous ne l'indiquerons donc que fort exceptionnellement. Ce ne
sont pas des mots que nous voulons inculquer à nos lecteurs
pour atteindre le but que nous nous proposons, ce sont des
idées utiles au gouvernement et à l'amélioration des animaux.

A la face interne du scapulum, on trouve encore quatre muscles qui, prenant leur origine ou leurs attaches supérieures sur
cet os, viennent aboutir à l'extrémité supérieure et interne de
l'humérus. L'un d'eux, le principal, qui occupe toute la fosse
dite sous-scapulaire, se termine par un tendon court et fort qui
glisse sur l'éminence interne de la tête de l'humérus. Tous ces
muscles ont pour fonction de porter le bras en dedans. Ce sont
des adducteurs, tandis que ceux de la région externe de l'épaule sont dits abducteurs.

Nous avons à mentionner maintenant les muscles qui servent
à fixer l'épaule au tronc, car il est bon de faire remarquer que ce
rayon du membre antérieur ne s'y trouve uni que par des parties molles, ce qui amortit considérablement les réactions dans
la marche aux diverses allures.

Il y a d'abord un muscle aplati, triangulaire, formé en haut
et en avant d'une aponévrose qui s'attache aux apophyses épineuses des vertèbres de la région du garrot, puis d'une partie
charnue dirigée en avant et en bas pour joindre l'épine de l'omoplate, où elle s'insère. Indépendamment de sa fonction de lien,
ce muscle tire l'extrémité supérieure de l'épaule en arrière et en
haut. Il enveloppe extérieurement le cartilage de prolongement
du scapulum. Un autre muscle de même forme et qui se confond avec lui par son bord postérieur, s'attache en haut sur
el bord du ligament qui maintient l'encolure, et en bas avec lui
sur l'épine de l'omoplate. La fonction de ce muscle est de tirer
en avant et en haut l'extrémité supérieure du scapulum.

A la face interne du cartilage de prolongement de ce dernier

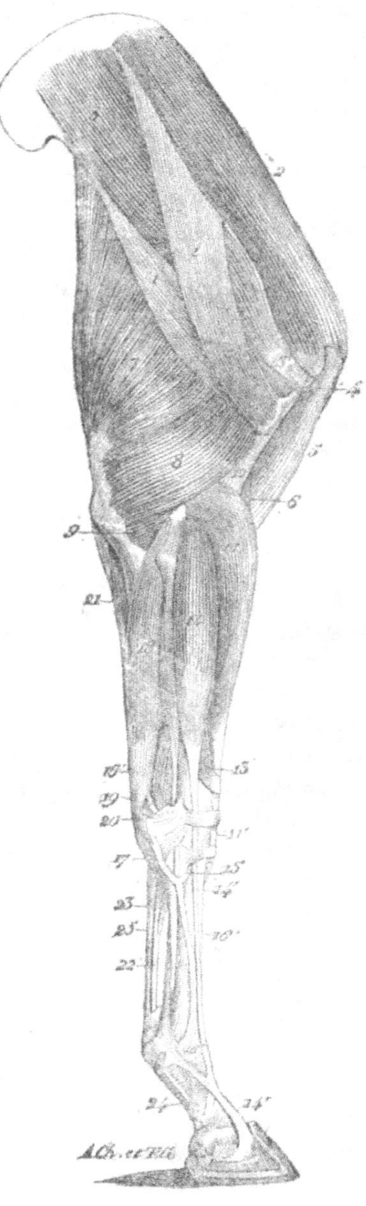

Grav. 6. — Muscles du membre antérieur.

os est un muscle aplati, quadrilatère, formé de fibres charnues parallèles, qui s'insère d'une part sur le sommet des apophyses épineuses des quatre ou cinq vertèbres dorsales qui suivent la première, et de l'autre au cartilage de l'omoplate. Il élève directement l'épaule lorsqu'il se contracte, en même temps qu'avec ceux déjà indiqués il concourt à fixer au corps l'extrémité supérieure de ce rayon du membre.

On trouve encore, comme muscles agissant directement sur l'épaule et ayant une de leurs attaches au tronc, celui qui vient se fixer à la face interne du cartilage de prolongement, en avant du dernier, et qui prend son point de départ sur une certaine étendue du ligament cervical. C'est le releveur propre de l'épaule. Enfin un autre plus profond qui prend son origine sur les apophyses transverses des cinq dernières vertèbres cervicales et va s'insérer à la face interne de l'omoplate, près du bord antérieur. Il a pour fonction de tirer en avant l'extrémité supérieure du scapulum, lorsque son point fixe est à la tige cervicale; si au contraire ce point fixe est à l'épaule, il concourt à l'extension et à l'inclinaison latérale de l'encolure. La fonction de ce muscle et de quelques autres que nous verrons, explique le rôle qui appartient aux attitudes de l'encolure dans les allures du cheval.

Après ce premier groupe, dans lequel nous avons fait entrer à la fois les muscles qui attachent et meuvent l'épaule sur la face latérale de la poitrine où elle est accolée, en même temps que ceux qui ont pour fonction de mouvoir le bras, vient le groupe des muscles qui entourent l'humérus. Ceux-ci sont appelés *muscles du bras*, bien qu'ils aient presque tous l'unique fonction de faire mouvoir l'avant-bras. C'est leur situation plutôt que leur usage, qui a guidé dans le choix de leur désignation.

Sur la face antérieure de l'humérus se trouvent deux muscles (nos 5 et 6, grav. 6) qui sont des fléchisseurs de l'avant-bras. Le premier prend son origine à une saillie osseuse de l'extrémité inférieure du scapulum par un fort tendon, élargi et presque cartilagineux au niveau de la tête de l'humérus, au devant de laquelle il glisse en protégeant la pointe de l'épaule et l'articulation scapulo-humérale. Par ce fait, il s'oppose à la fermeture de l'angle scapulo-huméral, au moyen du tendon résistant qui le traverse dans toute sa longueur. En bas il vient s'attacher comme l'autre à la région supérieure de l'avant-bras.

La face postérieure du bras est occupée par cinq muscles, qui tous viennent se terminer au sommet de l'olécrâne ou du coude. On les appelle pour ce motif la masse des muscles olécraniens. Les deux principaux, 7 et 8, remplissent le triangle formé par le bord postérieur du scapulum et la face postérieure de l'humérus. Ils s'attachent en haut sur ce bord postérieur de l'omoplate. Les autres partent de l'humérus. Leur fonction commune est d'étendre l'avant-bras, en tirant en avant, lorsqu'ils se contractent, le sommet de l'olécrâne, sur lequel ils agissent à la manière d'un levier du troisième genre, le point d'appui étant dans l'articulation huméro-radiale, c'est-à-dire entre la puissance et la résistance.

Ici, comme pour l'épaule, il nous reste à indiquer les muscles qui ont une ou plusieurs de leurs attaches au tronc et l'autre au bras, sur lequel ils agissent. Nous devons mentionner d'abord un long muscle, le *mastoïdo-huméral*, qui, partant du

sommet de la tête, descend vers le bord inférieur de l'encolure,
qu'il longe jusqu'au niveau de la pointe de l'épaule, sur laquelle
il passe pour aller s'attacher à la partie moyenne du corps de
l'humérus. Ce muscle agit diversement, suivant que son point
fixe est à la tête ou à l'humérus. Dans le premier cas, il porte en
avant le membre antérieur tout entier, et joue par conséquent
un rôle important dans la locomotion ; dans le cas contraire, il
incline la tête sur le côté en fléchissant l'encolure. Un autre
muscle de forme triangulaire, attaché par une aponévrose au
sommet de l'épine dorsale et lombaire, descend en se rétrécissant sur les côtes jusqu'au niveau de la face interne de l'humérus,
où il s'insère. Ce muscle, qui est le *grand dorsal*, porte le bras
en arrière et en haut. Enfin deux autres muscles, dits *pecto-*
raux, et qui sont les muscles du poitrail, partent du sternum,
et vont se terminer, l'un à la face antérieure de l'humérus et à
l'aponévrose d'envelopppe du bras, l'autre à la partie supérieure et interne du même os et à l'aponévrose qui recouvre
les muscles de l'épaule. Ces muscles sont adducteurs du membre
et le tirent en arrière et en bas. Ils concourent en même
temps à le fixer au tronc.

Les *muscles de l'avant-bras* sont également répartis en deux
régions, l'une antérieure, celle des extenseurs, l'autre postérieure, celle des fléchisseurs. Ces derniers sont ceux qui nous
intéressent le plus. Les deux régions se composent en tout de
neuf muscles. Nous n'insisterons pas également sur tous. Ils entourent les os de l'avant-bras de toutes parts, excepté du côté
interne, où le radius est seulement recouvert par la peau. Ils
sont enveloppés par une aponévrose, ou membrane résistante
de tissu blanc, et prenant leur insertion supérieure à l'extrémité inférieure de l'humérus ou bien sur le cubitus et l'extrémité supérieure du radius, ils se terminent à l'une ou à l'autre
des parties osseuses de la région du pied par l'intermédiaire
d'un ou de plusieurs tendons.

Les muscles de la région antérieure sont au nombre de quatre.
Il y a d'abord deux extenseurs du métacarpe (11 et 13 grav. 6),
dont le premier prend son origine en divers points de l'extrémité inférieure de l'humérus, et vient aboutir à un tendon, 11',
qui s'insère à la partie supérieure du métacarpien principal ; le
second a son origine sur le côté externe du radius, et se ter-

mine par son tendon sur la tête du métacarpien interne. Ces deux muscles ont pour fonctions, ainsi que leur nom l'indique, d'étendre le métacarpe sur l'avant-bras; le second fait aussi pivoter cet os en avant et de dedans en dehors. Il y a ensuite deux extenseurs des phalanges, situés sur la face externe de l'avant-bras.

Le premier de ces extenseurs (14) a son origine en divers points de l'humérus et du radius; il a la forme d'un fuseau et se termine, vers le quart inférieur de l'avant-bras, à une corde tendineuse 14', qui glisse sur la face externe du genou, où elle est maintenue par des brides, et immédiatement au-dessous de laquelle s'en détache une petite branche (15), qui vient s'unir au tendon de l'autre extenseur dont nous allons parler, puis elle gagne la face antérieure de l'articulation du boulet, en s'attachant à son ligament capsulaire, pour venir enfin s'insérer à l'éminence médiane du bord supérieur de l'os du pied ou troisième phalangien.

Le deuxième extenseur des phalanges (16) s'attache par son corps charnu sur divers points de la partie supérieure et externe du radius, et aboutit au même niveau que le premier à un tendon (16') qui reçoit au dessous du genou la bride (15) que lui envoie le tendon de l'autre extenseur dont nous avons déjà parlé; de l'autre côté, il reçoit des ligaments carpiens une bride fibreuse (17), pour venir enfin s'insérer sur la capsule fibreuse de l'articulation du boulet et en avant de l'extrémité supérieure de la première phalange.

Ces deux muscles ont des usages multiples, mais cependant toujours d'extension. Ils étendent l'un et l'autre, lorsqu'ils se contractent, le pied tout entier sur l'avant-bras; mais le premier agit de plus sur chaque phalange en particulier.

Les fléchisseurs sont au nombre de cinq. Trois *fléchisseurs du métacarpe* sont superficiels. Ils prennent leur origine en divers points de l'extrémité inférieure de l'humérus et de la partie supérieure du radius et du cubitus, pour venir se terminer ensemble en arrière de l'extrémité supérieure du métacarpien et à l'os crochu. Nous ne décrirons particulièrement que les attaches du fléchisseur externe (18), à cause des détails qu'elles présentent. Son tendon terminal se divise en deux branches, l'une antérieure, l'autre postérieure. La première (19) arrondie, glisse dans une coulisse à la surface de l'os crochu, et va ensuite se fixer sur la tête du métacarpien externe en se confondant avec le ligament externe du carpe ; l'autre, large et court (20), s'insère sur l'os crochu.

Mais c'est surtout sur l'appareil tendineux des *fléchisseurs des phalanges*, qu'il faut appeler l'attention. Quant à leurs parties musculaires, nous n'avons pas à nous y arrêter autrement que pour dire qu'elles sont situées sous celles des fléchisseurs du métacarpe, en arrière de l'avant-bras, formées de plusieurs portions charnues, aponévrotiques et tendineuses, qui prennent des origines distinctes à l'extrémité inférieure et postérieure de l'humérus, au cubitus et au radius, pour aboutir au-dessus du carpe à chacune de leurs deux cordes tendineuses respectives.

Le tendon du *fléchisseur superficiel*, encore appelé *perforé*, reçoit à son origine même une forte production fibreuse attachée en bas de la face postérieure du radius, et aussi unie à l'aponévrose d'enveloppe de l'avant-bras, de même qu'au tendon de l'autre fléchisseur. Il traverse ensuite la gaîne située en arrière du carpe, dite *gaîne carpienne*, dans laquelle il glisse, puis descend en arrière du canon, accolé à son congénère (25), et vient enfin se terminer en arrière de l'articulation du boulet, où il forme un anneau dans lequel passe le tendon du fléchisseur profond, au niveau de la coulisse sésamoïdienne; puis il se termine par deux branches qui s'insèrent de chaque côté de la partie supérieure de la deuxième phalange. Ce muscle a pour fonctions de fléchir la deuxième phalange sur la première, celle-ci sur le métacarpe, et le pied tout entier sur l'avant-bras. Par le fait de la forte bride que son tendon reçoit de la face postérieure du radius, il fait aussi, pendant la station, office de soutien mécanique de l'angle représenté par l'articulation du boulet. Cette disposition, jointe à quelques autres, rend aussi raison d'une répartition du poids du corps sur laquelle nous aurons à revenir.

Le *fléchisseur profond*, ou *perforant*, s'insère en haut par une portion charnue superficielle (21) sur le cubitus; cette portion vient aboutir, avec les deux autres, au tendon commun (22) dont nous avons déjà parlé. Ce tendon, immédiatement après sa naissance, s'engage dans la gaîne carpienne avec celui du fléchisseur superficiel, puis il gagne la région du canon, vers le milieu de laquelle il reçoit une forte bride fibreuse (23) qui lui est fournie par le ligament postérieur du carpe, traverse l'anneau sésamoïdien du perforé, en arrière de l'articulation du boulet, passe entre les deux branches terminales de ce tendon en glissant sur la face postérieure de la deuxième phalange, reçoit une lame fibreuse (24) provenant de la face antérieure du boulet et s'épanouit enfin pour former ce que l'on appelle l'aponévrose plantaire, qui glisse au moyen d'une synoviale particulière à la surface du petit sésamoïde ou os naviculaire, et vient s'insérer à la partie inférieure de l'os du pied. C'est une altération de cette petite poulie sésamoïdienne qui cause la boiterie incurable, si fréquente chez les chevaux anglais notamment, et qui est connue sous le nom de maladie naviculaire.

Les usages de ce muscle sont de fléchir les phalanges les unes sur les autres et de concourir à la flexion du pied tout entier sur l'avant-bras. Par les brides fibreuses qui attachent son tendon en arrière du carpe et du paturon, par son passage aussi sur l'angle du boulet, il concourt puissamment à former la sorte de soupente qui s'oppose mécaniquement, pendant la station, à l'affaissement de cet angle et de la région digitée toute entière; il supporte ainsi une portion du poids du corps, suivant une répartition éminemment propre à la conservation des diverses parties de la colonne de soutien, dans les conditions mécaniques normales, ainsi que nous allons le voir.

En effet, en prenant cette colonne à partir de la jointure huméro-radiale, au moment où le membre se détache du corps, elle se montre d'abord verticale jusqu'à l'articulation du boulet. Jusque-là, les rayons osseux supportent seuls les pressions, qui se décomposent dans le point intermédiaire du carpe, en se répartissant sur les petits os mobiles et solidement agencés qui constituent les deux rangées de cette région. Cela rend les chocs moins brusques et les pressions moins intenses. C'est un phénomène bien connu en mécanique. Mais arrivée au boulet, la colonne dévie suivant un angle de 45 degrés, et conserve cette direction jusqu'à la boîte cornée qui, par ses dispositions propres, lui forme une base prolongée en arrière et ainsi élargie. Malgré les moyens d'union de ses rayons osseux, cette partie oblique de la colonne ne résisterait point à la pression du poids du corps, qui tend sans cesse vers la verticale, si elle n'était maintenue dans la direction normale par l'aide de l'appareil ligamenteux et tendineux que nous venons de décrire. Les choses y sont agencées de telle sorte que le poids du corps, dans la station, est supporté en partie par les os des phalanges, dirigés obliquement, et en partie par les ligaments suspenseurs du boulet et les tendons fléchisseurs. Et en vertu de lois mécaniques qu'il serait trop long de développer ici, la résistance des diverses parties de cet admirable appareil semble calculée de telle sorte qu'elle puisse suffire au fonctionnement du membre dans les conditions d'aplomb que nous avons indiquées, mais pas au delà. Lorsqu'en effet, par une vicieuse constitution, ou par les conséquences d'une intervention maladroite de l'homme au moyen de la ferrure, par exemple, ces conditions n'existent plus, le poids se répartit en dehors de ses proportions normales, et alors les os, les articulations ou les tendons en souffrent, suivant le sens de la viciation. C'est ce qui fait naître ces altérations connues sous les noms de *mollettes*, de *bouleture*, d'*arqûre*, etc.

On saisit aussi facilement que la disposition dont il vient d'être question ait pour conséquence, dans les déplacements de l'animal, des réactions élastiques, au lieu des chocs brusques qui eussent résulté de colonnes verticales dans toute leur étendue. On s'en aperçoit bien lorsqu'on monte, par exemple, un cheval dont les aplombs sont viciés dans ce sens, soit qu'il ait normalement le paturon court et droit, soit que par suite d'une mauvaise ferrure ou d'une usure prématurée les phalanges aient été déviées de leur direction oblique telle qu'elle a été plus haut indiquée. Dans ce cas, les rayons osseux supportent au delà de leur part du poids du corps; les tendons fléchisseurs et les ligaments suspenseurs ne remplissent plus leur office de soupente élastique, et le mécanisme est faussé. Dans le cas contraire, c'est-à-dire lorsque par suite d'une obliquité trop grande des phalanges le poids est reporté outre mesure sur les tendons, ceux-ci en subissent un dommage qui les rend malades, y produit des altérations douloureuses, et s'accuse bientôt par une boiterie plus ou moins intense, si ce n'est seulement par de l'hésitation dans la marche.

Ces considérations sont de la plus grande importance pour le choix des chevaux et pour la conservation de leurs membres antérieurs. Nous ne saurions donc trop les recommander à l'attention, avant de passer aux différences essentielles que nous avons à signaler dans la constitution anatomique des animaux domestiques autres que ceux qui viennent d'être pris pour type.

RUMINANTS. — Nous ne mentionnerons, répétons-le, que les dispositions anatomiques qui peuvent avoir un intérêt pratique, sans nous arrêter à celles qui concernent seulement les savants spéciaux.

Os. — Jusqu'au carpe inclusivement, il n'y a rien qui doive être signalé ici comme différence notable. C'est à partir de cette région que les os du membre antérieur prennent, chez les ruminants, des caractères tranchés ; et encore le métacarpien principal, qui résulte de la prompte soudure de deux métacarpiens complets, ne diffère-t-il de celui des solipèdes que par les sillons qu'il présente en avant et en arrière, et par les deux surfaces articulaires parfaitement distinctes et séparées par une échancrure profonde qu'il porte à son extrémité inférieure. En outre il n'y a qu'un métacarpien rudimentaire petit et en forme de stylet.

A partir de l'os du canon, le pied se bifurque en deux doigts formés chacun de trois phalanges, dont la première et la seconde ressemblent, moins le volume, à celles des solipèdes ; la troisième, ou phalange unguéale, représente assez bien la moitié de celle de ces derniers.

Articulations. — La seule différence qu'il y ait à noter, c'est que chez les grands ruminants l'articulation métacarpophalangienne, pour chaque doigt, bien qu'elle soit analogue à celle des solipèdes, est bien loin de présenter les conditions de solidité sur lesquelles nous avons insisté quant à ces derniers. Il semble que la division bifurquée même du pied des ruminants soit une condition suffisante pour remplir, dans la station et la marche à des allures d'ailleurs toujours plus lentes, l'objet qu'ont à remplir, chez les solipèdes, les liens solides et compliqués qui ont été décrits précédemment.

Muscles. — Encore ici il n'y a à s'occuper que des muscles des phalanges. Ainsi, au lieu de deux extenseurs, il y en a trois : un extenseur commun, dont le tendon se bifurque à l'origine des doigts et va s'attacher, par chacune de ses branches, au sommet de chaque troisième phalange ; et deux extenseurs propres, un pour chaque doigt, dont le tendon va s'épanouir et se fixer sur la face extérieure de chacune des trois phalanges qui composent les doigts externe et interne. Quant aux fléchisseurs, nous noterons seulement que le tendon du perforant, en sortant de l'anneau formé en arrière du boulet par celui du perforé, se bifurque pour fournir une branche à chacun des doigts.

PORC. — **Os.** — Il y a quatre métacarpiens, deux grands et deux petits ; ceux-ci sont latéraux ; les autres médians ; ils sont tous mobiles les uns sur les autres, à leur partie supérieure, à l'aide de petites facettes articulaires. Il y a également quatre doigts, correspondant aux quatre métacarpiens, et formés chacun de trois phalanges. Les deux latéraux ne portent pas habituellement sur le sol, et sont plus courts que les médians, qui servent à la station.

Articulations. — Rien d'intéressant à noter.

Muscles. — Le fléchisseur profond des phalanges, ou perforant, se termine par un tendon divisé en quatre branches qui vont s'insérer à la dernière phalange de chaque doigt. Les autres différences ne doivent pas nous arrêter.

Les particularités anatomiques des membres antérieurs des *carnassiers*, des *rongeurs* et des *oiseaux* ne sont pas pour l'économie du bétail d'un intérêt assez pratique pour que nous en parlions ici avec détail. Nous ferons remarquer seulement que chez tous ces animaux le cubitus est séparé du radius, aussi long que ce dernier os et souvent plus volumineux. L'aile des oiseaux porte trois doigts, représentés pour la plupart par des phalanges rudimentaires. Le pied des carnassiers, fort analogue à la main de l'homme, en porte cinq.

2. Membres postérieurs.

SOLIPÈDES. — Procédons dans le même ordre que pour les membres antérieurs, c'est-à-dire de haut en bas, en nous occupant d'abord des os, puis des articulations, puis enfin des muscles.

Os. — 1° La première pièce osseuse du membre postérieur est complexe et de forme fort irrégulière. Composée de trois os distincts chez le fœtus, mais qui se soudent bientôt en un os unique, cette pièce est le *coxal*, (grav. 1, *h*) résultant de l'union de l'*ilium*, ou os de la hanche (*i*), du *pubis* (*r*), qui constitue la moitié du plancher de la cavité du bassin, et enfin de l'*ischium* (*l*) ou os de la fesse. Ces trois pièces contribuent, par leur extrémité centrale, à la formation de la cavité articulaire dite cotyloïde, par laquelle la cuisse s'articule avec le corps. Le coxal est fixé solidement sur le côté de l'os de la croupe, ou *sacrum*, au moyen d'attaches ligamenteuses sur lesquelles nous n'avons pas à insister. En bas il se réunit avec son congénère, sur la ligne médiane, par l'intermédiaire d'un cartilage qui porte le nom de symphyse pubienne. Cette symphyse conserve une certaine élasticité chez les juments encore jeunes et elle se lâche lors de la parturition pour laisser passer le fruit ; mais, chez les animaux vieux, elle est complétement soudée par de la matière osseuse.

2° La cuisse, composée d'un seul os, le *fémur* (*j*), os long, portant à son extrémité supérieure une tête, vulgairement connue sous le nom de noix, et qui s'articule avec la cavité cotyloïde du coxal, et une très-grosse éminence dite *trochanter*. A l'extrémité inférieure, il existe deux *condyles* à convexité postérieure, séparés par une profonde échancrure, au-devant et au-dessus de laquelle se trouve une gorge, poulie ou *trochlée*. Les condyles répondent à l'extrémité de l'os de la jambe ; la trochlée, à la rotule.

3° La jambe, composée de trois os, le *tibia*, le *péroné* et la *rotule*. Le *tibia* (*k*), le plus considérable des trois, est un os long, prismatique, plus gros en haut qu'en bas. L'extrémité supérieure porte deux surfaces articulaires larges, régulières et ondulées, qui répondent aux condyles du fémur par l'intermédiaire de deux ménisques cartilagineux. L'extrémité inférieure porte deux gorges profondes, obliques d'arrière en avant et de dedans en dehors, séparées l'une de l'autre par un tenon médian. Le *péroné* (*u*) est un petit os allongé et en forme de stylet, situé en dehors du tibia et s'étendant depuis l'extrémité supérieure de cet os jusqu'à la moitié ou au tiers intérieur de son corps. La tête du péroné s'articule avec l'extrémité supérieure du tibia, au moyen d'une facette spéciale. La *rotule* (*v*), qui se trouve à la face antérieure du genou de l'homme, et qui chez les solipèdes correspond à la région dite du grasset, est un petit os court et très-compacte, polyèdre à trois faces, dont une, la postérieure, est articulaire et correspond à la trochlée de l'extrémité inférieure du fémur ; les deux autres, supérieure et antérieure, servent à l'insertion des muscles et des ligaments.

3° Le *tarse*, première région du pied postérieur, correspond exactement au pied de l'homme. Le tarse comporte deux rangées, comme le carpe, formées chacune de plusieurs os. La rangée supérieure en comprend deux : *l'astragale* (*x*), pièce qui, empruntée aux petites espèces, sert pour le jeu des osselets ; elle présente supérieurement une demi-circonférence en forme de poulie, qui s'articule avec l'extrémité inférieure du tibia ; ses autres faces sont planes pour s'articuler inférieurement avec les os de la rangée inférieure, et en arrière avec le second os de la supérieure ; celui-ci est le *calcanéum* (*y*), os allongé verticalement, qui est l'os du talon de l'homme, et qui correspond chez les solipèdes à la pointe du jarret ; son extrémité supérieure est le sommet du calcanéum, son extrémité inférieure, renflée, porte en avant et en bas des surfaces articulaires en regard de l'astragale et des os de la seconde rangée. Ces derniers sont au nombre de quatre ou de cinq, suivant les cas, de forme cubique plus ou moins irrégulière, et munis de facettes articulaires sur tous les côtés par lesquels ils se correspondent entre eux ou sont en rapport avec d'autres os.

A partir de ce point, les différences que présentent les os de la région digitée ne sont pas assez tranchées pour qu'il y ait lieu d'en faire une description spéciale. Le pied postérieur est absolument constitué comme l'antérieur. Notons seulement que le métatarsien principal est toujours un peu plus long que le métacarpien, chez le même individu.

Articulations. — Nous avons déjà parlé des liens qui unissent au tronc la première pièce osseuse du membre postérieur. C'est peut-être par un abus de mot que les anatomistes appellent cela une articulation, car il ne s'y peut produire que des mouvements fort restreints. En tout cas, il faut se conformer à l'usage et continuer d'appeler *articulation sacroiliaque* cette union du coxal avec le sacrum. Les surfaces arti-

culaires qui la constituent sont situées sur les côtés et à la base
de ce dernier os et à la face interne de l'ilium. Les ligaments
sont au nombre de quatre : un qui est composé de gros faisceaux fibreux enveloppant de toutes parts les surfaces dont il
vient d'être parlé et s'attachant solidement aux empreintes qui
les entourent ; un second, gros et court, qui va de l'angle interne de l'ilium sur l'épine sacrée ; un troisième, en forme
de membrane triangulaire, qui s'attache sur le bord interne de
l'ilium et sur le bord latéral du sacrum, en complétant la
cavité du bassin en haut ; enfin un quatrième, qui remplit encore mieux cet office, large expansion membraneuse
qui s'étend entre le sacrum et le coxal pour clore le vide qui
sépare ces deux os et constituer la paroi latérale de la cavité
pelvienne.

C'est vers l'articulation sacro-iliaque que viennent aboutir
tous les efforts d'impulsion communiqués au tronc par le
membre postérieur de chaque côté. Aussi cette articulation, par
ses mouvements limités, a-t-elle surtout pour effet d'amortir les
réactions produites par ces impulsions, en leur donnant une
certaine élasticité. On conçoit que des fractures en eussent pu
être fréquemment la suite, si l'union se fût faite par des sou-
dures rigides et purement osseuses.

On donne aussi le nom d'articulation à l'union des deux coxaux
entre eux sur la ligne médiane et inférieurement, dans la région
du pubis, qui forme le plancher du bassin. C'est ce qui est appelé la *symphyse ischio-pubienne*. Cette symphyse, qui ne
persiste pas au-delà d'un certain âge, ainsi que nous l'avons dit,
est constituée par un cartilage inter-osseux, et par des faisceaux de fibres ligamenteuses s'étendant transversalement d'un
os à l'autre. C'est une sorte de suture cartilagineuse qui
s'ossifie constamment, chez le mâle, à l'époque de l'âge adulte.

La première jointure réelle du membre postérieur est l'articulation *coxo-fémorale*, formée, d'une part, par la cavité cotyloïde du coxal, et de l'autre par la tête du fémur, dont le sommet
arrondi régulièrement y est exactement contenu. L'union entre
les deux os s'établit d'abord au moyen de deux ligaments en
forme de corde dont l'un, gros et court, va du fond de la cavité
cotyloïde au sommet de la tête du fémur, et l'autre du bord
antérieur du pubis à ce même endroit, en passant par l'échan

crure que présente antérieurement le bord de la cavité. Un troisième ligament, capsulaire, en forme de manchon, enveloppe l'articulation et se fixe par l'une de ses extrémités autour de la tête du fémur, en dessous de la surface articulaire, par l'autre, autour de la cavité cotyloïde, sur le sourcil qui la circonscrit et sur le fibro-cartilage qui la protége.

Cette articulation a, comme on le voit, beaucoup d'analogie avec celle de l'épaule. On y trouve seulement en plus les ligaments inter-articulaires qui rendent les luxations plus difficiles. Ses mouvements sont les mêmes, et par conséquent des plus variés et des plus étendus. La jointure coxo-fémorale permet en effet la flexion, l'extension, l'adduction, la circumduction et la rotation de la cuisse sur le bassin.

L'articulation *fémoro-tibiale* est complexe. Elle s'établit entre les condyles du fémur, d'une part, et l'extrémité supérieure du tibia, de l'autre, puis entre la trochlée fémorale et la rotule. Nous avons déjà mentionné les ménisques inter-articulaires, fibro-cartilages en forme de coussinets interposés aux condyles du fémur et aux facettes tibiales pour en assurer la coaptation.

Cette articulation est maintenue par de nombreux moyens d'union. Il y a d'abord cinq ligaments fémoro-tibiaux : deux latéraux, un externe, l'autre interne ; un postérieur et deux inter-articulaires, logés dans l'échancrure inter-condylienne, croisés en X, et s'insérant en haut au fémur, en bas au tibia. Les ligaments rotuliens sont au nombre de quatre : trois en forme de corde, dont un externe qui s'attache par l'une de ses extrémités à la tubérosité antérieure du tibia, et par l'autre à la face antérieure de la rotule ; un interne qui, partant du même point va en dedans de la rotule ; un médian situé entre les deux autres. Le quatrième ligament rotulien est connu sous le nom de capsule fémoro-rotulienne. C'est une expansion membraneuse qui fixe la rotule au fémur et la maintient en place, tout en permettant son glissement.

L'articulation fémoro-tibiale est une charnière imparfaite, qui peut exécuter des mouvements d'extension et de flexion, et de rotation dans une mesure fort restreinte.

Les articulations du *tarse* ou du *jarret* sont nombreuses, ainsi qu'on s'en rendra facilement compte en songeant à la disposition des os qui composent cette région. Nous ne parlerons que d'une

seule, qui est l'articulation *tibio-tarsienne*, parce que sa connaissance est seule nécessaire pour bien comprendre le mécanisme des membres postérieurs dans l'éxécution des allures.
Les autres ne diffèrent pas essentiellement de celles du carpe,
et elles ont d'ailleurs la même fonction dans la colonne de soutien.

Les surfaces articulaires tibio-tarsiennes sont, du côté du
tibia : 1º les deux gorges, obliques en avant et en dehors, creusées sur l'extrémité inférieure de l'os ; 2º le tenon saillant qui
sépare ces gorges ; du côté du tarse, la poulie qui occupe la face
antérieure de l'astragale. Les moyens d'union sont constitués
par sept ligaments, dont deux latéraux externes, trois latéraux
internes, un antérieur et un postérieur. La plupart de ces ligaments, dans la description particulière desquels il est inutile
d'entrer ici, sont extrêmement forts, surtout les latéraux ; l'antérieur est une expansion membraniforme qui protége seulement
l'articulation et qui est tapissée à sa face interne par la synoviale. Ces dispositions font de l'articulation tibio-tarsienne une
des plus solides. Et l'on conçoit sans peine que cela était nécessaire, eu égard à la fonction qui lui est dévolue.

Il ne s'agit là que d'une simple charnière, permettant seulement des mouvements d'extension et de flexion. Mais ces mouvements sont tellement importants et répétés, dans la mécanique
animale, que pour se conserver intacte l'articulation du jarret a
besoin d'être puissante par l'étendue de ses surfaces articulaires
et par la solidité de ses moyens d'union. Sans cela il s'y produit
promptement des altérations dépendant, soit des parties molles
soit des parties dures. Les tiraillements opérés sur celles-ci par
les ligaments, déterminent le développement de ces tumeurs
osseuses, nommées *courbe*, lorsque le siége en est à l'extrémité
inférieure du tibia, du côté interne ; *éparvin*, quand la saillie
osseuse est à la surface externe des os de la seconde rangée du
tarse, c'est-à-dire à la face interne du jarret ; *jarde* ou *jardon*,
à la face externe, au niveau de l'extrémité inférieure du calcanéum, de la surface de l'os de la seconde rangée et de la tête
du métacarpien latéral. Ces tumeurs osseuses, qui gênent plus
ou moins les mouvements de l'articulation, se traduisent par de
la raideur et même souvent par une boiterie. Elles sont susceptibles d'être transmises par voie héréditaire. Les tumeurs molles

du jarret, appelées *vessigons*, sont des hydropisies des synoviales, faisant saillie entre les ligaments et les tendons qui entourent l'articulation.

Il n'y a rien de spécial à dire quant aux articulations des autres parties de la région du pied postérieur. Elles ne diffèrent point de celles du pied antérieur.

Muscles. — Les premiers qui se présentent à considérer

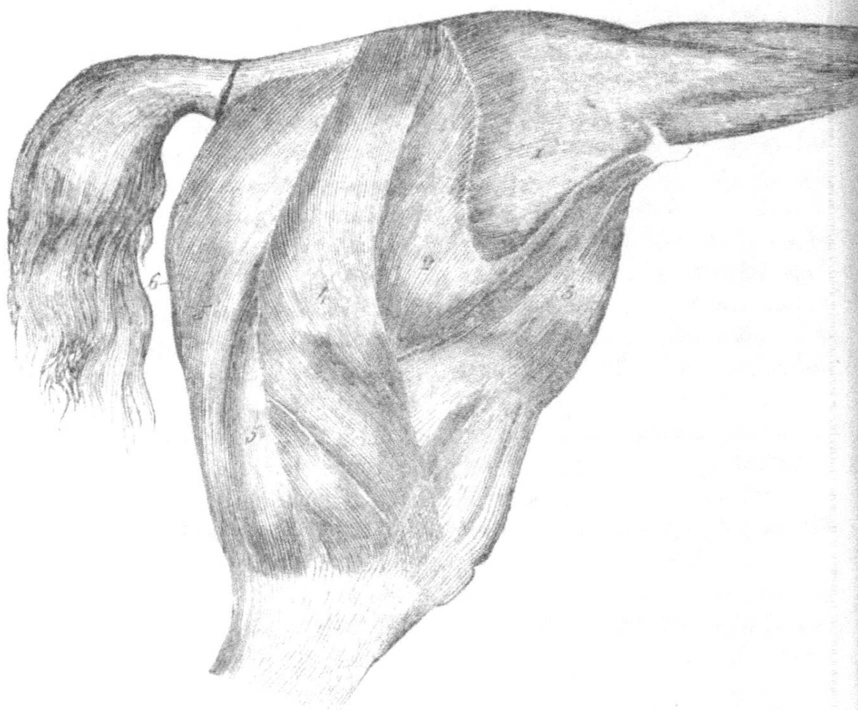

Grav. 7. — Muscles de la croupe, de la fesse et de la cuisse.

sont ceux de la *croupe* ou *région fessière*. Epais et volumineux, ces musles sont au nombre de trois (grav. 7. 1, 2.) Ils prennent leur origine à la fois à la surface de l'ilium, à la face interne d'une forte aponévrose dite fessière, qui se continue avec celle du grand dorsal en partant de l'épine dorsale, s'attache à l'angle externe de l'ilium et à l'épine sus-sacrée et va se terminer à la surface des muscles de la cuisse; ces muscles s'attachent aussi à la surface des ligaments membraneux qui unissent le coxal au sacrum. En bas, les trois muscles fessiers vont se terminer à la tubérosité externe de la tête du fémur, dite *trochanter*. De ces trois muscles, l'un est fléchisseur de la cuisse sur le bassin, les deux autres sont abducteurs et extenseurs lorsque leur point fixe est en haut; dans le cas contraire, c'est-à-dire lorsque le point fixe est au fémur, ils font basculer le bassin sur cet os et concourent ainsi à l'exécution du cabrer.

Les muscles de la *cuisse* forment trois *régions crurales*, une *antérieure*, une *postérieure* et la troisième *interne*. La première, *région crurale antérieure* ou *rotulienne*, comprend trois muscles situés en avant du fémur, (grav. 7. 3), dont un qui s'attache sur l'angle externe de l'ilium, ou pointe de la hanche, et se termine en bas à une aponévrose divisée en plusieurs portions qui s'insèrent au fémur, à la rotule et à l'aponévrose fessière ; l'autre prenant naissance au coxal et au fémur, va s'insérer à la rotule ; le troisième enfin va de l'ilium au fémur. Ces trois muscles sont à la fois fléchisseurs de la cuisse et extenseurs de la jambe, en agissant sur celle-ci par l'intermédiaire de la rotule, qu'ils attirent en haut en la faisant glisser sur la trochlée fémorale.

La *région crurale postérieure* comprend aussi trois muscles, qui comptent parmi les plus volumineux du corps, et qui, chez les animaux de boucherie, forment ce que l'on appelle la *culotte*, du moins sa partie externe (grav. 7. 4, 5, 5' 6). Chez tous les animaux, la conformation de cette région est d'autant meilleure que les muscles sont plus longs, plus *descendus* par conséquent et plus épais. Cela est facile à comprendre, soit qu'on les considère comme agents de puissance, ainsi que c'est le cas pour les solipèdes, soit qu'ils aient à fournir de la viande. Ces muscles qui entourent le fémur dans sa partie postérieure s'attachent en haut à l'épine sus-sacrée, au ligament qui unit le sacrum à l'ischium, à la tubérosité de ce dernier os et à sa face inférieure; ils vont se terminer au fémur, à la rotule et à l'aponévrose qui enveloppe les muscles de la jambe, dite aponévrose jambière. Les trois muscles de la région crurale postérieure sont à la fois extenseurs de la cuisse et fléchisseurs de la jambe, en agissant sur l'aponévrose jambière, lorsque leur point fixe est supérieur. Ils projettent par leur détente le corps en avant. Le point fixe étant au contraire en bas, ils sont des agents puissants dans le cabrer.

La *région crurale interne* forme le plat de la cuisse. Elle se compose de dix muscles appliqués en trois couches superposées contre la face interne de la cuisse. Nous ne mentionnerons point particulièrement chacun de ces dix muscles; cela n'aurait aucune utilité pour le but que nous avons en vue. Nous nous contenterons de dire que ceux qui agissent sur les mouvements du membre s'attachent en haut sur le pubis et sur l'ischium et en bas au fémur, à la rotule et à l'aponévrose jambière. Les uns sont extenseurs, les autres fléchisseurs du fémur, mais tous sont adducteurs du membre ou tenseurs de l'aponévrose jambière.

Deux autres muscles partant du tronc, agissent sur la cuisse. Ils appartiennent à la *région sous-lombaire,* et concourent à former ce qu'en terme de boucherie on appelle le *filet*. Ce sont les psoas. L'un, le *grand psoas,* s'attache sur le corps des deux dernières vertèbres dorsales et de toutes les vertèbres lombaires, au-dessous des reins, et se termine par un tendon qui va s'insérer à la partie supérieure et interne du fémur. L'autre, le *psoas iliaque*, prend son insertion fixe sur toute la surface inférieure de l'ilium, et sur l'angle externe de cet os, et va se terminer en commun avec le précédent. Ces deux muscles sont à la fois fléchisseurs du fémur et rotateurs de la cuisse en dehors, lorsque le point fixe du premier est aux lombes. Si ce point fixe est au contraire à la cuisse, c'est la région lombaire qui est fléchie. Le grand psoas, dans ce cas, est donc une des puissances qui déterminent la voussure des reins, et qui agissent dans le cabrer exagéré, pour ramener l'animal à la station quadrupède.

Les muscles de la jambe sont au nombre de neuf, groupés autour de ses deux os qu'ils recouvrent presque complètement, la face interne du tibia restant seule en rapport direct avec la peau. Ils sont entourés par l'aponévrose jambière, dont nous avons déjà parlé, et forment, comme ceux de l'avant-bras, deux régions, l'une antérieure, l'autre postérieure.

La *région jambière antérieure* se compose de trois muscles, que nous allons décrire sommairement.

1° *L'extenseur antérieur des phalanges* (grav. 8. 4), s'attache

en haut entre la trochlée et le condyle externe du fémur, au
moyen d'un tendon (4'); sa partie charnue à la forme d'un gros
fuseau, et descend jusqu'au niveau du pli du jarret, où elle se continue par une corde tendineuse maintenue par des brides transver-
sales, et qui gagne la partie antérieu-re du canon (4''), pour se comporter ensuite comme celle du muscle correspondant du membre anté-rieur, c'est-à-dire s'insérer au sommet de l'os du pied.

2° L'*extenseur latéral des phalanges* (5), s'atta-che en haut sur le ligament exter-ne de l'articula-tion fémoro - ti-biale, puis sur toute l'étendue du péroné. Il donne naissance en bas à un tendon (5''), qui glisse sur le côté externe du tarse, enveloppé dans une gaîne fi-breuse très-so-lide, et va finale-ment s'unir à celui de l'extenseur an-

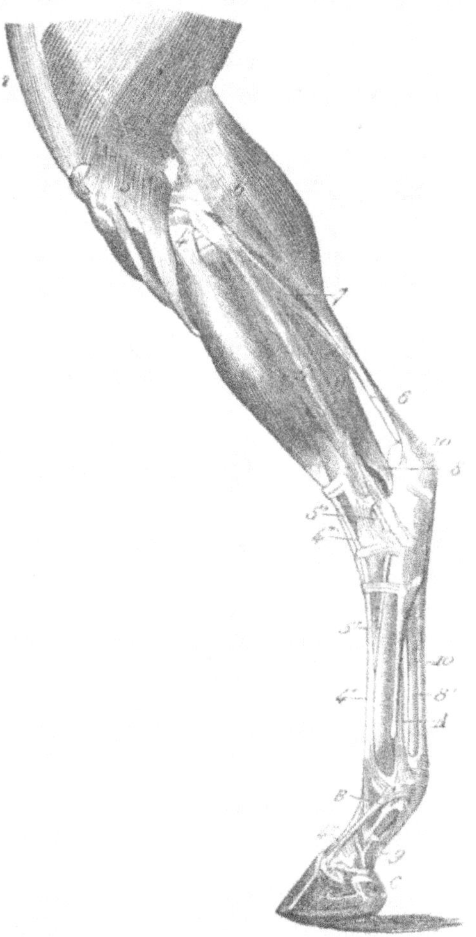

Grav. 8. — Muscles de la jambe.

térieur, vers le milieu de la région métatarsienne (5').

Ces deux muscles, par ce dernier fait, sont nécessairement solidaires dans leur action. Ils étendent les phalanges et fléchissent
le pied tout entier sur la jambe.

3º Le *fléchisseur du métatarse*, qui n'est pas visible sur la gravure, est situé sous l'extenseur antérieur, et appliqué contre le face externe du tibia. Il se compose dans toute son étendue de deux portions distinctes, l'une charnue, l'autre aponévrotique, ou plutôt tendineuse. La portion charnue prend son origine à la partie supérieure du tibia, et se termine en bas par un tendon divisé en deux branches qui s'insèrent de chaque côté du jarret, sur les os de la seconde rangée du tarse, et à la partie supérieure du métatarsien. La portion tendineuse est une forte corde fibreuse, qui s'insère solidement en haut à la partie inférieure du fémur; en bas, elle se divise en deux branches, l'une large, qui s'insère en avant de l'extrémité supérieure du métatarsien principal, l'autre, plus étroite, qui se dévie en dehors pour s'attacher à l'un des os de la seconde rangée du tarse.

Cette corde tendineuse a une action nécessairement toute passive. Elle plie mécaniquement le jarret lors de la flexion du fémur, en transmettant au pied les mouvements de cet os, tandis que la portion charnue agit activement dans le même sens. Un accident qui se produit quelquefois à la suite de fortes ruades, et qui peut être reproduit expérimentalement avec une très-grande facilité, donne l'incontestable démonstration de la fonction qui est attribuée ici au tendon dont il s'agit. Qu'il soit rompu ou tranché dans une partie de son étendue, la station de l'animal n'en est pas moins régulière; mais dès que celui-ci est mis en marche, le membre traîne sur le sol, le jarret ne pouvant plus être fléchi. C'est l'occasion de dire que cet accident, qui paraît grave tout d'abord, parce qu'il simule la fracture du tibia, se répare spontanément dans l'espace de cinq à six semaines, à la condition que l'animal soit laissé au repos complet.

La *région jambière postérieure* comprend six muscles dont nous ne mentionnerons que les principaux.

Le plus superficiel (6), formé de deux corps charnus renflés, qui lui ont fait donner le nom de *jumeaux de la jambe*, correspond exactement au muscle du mollet de l'homme. Ces deux corps prennent leur origine de chaque côté des condyles du fémur et au-dessus. Ils se terminent à un tendon unique (6'), qui reçoit celui d'un autre petit muscle grêle (7), puis va s'insérer à la partie postérieure du sommet du calcanéum.

Les jumeaux de la jambe, lorsqu'ils se contractent, étendent le pied tout entier sur le tibia. Quand ce membre est soulevé, ils agissent par un levier du premier genre. Le pied posant au contraire sur le sol, leur action se produit au moyen d'un levier inter-puissant ou du second genre, le point d'appui étant en bas et la résistance en haut, représentée par le poids du corps, est poussée en avant par la détente du jarret. Dans la station, ils soutiennent l'angle tibio-tarsien. Ces considérations font voir combien il importe, chez les solipèdes, que le calcanéum soit long et suffisamment oblique, le jarret par conséquent large, puisque celui-là constitue le bras du levier sur lequel agit la puissance contractile des jumeaux. Elles montrent aussi la valeur d'une cuisse bien fournie, qui accuse un grand développement de ces muscles et témoigne de leur puissance de contractilité.

Les fléchisseurs des phalanges sont analogues, quant à la disposition de leurs cordes tendineuses, à ceux du membre antérieur. Il serait donc inutile de les décrire dans leur trajet sur la région du pied. On les voit sur les gravures, aux chiffres 8', 9, 10', ainsi que le ligament suspenseur du boulet A, et la bride que le perforé envoie en avant de la première phalange B. Mais dans la région de la jambe, ils présentent des particularités qu'il est bon d'indiquer.

Le *fléchisseur profond*, ou *perforant* (8), qui occupe le vide entre la face postérieure du tibia et le tendon des jumeaux, est fixé par sa partie charnue, épaisse et prismatique, à cette même face postérieure, à la tubérosité externe et supérieure de cet os, au péroné et au ligament qui unit celui-ci au tibia, par de nombreuses attaches. Cette partie charnue se termine au-dessus de l'extrémité inférieure du tibia, par un fort tendon qui s'engage dans la coulisse formée par la face interne du calcanéum, où il se trouve maintenu par une arcade fibreuse en forme de gaîne, qui est la *gaîne tarsienne*. C'est la synoviale de cette gaîne qui, en se remplissant de liquide séreux, sous l'influence d'un exercice disproportionné, donne naissance à la tumeur molle du jarret connue sous le nom de *vessigon tendineux*. A partir de là, le tendon du perforant ce comporte ensuite absolument comme celui du membre antérieur.

Le *fléchisseur superficiel*, ou *perforé*, prend son origine, par son extrémité supérieure, dans la fosse qui se trouve à l'extrémité inférieure du fémur, au-dessus et entre les deux condyles, par une corde tendineuse seulement munie de quelques faisceaux musculaires dans une faible partie de son étendue. Cette corde descend entre les deux jumeaux, et est accolée à l'externe, sur la face postérieure de l'articulation fémoro-tibiale, pour se placer ensuite au côté interne de leur tendon, puis à sa face postérieure, et gagner ainsi le sommet du calcanéum ; là il s'élargit en forme de calotte fibreuse moulée sur cette éminence, et il y est muni d'une synoviale qui, en se développant, donne naissance au *capelet,* tumeur anormale de la pointe du jarret, causant parfois assez de gêne pour déterminer une boiterie. De là le tendon du perforé gagne la face postérieure de celui du perforant, en arrière du canon, et comme lui se comporte exactement à la manière de celui du fléchisseur correspondant du membre antérieur.

Il n'y a rien à dire du *fléchisseur oblique,* dont le tendon vient s'unir à celui du perforant, vers le tiers supérieur de la région métatarsienne.

Voyons maintenant les différences notables qui méritent d'être signalées chez les autres espèces.

Ruminants. — À notre point de vue, et après ce qui a été dit pour le membre antérieur, la tâche ici sera courte.

Os. — À part la division du métatarsien principal et la bifurcation des phalanges, les différences qui existent dans les autres os appartiennent à l'étude complète et minutieuse de l'anatomie. Nous n'avons donc pas à les mentionner ici.

Articulations. — Il y a seulement, chez les ruminants, absence du ligament pubio-fémoral, dans l'articulation coxo-fémorale, ce qui leur permet des mouvements d'abduction du membre postérieur plus étendus et explique la faculté qu'ils ont de lancer leur pied sur le côté ou de *ruer en vache,* comme l'on dit vulgairement. Les articulations des os du tarse entre eux sont aussi plus mobiles.

Muscles. — Les régions musculaires de la cuisse et de la jambe présentent, chez les ruminants, quelques différences de détail ; mais comme ces différences n'entraînent aucune modification de fonction, il serait superflu de les signaler. Nul besoin, par exemple, de répéter que la disposition des tendons des extenseurs et des fléchisseurs des phalanges se prête, comme dans le membre antérieur, à la bifurcation du pied.

PORC. — Rien à noter, si ce n'est la même disposition que dans le membre antérieur, quant au pied.

CARNASSIERS. — RONGEURS. — OISEAUX. — Même remarque. Il faut noter seulement que chez le chien, le chat et le lapin, le péroné est aussi long et aussi volumineux que le tibia.

Maintenant que nous connaissons suffisamment l'organisation de l'appareil locomoteur tel que nous l'avons défini, il convient de nous occuper de la manière dont il fonctionne dans son ensemble, soit en vue du soutien du corps, soit pour la marche de l'animal à ses diverses allures. Ce sera l'occasion d'indiquer les meilleures conditions de son fonctionnement, à ces deux égards. Nous avons donc à parler d'abord des aplombs, puis des allures, en continuant de prendre les solypèdes pour type, sans qu'il soit nécessaire, cette fois, de marquer aucune différence pour ce qui concerne les autres animaux.

3. Aplombs et direction des membres.

Pour que les membres, dont nous venons d'indiquer sommairement la constitution anatomique, puissent remplir au mieux leur double office, en vue du soutien du corps et de l'exécution des mouvements qui ont pour effet de le déplacer, il ne suffit pas que chacune de leurs parties présente les conditions précédemment exposées et soit exempte des tares ou altérations qu'une mauvaise constitution héréditaire ou l'usure prématurée y fait développer ; il faut encore que ces mêmes parties, dans leur agencement, aient la direction la plus en rapport avec les lois de la mécanique. On n'aura pas de peine à comprendre que leur résistance à l'usure, aussi bien que leur aptitude à ce qu'on appelle, en mécanique, le travail utile, soit précisément en raison de cette concordance. Il convient donc d'établir les conditions normales de ces dispositions dont nous voulons parler, afin qu'on puisse y rapporter, comme terme de comparaison, celles qu'on est appelé à observer.

Dans les traités classiques sur la conformation extérieure du cheval et dans les cours des écoles, on a coutume de rapporter la direction des membres à des lignes verticales, dites lignes d'aplomb, abaissées par la pensée en regard de chacun d'eux. Suivant que les rayons du membre, perpendiculaires au sol, concordent avec ces lignes et que les autres s'en éloignent plus ou moins, on juge du bon ou du mauvais état des aplombs.

J'avais été frappé, pour mon compte, de ce qu'un semblable moyen de contrôle laisse à désirer sous le rapport de la précision. Il est, pour la plupart des déterminations, complètement arbitraire; il ne donne rien de rigoureux, par exemple, pour ce qui concerne les rayons obliques du membre. J'ai donc dû songer à lui en substituer un autre, et l'étude attentive de la mécanique animale m'en a fait proposer un qui a, j'ose le dire, le mérite d'une rigueur mathématique, ainsi qu'on va pouvoir en juger. Nous en avons déjà dit quelques mots à propos des membres antérieurs.

Remarquons d'abord qu'il existe bien positivement une loi de corrélation entre les diverses parties analogues du squelette; d'où il résulte que dans les membres, par exemple, tous les rayons dirigés dans un même sens sont exactement parallèles entre eux. C'est la condition d'une conformation harmonieuse, la plus favorable au fonctionnement mécanique de ces divers rayons.

C'est donc là le premier point à considérer, lorsqu'il s'agit de déterminer la bonne conformation d'un cheval ou de tout autre animal, quel que soit d'ailleurs le service auquel il est destiné. Il faut faire toutefois une exception pour le cheval de course, chez lequel les pratiques de l'entraînement ont amené une déviation à cette loi; déviation qui est une des plus remarquables preuves de l'influence de la gymnastique, bien qu'elle n'ait point, à ma connaissance du moins, été remarquée avant moi. En effet, chez la plupart de ces chevaux, les rayons supérieurs du membre postérieur sont moins obliques que ceux du membre antérieur, et ne sont point, par conséquent, parallèles avec eux. Cela tient à l'exercice du galop à deux temps, dit galop de course, auquel ils sont soumis de bonne heure. Ce galop, qui se compose d'une succession de bonds, ainsi que nous le verrons plus loin, a pour résultat de redresser les fémurs en élevant la croupe, d'après un mécanisme physiologique facile à comprendre, mais sur lequel il ne conviendrait pas d'insister ici·

Un cheval étant donné, pour apprécier mathématiquement les conditions de ses aplombs, il faut par conséquent faire passer

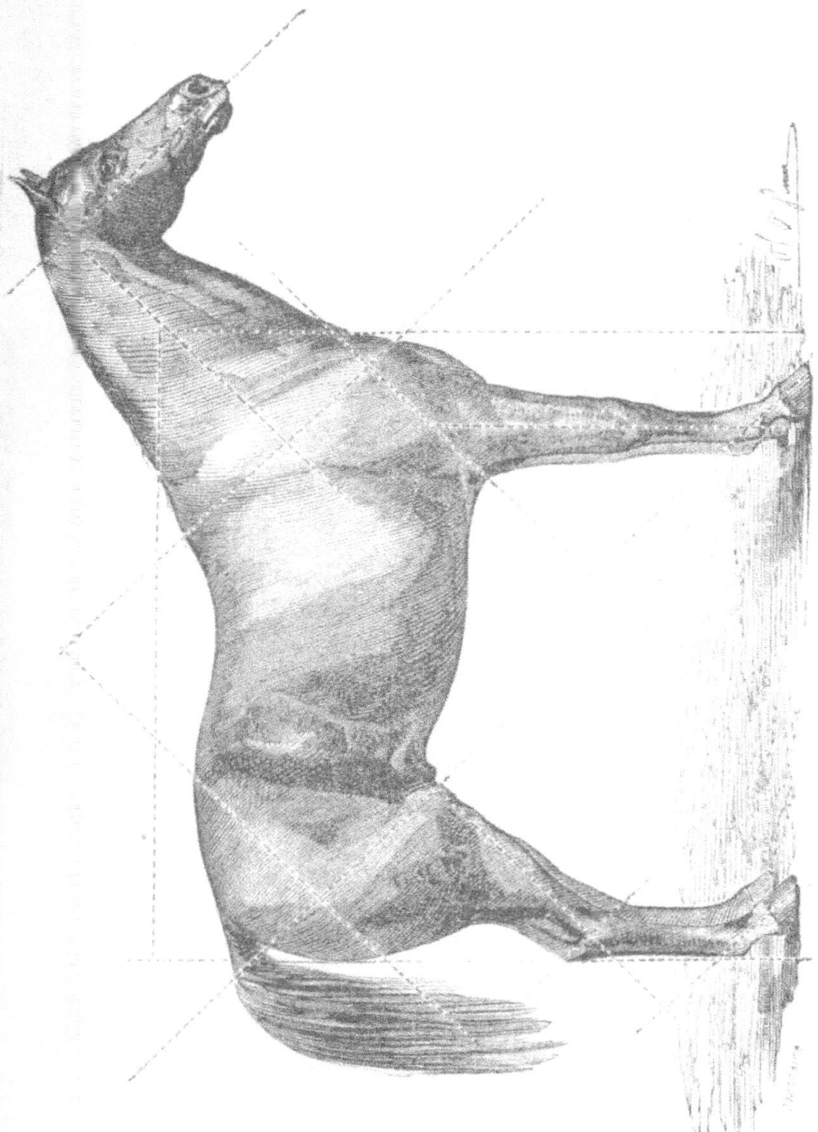

Grav. 9. — Lignes d'aplomb et de direction des membres.

une ligne idéale par le grand axe de chacun des os longs de ses membres, comme cela se voit indiqué sur la gravure 9, en prolongeant ces lignes jusqu'à ce que celles qui sont dirigées en sens opposé puissent se rencontrer. Dans cette sorte de tracé, on s'aperçoit bientôt que les conditions de la conformation et des aplombs parfaits des membres sont celles d'où résultent des angles droits à tous les points d'intersection des lignes. Or, cela ne peut avoir lieu que si tous les rayons obliques dans le même sens sont exactement parallèles entre eux, comme nous l'avons déjà dit. En outre, il est non moins établi par l'observation que dans le cas où ces rayons obliques forment par leur opposition des angles droits, ils en donnent, avec les rayons verticaux, de 45 degrés, de même qu'avec le plan représenté par le sol. La loi de corrélation étant admise, on pourrait donc, pour simplifier, se borner à dire que les aplombs sont parfaits lorsque l'axe du paturon et du pied donne, en rencontrant le plan du sol, un angle de 45 degrés.

En effet, cette condition ne se rencontre qu'avec une direction également normale de tous les autres rayons du membre. La déviation congénitale de l'un d'eux entraîne celle de tous les autres. Les paturons courts et droits accompagnent nécessairement une épaule droite et courte, une croupe avalée. On vérifiera sans peine cette loi par l'observation.

Cela s'applique à la vérification des aplombs de l'animal vu de profil; quant à celle des aplombs vus de face, il faut, pour qu'ils soient réguliers, que l'axe de chacun des membres composant un bipède latéral se trouve situé dans un même plan vertical; en d'autres termes, que le membre antérieur et le membre postérieur soient, dans toute leur étendue, exactement en regard l'un de l'autre, de manière que les lignes de chaque rayon oblique, prolongées de l'un à l'autre, passent nécessairement par ce plan et se rencontrent à leur point d'intersection.

Voilà pour l'ensemble; voyons maintenant le détail, et faisons application de notre loi à la vérification de ce qu'on appelle improprement les aplombs défectueux. Mais auparavant il convient de rendre justice à qui de droit, en rappelant qu'à un autre point de vue, M. le général Morris avait déjà découvert cette *loi de similitude des angles,* entraînant suivant lui la similitude des allures entre les chevaux qui doivent composer chaque rang de cavalerie, ce qui est indispensable, ainsi qu'il la démontré, pour la bonne exécution des manœuvres et la conservation des chevaux de troupe. Ce qui nous appartient donc seulement, c'est l'application de cette loi à la bonne constitution mécanique de l'individu considéré en particulier et à la détermination précise et rigoureuse de ses aplombs. Son mérite à cet égard la fera, j'espère, adopter par tous ceux qui ne cherchent que le vrai, sans se préoccuper de mesquines considérations d'amour propre d'auteur.

L'axe des rayons inférieurs du membre peut être oblique par rapport au plan vertical, et l'obliquité se montrer dans deux sens opposés. Si elle existe de haut en bas et de dedans en dehors, l'animal est dit *panard*, et dans ce cas la pince du pied est écartée en dehors, ce qui donne au bipède antérieur un aspect divergent. Lorsque cette disposition vicieuse existe au bipède postérieur, elle entraîne le rapprochement des pointes du jarret et leur déviation en dedans. Le cheval est dit alors *jarretier*, *crochu*, ou *clos du derrière*. Quand l'obliquité du pied est au contraire de haut en bas et de dehors en dedans, l'animal est *cagneux*. Aux membres postérieurs, cela détermine l'écartement des pointes du jarret, et fait le cheval *ouvert du derrière*. Dans ces deux cas, on voit facilement que les lignes des rayons inférieurs sont déviées du plan et qu'elles pourraient être prolongées indéfiniment sans jamais rencontrer celles des rayons supérieurs dirigés en sens contraire.

Les rayons normalement verticaux peuvent aussi être déviés de la ligne d'aplomb. Quand au membre antérieur ils sont devenus obliques l'un par rapport à l'autre, en formant un angle plus ou moins ouvert à l'articulation du genou, la déviation prend un nom différent, suivant que cet angle est ouvert en avant ou en arrière. Le premier cas est toujours congénital ou naturel. On dit alors que le cheval a le *genou effacé* ou le *genou de veau*. Dans le second cas, s'il s'agit d'une disposition originelle, l'animal est *brassicourt*, ce qui n'est pas un défaut très-grave, si le sujet est d'ailleurs énergique; si la difformité est acquise par l'usure, le cheval est *arqué*. Ce dernier vice s'accompagne toujours d'un autre, qui consiste dans le redressement du pâteron et l'ouverture consécutive de l'angle formé par l'articulation du boulet; celle-ci peut même, dans certains cas extrêmes, dépasser en avant la verticale. C'est cette disposition, à divers degrés, qui fait le cheval *bouleté*.

Lorsque ces mêmes rayons verticaux sont situés en dehors de la ligne d'aplomb, c'est-à-dire de la perpendiculaire, cela constitue des vices qui prennent différents noms, suivant que la déviation a lieu en avant ou en arrière de la verticale. Dans ce dernier cas, le cheval est dit *sous lui du devant,* s'il s'agit des membres antérieurs, et *campé du derrière,* s'il s'agit des membres postérieurs ; inversement, il est *campé du devant,* ou *sous lui du derrière,* si les membres antérieurs ou les membres postérieurs sont portés en avant de la ligne d'aplomb.

Nous avons démontré ailleurs[1] que le vice d'aplomb dont l'existence fait dire que le cheval est campé du devant ne peut pas être dû à un défaut de conformation des rayons supérieurs du membre. Il a toujours sa cause dans un état de souffrance des pieds, qui porte instinctivement l'animal à soustraire ces parties aux pressions douloureuses qu'y occasionne le poids de l'avant-main. C'est ce que l'observation met en lumière d'une façon indubitable, et ce que d'ailleurs la mécanique animale explique parfaitement. Toutes les conséquences qui en ont été tirées par les auteurs relativement à l'accomplissement des mouvements est donc erroné. Mécaniquement, le cheval campé du devant devrait avoir des allures plus allongées que celui dont les avant-bras sont régulièrement verticaux, si cette disposition était due uniquement à une déviation congénitale de l'articulation du coude, dont l'angle serait ainsi moins ouvert ; mais pour la même raison qu'il porte ainsi instinctivement le pied en avant, dans le poser, pour s'éviter une souffrance, il raccourcit son allure de façon à amoindrir le choc.

Il est important de tenir compte de ce fait, parce qu'il suffit de remédier à l'état pathologique des pieds pour faire disparaitre le vice d'aplomb dont il s'agit. Ceci n'est pas seulement une induction théorique ; l'expérience nous en a plusieurs fois fourni la démonstration.

La régularité des aplombs est une des conditions les plus importantes à considérer dans l'appréciation des animaux destinés

---

[1] Voy. *Nouveau Dictionnaire pratique de médecine, de chirurgie et d'hygiène vétérinaires,* de Bouley et Reynal, art. APLOMB, T. 1, p. 674.

à servir de moteurs. C'est pour cela que nous y avons insisté. Et pour le bien faire comprendre, il suffira de reproduire les considérations que nous avons déjà fait valoir à ce propos :

« Le tronc représentant un poids à supporter, avons-nous dit, il est de fait que les membres y suffiront d'une manière d'autant plus heureuse et plus en rapport avec la conservation de leur intégrité, que ce même poids agira toujours, dans la station, suivant la direction normale de sa propre gravitation ; c'est-à-dire que la disposition des brisures qui se font remarquer dans la constitution des colonnes de soutien, sera agencée de telle sorte, que les diverses composantes se résoudront toutes en une résultante unique et invariablement parallèle à la direction du fil à plomb. De cette façon, et quelle que soit, du reste, la situation du centre de gravité de la masse et parconséquent la quantité de poids répartie sur chacune de ces colonnes, on comprendra que cette même quantité se partagera également entre les différentes parties constituantes, os, tendons ou muscles. Et c'est là l'essentiel ; car, concourant au but commun, dans des proportions admirablement partagées, de telle sorte que les chocs brusques soient soigneusement évités, en raison de l'élasticité justement ménagée de quelques unes de ces parties, dans ces conditions normales, leurs fonctions respectives s'exécutent sans dommage notable pour aucune d'elles.

« Telles sont, en effet, pour la machine animale, les données indispensables d'un aplomb régulier. Dans la station, la résistance alors se trouve toujours en rapport exact avec la quantité de masse à supporter ; l'équilibre est parfait ; les lois physiques sont conséquemment respectées. Mais si nous envisageons maintenant cette même machine au point de vue de sa destination véritable, qui est de se mouvoir, il nous sera facile de reconnaître, à cette disposition régulière que je viens d'indiquer, des avantages autrement signalés.

« Quand on examine de près l'agencement des différents rayons qui, par leur réunion, constituent chacune des deux paires de membres du cheval, on est frappé de ceci, à savoir : que ceux de l'avant-main sont surtout disposés de façon à remplir la fonction de colonnes de soutien, tandis que ceux de l'arrière-main doivent être principalement des agents propulseurs. Il n'est sur ce point aucune dissidence. Or, s'il en est ainsi, il s'ensuit naturellement que, pour la parfaite exécution de la fonction locomotrice, une plus forte partie de la masse doit être supportée par le bipède antérieur, et que, autant pour la sûreté et la solidité de la marche que pour la durée de la machine, un aplomb parfait lui est indispensable..... [1]. »

Ce qui précède fera sentir suffisamment, croyons nous, toute l'attention qu'il faut mettre dans la détermination des aplombs, et nous désirons que la méthode exacte donnée par nous pour cette détermination paraisse au lecteur aussi simple et aussi facile à appliquer qu'elle nous semble l'être à nous même.

4. — Allures.

On a donné le nom d'allures à l'ensemble des mouvements à l'aide desquels les animaux *progressent* pour se rendre d'un lieu dans un autre. Ces mouvements, qui consistent essentiellement dans le déplacement des rayons osseux précédemment indiqués plutôt que décrits, par les contractions des muscles qui s'y attachent, contractions dont le premier effet est de raccourcir ces derniers et par conséquent d'entraîner le rayon osseux opposé à leur point fixe ; ces mouvements s'exécutent suivant différents modes auxquels correspondent autant d'allures particulières. C'est des combinaisons desdits mouvements entre les quatre membres que résultent les modes dont il s'agit ; mais d'autres parties de l'animal, l'encolure et la tête, par exemple, concourent à leur exécution d'une certaine façon. L'action de ces parties ne change rien au mode en lui-même ; elle lui imprime seulement des caractères particuliers, quant à l'élégance ou à la vitesse.

En effet, les allures, au fond, ne sont que des déplacements de la base de sustentation et du centre de gravité par conséquent. Cette base, représentée par un parallélogramme, à chacun des angles duquel se trouve l'un des pieds de l'animal, n'est telle que dans la station. On conçoit facilement, en outre, que la position de la tête doive faire varier de bien des manières la situation du centre de gravité, qui est nécessairement toujours

---

[1] Ouvr. et art. cités plus haut, page 669.

inscrit dans la base de sustentation, mais qui se reporte en
avant ou en arrière, suivant que la tête est portée plus ou
moins en avant et en bas, ces attitudes allongeant ou raccour-
cissant le bras de levier représentée par l'encolure.

C'est là un point qu'il importe de ne pas perdre de vue, lorsqu'il s'agit de diriger les allures du cheval, par exemple; car,
pour en tirer le meilleur parti possible, il convient de le mettre
dans une situation telle, qu'il puisse sans contrariété aucune
disposer de tous ses moyens. Et c'est ce qui fait qu'en équitation, par exemple, le bon usage de la main a une si grande importance. Cela, nous ne pouvons que l'indiquer en passant ici;
ce n'est pas le lieu de nous y arrêter. Voyons seulement le mécanisme d'après lequel la locomotion s'effectue.

« Chaque membre locomoteur a écrit M. H. Bouley [1] peut
être considéré comme un ressort, de l'activité duquel la contraction musculaire est le principe, et qui, interposé entre la
masse du sol et celle du corps, doit avoir pour effet de déterminer le déplacement de celle de ces deux masses qui offre la
moindre résistance. » Et un peu plus loin : « Le déplacement
des membres, à quelque moment et avec quelque vitesse qu'il
s'accomplisse, peut être considéré, pour la facilité de l'analyse,
comme le résultat de quatre actions distinctes : en effet, le
membre qui se meut est *leré* d'abord ; puis *soutenu* en l'air ;
puis *posé* sur le sol ; et enfin *appuyé* pour servir de colonne de
soutien à la machine, pendant qu'un membre congénère exécute
les mêmes actions. Ces quatre temps ou périodes dans le mouvement complet de chaque membre sont appelés, en langage
technique : le *lever*, le *soutien*, le *poser* et l'*appui*. »

C'est cette dernière action qui provoque les réactions à la
partie supérieure des membres, réactions qui sont si admirablement amoindries par les dispositions anatomiques sur lesquelles
nous avons avec soin appelé l'attention, pour n'avoir pas à y revenir en ce moment. Si on les avait oubliées, il suffirait de se
reporter à ce que nous avons dit à propos de l'appareil musculaire de l'épaule et du bras, et surtout des appareils ligamenteux et tendineux des régions métacarpo et métatarso-phalan-
giennes. (Voy. p. 23 et 29)

[1] Ouvr. cité, art. ALLURES, t. I, p. 359.

Nous observerons, en passant en revue chaque forme des allures, qu'il existe une relation nécessaire entre l'instabilité de l'équilibre du corps et la vitesse de ces allures. En y réfléchissant un peu, l'on en saisira facilement le motif. Pour les décrire, il convient de passer successivement des plus lentes aux plus rapides. Les seules que l'analyse ait permis de déterminer sont connues sous les noms suivants : le *pas*, le *pas relevé*, le *trot*, l'*amble*, le *traquenard*, le *galop* et l'*aubin*.

Pas. — C'est l'allure la plus naturelle, celle que les animaux prennent habituellement, lorsqu'ils sont seulement sollicités à se déplacer par leurs besoins normaux.

Voici comment s'effectuent les mouvements successifs des membres qui caractérisent cette allure. Nous supposerons l'animal en repos, et sans entrer dans une analyse physiologique minutieuse, nous indiquerons l'ordre de succession d'après lequel chaque membre concourt à son exécution.

L'allure du pas est toujours entamée par l'un des membres antérieurs, le droit ou le gauche indifféremment. Cela dépend de la situation de la tête au moment où commence l'action, le pied du côté opposé à celui vers lequel celle-ci est inclinée, étant toujours le premier levé.

Donc, en admettant que ce soit le pied antérieur gauche qui entame le terrain, comme l'on dit, dès que ce pied est au soutien, le pied postérieur droit se lève, de telle sorte que pendant le court instant du soutien du pied antérieur, le corps demeure dans un équilibre instable, porté seulement par le bipède diagonal droit. Au moment où le pied antérieur gauche arrive au poser, le postérieur droit est au soutien, et c'est alors que le membre antérieur droit se lève, pour arriver au soutien en même temps que le postérieur du même côté se pose précisément à la place qu'il vient de quitter, et que l'antérieur gauche est à l'appui pour reporter la base de sustentation sur le bipède diagonal gauche. A cet instant même, le pied postérieur gauche se lève, arrive au soutien comme l'antérieur droit se pose, et vient se poser à son tour à la place quittée par le pied antérieur du même côté, recommençant par son lever la série de mouvements qui composent une période complète du pas.

Si l'on s'est bien rendu compte à la fois du mécanisme des articulations des membres, et des usages des régions musculaires qui ont été indiquées précédemment, on saisira facilement comment il se fait que les mouvements successifs des membres que nous venons de décrire, entraînent un déplacement en avant.

En effet, on comprendra que pour pouvoir lever le membre postérieur qui est opposé en diagonale au membre antérieur arrivé au soutien, il est absolument nécessaire que l'animal, prenant son point fixe sur le sol, imprime un mouvement de détente au jarret, de façon que le centre de gravité du corps soit déplacé en avant. Le pied antérieur, en se posant, rencontre alors le sol à une distance correspondant à l'intensité de cette détente; et c'est de cette façon que l'animal progresse. Ainsi pour l'autre bipède diagonal.

Dans l'allure du pas, les quatre pieds se posent donc alternativement sur le sol à des intervalles de temps sensiblement égaux; et lorsque cette allure est régulière, on entend d'une manière distincte quatre battues égales en intensité. La vitesse de l'allure, c'est-à-dire l'espace parcouru dans un temps donné, peut dépendre, soit de la distance qui sépare chaque foulée du sol, soit de la répétition plus ou moins fréquente des battues. Cette vitesse est donc, en définitive, plutôt en rapport avec l'énergie ou l'éducation des individus qu'avec leur conformation. Quelle que soit la disposition des rayons des membres, une répétition plus fréquente de leurs mouvements peut être plus facilement obtenue, qu'une augmentation de l'amplitude de chacun de ceux-ci. On peut, en d'autres termes, moins gagner sur l'espace que sur le temps pour chacun de ces mouvements.

Pour que l'allure du pas soit régulière et normale, il faut d'abord que ces différentes phases, telles que nous venons de les exposer sommairement, s'exécutent dans des temps égaux, de manière que l'oreille perçoive une succession équidistante de battues des pieds sur le sol. Il faut encore que les rayons de chaque membre se meuvent dans le même plan vertical pour chacun des bipèdes latéraux, et que les deux plans soient parfaitement parallèles entre eux. C'est, on s'en souviendra, la condition d'une complète rectitude des aplombs.

Dans l'action du lever, ces mouvements peuvent être déviés en dedans ou en dehors du plan vertical. Cela tient à la direction des rayons osseux inférieurs à l'articulation du genou.

Si la déviation a lieu en dedans, le bord tranchant du pied peut rencontrer la partie saillante du boulet du côté opposé, alors à l'appui, et y produire une contusion, dont la répétition donne bientôt naissance à une plaie; c'est ce qu'on désigne par l'expression de *se couper*. On dit d'un cheval présentant cette défectuosité dans l'allure du pas, qu'il « se coupe. » Lorsqu'elle existe, elle entraîne les mêmes inconvénients dans l'exécution de la plupart des autres allures, ainsi que nous le verrons.

La déviation dont il s'agit peut être le résultat d'un vice congénital de conformation, ou résulter de la fatigue et de l'usure. Dans tous les cas, on y remédie, dans la mesure du possible, au moyen de la ferrure.

La défectuosité qui consiste en ce que le pied, lors du lever, est porté en dehors, est beaucoup moins grave. Elle entraîne l'action de *billarder*; ce qui est disgracieux à l'œil, toutefois, et ne permet pas une vitesse pareille à celle que l'on obtient d'un cheval dont les aplombs sont réguliers.

Avec l'existence de ces derniers, d'ailleurs, les actions peuvent en outre pécher par défaut de coordination. Il arrive que les pieds postérieurs se lèvent et arrivent au poser avant que les pieds antérieurs, dont ils doivent couvrir la foulée, soient eux-mêmes levés. Dans ce cas, ceux-ci sont heurtés par les premiers; on entend le bruit du choc des fers, et l'on dit que l'animal *forge*. Ce choc répété produit souvent des *atteintes* aux talon du pied frappé. C'est là un défaut grave, que rien ne peut atténuer, qui s'exagère nécessairement dans les allures plus vives, et à mesure que le cheval se fatigue davantage.

Enfin, dans ces mêmes conditions d'un aplomb normal, le plus ou moins de longueur de l'avant-bras, par rapport au canon, peut entraîner des actions différentes, quant au lever du pied.

Lorsque l'avant-bras est relativement court, chez un animal énergique, cela entraîne ce qu'on appelle des allures relevées, qui sont brillantes, mais en réalité peu propres à produire de la vitesse. Les efforts musculaires sont en grande partie dépensés sans travail utile, puisqu'ils ont pour effet de produire un mouvement vertical qui ne peut en rien faire progresser le corps en avant.

Quand au contraire l'avant-bras est long, et le canon court

par conséquent, le pied dans l'action du membre atteint une moins grande hauteur, l'arc de cercle qu'il décrit pour revenir au poser a sa corde plus longue, et pour une dépense de force musculaire égale produit une vitesse plus grande. Ce sont là des conditions avantageuses, qui doivent faire préférer les chevaux ayant de telles actions, à moins qu'elle ne soient dues à l'usure ou à quelque souffrance des parties sous-ongulées; auquel cas l'allure est en même temps raccourcie.

En toute circonstance, pour que l'allure du pas soit tout-à-fait convenable, il faut que l'appui des pieds antérieurs se fasse franchement, par toutes les parties à la fois du bord plantaire de la boîte cornée, et non pas plus particulièrement par la pince ou les talons.

Pour ce qui est des pieds postérieurs, la plupart des remarques précédentes peuvent s'y appliquer. Ces pieds, en se levant, ne doivent pas dépasser en hauteur la limite nécessaire pour que le mouvement en avant soit franc et aisé. Lorsque, dans cette action, le jarret se fléchit trop, on dit que le cheval *harpe*. Cela est dû le plus ordinairement à un état anormal de l'articulation. Dans le cas où le pied rase le sol, par suite d'une flexion insuffisante du jarret, cela produit encore une allure défectueuse, et les pieds sont par là rendus *rampins* ou *pinçards*. Il arrive aussi parfois qu'après l'appui du pied postérieur la pointe du jarret est portée en dehors, par suite d'un mouvement de torsion du membre tout entier. On doit, dans le choix d'un cheval, exclure celui qui présente cette défectuosité, laquelle est un indice de faiblesse.

Pas relevé. — On a improprement donné ce nom à une allure naturelle à certaines familles de chevaux, dans lesquelles elle se transmet par voie d'hérédité.

Nous disons que l'appellation est impropre, parce que si, en effet, l'allure dont il s'agit présente essentiellement les caractères du pas, rien ne justifie l'épithète jointe à ce mot. Il est remarquable, au contraire, que les *bidets d'allure*, qui marchent le pas dit relevé, ne relèvent que le moins possible les pieds, ce qui est précisément pour l'allure une condition de vitesse.

Les seules modifications qui distinguent le pas relevé du pas ordinaire, consistent en ce que les actions, dans le premier, sont plus précipitées, et non pas séparées par des temps égaux comme pour le dernier. Les quatre battues se succèdent deux par deux, avec un intervalle moins court entre chaque couple de battues diagonales. Certains bidets exécutent cette allure avec une remarquable célérité. Ils sont d'ailleurs tous fort estimés pour les longues routes, principalement à cause de l'absence de réactions fatigantes pour le cavalier qui caractérisent cette allure.

Elle coïncide le plus souvent avec une conformation particulière, mais l'on ne peut pas affirmer qu'elle en soit la conséquence. Les bidets d'allure sont fortement musclés ; ils ont l'encolure courte, la tête forte, et portent celle-ci basse.

Trot. — On considère l'allure du trot comme résultant de l'éducation donnée par l'homme au cheval. Il est, en effet, peu probable que cette allure résulte des seuls instincts de l'animal. Celui-ci, pour répondre à ses besoins naturels, devait, avant son ralliement, passer nécessairement du pas au galop. Il serait même curieux de savoir à quelle époque les chevaux ont commencé de trotter. On pourrait établir par là plus d'un rapprochement avec la marche des civilisations.

Toujours est-il que l'allure du trot est devenue naturelle au cheval domestique, dans nos contrées européennes du moins, et qu'elle répond, telle que nous l'observons aujourd'hui, mieux qu'aucune autre, aux plus communs besoins de notre état social.

Seule, elle offre cet avantage d'une certaine vitesse compatible avec la durée des actions, cette vitesse dépendant pour ainsi dire autant de l'instabilité continuelle d'équilibre dans laquelle l'allure du trot place le corps de l'animal, que du déploiement de force musculaire exigé pour la production des mouvements.

Le trot est en outre l'allure dans laquelle les effets produits sont le plus exactement en rapport avec la conformation.

Toutes les beautés que nous avons essayé de faire ressortir en décrivant l'appareil locomoteur concourent, à somme égale d'énergie dépensée, pour produire une vitesse plus grande. Une épaule longue et inclinée, un avant-bras long et bien musclé, une croupe longue et horizontale, jointe à une cuisse bien descendante sur un jarret large : tout cela, dans les actions qui entrent en jeu pour effectuer l'allure du trot, contribue à faire obtenir de ces actions un plus grand effet utile.

Par la seule connaissance des fonctions de chaque partie de l'appareil locomoteur, telle que nous l'avons précédemment donnée, il sera facile de s'en rendre compte, dès que l'on sera fixé sur les mouvements qui constituent le trot.

Ici, comme pour le pas, il est nécessaire de supposer un point de départ quelconque, soit du pied antérieur droit, soit du gauche, l'un ou l'autre indifféremment pouvant entamer le terrain. Cela dépend de la position de la tête et de l'encolure, qui sont, à vrai dire, dans ce cas, le gouvernail.

L'allure du trot, comme on le sait, ne fait entendre que deux battues se succédant à intervalles égaux. Cela veut dire, nécessairement, que l'animal à cette allure procède par bipède.

Or, l'observation démontre que c'est par bipède diagonal que la progression se fait; c'est-à-dire que le membre antérieur d'un côté et le membre postérieur du côté opposé fonctionnent en même temps. Voici ce qui arrive : supposons que le pied antérieur droit entame le terrain ; ce pied se lève et simultanément le pied postérieur gauche aussi. Durant le temps du soutien, le poids du corps se trouve donc alors porté seulement par un bipède diagonal, condition d'équilibre fort instable, comme on le voit. C'est ce qui détermine au plus tôt l'action également simultanée de ce bipède, dans laquelle action une détente du jarret est immédiatement suivie du lever des deux pieds antérieur gauche et postérieur droit, avant l'appui de l'autre bipède : de telle sorte que durant l'intervalle de temps très-court qui suit les deux actions qui viennent d'être indiquées, le corps se trouve suspendu en l'air. C'est à ce moment qu'il est projeté en avant d'une quantité variable précisément suivant la conformation et l'énergie de l'animal tout ensemble. C'est la durée de ce rapide instant qui donne à l'allure du trot son caractère, parce qu'elle est proportionnelle à la projection du corps en avant et à l'étendue ou plutôt à l'amplitude du mouvement propre des rayons du membre antérieur : plus la détente du jarret est forte, plus le mouvement du membre antérieur embrasse d'espace, plus l'allure du trot est belle et efficace. Cette dernière action, si remarquable chez les grands trotteurs, fait dire par les hommes de cheval qu'ils « nagent. » On appelle aussi ces chevaux à grandes actions des *steppeurs*.

On a saisi, j'espère, la succession des mouvements qui viennent d'être indiqués. Les deux bipèdes diagonaux se lèvent et s'appuient successivement, et entre ces deux actions, le centre de gravité du corps oscille en quelque sorte de gauche à droite et de droite à gauche, dans une limite assez restreinte, qui est d'ailleurs en rapport avec la rapidité du trot.

Ce ne serait pas ici le lieu d'entrer dans une analyse physiologique plus détaillée de l'allure du trot. Notre but est seulement de mettre le lecteur en mesure d'apprécier les conditions normales des allures et la conformation de l'appareil locomoteur qui peut le mieux les favoriser. Nous en avons assez dit, en conséquence, pour qu'il soit possible de juger ces deux points en connaissance de cause. Il serait inutile d'ajouter que les actions relevées, dans le trot, sont défectueuses, en ce qu'elles se produisent aux dépens de la vitesse. Dirons-nous aussi que les vices d'aplomb déjà signalés pour l'allure du pas produisent encore plus sûrement avec une intensité plus grande leurs fâcheux effets dans celle du trot? Les chevaux faibles ou mal conformés *forgent* et *se coupent*, par exemple, au trot comme au pas.

Amble. — Ceci est l'allure dans laquelle les deux bipèdes latéraux fonctionnent alternativement. C'est une sorte de trot où l'équilibre est encore plus instable, puisque le poids du corps est successivement porté par les deux pieds d'un seul côté.

Cette condition fait comprendre avec qu'elle rapidité doivent se succéder les mouvements. Le corps ne pourrait pas demeurer longtemps dans un état d'équilibre aussi instable. Elle rend nécessaire, en outre, que les pieds ne s'éloignent guère du sol. Aussi, plus rapide que le pas, cette allure l'est beaucoup moins que le trot. Elle produit un balancement de la croupe, mais ses réactions se font à peine sentir, ce qui tient à ce que le cheval ambleur lève peu les membres et *rase le tapis,* selon l'expression vulgaire.

Comme le pas relevé, l'amble s'observe dans certaines familles de chevaux, où il est héréditaire. L'une et l'autre de ces allures, fort recherchées en d'autres temps, ont beaucoup perdu de leur valeur depuis la si grande extension prise par l'usage du cabriolet et du tilbury.

Traquenard. — Allure défectueuse, dans laquelle les

membres procédant par bipède latéral ne s'en lèvent pas moins alternativement et font entendre quatre battues.

Le traquenard est une allure rapide, comme le pas relevé et l'amble, et qui, pas plus que ces dernières, ne convient à l'emploi que nous faisons maintenant du cheval le plus communément.

Galop. — Il y a plusieurs sortes de galops, mais une seule est naturelle, c'est celle que l'on appelle le *galop à trois temps*. Deux autres, le *galop à deux temps*, ou galop de course, et le *galop à quatre temps,* ou galop de manége, sont le résultat de l'éducation.

Le galop ordinaire, dans lequel l'oreille perçoit le bruit de trois battues sur le sol, n'est pas facile à analyser exactement, lorsqu'on veut se rendre compte des mouvements qui le constituent. La rapidité avec laquelle ces mouvements se succèdent rend nécessaire un examen attentif, pour bien saisir chacun d'eux. Nous allons essayer toutefois de l'expliquer clairement.

L'allure dont il s'agit peut, comme le trot, être entamée par l'un ou par l'autre des membres antérieurs. C'est ce qui fait dire, en terme d'équitation, que le cheval galope à droite ou à gauche, suivant le pied antérieur qui est le premier levé.

Dans le galop à trois temps, en effet, l'un des pieds antérieurs est d'abord levé, puis presque en même temps, mais avec un intervalle appréciable cependant, l'autre pied, et les deux à la fois sont projetés en haut et en avant, en conservant une certaine distance quant à leur élévation et à leur projection. Le pied qui a entamé l'allure se montre toujours plus élevé et plus avancé.

Au moment où les deux membres antérieurs ainsi levés sont arrivés à ce temps que l'on appelle le soutien, le bipède postérieur agit à son tour à peu près dans les mêmes conditions. Par la détente successive des deux jarrets, le corps est projeté en haut et en avant, et ce mouvement s'accompagne de la flexion des membres postérieurs, dont les pieds levés se placent sous le corps dans le même ordre que nous venons de voir pour les antérieurs.

A cet instant, l'animal a exécuté un véritable bond; il est en l'air, et il va retomber sur le sol à une certaine distance en avant de son point de départ. Voici maintenant l'ordre d'après lequel l'appui des pieds se fera (il va sans dire que les pieds séparés du sol par une moindre distance atteindront celui-ci les premiers) : Ce sera d'abord celui du pied postérieur gauche si le cheval galope à droite ; puis le postérieur droit et l'antérieur gauche appuieront simultanément, en d'autres termes le bipède diagonal droit, parce que ces deux pieds se trouvent toujours à une égale distance du sol ; enfin en dernier lieu le pied antérieur droit, c'est-à-dire le premier levé touchera le sol. Et voilà pourquoi dans ce genre de galop on entend trois battues : celle d'un membre postérieur, puis celle du bipède diagonal, puis celle du membre antérieur seul.

Le galop est donc composé d'une succession de bonds dans lesquels les deux bipèdes antérieur et postérieur fonctionnent de la même façon, mais sans que les mouvements des deux membres composant chacun de ces bipèdes soient égaux.

C'est ce qui a lieu, au contraire, dans le galop à deux temps. Le galop de course ne fait entendre que deux battues, parce que les deux membres antérieurs levés en même temps et à la même hauteur, aussi bien que les postérieurs, regagnent le sol simultanément. Ces deux battues sont très-précipitées, comme on le conçoit bien, et à la vue d'un cheval parcourant l'hippodrome à cette allure, il semble que ses pieds ne touchent pas le sol, tellement est rapide la succession des appuis. Dans le galop à deux temps, qui produit la plus grande somme de vitesse possible, il importe que la détente des membres postérieurs ait beaucoup moins pour effet d'élever le corps que de le projeter en avant. C'est pour ce motif que la coformation du cheval de course présente ce redressement de l'os de la cuisse sur lequel j'ai appelé l'attention en décrivant cette partie de l'appareil locomoteur. Et c'est cela qui lui permet d'exécuter ces bonds prodigieux, dont quelques uns sont allés, dit-on, jusqu'à près de 23 mètres.

L'allure cadencée qui est connue sous le nom de galop à quatre temps, et qui n'est observée que sur les chevaux de manége, ne doit pas nous occuper ici. C'est au détriment du cheval que cette allure s'effectue, car pour un résultat purement de fantaisie, elle nécessite un très-grand déploiement de force musculaire, chacun des quatre membres agissant successivement.

Aubin. — On remarque fréquemment cette allure chez les chevaux faibles ou très-fatigués, que l'on veut pousser au trot. Il arrive alors que ces chevaux exécutent avec les membres antérieurs les mouvements de celui-ci, et avec les postérieurs ceux du galop, ou réciproquement. Et c'est là ce qu'on a appelé l'aubin. Il n'y a pas lieu de nous en occuper autrement.

CHAPITRE III

APPAREIL DE LA DIGESTION.

Chez tous les animaux domestiques, l'appareil de la digestion se compose d'un certain nombre d'organes, dont les uns sont dits principaux et les autres accessoires.

Ce n'est pas ici le lieu de critiquer cette distinction; mais il est permis de faire remarquer cependant qu'elle est fautive, en ce sens qu'il n'est aucune des parties de l'appareil qui ne soit indispensable à l'accomplissement entier de leur fonction.

Sans donc suivre les classifications adoptées par les anatomistes, nous indiquerons successivement les diverses portions de l'appareil digestif, en faisant connaître ensuite tous les organes qui concourent à l'accomplissement de la fonction.

1. Bouche.

On sait que ce nom a été donné à la cavité par laquelle commence le tube digestif et qui est située entre les deux machoires. Elle est limitée en avant par l'ouverture des lèvres, en arrière par le voile du palais et l'isthme du gosier qui établit sa communication avec les autres portions de l'appareil, sur les côtés par les joues, en haut par le palais, enfin en bas par l'espace intermaxillaire dans lequel se trouve logée la langue.

Solipèdes. — Notre attention doit s'arrêter d'abord sur les *lèvres* qui, au nombre de deux, l'une supérieure, l'autre inférieure, sont réunies de chaque côté par des commissures. Ces voiles membraneux sont constitués par des muscles recouverts de la peau. L'un est commun aux deux lèvres, c'est l'*orbicu-*

laire, sorte de sphincter, dont l'action est de clore la bouche. Les autres lui impriment divers mouvements. C'est un de ces derniers qui, situé au-dessous de la lèvre inférieure, constitue la *houppe du menton*.

La face extérieure des lèvres, dépourvue des poils qui recouvrent les autres parties du corps, en porte un certain nombre de longs et rigides, qui sont de véritables organes de tact. La face interne, lisse et recouverte par la muqueuse buccale (dont l'organisation ressemble sous plus d'un rapport à celle de la peau) est percée de nombreuses ouvertures par lesquelles s'échappe sans cesse un liquide visqueux provenant des glandules labiales situées au-dessous de la muqueuse. Ce sont ces glandules qui laissent échapper les gouttelettes que l'on voit sourdre lorsqu'on soulève la lèvre supérieure, ou que l'on abaisse l'inférieure.

Le *palais*, creusé de sillons transversaux en forme d'arc, et les *joues*, ne doivent pas nous occuper particulièrement, si ce n'est pour noter que le canal de la principale glande salivaire s'ouvre au travers de ces dernières de chaque côté, ainsi que cela sera dit plus loin en parlant de cette glande.

La *langue*, attachée au fond de la bouche dans la plus grande partie de son étendue, est libre pour le reste dans l'espace intra-maxillaire. Elle est constituée par plusieurs muscles dont les insertions au petit appareil osseux que l'on appelle hyoïde, lequel est situé en arrière, comme nous le verrons, sont inutiles à indiquer en détail. Ces muscles, qui forment la substance propre de la langue, lui impriment les mouvements très-variés qu'elle accomplit.

La langue est recouverte par la muqueuse buccale revêtue d'un épithélium très-épais et même rugueux dans certaines de ses parties supérieures, et mince au contraire à la face inférieure de sa partie libre, surtout dans le point où la muqueuse se replie pour constituer ce que l'on appelle le frein de la langue

C'est de chaque côté de ce frein que s'ouvrent les canaux des glandes maxillaires, au-dessous d'un petit mamelon très-visible. On y remarque souvent de petites fractions de fourrage engagées dans l'ouverture, et surtout des épilets du *Brome stérile*.

En avant et de chaque côté de la langue, on observe ce qui s'appelle les *arcades dentaires*. Nous devons nous y arrêter, à cause de l'importance de ces organes au double point de vue de la fonction digestive et du parti qu'on a tiré de l'aspect des dents pour déterminer l'âge des animaux.

Les *dents*, logées en partie dans les alvéoles des mâchoires, sont rangées les unes à côté des autres de manière à former les arcades dont il vient d'être parlé. On y distingue des *molaires* et des *incisives*. Et les caractères particuliers de ces organes sont si importants dans la série des mammifères, que l'on peut à leur seul aspect déterminer l'espèce à laquelle ils appartiennent.

Les molaires forment deux rangées dont chacune correspond à l'un des côtés de la mâchoire supérieure et de la mâchoire inférieure (grav. 10 et 11). Elles sont au nombre de vingt-quatre, six par rangée (*a b* grav. 11).

Les incisives (*d*) forment une arcade unique à l'extrémité antérieure de chaque mâchoire, où elles sont disposées en segment de cercle. Elles sont au nombre de six, ainsi désignées : les deux du milieu, sont les *pinces*; celles qui viennent ensuite, de chaque côté des pinces, sont dites *mitoyennes*; les deux autres s'appellent les *coins*.

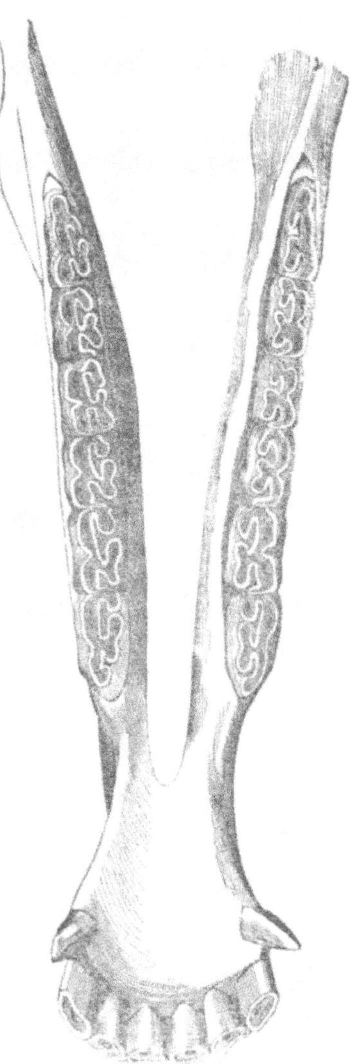

Grav. 10. — Dents de la mâchoire inférieure du Cheval.

Chez les mâles, il existe encore à chaque mâchoire deux dents pointues, dites *crochets (c)*, situées vers le milieu de l'espace qui sépare la première molaire du coin.

Cela porte la totalité des dents du solipède adulte à 40 chez le mâle et à 36 chez la femelle, car celle-ci est dépourvue de crochets ou n'en a que des rudimentaires.

La dentition telle que nous venons de l'indiquer est celle de l'animal adulte; c'est celle qui se compose des dents persistantes. Le jeune animal en présente une particulière, composée de dents caduques, dites dents de lait, qui sont moins nombreuses et en général plus petites. Il n'y a en effet que trois molaires caduques, les trois premières en commençant par le devant, à

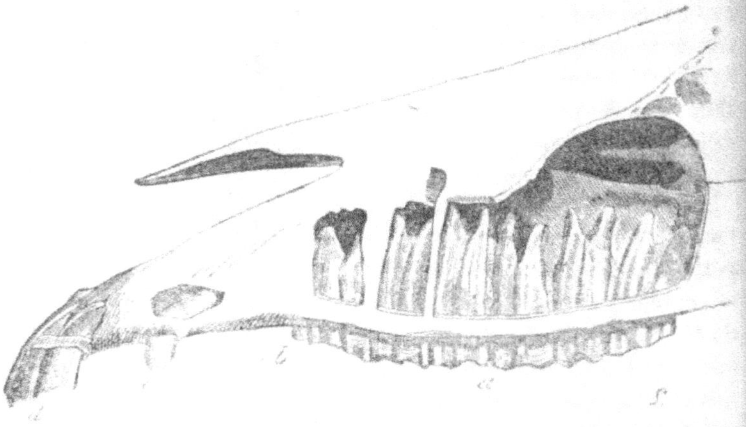

Grav. 11. — Dents de la mâchoire supérieure du Cheval.

chaque arcade dentaire. Les trois autres sont persistantes et n'apparaissent qu'après la chute et le remplacement des premières.

On a tiré grand parti, ainsi que nous l'avons déjà dit et comme on le verra plus loin, de ces phénomènes de développement pour la détermination de l'âge; mais la structure propre des dents a fourni de son côté des éléments non moins importants.

Cette structure diffère, quant à la disposition des substances qui composent la dent, suivant qu'on considère la molaire ou l'incisive; mais elle est dans les deux cas essentiellement composée de trois parties distinctes qui sont, en procédant de l'extérieur à l'intérieur : *l'ivoire* ou *substance éburnée*, *l'émail*, puis la *pulpe dentaire*. Il y a aussi une autre matière que l'on trouve étalée en couche non continue sur la face extérieure de l'émail et qui porte le nom de *cément*. Il convient d'indiquer sommairement la disposition et la composition de chacune de ces parties de la dent, en commençant par les molaires.

La dent molaire présente deux parties distinctes, une libre et l'autre enchâssée dans l'alvéole de la mâchoire. La partie libre est à peu près carrée et offre à sa face supérieure, dite de frottement, une table légèrement inclinée de dedans en dehors à l'arcade inférieure, et de dehors en dedans à la supérieure. Cette disposition permet aux mouvements latéraux de la mâchoire inférieure de s'effectuer sans que les incisives, qui se trouvent ainsi écartées, soient soumises au frottement. Dans l'état de repos, les tables des deux molaires correspondantes de chaque rangée se touchent exactement, à moins d'irrégularité. Avant qu'aucun frottement se soit effectué, c'est-à-dire au moment de leur éruption, les molaires sont entièrement recouvertes, à leur partie supérieure, de cette substance que nous avons plus haut nommée émail et qui s'y présente sous une forme ondulée. Cette substance envoie dans l'épaisseur de la dent, jusqu'à l'extrémité de sa racine, plusieurs replis en forme de cornets remplis de cément, lesquels, lorsque l'usure de la table s'est effectuée, apparaissent avec l'aspect de rubans diversement onduleux et qui sont des sortes de nervures intérieures, répétées aux bords de la dent pour la couche extérieure d'émail qui l'enveloppe dans sa partie libre.

L'émail dentaire est une substance très-dure, d'une couleur blanche chez les animaux jeunes et ayant la teinte du lait.

L'ivoire de la molaire forme, avec le cément, toutes les parties comprises entre les couches d'émail, jusqu'à l'extrémité de la racine. Celle-ci est plus ou moins divisée et creuse, pour loger la pulpe dentaire.

La structure de l'ivoire est fort analogue à celle des os, c'est-à-dire qu'elle est formée d'une base cartilagineuse encroutée de matière calcaire particulière. La coloration en est d'un blanc-jaunâtre. Il en est de même de la structure du cément.

La pulpe dentaire, encore nommée *papille*, est la partie vivante et sensible de la dent. Elle est contenue dans la cavité intérieure de celle-ci. C'est une masse gélatineuse qui reçoit des vaisseaux sanguins et des filets nerveux abondants provenant du nerf dentaire. Elle est enveloppée d'une membrane qui, après être sortie par l'ouverture inférieure de la cavité dentaire, s'épanouit pour tapisser l'alvéole jusqu'à la base de la partie libre ou couronne de la dent, où elle se confond avec la gencive.

La forme et la structure des incisives sont d'un intérêt incomparablement plus grand pour nous, attendu que leurs dispositions fournissent, ainsi que nous l'avons déjà dit, la base de la connaissance de l'âge. Nous devons donc y insister.

La figure générale de ces dents est celle d'une pyramide un peu incurvée, de telle sorte que lorsqu'elles sont maintenues dans leurs alvéoles, la concavité soit dirigée du côté de l'intérieur de la bouche. De la base au sommet de cette pyramide, la coupe ne présente pas dans tous les points la même configuration. Assez régulièrement elliptique à la base, elle va insensiblement en se rapprochant de la forme triangulaire, à mesure qu'on se rapproche de l'extrémité de la racine. De telle sorte que les incisives s'usant par le frottement qu'elles subissent, il s'en suit que les chevaux dont la table dentaire des incisives se rapproche le plus de la forme triangulaire, sont nécessairement les plus âgés, à longueur égale de la partie libre ou couronne dentaire, bien entendu.

L'incisive vierge présente à sa base une cavité, dite cornet dentaire supérieur, formée par le repli circulaire de l'émail extérieur, qui s'infléchit pour constituer ce cornet, lequel pénètre environ jusqu'à la moitié de la longueur de la dent, où il se termine en cul de sac. C'est en arrière de ce cornet que s'étend, jusqu'à une certaine hauteur, la cavité dentaire contenant la pulpe, et qui s'ouvre à l'extrémité de la racine pour donner passage aux vaisseaux et aux nerfs dentaires. La cavité du cornet se remplit bientôt de cément, à mesure que par l'éruption de la dent, le bord antérieur de la base de ce cornet, plus élevée et comme tranchante en avant, s'use au frottement et se nivelle avec le bord postérieur. Ce nivellement opéré, la table dentaire présente alors d'une manière distincte les trois substances constituantes de la dent (grav. 10) : Sur son bord l'émail externe ; entre celui-ci et l'émail du cornet formant un ruban elliptique, l'ivoire dentaire ; enfin au centre de ce ruban, le cément qui remplit le cornet.

Cette dispositoin est importante à retenir, parce qu'elle joue un grand rôle dans la détermination des caractères à l'aide desquels, en suivant les phases du développement des incisives et de leur usure, on est arrivé à préciser l'âge des animaux.

Nous réserverons, en raison de ce motif, l'indication de ces phases de la dentition pour le moment où nous nous occuperons de cet objet tout pratique, et nous passerons tout de suite à l'indication des différences présentées par les autres espèces sous le rapport de la disposition des diverses parties de leur bouche.

RUMINANTS. — Chez le *bœuf*, les *lèvres* offrent plus d'épaisseur et de rigidité, et sont par ce fait beaucoup moins mobiles ; aussi ne concourent-elles que très-indirectement à la préhension des aliments, qui s'effectue presque exclusivement au moyen de la langue. En outre la lèvre supérieure porte un *mufle*, large surface dépourvue de poils et toujours humide chez l'animal en santé. Cette surface, diversement colorée suivant la race, est couverte de mamelons déprimés et criblés de petits trous qui sont les orifices de glandules chargées de sécréter la substance visqueuse qui humecte le mufle et en entretient la fraîcheur. Au moindre mouvement fébrile, la fonction de ces glandules cesse ; et c'est pourquoi la chaleur et la sécheresse du mufle sont chez le bœuf le premier signe qui se montre de l'état maladif.

Chez le *mouton* et chez la *chèvre*, les *lèvres* sont minces et très mobiles ; elles ont un rôle très-actif dans la préhension des aliments. La supérieure est dépourvue de mufle, mais elle porte un sillon médian qui la divise en deux.

Quant aux autres parties de la bouche, il importe seulement de mentionner ce qui se rapporte à la langue et aux dents.

La *langue* du *bœuf* est plus développée que celle du cheval. Sa surface supérieure, comme du reste celle de la face interne des joues, est hérissée de pupilles cornées, plus raides et plus dures sur la langue que sur le reste de la muqueuse buccale. Cet organe jouit en outre d'une mobilité beaucoup plus grande. On voit à chaque instant le bœuf bien portant la sortir de la bouche, la replier en haut pour passer sa pointe à la surface du mufle et même l'introduire alternativement dans l'une et l'autre narine.

Il n'y a rien de particulier à dire de la langue des autres es-

pèces, si ce n'est seulement qu'elle y présente un moindre développement en rapport d'ailleurs avec leur taille moins
élevée.

L'appareil dentaire des ruminants (grav. 12), du moins quant

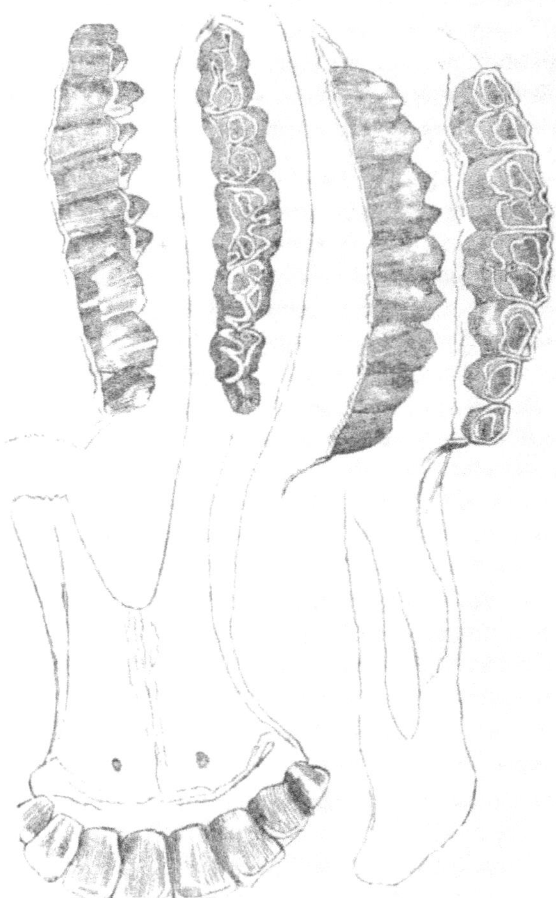

Grav. 12. — Appareil dentaire des Ruminants.

aux trois espèces domestiques appartenant à cette classe, ne
diffère pas assez essentiellement d'une espèce à l'autre pour
qu'il soit nécessaire de les considérer isolément. Chez le bœuf
comme chez le mouton et la chèvre, les molaires sont au nombre
de vingt-quatre, de même que chez le cheval ; mais on n'y compte

que huit incisives, toutes situées à la mâchoire inférieure. A la supérieure, les incisives sont remplacées par un bourrelet cartilagineux épais, recouvert par la muqueuse et formant gencive. C'est sur ce bourrelet que la table des incisives vient s'appliquer. Celles-ci, comme composition, ne diffèrent pas des incisives du cheval ; leur disposition seule est différente.

Les incisives des ruminants sont disposées en forme de clavier à l'extrémité de la mâchoire inférieure, de telle sorte qu'elles s'y présentent avec l'aspect d'un segment de cercle, lorsqu'elles ont atteint leur complet développement. Chacune d'elles a la configuration d'une palette ou d'une sorte de battoir (grav. 13) dont la partie enchâssée dans l'alvéole (*b, c*) serait le manche. La portion libre (*a g f*) est aplatie et plus mince en avant ; elle se termine par un collet (*c*) où commence la racine, et elle est constituée par deux surfaces émaillées entre lesquelles l'ivoire de la racine se prolonge. La table dentaire (*f a' g'*) s'use avec le temps obliquement jusqu'à ce qu'il ne reste plus que la racine.

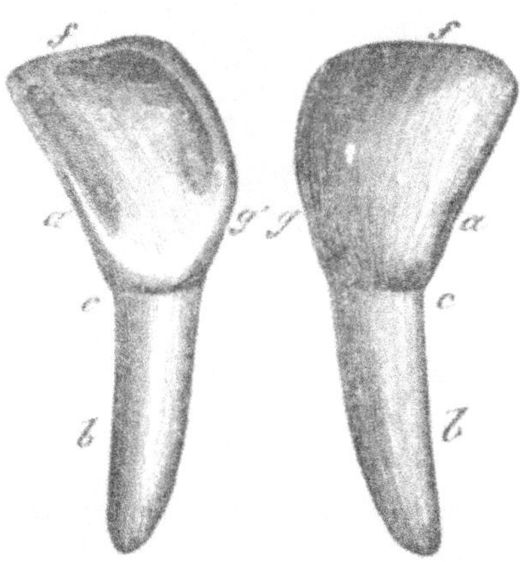

Grav. 13. — Incisive de Ruminant, vue par ses deux faces.

On compte, chez les ruminants, deux *pinces*, deux *premières mitoyennes* et deux *secondes mitoyennes*, une de chaque côté, en tout quatre mitoyennes au lieu de deux comme chez le cheval, et deux *coins*.

PORC. — Chez le porc, les *lèvres* sont largement fendues ; l'inférieure, peu développée, ne porte point de menton ; la supérieure est surmontée par cette sorte d'épanouissement qui porte le nom de *grouin* et dans lequel s'ouvrent les narines. C'est de cet organe que l'animal se sert dans l'action de fouiller, et c'est dans son épaisseur qu'on introduit la pièce métallique destinée, par la douleur qu'elle cause, à y mettre obstacle.

La langue et les autres parties de la bouche du porc ne diffèrent essentiellement de celles du cheval que par leurs moindres dimensions, à l'exception cependant des dents, dont les dispositions doivent être mentionnées.

L'appareil dentaire du porc comporte en tout quarante-quatre dents : vingt-huit molaires, douze incisives et quatre canines.

Nous n'avons rien à dire des molaires, au nombre de sept pour chaque arcade, et se rapprochant beaucoup, par leur forme, de celles de l'homme.

Les incisives diffèrent beaucoup entre elles. Les deux pinces et les deux mitoyennes de la mâchoire supérieure ressemblent beaucoup à celles du cheval ; à la mâchoire inférieure, au contraire, ces mêmes dents se rapprochent de celles des rongeurs. Les coins, bien moins volumineux que les autres incisives, se trouvent aux deux mâchoires isolés entre les mitoyennes et les crochets. Ceux-ci, encore appelées *défenses*, sont très-développés, surtout chez le mâle, sortent de la bouche de chaque côté en se croisant, et acquièrent chez les vieux verrats des proportions qui en font souvent une arme dangereuse.

CARNASSIERS. — Nous n'avons à nous occuper, quant au chien, que des lèvres, qui sont très-étendues, très-mobiles, souvent tombantes ; de la langue, qui est également très-mobile, large et mince à sa partie libre, et peut former par la contraction de son muscle principal une sorte de godet pour laper le liquide dans l'action de boire ; et enfin des dents.

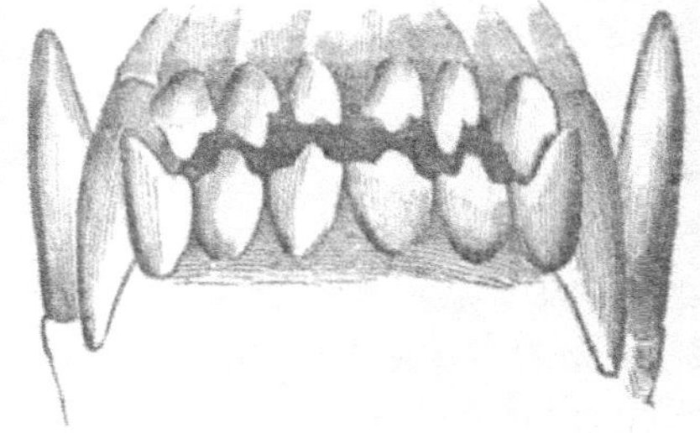

Grav. 14. — Dents incisives du Chien.

Le chien a quarante-deux dents : vingt-six molaires, douze incisives et quatre canines ou crochets. Ces derniers, au nombre de deux à chaque mâchoire, sont de très-fortes dents allongées, coniques recourbées en arrière et en dehors, et placées entre les molaires et les incisives. Ne nous arrêtons pas aux molaires, hérissées de mamelons pointus pour broyer les matières animales, et signalons seulement la forme des incisives (grav. 14).

Leur partie libre présente trois tubercules, dont le médian est plus gros que les deux latéraux. Cela leur donne l'aspect d'un trèfle ou de la partie supérieure d'une *fleur de lis*. Par le fait de l'usure, c'est toujours le tubercule ou lobe moyen qui disparaît le premier. Et cette usure se produit dans un ordre que nous aurons à indiquer en faisant connaître les moyens de déterminer l'âge du chien.

L'appareil dentaire, pas plus que les autres parties de la bouche des autres petits animaux, ne présente à notre point de vue actuel aucune espèce d'intérêt.

<h2 style="text-align:center">2. — Connaissance de l'âge par l'examen
des dents.</h2>

Les dents telles que nous venons de les décrire succinctement n'existent pas à toutes les époques de la vie. Elles sont dites *persistantes* ou *dents de remplacement* et font successivement éruption à des moments divers, chassant devant elles les *dents caduques* ou *dents de lait*. Celles-ci, qui apparaissent après la naissance, ne diffèrent des autres que par leur volume moindre, leur plus grande blancheur et quelques autres particularités inutiles à mentionner. Il importe cependant de ne point les confondre, ainsi qu'on va le voir. C'est du mode d'éruption de ces deux espèces de dents et de l'aspect successif de la table dentaire des incisives persistantes qu'ont été tirées des indications relatives à l'âge des animaux. Nous allons, en faisant l'histoire sommaire de la dentition, exposer ces indications pour les diverses espèces domestiques.

Solipèdes. — Les poulains des espèces chevaline et asine naissent habituellement dépourvus de dents. Il en est de même de leurs mulets. Du sixième au dixième jour après la naissance, les pinces caduques commencent à se montrer. Du trentième au quarantième jour, les mitoyennes apparaissent. Du sixième au huitième mois, ce sont les coins.

Jusque-là les dents caduques conservent intact leur cornet dentaire; elles présentent toujours un bord antérieur tranchant, à moins que le poulain n'ait été soumis à un autre régime que celui du lait de sa mère. C'est à partir de ce moment que les incisives caduques s'usent par le frottement et se ra-

sent ; que les deux bords antérieur et postérieur arrivent au même niveau, à mesure que la cavité du cornet dentaire se rétrécit, se rapproche du bord postérieur, et finalement disparaît.

A dix mois, les pinces sont rasées, c'est-à-dire que leurs deux bords se trouvent à la même hauteur.

A douze mois, ou un an, il en est de même pour les mitoyennes.

Du quinzième mois au vingt-quatrième, ou à deux ans, les coins sont rasés (grav. 15).

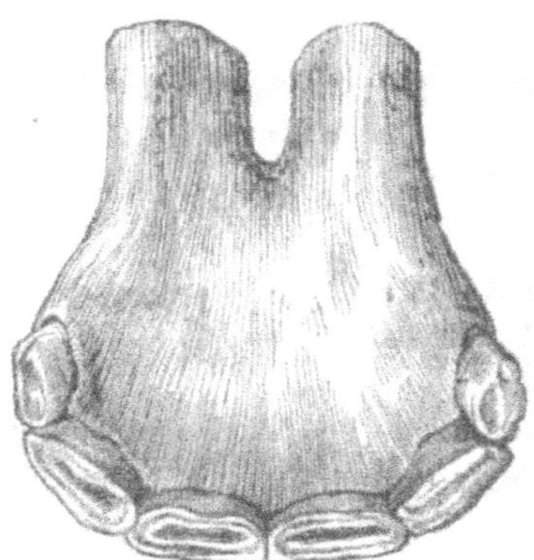

Grav. 15. — Dents de deux ans.

Un poulain dont les incisives caduques, ou les dents de lait, sont complètement rasées est donc âgé de deux ans; pour mieux dire il est né depuis deux printemps écoulés, car c'est de la saison de printemps qu'on est convenu de partir pour compter l'âge des chevaux, parce qu'elle est considérée comme celle où les naissances ont principalement lieu.

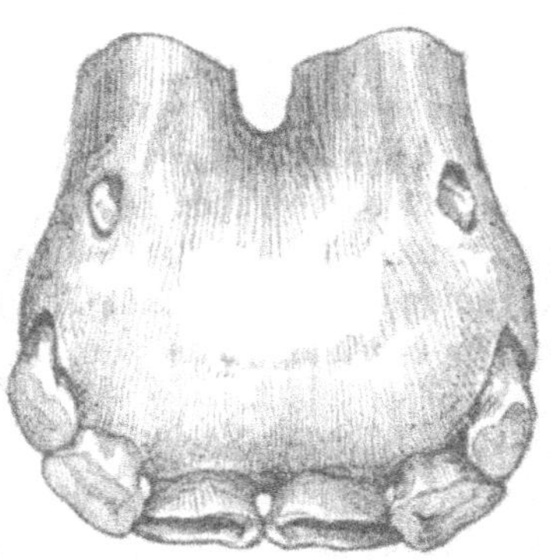

Grav. 16. — Dents de trois ans.

Il faut faire la remarque, toutefois, que cela ne s'applique rigoureusement qu'aux cas les plus ordinaires ; car chez les poulains qui mangent de l'avoine de très-bonne heure, l'éruption et le rasement des incisives caduques sont souvent hâtés.

Donc à l'expiration de la deuxième année, la première période de la dentition est accomplie, par l'éruption et le rasement de toutes les incisives caduques ou dents de lait. C'est

alors que commence la deuxième période, beaucoup plus longue :
celle de l'éruption et du rasement des dents de remplacement.

De deux ans et demi à trois ans, les pinces caduques tombent, et l'on voit bientôt sortir les pinces persistantes ou
d'adulte qui, en faisant leur éruption, les ont repoussées. On
dit alors que l'animal a
encore quatre dents de
lait ou *quatre petites
dents* (grav. 16).

De trois ans et demi
à quatre ans, le même
phénomène se produit
pour les mitoyennes, et
les pinces sont alors
rasées ; leur bord anté-
rieur est arrivé au ni-
veau du bord posté-
rieur, qui commence
lui-même à s'user. Le
cheval n'a plus que
deux petites dents. La
cavité du cornet den-
taire y persiste néan-
moins (grav. 17).

De quatre ans et demi
à cinq ans, ce sont les
coins qui tombent et
sont remplacés à leur
tour. Les bords anté-
rieur et postérieur des
mitoyennes sont arrivés
au même niveau et
toute la cavité du cornet

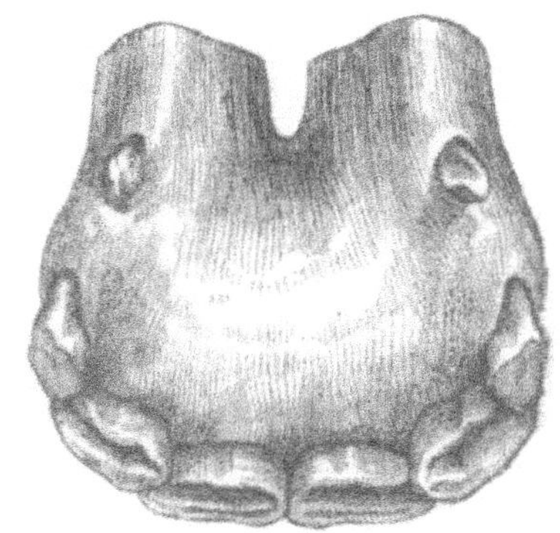

Grav. 17. — Dents de quatre ans.

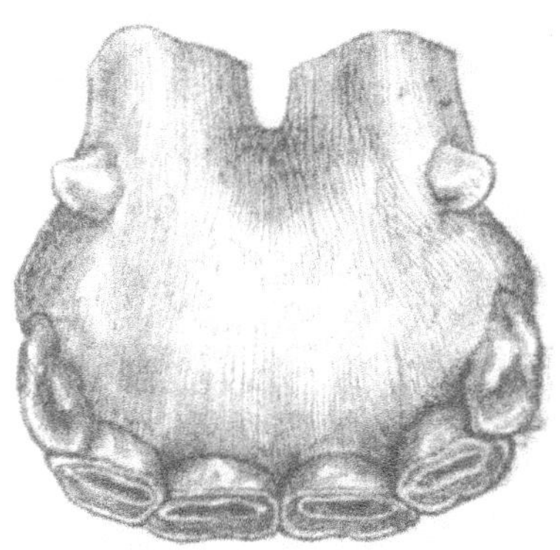

Grav. 18. — Dents de cinq ans.

a disparu sur la table dentaire des pinces ; elle subsiste seulement dans les mitoyennes (grav. 18).

Ainsi, le cheval pourvu de ses pinces de remplacement et qui
n'a plus, par conséquent, que quatre incisives de lait ou caduques, est âgé de trois ans ;

Celui qui a les pinces et les mitoyennes de remplacement,

ou auquel il reste seulement deux dents de lait à chaque mâchoire, est âgé de quatre ans ;

Celui qui n'a plus aucune dent de lait et dont les coins sont
encore frais, ou n'ont pas été rasés par l'usure, est un cheval
de cinq ans. Son arcade dentaire est régulière. Il est parvenu à l'âge adulte.
Nous devons à ce pro-
pos répéter l'obser-
vation faite précédem-
ment au sujet de l'é-
ruption et de l'usure
des incisives caduques.
L'époque de l'âge adul-
te et les signes qui le
caractérisent dans la
dentition devancent
parfois la cinquième
année. Une alimenta-
tion un peu forcée et
composée principale-
ment de grains secs,
comme c'est le cas pour
un certain nombre de
chevaux de course,
par exemple, hâte au
moins l'usure de la
table dentaire, et fait
paraître l'animal plus
âgé qu'il ne l'est en
réalité. Quoiqu'il en
soit, les signes indi-
qués s'appliquent aux
conditions les plus

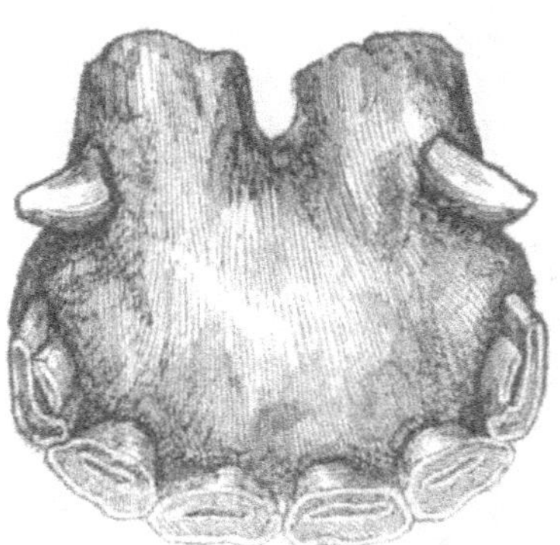

Grav. 19. — Dents de six ans.

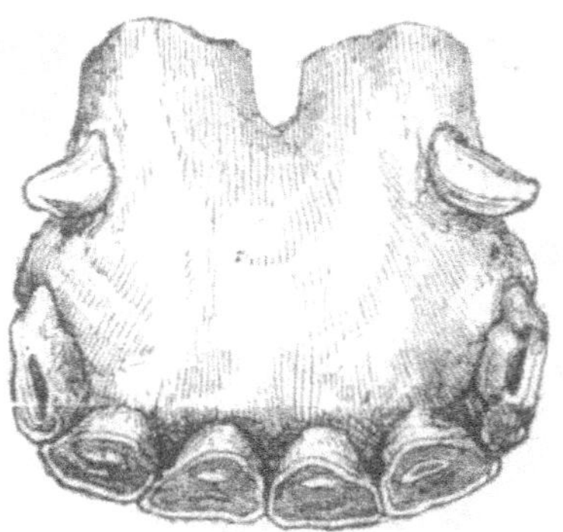

Grav. 20. — Dents de sept ans.

communes du cheval de cinq ans.

Désormais, les indications pour déterminer son âge ne pourront plus être puisées que dans la configuration et l'aspect de
la table dentaire de ses incisives. Ce sont les progrès de
l'usure qui mettront en évidence ces indications.

De 5 ans 1/2 à 6 ans, le bord interne du coin gagne le niveau du bord extérieur par l'usure de celui-ci ; la cavité du cornet dentaire se nivelle dans les pinces inférieures, et l'on aperçoit la matière cémenteuse qui en garnissait le fond (grav. 19).

A *six ans*, l'arcade dentaire est par conséquent complétemen de niveau par ses deux bords antérieur et postérieur, quoique le bord postérieur des coins ne soit point usé.

A *sept ans*, les deux bords des coins sont presque entièrement usés, mais la cavité du cornet persiste néanmoins. Elle a disparu dans les mitoyennes (grav. 20). En outre, comme le coin supérieur déborde de chaque côté l'inférieur, extérieurement, l'usure y a creusé une petite échancrure. Il importe donc de porter son attention sur les incisives supérieures, lorsque les coins inférieurs sont usés comme nous venons de le dire, pour y constater l'existence de cette échancrure.

A *huit ans*, la cavité des coins a disparu; ils sont complétement rasés. La table des pinces

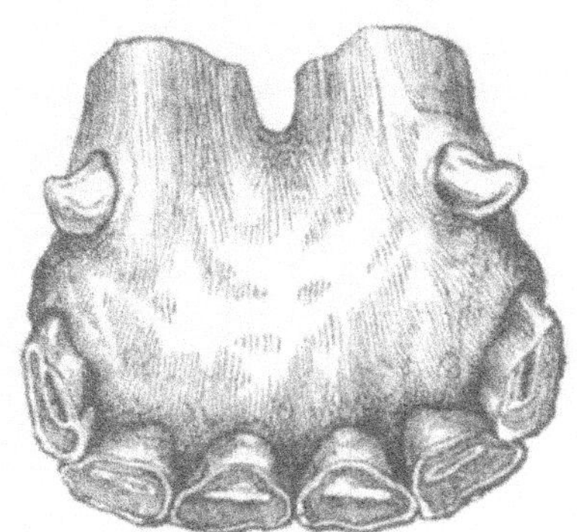

Grav. 21. — Dents de huit ans.

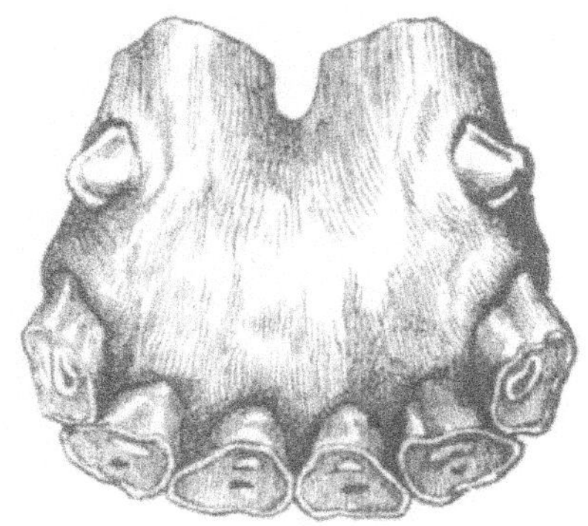

Grav. 22. — Dents de neuf ans.

est arrivée à la forme ovale. De plus, l'usure est près d'atteindre le fond du cornet, ce qui se manifeste par le rapprochemen de l'émail central vers le bord postérieur de la dent. En outre, comme le niveau de la cavité dentaire, ou cornet inférieur, est dépassé, on aperçoit entre l'émail central et le bord antérieur une tache jaune qui a été nommée *étoile dentaire*, et qui est formée par la matière cémenteuse contenue dans le cornet inférieur (grav. 21). Nous devons appeler l'attention sur cette étoile dentaire, car à partir de ce moment elle aura une grande importance pour la détermination précise de l'âge. Elle tranche par sa nuance sur celle de l'ivoire dont l'intérieur de la dent est formé. On croit communément que, passé cet âge, de huit ans, il n'est plus possible de rien savoir, sur l'époque de sa vie où en est arrivé le cheval, par l'examen de ses dents. C'est une erreur. Pour être moins faciles à déterminer, les caractères présentés ultérieurement par la table dentaire n'en sont pas moins à peu près certains. Ces caractères seront désormais principalement fondés sur la configuration de la table que nous avons vue uniformément ovale jusqu'à présent. En y joignant ceux fournis par les restes du cornet dentaire et par l'étoile, qui apparaît successivement sur chaque paire d'incisives, on arrive à des données aussi précises que les précédentes.

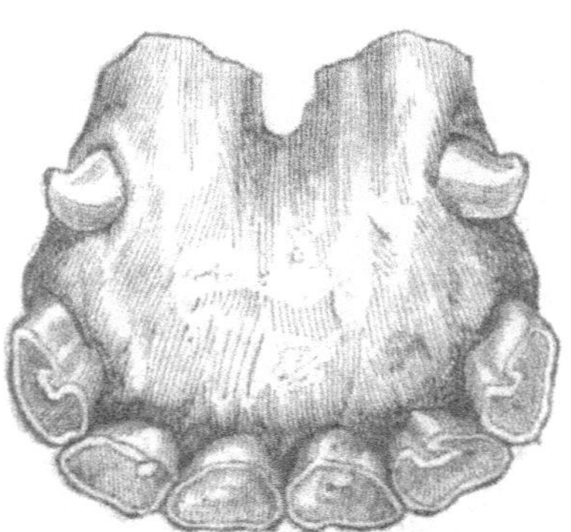

Grav. 23. — Dents de dix ans.

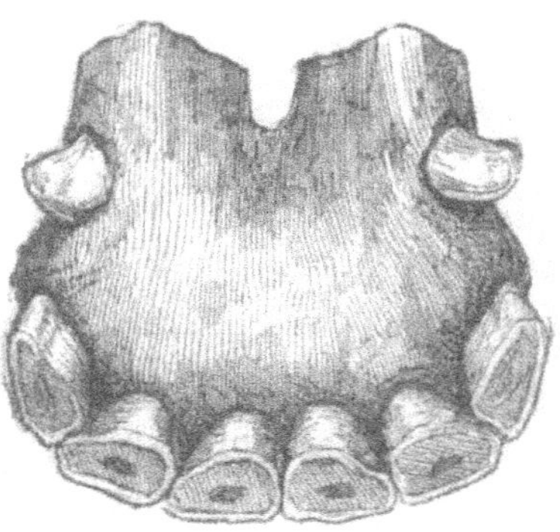

Grav. 24. — Dents de onze ans.

A *neuf ans*, la table des pinces est arrondie; il en est de même de l'émail central, qui se rapproche davantage du bord postérieur; l'étoile dentaire est plus prononcée, et elle apparaît ordinairement sur les mitoyennes (grav. 22).

A *dix ans*, les mitoyennes sont arrondies à leur tour, d'une façon plus ou moins régulière ; et les autres changements, qui viennent d'être mentionnés pour les pinces, le rapprochement du cornet dentaire vers le bord postérieur et l'intensité plus grande de l'étoile dentaire, s'y montrent également (grav. 23).

A *onze ans*, ces mêmes caractères se présentent dans les coins (gravure 24).

Mais on comprend facilement que le signe qui vient d'être mentionné ne puisse être saisi d'une manière bien exacte dans les coins, qui, présentent d'ailleurs d'assez fréquentes irrégularités, et que l'âge de onze ans soit souvent confondu avec celui de dix. Cela n'a du reste pas une grande importance. A cet âge, un an de plus ou de moins n'influe pas beaucoup sur la valeur du cheval.

A *douze ans* (gr. 25), la table dentaire a conservé sa forme arrondie dans toutes les incisives, mais le cornet dentaire, et, par conséquent, l'émail central, a tout à fait disparu ; on n'y

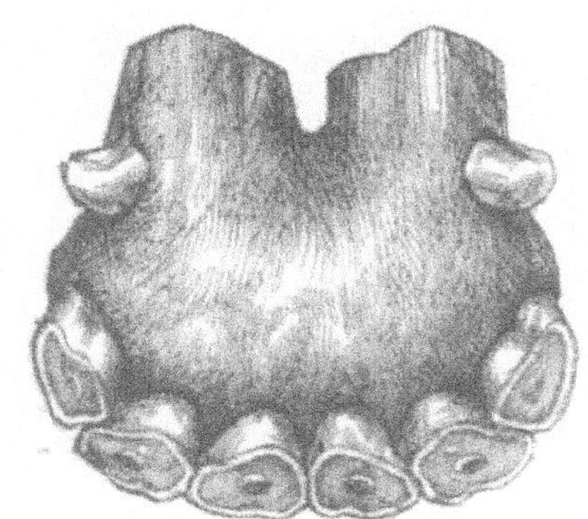

Grav. 25. — Dents de douze ans.

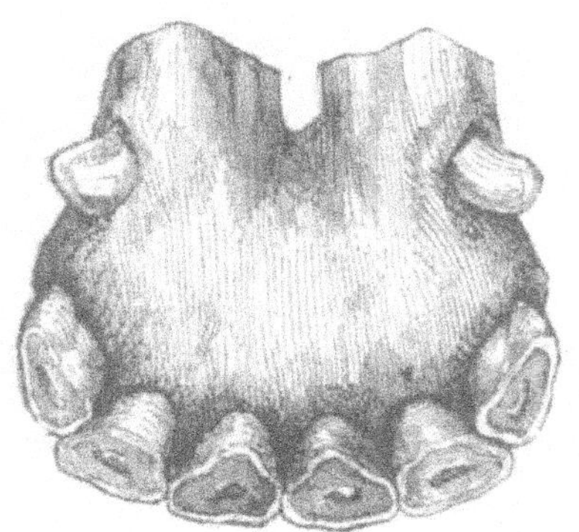

Grav. 26. — Dents de treize ans.

voit plus que l'étoile dentaire. Cela marque la fin de la seconde période de l'âge du cheval, caractérisée dans la dentition par la disparation complète du cornet dentaire dans les incisives inférieures et par la forme plus ou moins régulièrement arrondie ou circulaire de la table dentaire. Cependant, il faut faire remarquer que ce phénomène, pour être très-général, n'en souffre pas moins quelques exceptions. Aussi, a-t-on cherché dans les incisives supérieures des caractères qui puissent mettre en garde contre ces chances d'erreur, et en même temps dans la forme de la table des pinces inférieures. A l'âge de douze ans, en effet, le contour postérieur de celles-ci perd de sa rondeur et tend à l'angularité. Le cornet dentaire, qui persiste sur les incisives supérieures, tend à disparaître sur les coins. Il est donc bon de rechercher ces divers caractères pour ne pas se tromper.

C'est alors aussi que se pratiquent ces tricheries des maquignons qui consistent à simuler sur la table dentaire, l'existence du cornet, au moyen de la gravure d'une cavité artificielle. Ce grossier artifice ne peut tromper que ceux qui, outre l'absence de la forme ovale des dents, ne songeraient pas que le cornet est formé par un contour d'émail. Pour peu que l'on y prenne garde il n'est donc pas possible de s'en laisser imposer par les chevaux qui ont subi cette opération à l'usage des maquignons de bas-étage, et qui sont dits *contremarqués*.

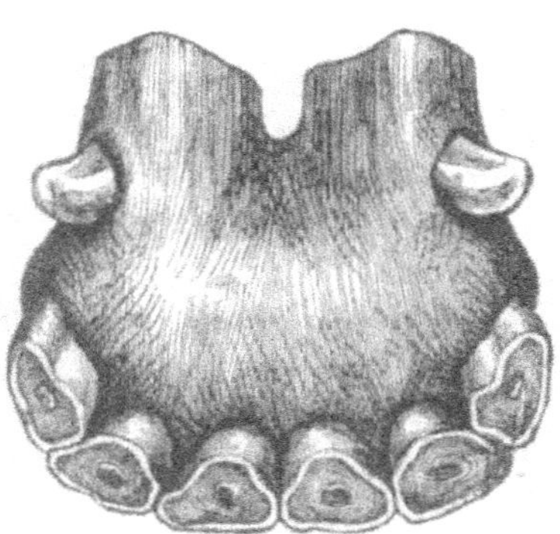

Grav. 27. — Dents de quatorze ans.

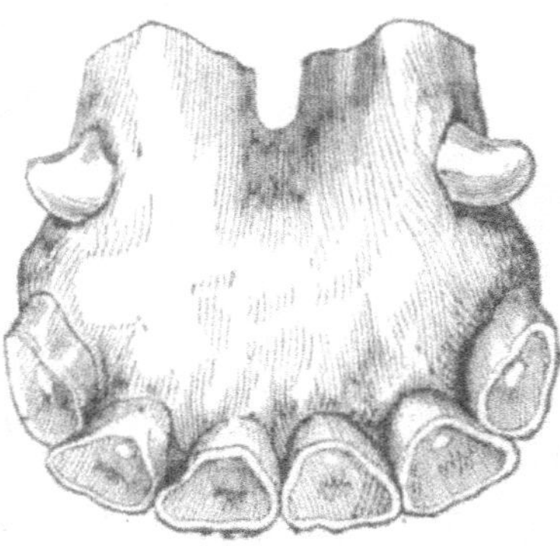

Grav. 28. — Dents de quinze ans.

A partir de cette époque dont nous venons de parler, on remarque un changement progressif dans la direction des incisives des deux rangées, qui se rencontrent par un angle de moins en moins ouvert, en raison de la plus grande obliquité suivant laquelle les dents sortent de leurs alvéoles. A *treize ans*, la triangularité des pinces se prononce : c'est alors que commence la troisième période de l'âge du cheval, dite période de *triangularité*; désormais la forme seule du contour de la table dentaire pourra fournir des indications. L'émail central a disparu dans les coins supérieurs (grav. 26).

A *quatorze ans*, les pinces sont tout à fait triangulaires, et les mitoyennes commencent à le devenir (grav. 27).

A *quinze ans*, les mitoyennes sont triangulaires, l'émail central a diminué dans les mitoyennes et les pinces supérieures (grav. 28).

A *seize ans*, triangularité des coins; l'émail central a disparu dans les mitoyennes supérieures (grav. 29).

A *dix-sept ans*, les pinces se rétrécissent d'un côté à l'autre, et leur table forme un triangle allongé, tandis que celle des autres dents se rapproche de la forme du triangle à côtés égaux; l'émail

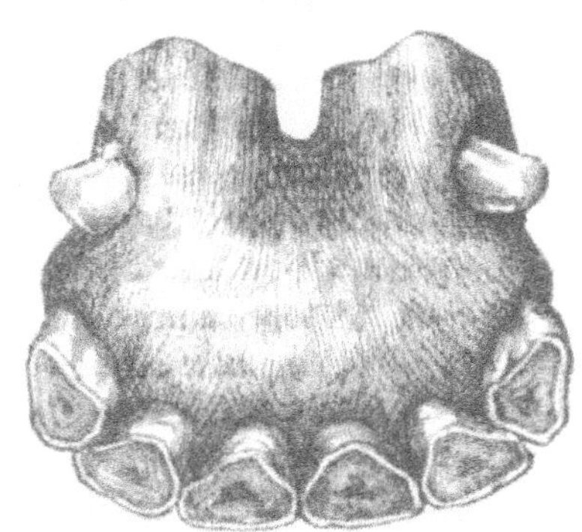

Grav. 29. — Dents de seize ans.

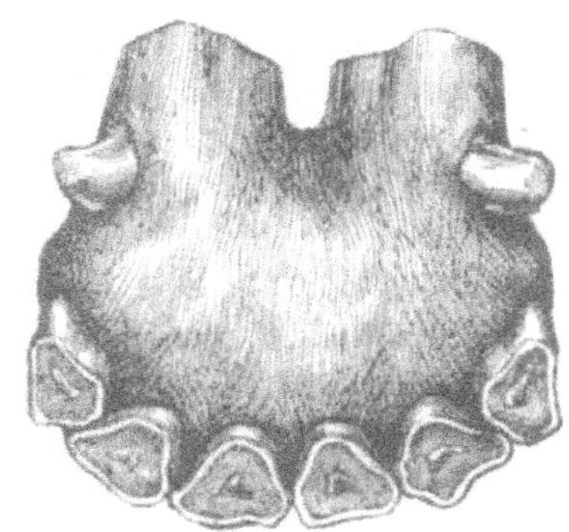

Grav. 30. — Dents de dix-sept ans.

central n'existe plus aux pinces supérieures (grav. 30).

Là commence ce que l'on peut appeler la *période de biangularité*, qui suit la même marche que la précédente, ou celle de triangularité.

Les pinces sont tout à fait biangulaires ou aplaties d'un côté à l'autre à *dix-huit ans*. Le cheval a *dix-neuf ans*, lorsque ce caractère de biangularité se montre aux mitoyennes.

A *vingt ans*, la biangularité apparaît dans les coins.

Passé cet âge, il n'est plus possible de rien déterminer de précis. Les dents se rétrécissent et se déchaussent de plus en plus, à mesure qu'elles se raccourcissent, à moins que, par le fait de leur dureté et de leur inclinaison, l'usure cesse d'avoir lieu.

Les signes que nous venons d'indiquer ne s'appliquent, bien entendu, qu'aux dents dont l'usure s'opère régulièrement. Ils sont tirés, en effet, à partir de l'évolution des incisives d'adulte, de la forme que prend la table dentaire, et qui correspond, pour chaque année d'âge, à une quantité déterminée de la longueur de la dent, enlevée par l'usure. Cette quantité a été évaluée assez exactement à 3 millimètres pour les chevaux fins et à 4 millimètres pour les chevaux communs. Ces formes de la table dentaire, que nous venons de voir, correspondent donc à des hauteurs différentes de la dent, et représentent la figure de sa coupe à ces diverses hauteurs.

Il en résulte, pour chaque incisive considérée isolément, quatre formes principales qui, en les envisageant seulement dans les pinces rasées, et de haut en bas, sont les formes ovale, ronde, triangulaire et biangulaire. Chacune marque le commencement d'une période. La première commençant à six ans; la deuxième à neuf ans; la troisième à treize ans; et la quatrième à dix-sept ans.

Par le fait de causes particulières, l'usure des dents peut être avancée ou retardée; ces dents se montrent alors ou trop courtes ou trop longues, et l'on comprend fort bien que dans ces cas l'état de leur table ne corresponde plus à l'âge réel de l'animal. Celui-ci se montre par là trop vieux ou trop jeune. La connaissance du fait signalé plus haut relativement à l'usure normale annuelle, lorsqu'on y joint cet autre fait que la longueur moyenne de la partie libre des incisives est en tout de 16 millimètres, permet de rétablir assez facilement les choses dans leur état naturel. Après avoir déterminé l'âge accusé par les caractères de la table dentaire, il suffit en conséquence d'y ajouter ou d'en retrancher autant d'années qu'il y a de fois 3 ou 4 millimètres en plus ou en moins de 16 dans la longueur de la dent. Il en est le même pour les chevaux *bégus* ou *faux bégus*, c'est-à-dire ceux dont le bord antérieur des incisives n'étant pas usé laisse persister le cornet dentaire tout entier, et ceux chez lesquels le fond de ce cornet persiste au-delà du terme où il devrait avoir disparu. Dans les cas où l'usure est oblique d'un côté à l'autre de la mâchoire, de telle sorte qu'il s'y trouve à la fois des dents trop usées et d'autres pas assez, c'est en établissant, par le même procédé, une moyenne entre les deux caractères, que l'on arrive à fixer l'âge approximativement. Mais ces difficultés-là sont plus particulièrement du ressort de l'homme spécial, nous ne devons pas y insister.

Les indications précédentes sur la détermination de l'âge du cheval par l'examen de ses dents ne sont pas en tout applicables aux autres solipèdes domestiques, l'âne et le mulet. Jusqu'à cinq ans, les caractères tirés de l'évolution des dents de lait et de celle des dents de remplacement ne présentent aucune différence; mais à partir de ce moment, la constitution particulière des incisives, chez l'espèce asine et son dérivé, ne leur rend plus complètement applicables les préceptes posés. La partie libre est d'abord plus longue : elle mesure généralement 20 millimètres au-lieu de 16. Le cornet dentaire, beaucoup plus profond que chez le cheval, persiste souvent durant toute la vie, et le bord antérieur de son ouverture, beaucoup plus élevé que le postérieur, joint à ce que l'émail en est beaucoup plus dur, conserve à la surface de frottement une certaine obliquité qui met obstacle à ce que les caractères dont il s'agit se manifestent. De plus, la dent a dans toute sa partie libre une même forme, qui communique aux diverses hauteurs de la coupe la figure d'un ovale jusqu'à une époque avancée de la vie. Tout cela fait que la détermination de l'âge, chez l'âne et le mulet, présente, passé cinq ou six ans, de réelles difficultés qui n'ont pas été levées d'une manière assez précise pour que nous puissions nous en occuper ici.

RUMINANTS. — Chez le bœuf, le mouton et la chèvre, l'âge se détermine aussi par le mode d'éruption des dents et par l'aspect de leur surface de frottement. On a de plus, pour le bœuf, certains caractères fournis par les cornes, que nous indiquerons aussi tout-à-l'heure, n'ayant pas de meilleure occasion pour en parler.

Mais il est nécessaire de faire remarquer préalablement que l'aptitude à la *précocité*, chez les animaux de boucherie, apporte de notables changements aux bases posées d'après l'observation des animaux qui se développent dans les conditions où l'influence de l'homme intervient moins. Les races précoces le sont pour l'évolution de leur appareil dentaire comme pour tout le reste ; et si l'on n'était en garde à cet endroit, on risquerait toujours d'attribuer aux sujets de ces races un âge plus avancé que leur âge réel.

Cette réserve faite, nous allons indiquer successivement les caractères propres à chacune des espèces domestiques de l'ordre des ruminants.

Bœuf. — Dès la naissance, on trouve ordinairement chez le jeune animal de l'espèce bovine les pinces et les deux premières mitoyennes : en tout quatre dents caduques. Lorsqu'elles n'existent pas encore, c'est vers le cinquième jour qu'elles font leur éruption. Du cinquième au dixième jour, dans tous les cas, les secondes mitoyennes sortent ; du quinzième au vingtième jour, les coins. Le veau de vingt à vingt-cinq jours est donc pourvu de toutes ses dents de lait. Ces dates sont assez souvent avancées, même dans les races non-précoces, rarement retardées.

A partir de ce moment, les incisives ne font que s'accroître, et vers l'âge de *cinq à six mois* l'arcade dentaire est arrivée au *rond*. Plus exactement, le bord libre des dents réunies forme un segment de cercle régulier. Les caractères de l'âge sont tirés, après cela, des modifications produites par l'usure de la table dentaire, et de l'éruption des molaires permanentes.

De *six à sept mois*, les pinces commencent à s'user. Leur bord se montre un peu plus bas que celui des mitoyennes.

A *dix mois* elles sont complètement rasées et la première molaire a fait son éruption.

A *un an*, c'est le tour des premières mitoyennes ; elles sont de niveau avec les pinces.

A *quinze mois*, ce même niveau s'établit pour les secondes mitoyennes. Sortie de la deuxième molaire permanente.

A *dix-huit mois*, les coins sont rasés et toute l'arcade ne se compose plus que de deux séries de petits chicots faciles à arracher et branlants.

Il ne faut pas perdre de vue que ces indications sont nécessairement variables suivant le genre de nourriture auquel les animaux sont soumis. L'usure est plus prompte, sans aucun doute, lorsqu'ils ont à paître de bonne heure dans des pâturages, que dans le cas où la stabulation permanente met à leur disposition des aliments farineux, des pulpes, des racines ou des tubercules crus ou cuits. Cela, du reste, a peu d'importance, en réalité, car la détermination exacte de l'âge d'un veau ou d'une génisse, dans le cours de la première ou de la seconde année, n'est pas ordinairement utile à un ou deux mois près. Il en est autrement, passé cette époque. L'éruption des dents persistantes fournit alors des indications plus précises, à la condition toutefois qu'on ait le soin de tenir compte de la race. C'est pour cela que dans les déterminations qui vont suivre nous ne manquerons point de mentionner les différences qui s'observent, suivant qu'on considère un individu de race commune ou de race améliorée dans le sens de la précocité.

C'est *entre dix-huit et vingt-quatre mois*, communément, que les pinces caduques tombent et sont remplacées par les permanentes. Cette évolution a lieu, chez les individus de race précoce, vers le *dix-neuvième mois*.

De *deux à trois ans*, les premières mitoyennes sont remplacées. Cela a lieu à *trente mois*, et même quelquefois avant, chez les sujets améliorés.

De *trois à quatre ans*, évolution des secondes mitoyennes. Les animaux précoces les présentent le plus souvent dès l'âge de *trois ans*, et quelque fois même dès *trente-trois mois*. A *trente-neuf mois*, l'éruption des incisives de remplacement est habituellement complète chez eux; ils sont donc arrivés à l'âge adulte avant l'expiration de leur quatrième année, et au plus tard à cet âge.

Chez les animaux de race commune, cet état n'arrive qu'à *cinq ans*, par la chute des coins de lait et l'éruption de ceux de remplacement, et même à la rigueur seulement à *six ans*, car c'est seulement à cet âge que la dentition permanente étant achevée, la mâchoire est *au rond*. Cela se présente dès *cinq ans* pour les sujets doués de la précocité.

A partir de ces moments commence l'usure des incisives permanentes. Pour éviter des répétitions, à mesure que nous allons mentionner la marche de l'usure, nous indiquerons d'abord l'âge auquel les caractères qu'elle présente s'appliquent pour les animaux communs, puis pour les précoces. Le lecteur saisira facilement ainsi les sous-entendus.

Nous venons de dire que de *cinq à six ans* ou de *quatre à cinq*, époques de l'âge adulte pour les bœufs communs d'abord, puis pour les précoces, l'arcade dentaire est arrivée au *rond*. Il faut ajouter que les pinces commencent cependant à s'user un peu (grav. 34).

De *six à sept ans* ou de *cinq à six*, disparition par l'usure d'une notable partie du biseau des pinces, dit *avale* en terme technique. La table de la dent, au lieu d'une surface d'émail présente seulement un encadrement de cette substance circonscrivant l'ivoire dentaire. Les premières mitoyennes sont rasées et les secondes commencent à s'user.

De *sept à huit ans* ou de *six à sept*, rasement des secondes mitoyennes; le nivellement des premières s'achève, et celui des pinces est complet.

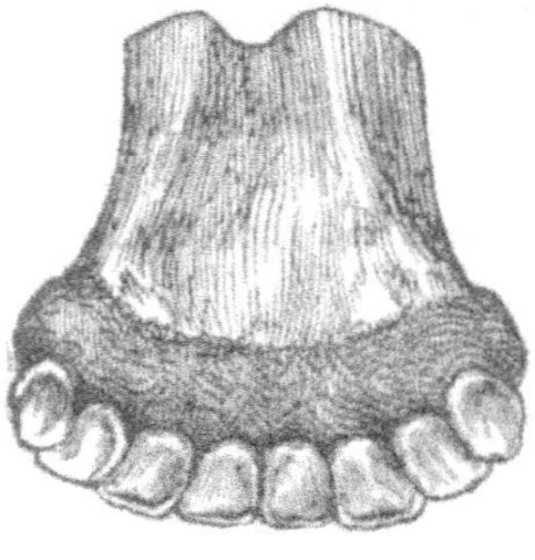

De *huit à neuf ans* ou de *sept à huit*, rasement des coins aux deux tiers environ de leur *avale*. Les pinces et les premières mitoyennes offrent une concavité

Grav. 34. — Dents du bœuf de six ans.

correspondant à la saillie arrondie du bourrelet de la mâchoire supérieure.

De *neuf à dix ans* ou de *huit à neuf*, nivellement complet des coins; concavité des secondes mitoyennes; l'étoile dentaire apparaît aux pinces; l'arcade dentaire est droite et au ras, les dents commencent à s'écarter.

Les caractères ultérieurs sont tirés de la forme de la tige dentaire, la palette ayant disparu partout

De *dix à onze ans*, apparition de l'étoile dentaire sur les mitoyennes, entourée d'une bordure blanche.

De *onze à douze ans*, l'étoile apparaît sur les coins avec sa forme carrée. Les dents sont très-espacées et la concavité de leur table se prononce davantage. À partir de cet âge, les dents s'écartent de plus en plus en diminuant de volume ; elles prennent la forme triangulaire et l'étoile dentaire devient ronde. Au moins pour une bonne moitié de l'espèce, cela du reste n'a plus d'intérêt : est bien exceptionnellement qu'il peut y avoir profit à ne pas sacrifier les animaux de cette espèce, même avant l'âge pour lequel nous avons indiqué des caractères précis.

Nous avons maintenant à donner quelques indications relatives aux signes fournis par les cornes. Ces signes ne sont bien distincts qu'à partir de l'âge de *trois ans*. On a observé que la pousse de chaque année se caractérise par un cercle saillant, au-dessous duquel se forme un sillon ou gorge circulaire. Les deux premiers cercles sont peu apparents. Lorsqu'on veut avoir des appréciations justes, il faut donc compter de haut en bas, sur la corne, les cercles ou les sillons qu'elle présente, en prenant le premier comme l'expression de la troisième année, les deux précédents étant effacés lorsque celui-là se produit. L'animal de l'espèce bovine a donc autant d'années d'âge, plus trois, que l'on compte de sillons du sommet à la base de sa corne. On peut ainsi s'éclairer jusqu'à l'âge de huit à dix ans et contrôler les indications des dents par celles fournies par les cornes ; mais, passé ce temps, ces appendices devenant vers leur base secs et rugueux, les cercles n'y sont plus guère apparents, et l'on risquerait beaucoup de se tromper en tenant compte de ces cercles. Les alternatives de pénurie et d'abondance dans l'alimentation ont aussi une grande influence sur la pousse des cornes et par conséquent sur le développement et l'apparence des sillons. Il n'y a donc là, répétons-le en terminant, qu'un simple moyen de contrôle dont la valeur est subordonnée à la concordance que ses indications fournissent avec celles de la dentition.

Mouton et Chèvre. — Encore ici, il y a la même remarque à faire, quant au mouton du moins, que pour l'espèce bovine. L'aptitude à la précocité a également modifié l'époque des diverses phases de la dentition. Il sera donc de même entendu que nos indications d'âge se rapporteront d'abord aux animaux communs, puis aux sujets des races précoces.

Les moutons et les chèvres naissent sans aucune dent incisive apparente. C'est entre la naissance et le vingtième ou le vingt-cinquième jour qu'elles sortent toutes ; un peu plus tôt chez les sujets précoces. Du deuxième au troisième mois, elles sont arrivées au *rond*. Mais ici les dents caduques ne peuvent fournir aucune indication précise de l'âge par leur mode d'usure, celui-ci étant fort irrégulier. On en est réduit à interroger l'évolution des molaires permanentes. C'est vers trois mois que la première apparaît, c'est-à-dire la quatrième de la rangée, les trois premières étant caduques.

À *neuf mois*, la deuxième molaire permanente (cinquième de la rangée) a fait à son tour éruption.

De *quinze à dix-huit mois* (races communes) ou *à un an* (races précoces) les pinces caduques tombent et sont remplacées par les permanentes. L'animal, dans l'espèce ovine, perd son nom d'agneau et prend celui d'ANTENAIS.

De *deux ans à deux ans et demi*, ou *à vingt-un mois*, apparition des premières mitoyennes de remplacement.

De *deux ans et demi à trois ans*, ou *à vingt-sept mois*, les deuxièmes mitoyennes permanentes sont sorties.

De *trois ans et demi à quatre ans*, ou *à trois ans*, les coins apparaissent et les animaux ont la *bouche faite*.

Chez les sujets communs, la dentition est au *rond à cinq ans*. Chez ceux de race précoce, l'usure des pinces et des mitoyennes arrivant plus tôt, en raison de leur alimentation plus abondante, il n'y a pas à tenir compte de cette particularité.

Passé la première période dont nous venons d'indiquer les caractères, la détermination de l'âge ne présente plus, chez le mouton, une sérieuse utilité. Le rasement des dents s'y opère, en général, comme chez le bœuf, à raison d'une paire d'incisives par année, de telle sorte que celui des pinces indiquerait *six ans*; celui des premières mitoyennes, *sept ans*; celui des secondes mitoyennes, *huit ans*; enfin celui des coins, *neuf ans*. Mais l'usure est sujette à tant d'irrégularités qu'il n'y a pas à faire grand fonds sur ces caractères. Les autres particularités, qui ont été signalées pour ce qui concerne le bœuf, pourront du reste guider lorsqu'on voudra savoir, après cinq ou six ans, si l'animal est plus ou moins vieux.

PORC. — Il n'y a pas à s'arrêter beaucoup sur la question de l'âge de cet animal, dont la vie est ordinairement fort courte, en raison de sa plus habituelle destination. Passé trois ans au plus, elle n'offre plus d'intérêt, et l'on ne s'est d'ailleurs guère occupé des caractères qui pourraient être ultérieurement invoqués.

Le porc naît toujours avec huit dents caduques ou de lait, mais il présente cette singularité qu'à l'inverse des autres espèces, ce ne sont pas les pinces et les mitoyennes qui se montrent les premières : ce sont les crochets et les coins des deux mâchoires.

Au *vingtième jour* de la vie, les deux pinces apparaissent à la mâchoire inférieure.

Au *quarante-cinquième jour*, les pinces se montrent à la mâchoire supérieure, et les mitoyennes à l'inférieure.

A *trois mois*, apparition des mitoyennes à la mâchoire supérieure. Le porcelet a dès lors toutes ses dents de lait.

A *quatre mois*, usure des crochets, des coins et des pinces de la mâchoire inférieure; usure seulement des coins et des crochets à la supérieure.

A *six mois*, apparition des coins de remplacement, à la mâchoire inférieure; les coins de lait de la supérieure remuent et sont près de tomber.

A *un an*, les crochets sont sortis à la mâchoire inférieure, ce qui fait, avec les coins, quatre dents de remplacement à cette mâchoire, et sortie de la dent *prémolaire* ou *sur-dent*, qu'il faut bien se garder de confondre avec le crochet. Les crochets et les coins supérieurs sont également sortis, mais les premiers moins développés.

A *quinze mois*, les pinces d'adulte sont sorties à la mâchoire inférieure. Chez les sujets précoces elles se montrent déjà à l'expiration de la première année.

Du *vingtième au vingt-quatrième mois*, sortie des pinces à la mâchoire supérieure, et chute des sur-dents.

Du *vingt-quatrième au trentième mois*, les mâchoires du porc portent toutes leurs dents d'adulte.

A *trois ans*, les crochets paraissent hors de la gueule en déplaçant les lèvres.

Chien. — Les chiens naissent avec toutes leurs dents de lait, les incisives, les crochets et les douze premières molaires.

De *deux à quatre mois*, chute des pinces et des mitoyennes.

De *cinq à huit mois*, éruption successive de toutes les dents de remplacement.

A *un an*, on dit que l'animal a la *gueule fraîche*. Les incisives et les crochets n'ont éprouvé aucune usure ; ils sont très-blancs, et les premières montrent la fleur de lis intacte (grav. 14 p. 72).

A *quinze mois*, commencement de l'usure des pinces inférieures.

De *dix-huit mois à deux ans*, les pinces inférieures sont rasées, commencement de l'usure des mitoyennes.

De *deux ans et demi à trois ans*, rasement des mitoyennes inférieures, commencement d'usure des pinces supérieures ; ces dents perdent leur blancheur.

De *trois ans et demi à quatre ans*, rasement des pinces supérieures.

De *quatre ans et demi à cinq ans*, rasement des mitoyennes supérieures.

Ces données sont exactes pour la plupart des cas : mais il faut noter encore à cette occasion, que la race et le genre de nourriture influent beaucoup sur l'époque et la rapidité plus ou moins grande de l'usure. Il y a donc toujours lieu de tenir compte de ces circonstances pour éviter les erreurs. Chez certains chiens, par exemple, où les deux arcades incisives ne se correspondent pas exactement, la disparition de la fleur de lis n'a lieu que très-tard ; si donc on s'en rapportait à ce caractère, on les tiendrait pour plus jeunes qu'ils ne le sont en réalité. Après la disparition de ce signe, les dents ne peuvent plus fournir d'indications précises. C'est la longueur et l'écartement des dents, ainsi que leur couleur foncée, qui indique la vieillesse.

A partir de la bouche, l'appareil digestif forme une sorte de tube indiscontinu, renflé dans certaines de ses parties et auquel sont annexées des glandes qui secrètent des liquides versés à son intérieur et ayant pour objet de concourir à la digestion des aliments. Nous décrirons d'abord sommairement les diverses parties de ce tube, puis les glandes, dont les principales sont annexées à la bouche même, qui vient de nous occuper. Cette marche me paraît préférable, afin de rendre plus facilement saisissables les explications que nous aurons à donner ensuite sur la fonction.

Ces diverses parties du tube digestif dont nous avons à parler maintenant, sont le pharynx, l'œsophage, l'estomac, et enfin l'intestin. Pour la facilité de la description nous considérerons chacune isolément.

3. — Pharynx.

Le pharynx, encore appelé arrière-bouche, est une cavité membraneuse située sous la gorge, au-dessus du larynx, et qui se continue avec la bouche, dont elle est séparée seulement par le voile du palais. Cet organe ne présente pas de différences assez importantes, entre les diverses espèces domestiques, pour qu'il soit nécessaire de le considérer chez chacune d'elles en particulier.

Le pharynx est commun aux voies digestives et aux voies aériennes; c'est dans son intérieur, en effet, que s'ouvrent en arrière les cavités nasales, ainsi que nous le verrons plus loin, et au centre de sa paroi inférieure l'orifice du larynx par lequel l'air s'introduit dans les poumons. Il est entièrement membraneux et constitué par des couches musculaires minces, qui renforcent sur les côtés la muqueuse digestive. Sur chacun de ses côtés on remarque une ouverture en forme de fente recouverte par une sorte de soupape cartilagineuse. Les deux ouvertures dont il s'agit, situées immédiatement en regard de celles des fosses nasales, sont les orifices pharyngiens des trompes d'Eustache, qui établissent une communication avec l'oreille interne et ont un rôle à jouer dans la faculté d'audition. On observe en effet que les forts rhumes, dans lesquels l'inflammation s'est propagée à l'arrière-bouche, sont souvent accompagnés d'une surdité plus ou moins prononcée. C'est que l'orifice pharyngien de ces trompes se trouve alors plus ou moins complètement obstrué.

En avant encore et en bas, le pharynx communique avec la bouche par l'isthme du gosier, et en arrière avec l'œsophage par une ouverture en forme d'entonnoir.

Cela fait donc dans l'intérieur du pharynx en tout sept ouvertures, représentant autant de voies qui viennent aboutir dans cet organe et font comprendre son importance.

Il serait superflu de décrire ici les petits muscles constitutifs du pharynx, dont la fonction est d'opérer le second temps de la déglutition, en pressant par leurs contractions sur le bol alimentaire, une fois que la langue lui a fait franchir l'isthme du gosier. C'est par une action purement mécanique que ce bol, en passant ainsi au-dessus de l'ouverture du larynx, la clot en entraînant l'épiglotte et s'oppose au passage de l'air. La respiration est donc suspendue, pendant le court instant que dure la déglutition.

Au-dessus du pharynx, et entre sa paroi supérieure et la base du crâne, il existe, chez le cheval seulement, deux poches membraneuses, closes de toutes parts et pleines d'air, qui semblent principalement avoir pour fonction de servir de coussinets. Mais cette façon de les envisager n'est qu'hypothétique. Aucune démonstration n'est encore venue nous éclairer positivement sur la fonction des *poches gutturales*. C'est ainsi que les anatomistes les ont nommées.

4. — Œsophage.

Canal tubulaire, arrondi, qui fait communiquer le pharynx avec l'estomac, l'œsophage est formé d'une couche extérieure charnue ou musculeuse et d'une membrane muqueuse interne, lisse et pourvue d'un revêtement serré que l'on appelle épitélium. La couche musculeuse et la couche muqueuse sont unies par un tissu cellulaire lâche, qui leur permet de glisser facilement l'une sur l'autre et rend possible la dilatation du conduit lorsqu'il est traversé par des matières alimentaires volumineuses.

L'œsophage est situé d'abord, dans sa partie supérieure, au-dessous de la partie cervicale de la colonne rachidienne, derrière la trachée. Vers le milieu du cou, il se dévie pour se placer au côté gauche de ce conduit aérien. Il pénètre ainsi dans la cavité thoracique, en passant au côté interne de la première côte gauche, reprend bientôt sa situation au-dessus de la trachée et gagne, en franchissant la base du cœur, entre les deux poumons et au-dessous de la colonne vertébrale, l'ouverture qui existe dans le pilier droit du diaphragme, cloison musculo-membraneuse qui sépare la cavité thoracique de la cavité abdominale, et dont nous parlerons à propos de l'appareil respiratoire. Après avoir franchi cette ouverture, l'œsophage s'insère à l'estomac d'une façon que nous indiquerons en décrivant ce dernier organe.

Chez les solipèdes, la portion thoracique de l'œsophage est plus volumineuse, et formée par un tissu musculaire plus épais et plus serré que celui de la portion cervicale. Il n'en est pas de même chez les autres animaux où, dans toute son étendue, il est extrêmement dilatable. C'est ce qui fait que chez les ruminants, par exemple, des corps volumineux, tels que des tubercules ou des fragments de racine, avalés par ces animaux, pénètrent dans la région thoracique et s'y arrêtent, ce qui ne pourrait pas avoir lieu chez le cheval. Le corps s'arrêterait dans ce cas à la partie inférieure de la région cervicale.

L'œsophage n'a pas d'autre fonction que d'opérer le transport des aliments de l'arrière bouche dans l'estomac par les contractions de sa couche musculeuse.

5. Estomac.

L'estomac, encore nommé *ventricule*, est sans contredit le plus important de tous les organes digestifs. C'est dans son intérieur que les matières alimentaires sont rendues assimilables par leur dissolution, en vertu de réactions chimiques aussi curieuses à étudier que faciles à comprendre.

Cet organe, situé dans la cavité abdominale, immédiatement continu à l'œsophage, présente des différences essentielles dans ses dispositions, suivant qu'on le considère chez les diverses espèces domestiques. Il est donc nécessaire de le décrire isolément pour chacune d'elles. Chez toutes, cependant, c'est un sac membraneux, simple ou complexe. Toutes ses parties peuvent être ramenées à deux principales, dont la dernière a pour fonction d'exercer l'acte fondamental de la digestion.

Pour la rapidité et la clarté de la description, il convient d'intervertir ici la marche que nous avons suivie jusqu'à présent, en réservant pour la fin ce qui concerne les ruminants, dont l'estomac doit être décrit à part, en raison des particularités très-nombreuses et essentielles qu'il présente. Nous passerons donc d'abord en revue toutes les autres espèces à estomac formé d'une seule cavité.

Solipèdes. — Chez le cheval, l'âne et le mulet, l'estomac est un sac allongé (grav. 32), situé transversalement au grand axe

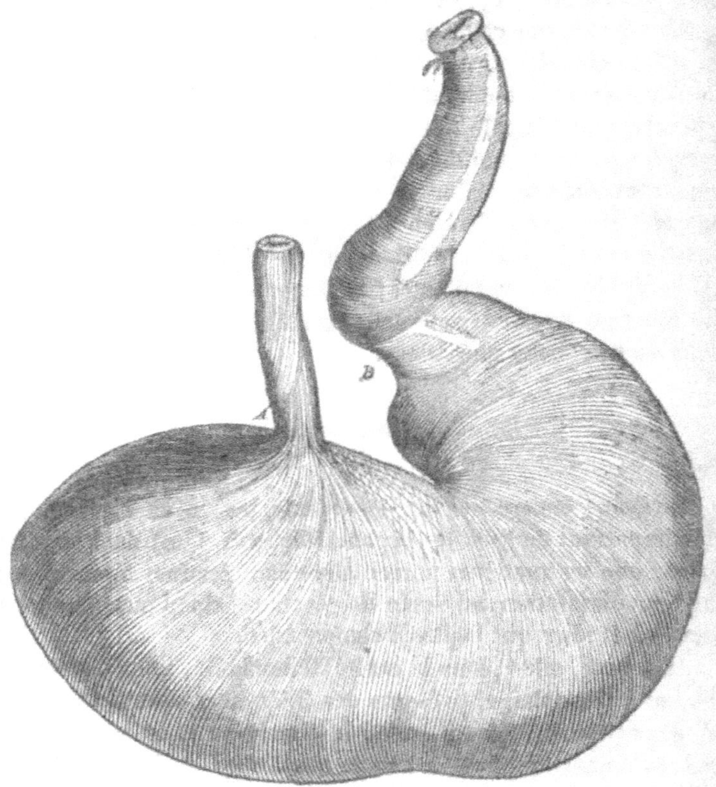

Grav. 32. — Estomac du cheval.

du corps dans la région antérieure ou diaphragmatique de l'abdomen, en rapport antérieurement avec le diaphragme et le foie, postérieurement avec les gros renflements de l'intestin, comme suspendu à la colonne vertébrale par l'œsophage et les replis du péritoine dont nous parlerons plus loin. Sa surface, qui présente des renflements et une sorte d'étranglement moyen accusant à l'extérieur une division en deux sacs, est recouverte par la séreuse péritonéale, ce qui lui donne un aspect lisse. Au-dessous de cette membrane externe il est constitué par des couches musculeuses épaisses, agissant énergiquement dans les contractions de l'estomac, et dont deux principales, en forme de faisceaux, viennent s'enrouler comme une cravate autour du point où l'œsophage s'ouvre dans l'estomac. Cette ouverture, dont les dispositions extérieures sont figurées au point A, est ce qu'on appelle le *cardia*. Elle présente chez les solipèdes cette particularité qu'elle est constamment fermée, à moins que des aliments, venant par l'œsophage, aient à passer, auquel cas elle se dilate; mais dans l'état normal le retour n'en peut avoir lieu, le cardia se fermant d'autant plus énergiquement quel'estomac est plus rempli; ce qui fait qu'après avoir détaché celui-ci, sur le cadavre, de ses adhérences, on peut l'insuffler par son ouverture intestinale sans prendre soin de lier l'œsophage.

Cette constriction du cardia est due à la contraction des faisceaux de fibres musculeuses dits cravates œsophagiennes dont nous venons de parler. C'est ce qui fait que chez les solipèdes le vomissement ne peut s'effectuer qu'après la paralysie des couches musculeuses, et que cet acte est toujours, lorsqu'il se produit, un symptôme très-grave et le plus souvent mortel.

A l'intérieur, l'estomac présente deux parties bien distinctes par l'aspect différent de la muqueuse qui le tapisse. Autant vaudrait dire deux cavités, bien qu'il n'y ait point de cloison de séparation. Aussi a-t-on coutume, en anatomie comme en physiologie, d'admettre fictivement dans l'estomac des solipèdes deux sacs, séparés exactement au point qui correspond à l'étranglement visible à l'extérieur sur sa grande courbure.

Le sac gauche (gr. 33. A.) dans lequel s'ouvre l'œsophage, semble n'être que la continuation et l'épanouissement de ce conduit. Son intérieur est tapissé par la même muqueuse revêtue

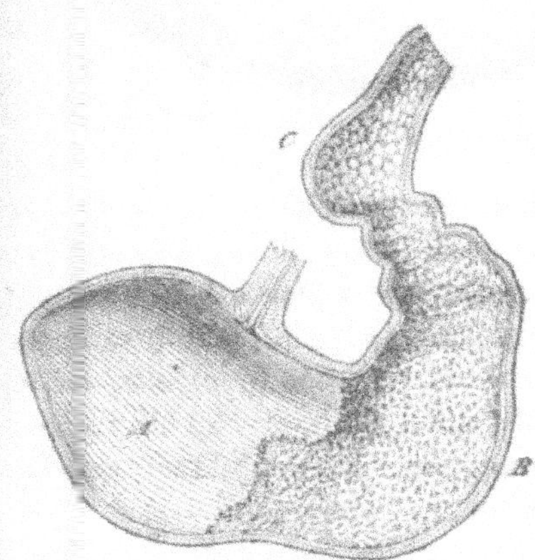

Gr. 33 — Intérieur de l'estomac du cheval.

d'une couche épaisse et serrée d'épitélium, ce qui lui donne un aspect blanchâtre et la même consistance sèche et résistante. Ces caractères cessent brusquement par une crête saillante et plus ou moins sinueuse au point de séparation des deux sacs.

Le droit (grav. 33B) qui est considéré comme le véritable esto-

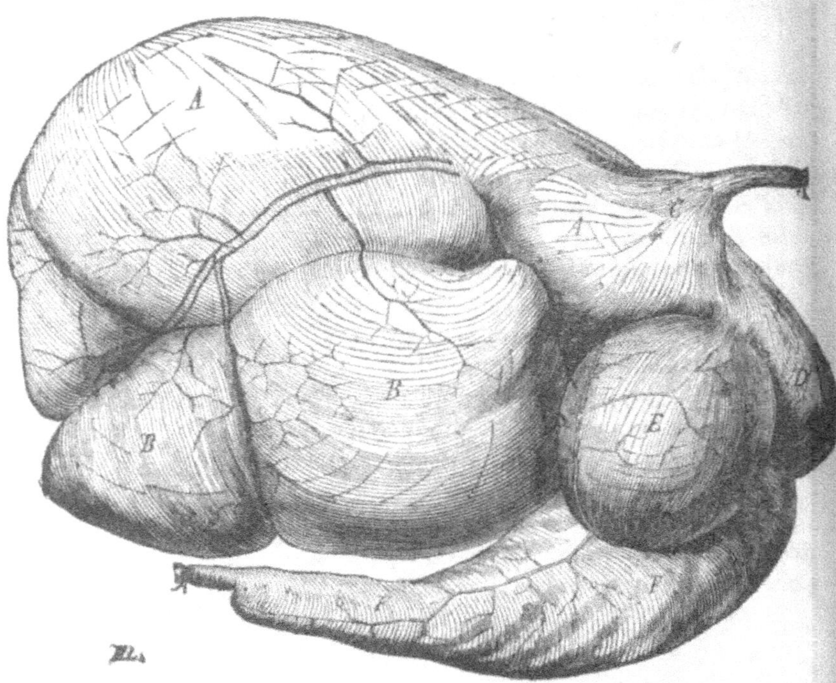

Grav. 34. — Estomac du bœuf.

mac, est revêtu d'une muqueuse épaisse, ridée, spongieuse et très-vasculaire, d'une teinte rouge brunâtre, dont les nombreux follicules ne portent qu'une couche très-mince d'épitélium. Ce sac se termine en C par une large ouverture qui établit sa communication avec l'intestin et qui est nommée le *pylore*. Cette ouverture porte à l'intérieur une sorte de bourrelet circulaire; elle est susceptible de se fermer sous l'action d'une couche musculeuse en forme de sphincter, qui l'entoure.

C'est dans le sac droit que se produit le suc gastrique, dont nous aurons à faire connaître la fonction plus loin.

LAPIN.. — Chez cet animal l'estomac présente absolument les mêmes dispositions que chez les solipèdes; c'est pour cela que nous en parlons dès à présent. Il n'y a de différence que dans sa capacité.

PORC. — L'estomac du porc ne présente plus, à l'intérieur, que la trace d'une division en deux sacs. L'œsophage s'y termine plus près du cul-de-sac gauche par une ouverture béante, en forme d'entonnoir, et sa muqueuse se prolonge seulement dans une étendue de 5 à 7 centimètres autour de cette ouverture. Tout le reste de la cavité est tapissé par une muqueuse semblable à celle du sac droit des solipèdes.

CHIEN ET CHAT. — Chez les carnassiers, l'estomac est simple. La muqueuse œsophagienne s'arrête au pourtour de l'ouverture œsophagienne dilatée en entonnoir. Celle-ci est en outre plus rapprochée du cul-de-sac gauche que chez les autres animaux dont il a déjà été question. L'organe, dans son ensemble, est très-peu courbé; il a la forme d'une poire. Toutes ces dispositions font que le chien et le chat, comme le porc, vomissent avec la plus grande facilité.

RUMINANTS. — C'est précisément à l'organisation particulière de leur estomac, que les ruminants doivent ce nom. Cette organisation entraîne pour eux la nécessité de faire revenir dans leur bouche, par portions successives, les aliments qu'ils ont déjà ingérés après les avoir grossièrement broyés sur leurs molaires, afin de les soumettre à une seconde mastication et à une insalivation plus complète, action désignée par le verbe *Ruminer*. Nous ferons connaître le mécanisme de cette fonction à mesure que nous décrirons les organes qui y concourent.

L'estomac des ruminants forme dans son ensemble une masse considérable qui remplit à elle seule la plus grande partie de la cavité abdominale; l'intestin, chez ces animaux, étant beaucoup moins développé que dans les autres espèces déjà passées en revue. Il est composé de quatre compartiments distincts (grav. 34) désignés par les noms suivants : 1º le *rumen* AA et BB; 2º le *réseau* D; 3º le *feuillet* E; 4º la *caillette* FF. Nous allons les décrire l'un après l'autre, en prenant le bœuf pour type et en indiquant à mesure qu'elles se présenteront les légères différences que l'on observe chez le mouton et la chèvre.

1° *Rumen*. — Vaste réservoir vulgairement appelé *panse*, et formant à lui seul la plus forte part de l'organe, puisqu'il occupe au moins les trois quarts de la cavité abdominale, le rumen présente à l'extérieur des traces d'une division en deux lobes (A et B) par une scissure surtout sensible à ses deux extrémités. Il repose par sa face inférieure sur la paroi abdominale, et son bord gauche se prolonge jusqu'à la partie la plus élevée du flanc correspondant. C'est ce qui fait que cette région a été choisie pour pratiquer la ponction. Sa face supérieure, dirigée obliquement de gauche à droite, supporte la masse des intestins, et chez la femelle en état de gestation la matrice contenant le fœtus.

C'est l'intérieur de ce compartiment qui mérite surtout de fixer l'attention. On y remarque d'abord des cloisons incomplètes opposées aux scissures extérieures et établissant la division en deux sacs. Ces cloisons, au nombre de deux, forment de gros piliers charnus correspondant au fond de chacune des échancrures remarquées à l'extérieur, et qui envoient des prolongements dans les deux sacs, de façon à les diviser eux-mêmes en plusieurs compartiments incomplets. Ces dispositions musculeuses ont un rôle à jouer pour le cheminement des matières alimentaires contenues dans la panse, lorsqu'elles doivent revenir par l'œsophage lors de la rumination.

La muqueuse qui tapisse l'intérieur du rumen porte une multitude de prolongements épidermiques, de forme en général foliacée ou tuberculeuse. Ces prolongements, qui ont pour effet de rendre très-obtuse la sensibilité de l'organe, sont surtout abondants au fond du sac droit.

Le rumen est en communication, par l'extrémité antérieure de son sac gauche, d'abord avec l'œsophage (grav. 34 C), par une ouverture largement dilatée en forme d'entonnoir et se continuant par une gouttière dont nous aurons à parler tout à l'heure; puis, avec le réseau, par une autre ouverture située en regard de la précédente. Cette ouverture très-large, est circonscrite en bas et sur les côtés par le bord libre d'une cloison semi-lunaire résultant de l'adossement des parois du rumen avec celles du réseau.

2º *Réseau*. — Ce second réservoir, encore connu sous le nom de *bonnet*, semble n'être qu'une sorte de prolongement du rumen, ce que les anatomistes appellent un *diverticulum*. C'est le moins volumineux de tous les compartiments de l'estomac des ruminants. Il est situé transversalement en avant de l'estrémité antérieure du sac gauche (grav. 31, D).

La surface intérieure de sa cavité est divisée, par des lames de la membrane muqueuse analogues, par leur structure sinon par leur forme, à celles du rumen, en cellules ayant de la ressemblance avec celles d'un gâteau de ruche. Ces sortes d'alvéoles sont surtout larges et profondes au fond du réseau; elles en contiennent d'autres incluses les unes dans les autres, et par conséquent de moins en moins spacieuses. Elles semblent destinées à arrêter les corps étrangers, car on trouve assez souvent, au fond de quelques-unes des cellules du réseau, de petites pierres, ou mêmes des aiguilles ou des morceaux de fer, des clous, implantés dans leur épaisseur.

Le réseau, qui doit son nom à cette disposition cellulaire de sa muqueuse, communique avec le rumen par l'ouverture que nous avons déjà mentionnée, et avec le feuillet par un orifice particulier, beaucoup plus petit que le précédent, et qui se trouve relié à l'ouverture de l'œsophage au moyen de la gouttière œsophagienne, dont nous allons maintenant parler.

Cette *gouttière œsophagienne* est une sorte de canal formé par deux lèvres ayant pour base des faisceaux charnus de fibres musculeuses, reliés entre eux, au fond de la gouttière, par des fibres transversales de même nature. Elle s'étend le long de la petite courbure du réseau, depuis l'ouverture de l'œsophage jusqu'à celle du feuillet. Elle est donc, dans toute son étendue, en communication avec le rumen et le réseau, et par ses deux extrémités avec l'œsophage et le feuillet. Nous verrons plus loin quelle est sa fontion.

3º *Feuillet*. Ce compartiment de l'estomac des ruminants porte encore les noms de *livret* ou *psautier*, justifiés, ainsi que l'autre, par les dispositions que nous allons voir. Plus grand que le réseau, chez le bœuf, il est plus petit chez le mouton et chez la chèvre. Il est placé au-dessus du cul-de-sac du réseau et de l'extrémité antérieure du sac droit du rumen. On le voit très-bien sur la figure en E, avec sa forme ovoïde, se continuant, d'une part, avec le rumen, et de l'autre avec la caillette.

Ce viscère présente à l'intérieur des détails d'organisation des plus curieux. Sa cavité est remplie de lames muqueuses inégalement développées et dirigées dans le sens de sa longueur. Ces lames ont un bord adhérent du côté de la plus grande courbure et vers les extrémités de l'organe, et un bord libre concave dirigé du côté du rumen. Elles commencent vers l'orifice de communication avec le réseau par des sortes de crêtes denticulées, entre lesquelles règnent des rigoles qui se prolongent à la base des lames jusqu'à l'ouverture du feuillet dans la caillette. Vers ce dernier orifice, les lames cessent après s'être rapidement abaissées. Sur leurs deux surfaces, elles sont parsemées de mamelons très-durs. Entre ces lames on trouve toujours des matières alimentaires plus ou moins sèches, qui semblent avoir été pressées. Cela fait l'effet de matières humides qui auraient été mises entre des feuilles de papier Joseph pour les dessécher.

L'orifice qui établit la communication entre le rumen et le feuillet est beaucoup moins grand que celui de son extrémité droite par lequel il s'ouvre dans la caillette.

4° *Caillette*. — C'est, après la panse, le plus volumineux des renflements gastriques, et au demeurant le seul où s'opère la digestion. Elle se rapproche, par sa forme extérieure, de l'estomac des carnassiers. Elle est située, à la suite du feuillet, au-dessus du sac droit du rumen, et se continue avec le commencement de l'intestin (Grav. 34 F).

La cavité intérieure de la caillette est entièrement tapissée par une muqueuse molle et spongieuse, rougeâtre, présentant une grande étendue par le fait des nombreux plis qui s'y font remarquer. C'est tout à fait l'analogue du sac droit de l'estomac des solipèdes et de l'estomac entier des carnassiers.

Maintenant que voilà décrites les diverses parties qui composent l'estomac des ruminants, par leurs principaux caractères, disons tout de suite la fonction de chacune de ces parties en indiquant surtout d'une manière sommaire le mécanisme de la rumination. Cela ne pourrait être réservé pour une meilleure occasion. Cette particularité de la digestion des ruminants une fois expliquée ici, nous n'aurons plus à y revenir lorsque nous nous occuperons de la fonction digestive en général..

Le rumen reçoit les aliments grossièrement triturés et rapidement déglutis, à mesure que les ruminants les prennent à la mangeoire ou au pâturage. Le réseau semble plus particulièrement destiné à recevoir les liquides, comme une sorte d'annexe du rumen. Une fois le repas fini, si l'animal est libre de le faire, il se couche pour ruminer. Alors, voici ce qui se produit : Grâce aux piliers et cloisons musculeuses du rumen, les contractions de ce réservoir impriment aux matières contenues dans son intérieur des mouvements ascensionnels qui en amènent une partie à l'orifice œsophagien ; celui-ci en saisit une petite quantité, que les contractions de la tunique charnue du conduit font remonter jusqu'à la bouche par un véritable mouvement de régurgitation. Quand on observe à ce moment l'animal, il est facile de suivre de l'œil l'ascension de cette sorte de bol alimentaire le long de l'œsophage. Son arrivée dans la bouche est d'ailleurs ordinairement accompagnée d'un petit bruit, qui est une sorte d'éructation. Aussitôt, les mâchoires se mettent en mouvement, et après un certain nombre de mastications, le bol alimentaire est de nouveau dégluti.

Cette fois, au moment où il arrive à l'orifice inférieur de l'œsophage, la gouttière œsophagienne s'est disposée pour le recevoir et le faire passer directement entre les lames du feuillet. C'est ce qui a lieu aussi pour les liquides et les matières ténues dégluties en petite quantité à la fois.

Cela fait, le même mécanisme recommence à entrer en jeu, jusqu'à ce qu'il ne reste plus d'aliments en réserve dans le rumen.

Les physiologistes pensent que le feuillet achève la trituration des aliments en les pressant entre ses lames. Nous sommes forcés d'ajouter que cette explication n'est peut-être pas tout à fait satisfaisante.

Quant à la caillette, nous avons déjà dit que c'est là l'estomac proprement dit et que la véritable digestion a lieu dans son intérieur.

6. Intestins.

Après l'estomac, le tube digestif se continue par un long canal replié un grand nombre de fois sur lui-même et qui se termine à l'anus. Des différences de volume et de forme très-accusées et bien délimitées ont fait séparer ce canal intestinal en deux parties distinctes, qui sont l'*intestin grêle* et le *gros intestin*. Il est nécessaire de les considérer séparément chez les diverses espèces, à cause des différences sensibles qu'elles présentent dans leurs dispositions.

SOLIPÈDES. — De tous les animaux domestiques, ce sont ceux chez lesquels les différences sont les plus accusées entre les deux parties du tube intestinal.

1° *Intestin grêle*. — C'est un tube cylindrique incurvé, libre par sa courbure convexe, et uni par sa concavité à cette partie du péritoine nommée *mésentère*. Sur un animal de taille ordinaire il a en moyenne 22 mètres de longueur sur 3 à 4 centimètres de diamètre. A son origine au pylore, il présente une petite dilatation, et dans une courte partie de son étendue en ce point il est fixe ; le reste est flottant dans l'abdomen, diversement enroulé, et principalement du côté du flanc gauche. La portion terminale, d'un plus petit diamètre et à parois plus épaisses, se dégage de ces replis pour se diriger vers la droite où elle aboutit à la partie du gros intestin nommée cœcum.

L'intérieur de l'intestin grêle est tapissé par une muqueuse fine, très-absorbante et formant de nombreux plis longitudinaux qui s'effacent par la distention, excepté vers l'origine de ce conduit. On observe à sa surface une multitude de villosités qui lui donnent l'aspect du velours et qui sont terminées par autant de petits orifices destinés à multiplier les surfaces absorbantes. Par places, il y existe de petites glandes ou follicules.

Le canal intestinal communique avec l'estomac par l'orifice pylorique. A quelques centimètres de cet orifice existent ceux par lesquels les canaux du foie et du pancréas versent les pro duits de leurs sécrétions dans cette partie de l'intestin appelée *duodénum*. Le tube se termine par un autre orifice qui fait un peu saillie dans l'intérieur du cœcum. Ce mode de terminaison a été comparé à celui d'un robinet dans un tonneau.

Nous n'avons pas à nous étendre davantage sur la structure de l'intestin grêle. Ce que nous en venons de dire suffit amplement pour le but que nous nous proposons.

2° *Gros intestin*. — Celui-ci, pour la commodité de la description, est divisé en trois portions.

La première, dont il a été déjà parlé, est le *Cœcum*. C'est une sorte de sac allongé, qui occupe le côté droit de la cavité abdominale. Il est de forme conique, long d'un mètre environ, et incurvé à concavité intérieure. Sa base est placée vers le flanc droit et c'est dans la partie concave de cette base que vient se terminer l'intestin grêle ; la pointe se dirige en bas vers le sternum, mais étant libre et flottante, elle se déplace souvent.

La surface extérieure du cœcum présente des sillons transverses retenus par des bandes charnues longitudinales. A ces sillons correspondent, à l'intérieur, des saillies également transverses. On remarque dans sa concavité, un peu en avant de sa partie renflée, deux orifices situés l'un au-dessus de l'autre : l'inférieur est celui de l'intestin grêle dont nous avons parlé ; l'autre, froncé à son pourtour, établit la communication du cœcum avec le côlon.

Le cœcum est le réservoir des liquides avalés en si grande abondance par les herbivores, et c'est là qu'ils sont absorbés. C'est là aussi que s'accumulent les gâz qui se développent dans le cas d'indigestion. La ponction qui a pour but de leur donner issue, dans ce cas, pénètre dans le cœcum au travers des parois abdominales et de ses propres parois.

Après le cœcum vient le *Côlon*, partie du tube intestinal qui se divise elle-même en deux portions, à cause de sa forme et de ses dispositions dans la cavité abdominale. La première est le gros côlon ou côlon replié, qui prend son origine au cœcum dans le point que nous avons indiqué, et qui se termine par un rétrécissement brusque auquel le petit colon ou colon flottant, deuxième portion de l'organe, fait suite.

Le côlon replié représente un énorme canal d'une longueur moyenne de 3 à 4 mètres, bosselé par des renflements entrecoupés de scissures maintenues, comme celles du cœcum, par des bandes charnues longitudinales. Il est replié en deux, de manière à ce que sa courbure soit antérieure. Les deux portions de cette anse sont d'égale longueur et accolées l'une à l'autre, et se replient ensemble sur elles-mêmes pour reporter en arrière le premier pli. La plus grande partie de la masse du gros côlon repose sur la paroi inférieure de l'abdomen ; sa portion rétrécie remonte vers la région sous-lombaire, au niveau des reins, à peu près, où elle se continue par le côlon flottant.

La surface intérieure du côlon replié ne diffère en rien de celle du cœcum.

Le côlon flottant, long de 3 mètres environ, conserve le même volume dans toute son étendue et représente une suite de bosselures dans lesquelles se moulent les crotins. Ces bosselures, comme toutes celles que nous avons déjà vues dans les autres portions du gros intestin, sont maintenues par des bandes charnues longitudinales. Parti d'un point qui est à gauche du cœcum, il se dirige tout de suite vers le flanc gauche, où il forme des replis mêlés à ceux de l'intestin grêle. Sa surface intérieure offre des replis circulaires analogues à ceux du cœcum et du gros côlon. C'est là que les matières ayant perdu toutes leurs propriétés alimentaires prennent le caractère des excréments.

Le petit côlon se termine au niveau de l'entrée du bassin, et là commence le *Rectum*, partie droite, ainsi que l'indique son nom, du tube digestif ; c'en est aussi la partie terminale. Le rectum aboutit à l'anus. Il ne diffère du côlon flottant que par sa direction et sa situation. Il est cependant dénué de bosselures ; ses parois sont plus épaisses et il est susceptible de subir une forte dilatation sous l'influence des excréments qui s'y accumulent avant leur expulsion. Le rectum est situé le long de la voûte du bassin, au-dessus de la vessie, et aussi, chez la femelle, au-dessus de la matrice. Son extrémité postérieure est munie d'un sphincter musculaire très-énergique, formé de fibres circulaires, et qui constitue l'agent de la fermeture de l'anus.

Nous avons à indiquer maintenant les différences que présente l'intestin chez les animaux des autres espèces domestiques, en ne parlant que des principaux.

RUMINANTS. — Chez le bœuf, *l'intestin grêle* est environ moitié moindre en diamètre, mais du double plus long que celui des solipèdes. Il a en moyenne 15 mètres de longueur. Le cœcum, à peu près cylindrique, est sans bosselures ni bandes charnues longitudinales. Il se continue directement avec le côlon, après avoir reçu l'insertion de l'intestin grêle. Le côlon, au lieu de se replier sur lui-même, forme un certain nombre de circonvolutions ellipsoïdes disposées en spirale allongée, jusqu'au rectum, ce qui fait qu'on n'établit point la distinction en côlon replié et côlon flottant, comme chez les solipèdes. D'abord d'égal volume avec le cœcum, il se rétrécit ensuite un peu et conserve les mêmes dimensions jusqu'à la fin. Ces dimensions sont à peu près celles de l'intestin grêle du cheval. Mesuré depuis son origine au cœcum jusqu'à l'anus, le gros intestin du bœuf donne environ de 10 à 12 mètres, ce qui est beaucoup plus que celui des solipèdes, mais en raison de son petit volume il a en somme une moindre capacité.

L'intestin du mouton et celui de la chèvre ne diffèrent pas sensiblement de celui du bœuf, si ce n'est par le volume et la capacité, qui sont en rapport avec le volume du corps de ces animaux.

PORC. — L'intestin ici se rapproche beaucoup, par ses dispositions, de celui des ruminants. Sa longueur moyenne est de 22 mètres environ, dont 17 pour l'intestin grêle et 5 pour le gros intestin. Le cœcum est cependant bosselé, et la première partie du côlon aussi. Les bosselures sont produites, comme chez le cheval, par des bandes charnues longitudinales, au nombre de trois pour le cœcum et le commencement du côlon, de deux seulement pour le reste de la partie bosselée.

CARNASSIERS. — Relativement très-court, puisqu'il n'a guère plus de 4m.50 de longueur sur un chien de taille moyenne, l'intestin des carnassiers est aussi d'un petit volume. L'intestin grêle est remarquable surtout par la grande épaisseur de ses parois et par la richesse des villosités de sa muqueuse. Le cœcum est un petit appendice tordu en spirale. Le côlon, qui ne mesure que 60 à 75 centimètres chez le chien, sur les 4m.50 de la longueur totale de l'intestin, et 35 centimètres, chez le chat, sur 2 mètres environ, est très-peu plus gros que l'intestin grêle. Il ne présente ni bosselures, ni bandes longitudinales. Ses dispositions sont fort analogues à celles qui caractérisent le côlon de l'homme, ayant une portion ascendante, une portion transverse et une autre descendante, qui se continue directement avec le rectum. Celui-ci présente sur ses côtés, près de l'anus, deux ouvertures étroites, communiquant avec deux poches glandulenses remplies d'une matière brunâtre d'une odeur forte et fétide.

7. Péritoine.

Le péritoine est une membrane séreuse qui tapisse les parois de la cavité abdominale, et en même temps la surface des viscères contenus dans l'intérieur de cette cavité. C'est cette membrane qui forme les *mésentères* dont nous avons déjà parlé, et ces larges ligaments aplatis allant d'un viscère à l'autre, et que l'on nomme des *épiploons*.

Considéré idéalement, comme s'il pouvait être complétement isolé de la cavité qu'il tapisse, le péritoine se présente comme un vaste sac clos de toutes parts, et dans lequel on admet deux feuillets, l'un dit pariétal, parce que c'est celui qui tapisse les parois de la cavité, l'autre viscéral, qui se replie sur la surface extérieure des viscères de manière à les envelopper entièrement, tout en les laissant en dehors de son sac. Il faut donc que ce feuillet se contourne de bien des manières, se double dans les mésentères et les épiploons. C'est lui qui forme la séreuse extérieure de l'estomac et des intestins. Il s'arrête à l'entrée du bassin; le rectum en est par conséquent dépourvu. C'est le péritoine, enfin, qui fixe les parties immobiles du tube digestif dans la cavité abdominale, et qui suspend les portions flottantes à quelque point du plafond de cette cavité.

Comme toutes les membranes séreuses, le péritoine sécrète un liquide qui lubréfie sa surface, et qui a pour effet de faciliter les frotiements des viscères qu'il tapisse.

8. Annexes de l'appareil digestif.

On donne ce nom d'organes annexes de la digestion aux glandes situées sur le trajet du tube digestif, qui déversent dans son intérieur, par l'intermédiaire de leurs canaux, les liquides sécrétés par elles, et dont les propriétés seront indiquées lorsque nous nous occuperons de la fonction digestive. De ces organes glanduleux, les uns sont situés en dehors de la cavité abdominale : ce sont les glandes salivaires, que l'on trouve aux environs de la bouche où viennent s'ouvrir leurs canaux ; les autres, situés dans l'abdomen, versent leurs produits dans l'intestin : ce sont le foie et le pancréas. On est bien obligé, jusqu'à nouvel ordre, d'y joindre la rate, moins à cause de sa fonction sur laquelle il n'y a encore que des hypothèses, que de son organisation et de sa situation. Nous allons donc rapidement indiquer ce qu'il est utile de savoir sur ces divers organes.

1° *Glandes salivaires*. — On en connaît un grand nombre, si l'on tient compte des petites glandules qui se trouvent au-dessous de la muqueuse buccale dans les régions des lèvres, des joues, de la langue et du palais. Nous ne parlerons ici que des principales, qui sont toutes paires et portent les noms de *parotide, maxillaire et sublinguale.*

La *parotide* est située dans la gorge qui fait immédiatement suite au bord postérieur du maxillaire et s'étend de la base de l'oreille jusqu'au niveau du pharynx. Son canal excréteur se détache du bord antérieur de la glande, gagne la ganache qu'il longe, pour remonter ensuite verticalement vers la joue qu'il traverse au niveau de la troisième dent molaire, pour s'ouvrir dans l'intérieur de la bouche. Ce canal porte le nom de *Canal de Sténon*.

La *Glande maxillaire*, plus petite que la précédente, est située sur le côté du larynx, le long de la partie la plus large du maxillaire inférieur. Le *Canal de Warton*, qui se détache de son extrémité antérieure, longe les muscles de la langue et vient s'ouvrir près du frein de celle-ci, à l'extrémité d'un petit tubercule connu vulgairement sous le nom de *Barbillon*. Nous avons mentionné ce fait en parlant de la bouche.

La *Glande sublinguale*, encore moins volumineuse que la glande maxillaire, doit son nom à sa situation sous la langue, de chaque côté, dans l'espace intermaxillaire. Elle est allongée et étroitement aplatie dans le sens latéral et terminée par deux extrémités effilées, dont l'antérieure s'étend jusqu'à la réunion des deux branches du maxillaire. Les canaux excréteurs son' nombreux et viennent perpendiculairement s'ouvrir le long de la crête qui continue le frein de la langue.

Mentionnons seulement les *Glandes molaires*, disposées en deux rangées sous la muqueuse des joues et au niveau des arcades molaires. Ces glandes, ou plutôt ces glandules agglomérées, versent leur liquide dans la bouche par de petites ouvertures rangées en lignes.

Les glandes salivaires ont pour fonction de sécréter le liquide qui porte le nom de *Salive*. Sans entrer dans l'examen minutieux de leur structure, nous dirons qu'elles sont constituées par de petits lobules disposés sous forme de grappes, de chacun desquels part un petit canal qui s'abouche avec celui du lobule voisin, pour aboutir enfin au canal unique, lorsque la glande en est pourvue. Dans le cas contraire, le petit canal s'ouvre directement dans la bouche. C'est dans la substance de ce lobule que le sang, conduit d'abord par un vaisseau, comme nous le verrons plus loin, est transformé en salive.

Les glandes salivaires ne présentent, chez les diverses espèces d'animaux domestiques, que des différences de volume ou de couleur inutiles à signaler.

2º *Pancréas.* — Nous nous occupons tout de suite de cet organe parce qu'il présente, avec les glandes salivaires, la plus grande ressemblance. Sa structure et ses propriétés physiques sont les mêmes. Il est situé dans la région sous-lombaire de la cavité abdominale, en travers de la colonne vertébrale, en avant des reins et en arrière du foie et de l'estomac. Aplati de dessus en dessous, le pancréas présente une agglomération assez irrégulière par sa forme, chez les différents sujets, de lobules glandulaires. Il offre deux canaux excréteurs, un principal et l'autre accessoire, qui viennent s'ouvrir dans la première portion de l'intestin, l'un au même point que celui du foie, et l'autre isolément en regard de ce même point. Ces canaux versent dans le tube digestif un liquide auquel on a donné le nom de *Fluide pancréatique*.

Il y a chez les animaux autres que les solipèdes quelques différences de situation du pancréas et de disposition du conduit qui est ordinairement simple, mais ces différences n'offrent, pour nous, aucun intérêt.

3° *Foie*. — Cet organe est situé, chez tous les animaux domestiques, dans la cavité abdominale à droite de la région diaphragmatique. C'est une masse glandulaire de forme irrégulière dans ses contours, à bords minces creusés de scissures plus ou moins profondes, recouverte d'une membrane propre qui rend sa surface lisse, laquelle surface a une couleur brun-chocolat plus ou moins foncé, suivant les espèces.

Le foie est appliqué en avant sur le diaphragme; par sa face postérieure il est en rapport avec l'estomac, la première portion de l'intestin grêle et la courbure antérieure ou diaphragmatique du côlon. Il est maintenu en place par des ligaments aponévrotiques particuliers et par les gros vaisseaux qui pénètrent dans son intérieur. L'un de ces vaisseaux, la *Veine porte*, dont le tronc est logé dans un sillon de sa face postérieure, y apporte le sang chargé des produits de la digestion venant des divers points de l'intestin.

Le tissu du foie est constitué par une agglomération de grappons aboutissant à une multitude de petits canaux ramifiés, ant aboutir eux-mêmes à plusieurs troncs logés dans la scissure postérieure, lesquels troncs se réunissent enfin en un canal unique, qui est le *Canal Cholédoque*. Cette dernière disposition est celle que l'on observe chez le cheval et chez les autres animaux dépourvus de vésicule biliaire, tels que l'âne et le mulet.

Cette *Vésicule biliaire*, qui existe chez les *Ruminants*, le *Porc*, le *Chien*, le *Chat* et les *oiseaux*, est un réservoir en communication avec le canal Cholédoque au moyen d'un conduit qui s'en détache à angle droit. Elle contient le produit de la sécrétion du foie, la *Bile*, qui se déverse dans l'intestin par l'intermédiaire du canal excréteur.

Le foie reçoit deux ordres de vaisseaux : des vaisseaux de la grande circulation, comme tous les autres organes, qui lui apportent le sang artériel nécessaire à sa nutrition, et le tronc de la veine porte, dont nous avons déjà parlé, et qui se ramifie de nouveau dans son intérieur pour y répandre le sang venu des intestins, chargé des produits de la digestion. C'est de ce dernier que la glande hépatique extrait la bile, dont le caractère fondamental est la propriété fortement alcaline qu'elle doit à la présence de deux sels organiques à base de soude. Certaines métamorphoses des produits de la digestion, autres que cette sorte d'épuration, se continuent et s'achèvent en outre dans l'intérieur du foie. C'est ainsi qu'il s'y trouve toujours, dans l'état normal, une forte proportion de matière sucrée, résultat de la transformation des matériaux amylacés de l'alimentation, et aussi des premiers dérivés de ces matériaux.

4° *Rate*. — Cet organe n'est pas une glande; il n'en a aucunement l'organisation. Les physiologistes le considèrent maintenant comme une sorte de ganglion vasculaire dont les usages sont encore inconnus.

La rate est une masse aplatie, dont la forme générale est celle d'une faux, obliquement dirigée de haut en bas et d'arrière en avant, et située dans la région diaphragmatique à droite, suspendue entre la région sous-lombaire de la cavité abdominale et la grande courbure de l'estomac par les replis du péritoine.

Le tissu de la rate a une couleur bleu-violacé, tirant parfois sur le rouge. Il est mou et conserve l'empreinte du doigt qui le presse. Ce tissu, formé par une sorte d'éponge fibreuse, contient, dans l'intérieur de ses vacuoles, du sang dans un état particulier de consistance qui lui a fait donner le nom de *Pulpe splénique* ou *Boue splénique.*.

9. Fonction de la Digestion.

La fonction digestive a pour objet de rendre les matières alimentaires susceptibles d'être absorbées par les vaisseaux sanguins et chylifères, pour passer dans le torrent circulatoire où elles subissent les modifications qui les rendent assimilables. C'est dans ce dernier état seulement que ces matières peuvent fournir aux organes les éléments de réparation rendus nécessaires par l'usure que le mouvement vital y produit. Chez les animaux domestiques, cette fonction est de toutes la plus importante, la plupart d'entre eux étant destinés à l'alimentation de l'homme, et par conséquent à transformer, dans le moins de temps possible, la plus forte somme de fourrage en leur propre substance, ou plus clairement en viande. Il en est d'alleurs de même dans une certaine mesure, pour les animaux de travail, la puissance et surtout la durée de leurs efforts musculaires étant jusqu'à un certain point subordonnées aux aliments qu'ils consomment. Ceux-ci, dans ce cas, peuvent être assez exactement comparés au charbon que reçoit le foyer de la locomotive, et dont la combustion produit la vapeur qui fait mouvoir son piston.

Il s'ensuit donc la nécessité, pour ceux qui sont préposés au gouvernement des animaux, d'être éclairés sur les meilleures conditions de ce fonctionnement, s'ils veulent en tirer un bon parti. Et c'est pour cela, que sans entrer dans tous les détails de la fonction, nous donnerons ici les principales notions qui la concernent.

Nous ne dirons rien de la faim et de la soif, par lesquelles se manifeste le besoin de prendre des aliments. Tout le monde connaît les signes à l'aide desquels on les peut discerner. Nous nous occuperons seulement de la digestion proprement dite, ou des phénomènes de la transformation et de l'absorption des aliments dans le tube digestif.

Ces phénomènes sont à la fois mécaniques et chimiques. La partie mécanique est celle qui concerne les mouvements à l'aide desquels les matières alimentaires sont introduites d'abord dans la bouche, divisées et triturées par les dents, puis cheminent le long du canal intestinal, jusqu'à ce que, épuisées des substances absorbables qu'elles contiennent, leurs résidus soient expulsés par l'ouverture terminale de l'appareil digestif. Tous ces mouvements sont l'effet de contractions musculaires, dont les unes, — aux deux extrémités du tube, — sont sous l'empire de la volonté, et les autres, — celles qui se passent à partir de l'œsophage jusqu'au rectum, — y sont absolument soustraites. C'est que les parties musculaires qui entrent dans la constitution de la bouche et de l'arrière-bouche, appartiennent, de même que celles qui forment le sphincter de l'anus, au système locomoteur de la vie animale, ou de relation, tandis que les autres appartiennent à ce qu'on appelle la vie organique.

Il serait sans intérêt ici d'insister sur cette distinction et sur les mouvements propres de chacune des régions de l'appareil digestif; nous les avons suffisamment indiqués en décrivant ces diverses régions. Nous avons seulement à faire connaître les phénomènes chimiques de la digestion. Toutes les études et les nombreuses expériences exécutées dans ces derniers temps ont prouvé que cette fonction s'effectue par une suite d'opérations appartenant exclusivement à l'ordre des réactions qui se passent dans des appareils inertes, lorsqu'on met en présence les divers éléments de ces réactions. On a produit ainsi des digestions artificielles, qui ne diffèrent en rien de celles qui se passent dans l'économie des êtres organisés.

Pour bien comprendre la fonction digestive, il importe d'abord d'être éclairé sur la constitution des aliments qui doivent la subir, en ramenant ceux-ci à leurs principes immédiats organiques. On peut négliger les matières minérales salines qui s'y trouvent jointes, et qui forment les cendres des aliments incinérés, attendu que ces matières sont généralement solubles et ne subissent dans la digestion d'autre effet que celui de leur dissolution. Il n'en est pas de même des principes immédiats organiques. Le plus grand nombre d'entre eux sont au contraire rebelles à la dissolution. Pour la subir, ils doivent être métamorphosés ; et c'est présisément là le rôle de la digestion.

Les aliments sont empruntés au règne végétal et au règne animal. Certains animaux, comme on sait, se nourrissent exclusivement de matières végétales, d'autres de matières animales, et d'autres enfin, indifféremment des unes ou des autres, ou des unes et des autres à la fois. Ces faits ont été pris pour l'une des bases de leur classification. C'est ainsi qu'on a nommé les premiers *Herbivores,* les seconds *Carnivores* ou *Carnassiers,* enfin les autres *Omnivores.* Le cheval, l'âne, le mulet, le bœuf, le mouton, la chèvre et le lapin sont des herbivores ; le chien et le chat sont dans l'état naturel des carnassiers, mais la domestication en a fait des omnivores, comme le porc, dont elle a fait le plus ordinairement à son tour un herbivore.

Quelle que soit leur origine, animale ou végétale, les aliments contiennent, en proportions diverses, les mêmes éléments fondamentaux. C'est donc moins par leur composition élémentaire que par leur constitution immédiate qu'ils diffèrent. Nous reviendrons plus en détail sur ces considérations en nous occupant de l'hygiène. Pour l'instant, bornons-nous à remarquer quelles aliments se divisent en deux classes, suivant que les matières azotées y dominent sur les matières hydrocarbonées, ou bien ces dernières sur les matières azotées. Le premier cas est celui de l'alimentation animale; le second caractérise l'alimentation végétale. Pour la physiologie, l'important est de savoir que dans les deux cas, les actions digestives ont à s'exercer sur quatre ordres de principes immédiats, dont deux, ayant pour principaux termes la cellulose et l'amidon ou fécule, peuvent être ramenés à un seul, au point de vue où nous sommes ici placés; les deux autres comprennent, le premier, les matières grasses, le second, les matières albuminoïdes ou azotées. Les physiologistes ont divisé, d'après Liebig, les aliments où se trouvent ces quatre ordres de principes immédiats en deux classes fondamentales, suivant l'objet qu'ils ont à remplir dans l'économie vivante. Dans la première, ils ont placé ceux qui doivent concourir à la réparation des tissus, et il leur ont donné la qualification d'*aliments plastiques*. Ce rôle appartient exclusivement aux matières albuminoïdes. Dans la seconde classe, sont rangés ceux destinés à être brûlés ou oxydés, pour fournir le calorique nécessaire à l'entretien de la chaleur animale. C'est le propre des aliments *respiratoires*, particulièrement riches en hydrogène et en carbone, comme les matières grasses, la cellulose formant la base des plantes, l'amidon ou fécule et leurs dérivés.

Ces dernières substances se présentent dans les plantes mêmes ou dans les préparations que l'on peut appeler culinaires, bien qu'il ne s'agisse ici que des animaux, ayant déjà subi les mutations qui les rendent solubles, et par conséquent directement assimilables. C'est ce qui arrive lorsqu'elles sont ingérées à l'état de dextrine ou à celui de glycose ou de sucre. L'action digestive n'a donc à s'exercer que sur la cellulose proprement dite, sur l'amidon, sur les matières grasses et sur les matières albuminoïdes, et cela dans l'unique but de les rendre solubles, pour qu'elles puissent être absorbées à la surface interne de l'intestin.

L'étude de la digestion a pour but essentiel, d'après cela, de déterminer les mutations que subissent ces diverses matières, d'indiquer le lieu du tube digestif dans lequel elles se produisent, et le mode de leur production. Toutes ces circonstances sont au fond les mêmes dans les diverses espèces. On peut, en conséquence, les indiquer sans se préoccuper de quelques différences de forme, qu'une physiologie complète ne permettrait pas de négliger.

Nous allons donc prendre la matière alimentaire quelconque au moment où elle est introduite dans la bouche, et la suivre dans toutes les modifications qu'elle subit en parcourant l'appareil digestif. Avec ce qui précède, cela formera, croyons-nous, des notions suffisantes pour quiconque n'a pas besoin d'approfondir l'étude des phénomènes physiologiques.

A mesure que, par les mouvements de la mâchoire inférieure, les substances alimentaires contenues dans la bouche sont broyées et triturées sous les dents molaires ; à mesure, en un mot, qu'elles sont soumises à la mastication, sous l'influence même de ces mouvements et de l'excitation spéciale produite sur les glandes salivaires, par l'intermédiaire des nerfs du goût, celles-ci versent dans l'intérieur de la bouche le produit de leur sécrétion. C'est ainsi que les aliments s'imprègnent de salive et sont, en définitive, rassemblés au fond de la bouche, par les mouvements des joues et ceux de la langue, en un bol plus ou moins volumineux qui est ensuite dégluti, pour passer du pharynx dans l'œsophage, et de là dans l'estomac.

La salive a, dans ce premier temps de la digestion, une double action : elle facilite le glissement du bol alimentaire dans les premières voies, et en vertu de ses propriétés chimiques elle y incorpore l'agent de l'une des mutations qui doivent s'opérer dans l'intérieur de l'estomac.

Il existe en effet dans la salive une matière azotée analogue à celle que l'on trouve près du germe des graines, et qui a comme celle-ci pour fonction de provoquer la métamorphose de l'amidon en dextrine, et ainsi de le rendre soluble. Cette matière, qui porte dans les végétaux le nom de *diastase*, a été nommée chez les animaux *ptyaline* ou *diastase salivaire*. Il suffit de mettre en contact, n'importe où, une matière amylacée quelconque, de l'amidon ou de la fécule, avec de la salive, sous l'influence d'une température de 30 à 40 degrés, pour qu'elle soit très-promptement transformée en dextrine et devienne soluble. Une action plus prolongée fait passer la dextrine à l'état de sucre, absolument comme si l'on agissait avec de la diastase extraite de l'orge germée. Lorsqu'on met dans un tube de verre de l'amidon ou de l'empois avec de la salive, si l'on chauffe légèement le tube, le liquide, opalin ou laiteux, suivant la quantité de matière amylacée qu'il contient, devient bientôt clair par la dissolution du sucre formé.

On voit par là combien il est important que les aliments soient suffisamment mâchés, non-seulement pour que l'estomac les reçoive dans un état convenable de division, mais encore afin qu'ils y arrivent assez imprégnés de la salive qui doit fournir, dans cet organe, l'élément de la digestion des matières amylacées.

Arrivées dans l'estomac avec la salive qu'ils ont entraînée, et par conséquent avec ce ferment destiné à dissoudre l'amidon et ses analogues, les matières alimentaires y séjournent durant un temps qui varie suivant leur nature et la résistance qu'elles présentent à l'action de la diastase salivaire et des autres agents de dissolution dont nous allons parler. Les substances féculentes ne sont pas entièrement transformées en sucre dans l'intérieur de l'estomac, bien qu'elles trouvent dans cet organe d'autres produits de sécrétion, capables de seconder l'action de la salive et même de la suppléer jusqu'à un certain point ; elles n'y séjournent pas assez longtemps pour cela ; mais aucune parcelle, lorsque la digestion n'est pas troublée, ne franchit le pylore sans être arrivée à l'état soluble de dextrine.

C'est dans l'épaisseur de la muqueuse stomacale que se produit l'agent de dissolution des matières albuminoïdes. Cet agent, sécrété par des glandes particulières, est le *suc gastrique*, contenant environ 99 parties d'eau sur 100, une faible proportion de sels, un acide libre et une substance organique spéciale, qui est aux matières albuminoïdes ce que la diastase salivaire est aux féculentes. L'acide libre a été reconnu pour de l'*acide lactique*. La matière organique, le ferment gastrique, a été nommée *pepsine*. On lui a aussi donné les noms de *chymosine* et de *gastérase*. Par son action sur les matières albuminoïdes qui sont insolubles, fibrine, albumine coagulée, caséine, gluten, etc., elle leur fait subir une modification dite isomérique qui les rend solubles. On a donné au produit de cette modification le nom de *peptone*. L'acide lactique du suc gastrique facilite cette action.

Les opérations essentielles de la digestion stomacale ont donc pour effet de dissoudre les matières féculentes et les matières azotées. L'agent de la première est la salive, celui de la seconde le suc gastrique. En examinant les matières alimentaires contenues dans l'estomac d'un animal en cours de digestion, on y trouve ces deux actions de la diastase salivaire et de la pepsine, plus ou moins avancées, suivant le temps qui s'est écoulé depuis le repas. On y rencontre aussi d'autres substances résultant des altérations spontanément produites dans la masse, et enfin d'autres qui ont conservé l'état dans lequel elles ont été ingérées. De ce nombre sont les matières grasses, sur lesquelles ni la salive ni le suc gastrique n'ont aucune action.

Toutes ces matières, ainsi modifiées ou non par la digestion stomacale, forment une sorte de pâte ou de bouillie plus ou moins épaisse, suivant l'état d'avancement du phénomène et la quantité de liquide mêlée à la masse, soit par la nature même des aliments, soit par les boissons ingérées en même temps que ceux-ci. C'est à cette pâte qu'on a donné le nom de *Chyme*. Le chyme est, comme on voit, une chose fort complexe, dans laquelle entrent toutes les matières introduites dans l'estomac, qu'elles soient ou non susceptibles de subir les actions qui s'y passent.

Le chyme franchit l'estomac à mesure qu'il se produit, c'est-à-dire à mesure que les actions dont il vient d'être question sont suffisamment avancées pour que le séjour dans ce viscère ne soit plus nécessaire. Le temps de la digestion stomacale varie non-seulement suivant les espèces, mais encore suivant les individus et les circonstances. Il est d'ailleurs toujours plus long pour les herbivores que pour les autres. Un exercice modéré l'abrège, mais des efforts trop violents l'arrêtent. C'est ce qui explique la si grande fréquence des indigestions chez les animaux de travail.

En sortant de l'estomac par le pylore, le chyme rencontre deux autres produits de sécrétion, le suc pancréatique et la bile, versés dans la première portion de l'intestin.

L'expérimentation a démontré, dans ces derniers temps, que le suc pancréatique, fort analogue à la salive par son aspect, a la propriété d'exercer sur les matières féculentes la même action qu'elle ; il a en outre celle de déterminer la transformation des matières albuminoïdes, comme le suc gastrique, et de plus de concourir à l'émulsion des matières grasses, état sous lequel elles sont absorbées dans l'intestin. Le liquide sécrété par le pancréas semble donc avoir pour fonction de parachever la digestion gastrique, en attaquant au passage les matières qui auraient pu échapper à celle-ci.

Nous avons dit les caractères de la bile, qui se verse chez plusieurs animaux par le même orifice que celui du suc pancréatique. La bile se caractérise surtout par son alcalinité. Elle jouit de la propriété de se mêler aux corps gras, de les émulsionner comme le suc pancréatique, mais à un moindre degré. Telle paraît être exclusivement son action digestive.

En outre de la bile et du suc pancréatique, le chyme est encore en contact avec le suc intestinal, sécrété par les glandes contenues dans l'épaisseur de la muqueuse de l'intestin. Ces trois fluides réunis forment un liquide mixte alcalin, qui jouit à lui seul de la faculté de digérer les aliments de toute sorte.

Pendant son séjour dans l'intestin grêle, le chyme est donc mis en rapport avec ce liquide mixte, qui s'y mêle et qui a pour effet d'en achever les métamorphoses, à mesure qu'il chemine le long de cet intestin. A mesure aussi, toutes les substances naturellement solubles ou rendues telles par l'action digestive, la dextrine, la glycose, l'albuminose, les matières grasses émulsionnées, sont absorbées par les villosités intestinales et passent dans les racines de la veine-porte ou dans les chylifères qui rampent dans l'épaisseur du mésentère, pour se rendre d'abord au réservoir, puis dans la circulation veineuse générale, au moyen du conduit spécial partant de ce dernier.

Souvent le nom de *Chyle* a été donné aux matières contenues dans l'intestin et qui ne sont autres que le chyme, plus le liquide mixte dont il vient d'être parlé. Il faut prendre garde que ce nom ne convient rigoureusement que pour le liquide généralement laiteux ou rosé, suivant l'espèce de l'animal et la nature de l'alimentation, qui passe dans les vaisseaux chylifères, et non point à cette bouillie alimentaire contenant des matières qui ne seront pas absorbées du tout, et d'autres qui le seront par les veines pour aller traverser le foie, ainsi que nous l'avons dit en parlant de cet organe. La fonction principale du foie est moins de sécréter la bile, dont nous avons vu le rôle peu important, que de retenir les produits de la digestion non suffisamment élaborés, avant qu'ils soient versés dans la grande circulation.

En traversant le long et étroit conduit formé par l'intestin grêle, la bouillie alimentaire a donc cédé à l'absorption par les villosités intestinales la plus grande partie de ses matières rendues solubles par la digestion. Arrivée dans le cœcum, l'action des sucs digestifs a été à peu près épuisée sur elle. Le gros intestin, en effet, n'en sécrète aucun. Tout au plus, chez les espèces où cette partie du tube intestinal est très-développée, comme les solipèdes, l'action de la diastase se continue-t-elle sur les matières féculentes dont leur alimentation est fort riche. Toutefois, on a constaté que le suc intestinal peut, dans une certaine mesure, rendre absorbables les matières albuminoïdes très-divisées, et c'est ce qui explique l'action des lavements nutritifs.

Les parties solubles qui ont échappé à l'absorption dans l'intestin grêle, sont absorbées dans le gros intestin, et surtout dans le cœcum, lavées qu'elles y sont par la grande quantité de liquide qui les délaie. En passant de là dans le côlon, elles ne se composent guère plus que des résidus de la digestion, qui s'épaississent de plus en plus et sont bientôt réduits aux matières solides, par le fait de l'absorption qui se continue dans toute l'étendue du tube intestinal. Dans la partie flottante du côlon, chez les solipèdes, ce ne sont plus que des excréments, prenant la forme sous laquelle ils seront expulsés, couverts de mucus intestinal et de la partie excrémentitielle de la bile et des sucs intestinaux. C'est ce qui leur donne la coloration particulière à chaque espèce et en rapport principalement avec la quantité et la qualité de la bile secrétée.

C'est dans le parcours des résidus de la digestion, le long du gros intestin, que se développent les gaz qui accompagnent toujours ces matières. Bien qu'on ne soit point fixé sur l'origine de la plupart d'entre eux, il est permis d'admettre qu'ils sont le résultat de fermentations produites dans des conditions qui sont des plus favorables à ce genre de réactions. Tant qu'il se maintient dans les limites que l'on peut appeler normales, ce dégagement de gaz intestinaux n'entraîne aucun inconvénient; mais si, par suite de son exagération, il distend outre mesure l'un ou l'autre des viscères, la digestion en est aussitôt arrêtée, il se produit des coliques plus ou moins violentes, et la mort en est souvent la conséquence. Ce résultat s'observe surtout chez les herbivores, dans la panse des ruminants et dans le cœcum des solipèdes, lorsque les herbes fraîches et d'une végétation rapide et luxuriante ont été ingérées en trop grande quantité à la fois.

Il faut, en terminant, ajouter quelques considérations relatives à la digestion chez les oiseaux. Cette fonction y présente des particularités qu'il y a lieu d'indiquer.

Les oiseaux, comme on sait, n'ont pas de dents, et la nature cornée de leur bec n'en tient point lieu. Celui-ci leur sert uniquement pour la préhension des aliments, qu'ils soient granivores, insectivores ou carnivores. Tout au plus, chez ces derniers, sert-il à déchirer la proie. L'appareil dentaire est suppléé par une disposition spéciale de l'estomac, ordinairement divisé en trois compartiments espacés. Le premier, qui atteint son plus grand développement chez les granivores, — et par conséquent chez nos oiseaux de basse-cour, — est une dilatation de l'œsophage, sorte de poche membraneuse située en bas du cou. Ce renflement de l'œsophage porte le nom de *jabot*. Les grains y séjournent et s'y ramollissent sous l'influence de la salive et des sucs muqueux. Le jabot manque chez les oiseaux carnivores, qui ont, au contraire, le second compartiment plus développé que les autres oiseaux. Ce second compartiment, qui est, lui aussi, un renflement de l'œsophage en forme de fuseau, est ce que les anatomistes appellent le *ventricule succenturié*. Ses parois sont remplies de follicules glanduleux sécrétant un liquide analogue au suc gastrique, ce qui lui donne une grande importance dans la digestion. Enfin, le troisième, bien connu sous le nom de *gésier*, est situé à la terminaison de l'œsophage. Il est remarquable par l'épaisseur et la puissance de sa tunique musculeuse, qui semble destinée, chez les granivores, à broyer les aliments par la force de ses contractions. On y trouve souvent de petits cailloux.

Les oiseaux ont un foie volumineux, relativement à leur poids. Leur intestin, d'une longueur variable suivant le mode naturel d'alimentation, ne présente d'autre particularité essentielle que l'existence de deux cœcums venant s'ouvrir dans le gros intestin.

A part ces différences d'organisation, la fonction digestive s'exécute d'ailleurs, quant aux phénomènes chimiques, chez les oiseaux comme chez les autres animaux.

CHAPITRE IV

APPAREIL DE LA RESPIRATION

La fonction en vertu de laquelle les animaux introduisent dans leur économie l'air nécessaire à l'entretien de la vie est encore plus indispensable, assurément, que celle qui vient d'être étudiée. Cette dernière, en effet, est intermittente ; celle de la respiration, au contraire, doit être absolument continue. La suspension ne peut pas durer au-delà de quelques minutes, en temps normal, sans entraîner la mort. C'est dire l'attention qu'elle mérite, surtout ici qu'il s'agit d'appliquer ces données anatomiques et physiologiques à des animaux de service, élevés et entretenus dans un but de production.

L'appareil respiratoire se compose de plusieurs organes, que nous décrirons successivement ; mais il peut être considéré, dans son ensemble, comme un conduit ramifié, à l'extrémité duquel l'air introduit de l'extérieur vient se mettre en contact avec le sang qui circule dans les vaisseaux. Nous verrons plus loin comment cela s'effectue ; il convient d'abord d'en indiquer les organes, qui sont : 1° Les *cavités nasales* ; 2° le *larynx* ; 3° la *trachée* ; 4° les *bronches* ; 5° le *poumon* ; 6° la cavité *thoracique*.

1. Cavités nasales.

Les différences que présente la disposition des cavités nasales, chez les diverses espèces, ne sont pas assez essentielles pour qu'il soit nécessaire de suivre à leur sujet notre plan habituel.

Nous indiquerons seulement, s'il y a lieu, les particularités dignes d'intérêt, à mesure qu'elles se présenteront.

Les cavités nasales sont au nombre de deux, séparées par une cloison cartilagineuse. Elles s'ouvrent à l'extérieur par les *naseaux* ou les *narines*, circonscrites en ce point par les *ailes du nez*, plus ou moins mobiles et constituées par une charpente cartilagineuse destinée à les tenir constamment ouvertes, et par des muscles ayant pour fonction de les mouvoir. Du côté de la ligne médiane les ailes du nez présentent un repli de la peau formant cul-de-sac, et qui porte le nom de fausse narine.

Tous les muscles qui aboutissent aux naseaux ont pour fonction de les dilater. C'est chez le cheval que ces ouvertures sont le plus dilatables et le plus mobiles, l'entrée de l'air ne pouvant s'effectuer que par là. La disposition du voile du palais, qui descend jusqu'à la base de la langue, s'oppose à ce que le cheval puisse respirer par la bouche, ce que les autres animaux, et notamment le chien, font plus ou moins facilement ; et c'est là ce qui rend si graves, chez le cheval, les obstacles qui obstruent, même seulement en partie, les cavités nasales.

Les fosses nasales, assez étroites à partir du point où cessent les ailes du nez, présentent dans leur intérieur des anfractuosités et divers méats. Du côté opposé à la cloison, il y existe en haut des *cornets*, formés par des lames osseuses roulées sur elles-mêmes. Elles se terminent en arrière par des ouvertures largement béantes, au moyen desquelles ces cavités communiquent avec le pharynx : ce sont les ouvertures gutturales des cavités nasales. En divers points de leur étendue, elles sont en communication avec les *sinus*, cavités anfractueuses creusées dans l'épaisseur des os de la face et qui, au nombre de cinq de chaque côté, sont considérées comme des diverticules des cavités nasales.

Celles-ci sont tapissées par une membrane qui porte les noms de *pituitaire* et de *membrane olfactive*. Cette muqueuse, riche en vaisseaux et en sinus veineux, est recouverte d'une couche uniforme d'épithélium. Elle se continue avec la peau qui tapisse la face interne des ailes du nez. On y remarque à l'entrée des fosses nasales, près de son commencement, une petite ouverture qui semble faite à l'emporte-pièce et qui est celle du conduit lacrymal. Cette ouverture varie de situation chez les diverses espèces ; elle est surtout à remarquer chez le cheval, où elle se trouve vers la commissure inférieure de l'aile du nez, et chez l'âne et le mulet, où elle est, au contraire, près de la commissure supérieure, afin de ne la point confondre avec les ulcérations de la morve.

Dans les sinus, la pituitaire a changé de caractère ; en y pénétrant elle est devenue très-mince et elle a perdu sa grande vascularité ; ce qui ne l'empêche point de devenir le siége, dans certains cas, de sécrétions purulentes. Cela est surtout fréquent chez le bœuf où, de même que chez les autres ruminants, les sinus frontaux se prolongent jusque dans l'intérieur du support osseux de la corne, et la membrane qui les tapisse aussi, par conséquent.

2. Larynx.

Le larynx est l'organe où se produit la voix, par la collision de l'air sur certaines de ses parties que nous indiquerons tout à l'heure. C'est la première partie du tube aérien proprement dit, séparée des cavités nasales par le pharynx, cavité qui sert à la fois, ainsi que nous l'avons vu, au passage des aliments et à celui de l'air.

Le larynx représente une sorte de boîte cartilagineuse très-courte, ou plutôt un manchon irrégulier, déprimé d'un côté à l'autre. L'ouverture supérieure, qui porte le nom de glotte, se trouve située au fond de la cavité pharyngienne, ainsi qu'on l'aperçoit sur la gravure 36, où les bords d'une fente pratiquée dans la partie supérieure du pharynx sont écartés ; l'inférieure ou postérieure est celle par laquelle le larynx se continue avec la trachée.

Situé dans l'espace intra-maxillaire, le larynx se trouve soutenu entre deux partie de l'os hyoïde, et fixé au pourtour des ouvertures postérieures des cavités nasales par les parois du pharynx auquel il sert lui-même d'appui.

Le larynx a pour charpente plusieurs pièces cartilagineuses, dont la description minutieuse serait ici sans utilité. L'une de ces pièces est le *Cartilage Cricoïde*, l'autre le *Cartilage Thyroïde*, la troisième s'appelle *Épiglotte*, et enfin les deux dernières sont les *Cartilages Aryténoïdes*. Ces deux derniers en se réunissant sur la ligne médiane, circonscrivent par leurs bords l'ouverture de la glotte, et forment en arrière une sorte de bec d'aiguière. C'est sur cette ouverture que l'**épiglotte**, appendice flexible et mou, en forme de feuille de sauge, **vient s'appliquer** lors du passage du bol alimentaire pour la **clore hermétique**ment.

Ces diverses pièces s'articulent entre elles **et jouissen**t d'une certaine mobilité les unes sur les autres. **Elles sont** mues par des muscles particuliers, dont l'action, exercée **chez** les chanteurs, produit ces modulations de la voix qui **charment** notre oreille.

La surface intérieure du larynx est tapissée par une membrane muqueuse dont l'irritabilité pour tout ce qui n'est pas l'air ou tout autre gaz inoffensif est bien connue. Nul n'ignore les efforts de toux provoqués par l'introduction fortuite dans la glotte de la plus petite parcelle d'aliments lorsqu'on a, suivant la locution vulgaire, *avalé de travers*. C'est immédiatement audessous de la glotte et de chaque côté du triangle représenté par cette ouverture, que se trouvent les deux cordons élastiques auxquels on a donné le nom de *cordes vocales*, et dont les vibrations produisent le son de la voix. Ces cordes sont très-développées chez tous les animaux, excepté les **ruminants**, où elles sont presque effacées.

3. Trachée.

La trachée (grav. 35, H), est un tube **flexible**, cylindrique chez quelques animaux, mais légèrement déprimé de dessus en dessous chez la plupart. Ce tube se continue avec le larynx (BC) et se termine par une bifurcation donnant naissance aux bronches. Il est situé le long du bord inférieur de l'encolure, jusqu'à l'entrée de la poitrine dans laquelle il **pénètre** entre les deux premières côtes, en se relevant un peu, **pour aller** jusqu'au niveau de la base du cœur où sa **division en deux branches** commence.

Le tube trachéal est formé d'une série d'anneaux cartilagineux incomplets, ou plutôt d'arcs, dont les extrémités réunies postérieurement, sont amincies et élargies. Ces cerceaux sont unis par leurs bords au moyen de ligaments élastiques, qui, en vertu de leur élasticité même, permettent l'allongement et le raccourcissement du tube, et se prêtent ainsi aux diverses formes qu'il doit prendre poursuivre les mouvements de l'encolure. Les intervalles ainsi remplis par les ligaments forment autant de sillons circulaires, ou plutôt presque circulaires, car ils s'arrêtent en arrière au niveau de la partie amincie de chaque cerceau. Celle-ci se trouve unie transversalement avec l'extrémité correspondante, au moyen d'une membrane charnue qui régne tout le long de la partie postérieure de la trachée.

L'intérieur de cet organe est tapissé par une muqueuse analogue à celle du larynx avec laquelle elle se continue; mais elle s'en distingue cependant par un peu moins de sensibilité.

4. Bronches.

A partir de sa division dichotomique, la trachée prend la forme régulièrement cylindrique pour constituer les bronches. Celles-ci, après un trajet de quelques centimètres, en s'écartant un peu à droite et à gauche, pénètrent dans les poumons où elles se ramifient suivant les dispositions représentées dans

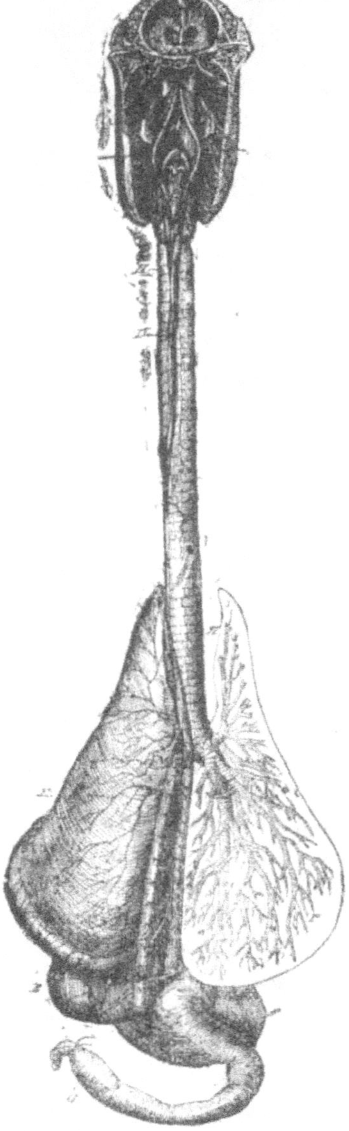

Grav. 35. — Appareil respiratoire

la figure 35, I. Dans les bronches, les cerceaux cartilagineux sont complets; ils vont en diminuant à chaque nouvelle ramification, jusqu'à disparaître tout-à-fait à l'extrémité de l'*Arbre bronchique*; ils sont unis entre eux par la membrane charnue étalée en couche mince à leur surface interne, tapissée par la muqueuse qui, à leur extrémité terminale, constitue seule la division bronchique ouverte dans la vésicule pulmonaire. Cette muqueuse se distingue de celle de la trachée par sa grande sensibilité.

5. Poumon.

C'est l'organe spongieux (grav. 35, K) formé par l'agglomération des vésicules correspondant à la division terminale de l'arbre bronchique. On admet indifféremment deux lobes pulmonaires, dans chacun desquels se divisent les bronches, ou deux poumons, l'un droit, l'autre gauche. Ces deux lobes ou ces deux poumons, bien qu'ils ne soient ni également volumineux, ni exactement conformés l'un comme l'autre, ont cependant une configuration fort analogue, dont les surfaces sont pour ainsi dire moulées sur la cavité thoracique qui les contient. Entre les deux poumons sont logés le cœur et les troncs des vaisseaux sanguins aboutissant à cet organe. La surface extérieure des poumons est toujours exactement appliquée contre les parois de la cavité thoracique, dans l'état normal. Ils suivent celle-ci dans ses mouvements d'extension et de resserrement. On aura une idée plus exacte de leur forme générale, lorsque nous aurons décrit celle de cette cavité.

Les poumons sont enveloppés de toute part au moyen d'une membrane séreuse dont nous parlerons plus loin. Cette membrane séreuse qui est la *Plèvre*, forme entre les deux une cloison, le *Médiastin*, plus ou moins complète suivant les espèces, de telle sorte que les poumons soient ou non isolés dans une cavité séreuse particulière. Nous reviendrons sur ce point; ce qui importe surtout, quant à présent, c'est la structure du tissu pulmonaire fondamental.

Considéré dans son ensemble, ce tissu se présente avec une coloration rosée. Il est très-mou mais cependant résistant lorsqu'on cherche à le déchirer, et très-élastique. Il est très-léger, et surnage lorqu'on le plonge dans l'eau.

Le tissu pulmonaire est disposé en un très-grand nombre de petits lobules polyédriques, unis entre eux par du tissu cellulaire. Cette disposition est surtout bien accusée dans le poumon des ruminants; elle est moins évidente chez les autres animaux. Chacun de ces petits lobules porte à son centre un tuyau bronchique qui précède les ramifications terminales de l'arbre sur lesquelles sont disposés, en forme de grappe, les petits groupes de vésicules pulmonaires. Celles-ci, agglomérées de cette façon aux extrémités capillaires de l'arbre bronchique, sont de petits culs-de-sac renflés en ampoule, dont le diamètre est de 3 à 5 dixièmes de millimètre.

Des vaisseaux sanguins de deux ordres entrent dans la constitution du tissu pulmonaire. Les uns sont destinés à fournir le sang nécessaire à la nutrition de l'organe : nous n'en parlerons pas à présent; les autres sont les vaisseaux fonctionnels, qui font par conséquent partie intégrante du poumon, comme la veine porte pour le foie.

Ces vaisseaux fonctionnels, l'*Artère* et la *Veine pulmonaire*, sont à l'état capillaire dans l'épaisseur de la vésicule, et de là, se réunissent chacune de leur côté, pour donner successivement naissance à des branches de plus en plus volumineuses et aboutir finalement à un tronc. C'est un système circulatoire complet, dont nous verrons plus loin la fonction, et qui aboutit au cœur, centre commun de la circulation sanguine.

En résumé, l'organisation du tissu pulmonaire, examinée sur une coupe de l'organe, se compose donc de divisions bronchiques et de divisions artérielles et veineuses de plus en plus ramifiées, qui aboutissent toutes aux vésicules pulmonaires. Il importe de se pénétrer de cette conception simple de la structure du poumon, pour bien comprendre les explications qui seront données plus loin sur la fonction.

Avant de passer à la description de la cavité thoracique, il convient de dire un mot seulement de certains corps dits glandiformes, ayant des rapports, d'après les anatomistes et les physiologistes, avec l'appareil respiratoire. Il s'agit du *Corps Thyroïde* et du *Thymus*.

Le premier est constitué par deux lobes ovoïdes de couleur brun rougeâtre, qui sont situés en arrière du larynx sur les

côtés des deux premiers cerceaux de la trachée, chez les solipèdes. Le corps thyroïde est formé par un tissu résistant
pourvu d'une grande quantité de petites cavités vésiculaires
contenant un liquide citrin. On en ignore absolument l'usage
physiologique. C'est cette sorte de ganglion qui constitue le
goître par son développement exagéré.

Le thymus n'existe que chez le fœtus et les très-jeunes sujets.
C'est ce corps lobulé que l'on connaît en terme de boucherie
sous le nom de *Ris de veau*. Il est situé à la face inférieure de
la trachée, partie au dehors et partie dans l'intérieur de la poitrine, entre les deux lames du médiatin antérieur.

Et maintenant appelons l'attention sur la figure 36 qui représente l'ensemble des organes que nous venons de décrire,
avec leurs principales connexions. Cela permettra d'en prendre
une idée plus nette.

Tout à fait en haut, la coupe de la partie postérieure du
crâne permet de voir l'ouverture postérieure des fosses nasales.
Immédiatement au-dessous commence le pharynx, situé entre
les deux branches du maxillaire inférieur. En A, se voit la cavité de ce même pharynx ouverte en dessus, pour laisser ap-
paraître l'entrée de l'œsophage B, et celle du larynx C. La
lettre D désigne le canal œsophagien qui rampe, dans une
partie de son étendue, derrière la trachée H, qui se continue
en I par la branche droite et ses ramifications. K donne l'aspect
extérieur du poumon gauche, qui répète exactement celui du
lobe droit. Entre les deux poumons, on voit l'aorte thoracique
L M, et la portion thoracique de l'œsophage D, qui vient s'ouvrir dans l'estomac, représenté ici dans sa situation et vu par
dessus, sans tenir compte du diaphragme qui le sépare du poumon. E est le sac gauche du ventricule gastrique; F en est le
sac droit, et G est la première portion de l'intestin nommée
duodenum.

6. Cavité thoracique.

C'est dans l'intérieur du *thorax* ou de la *cavité pectorale*
que sont logés, avons-nous dit, parmi les organes qui nous sont
maintenant connus, le poumon, le cœur et les gros vaisseaux
partant de cet organe ou y arrivant, ainsi que les portions de

la trachée et de l'œsophage. Pour l'instant, nous ne nous occuperons de cette cavité qu'en raison de ses rapports avec le poumon.

La cavité thoracique, considérée dans son ensemble, représente l'intérieur d'un cône creux couché horizontalement, déprimé sur ses côtés, surtout vers le sommet, et dont la base serait coupée obliquement de haut en bas, de telle sorte que le diamètre antéro-postérieur fût environ du double et même plus en haut qu'en bas.

La charpente osseuse de cette cavité nous est connue. Nous savons qu'elle se compose des côtes, articulées en haut avec la colonne vertébrale, et venant en bas se terminer, pour un certain nombre, au sternum, par l'intermédiaire de leur cartilage de prolongement, celui-ci s'appliquant sur le précédent seulement quant aux fausses côtes ou côtes asternales. Ce qu'il nous reste à indiquer, ce sont d'abord les *muscles intercostaux*, qui ferment les vides de la cavité sur les côtés, et qui sont constitués par deux plans musculaires distincts et superposés, dont les fibres, disposées en sens inverse et obliquement, sont croisées à la manière des lames de ciseaux.

Les *intercostaux externes* vont obliquement en arrière et en bas du bord postérieur, de la côte qui précède à la face externe de la côte qui suit. Ils s'arrêtent au niveau du cartilage de prolongement.

Les *intercostaux internes* vont, au contraire, obliquement du bord antérieur de la côte qui suit au bord postérieur et à la face interne de celle qui précède.

Les premiers, plus épais en haut, s'amincissent progressivement en descendant; les seconds, plus épais en bas, sont réduits en haut à une aponévrose recouverte de quelques fibres musculaires.

Ces muscles ont pour fonction, en même temps qu'ils ferment les espaces intercostaux, de rapprocher et d'éloigner les côtes par leurs contractions.

L'appareil musculaire de la cavité pectorale est complété par le *grand dentelé*, très-large muscle en forme d'éventail, qui s'attache en haut au scapulum, et en bas à la face externe des huit côtes sternales, par autant de deutelures; par le *transversal des côtes*, qui s'insère en avant à la face externe de la pre-

nière côte, et en arrière sur le sternum et le quatrième cartilage sternal ; par les *sus-costaux*, qui recouvrent chaque articulation costale en partant de la vertébre correspondante pour
aller s'insérer, en s'épanouissant, sur la face externe de la première ou des deux premières côtes qui suivent ; enfin, par le
triangulaire du sternum, muscle aplati et denté à son bord
supérieur, qui va de la surface supérieure du sternum aux car-
cartilages des côtes sternales, à l'intérieur de la cavité thoracique.

Il va sans dire que tous les muscles dont il vient d'être
parlé sont pairs, et se répètent de chaque côté du thorax.

La face postérieure de la cavité thoracique, ou la base du
cône, est occupée par le muscle membraneux que nous avons
déjà eu l'occasion de désigner sous le nom de *diaphragme*, à
propos de ses rapports avec l'appareil digestif.

Le *diaphragme* forme une large cloison qui sépare, en effet,
la cavité thoracique de la cavité abdominale, chez tous les
animaux domestiques, excepté chez les oiseaux, où il manque
absolument. Ce muscle est formé d'une partie périphérique
représentant une large bande musculeuse autour d'une membrane aponévrotique centrale, désignée par les anatomistes
sous le nom de *centre phrénique* du diaphragme.

Ce muscle s'attache d'abord en haut sur le corps des verté-
bres lombaires par les tendons de deux faisceaux charnus très-
épais ou *Piliers*, dont le *droit*, beaucoup plus considérable que
l'autre, descend vers le centre phrénique, auquel il donne la
figure d'un cœur de carte à jouer. C'est près de son extrémité
inférieure que ce pilier livre passage à l'œsophage par un trou
pratiqué dans son épaisseur. Le *Pilier gauche*, de forme triangulaire, s'étend beaucoup moins en bas. Il est séparé du précédent par un orifice percé dans le diaphragme pour livrer
passage à l'aorte abdominale et au canal qui conduit le chyle.
Par le reste de sa portion charnue, le diaphragme s'insère sur
la face interne des douze dernières côtes et en bas sur la face
supérieure de l'appendice du sternum.

Le diaphragme est creux du côté de la cavité abdominale,
et par conséquent bombé de celui de la cavité thoracique.
Lorsque sa portion charnue se contracte, il tend à devenir plan,
ce qui agrandit la capacité de cette dernière cavité. Les mouve-

ments respiratoires étant, comme nous le verrons, composés d'alternatives d'expansion et de resserrement du thorax, ce muscle y a donc nécessairement un rôle à jouer.

La surface intérieure de la cavité pectorale est tapissée, ainsi que cela a été dit déjà, par deux membranes séreuses absolument disposées dans leur ensemble comme le péritoine. C'est également un sac clos de toutes parts que représente chacune des *Plèvres*. En décrivant sommairement la disposition de l'une, nous avons fait connaître celle de l'autre.

Après avoir recouvert la paroi costale et la paroi diaphragmatique, le sac pleural se replie dans le plan vertical entre les deux poumons, en haut et en bas, pour former, par son adossement avec celui du côté opposé, les *médiastins*, et revient de là sur le lobe pulmonaire correspondant qu'il tapisse dans toute son étendue; de telle sorte qu'entre les faces extérieures du lobe et la cavité thoracique se trouve compris l'intérieur du sac. C'est-là que se développe et s'accumule, dans le cas de pleurésie, le liquide dont la présence caractérise cette affection. Dans l'état normal, il s'y produit seulement une prespiration légère qui facilite le glissement du poumon sur les parois de la cavité thoracique. Chez les solipèdes, le médiastin postérieur est percé à jour en forme de dentelle, ce qui établit une communication plus facile entre les deux portions latérales de la cavité pectorale.

Il serait tout à fait sans utilité de pousser plus loin ici l'étude de la disposition des plèvres par rapport aux autres organes contenus dans la cavité thoracique. Ce qu'il est nécessaire de savoir surtout, c'est l'existence de ces membranes séreuses, à cause de la maladie particulière dont elles peuvent être le siége chez les animaux.

Nous pouvons nous occuper à présent de la fonction dont les organes viennent d'être indiqués.

7. Fonction de la respiration.

La respiration a pour objet d'introduire de l'air dans l'économie organisée, et de rejeter de celle-ci des matières gazeuses dont la présence n'y pourrait plus être que nuisible. Nous séparons ici de cette fonction ce qui se rapporte à l'action de l'air sur le sang; il en sera parlé d'une manière plus opportune à propos de la circulation de ce liquide; nous croyons plus convenable, et en tout cas mieux fait pour être bien compris, de nous en tenir en ce moment aux phénomènes qui se rapportent d'une façon exclusive au fonctionnement de l'appareil respiratoire.

Il n'y a, dans la respiration ainsi comprise, que des phénomènes mécaniques et des phénomènes physiques. Nous nous bornerons à les exposer. Depuis qu'on sait, à n'en plus douter, que les phénomènes chimiques d'où résulte la production de l'acide carbonique et de la vapeur d'eau exhalés par le poumon ne se produisent pas exclusivement dans l'intérieur de cet organe, il convient de réserver leur étude pour le moment où les dispositions générales de l'appareil de la circulation auront été décrites. Nous verrons alors que pour l'accomplissement de cette fonction l'enveloppe cutanée du corps, la peau, ne peut pas être négligée. Et il résultera des indications que nous donnerons à cet égard un précieux enseignement pour l'hygiène.

La fonction respiratoire telle qu'elle est comprise ici consiste donc uniquement dans la série d'actes par lesquels l'air est d'abord introduit dans le poumon, puis expulsé après avoir subi dans sa composition d'importantes modifications. C'est en fait un courant d'entrée et un courant de sortie qui se succèdent sans interruption, et dont la suspension entraînerait bientôt la mort. Le premier courant est produit par des mouvements *d'inspiration;* le second, par des mouvements *d'expiration.* L'inspiration et l'expiration, voilà de quoi se compose le mécanisme de la respiration.

C'est par la dilatation de la poitrine dans tous les sens que se produit l'inspiration. L'écartement des côtes et l'abaissement du diaphragme par la disposition de sa convexité procurent cette dilatation. Les nombreux muscles qui agissent dans ce sens et que nous avons fait connaître sont dits inspirateurs. Le diaphragme, en se contractant et en augmentant ainsi le diamètre antéro-postérieur de la cavité pectorale, diminue d'autant celui de la cavité abdominale; les viscères contenus dans celle-ci sont refoulés en arrière; et c'est ainsi que chaque mouvement d'inspiration se traduit par une élévation du flanc, secondée en outre par le mouvement correspondant des dernières côtes et de leurs cartilages de prolongement.

A mesure que la poitrine se dilate de cette façon, le vide qui tend à se faire dans les vésicules pulmonaires attire l'air extérieur, qui pénètre dans l'appareil respiratoire largement ouvert. La quantité introduite à chaque inspiration est relative à l'amplitude de la dilatation thoracique ; elle varie suivant les espèces, les individus et les circonstances. Toutes choses égales d'ailleurs, elle est en rapport avec le nombre des inspirations effectuées dans un temps donné, celle-ci étant d'autant moins amples qu'elles sont plus répétées, et réciproquement. Plus grandes au repos que dans l'état d'activité, on peut dire que leur amplitude et leur nombre dépendent principalement de la vitesse de l'allure, cette vitesse dépendant au moins autant, pour être obtenue, de la puissance respiratoire que de l'énergie des mouvements musculaires de l'appareil locomoteur.

L'expiration succède immédiatement, et sans aucun temps d'arrêt, à l'inspiration. L'air qui remplit le poumon, lorsque l'inspiration a atteint sa limite, ne peut pas y séjourner sans que l'animal en ressente une gène qu'il doit faire cesser aussitôt. Les mouvements en vertu desquels cet air est expulsé, sont en grande partie, sinon tout à fait passifs. Les côtes et le diaphragme s'abaissent, la cavité thoracique reprend sa capacité première, et le poumon, en vertu de sa propre élasticité, revient sur lui-même passivement, de la même façon qu'il s'était dilaté lors de l'inspiration. Dans l'état normal, aucune puissance musculaire n'entre en jeu pour expulser l'air contenu dans l'appareil respiratoire. C'est seulement lorsque l'élasticité du poumon a été détruite ou amoindrie par une lésion de sa substance ou une altération de sa vitalité, que des efforts deviennent nécessaires pour hâter l'évacuation. Alors, vers la moitié du mouvement d'expiration, une contraction brusque, une sorte de soubresaut se produit qui marque un temps d'arrêt. Cela se montre, par exemple, chez les chevaux poussifs.

Durant l'accomplissement de ces mouvements successifs d'inspiration et d'expiration toutes les parties des voies respiratoires demeurent toujours largement béantes. La rigidité de ces parties assure le maintien de l'état dont il s'agit, indispensable à l'exercice régulier de la fonction, au point que la moindre

circonstance capable de le diminuer y met obstacle sérieusement. Seules les narines, mues par des muscles, comme on l'a
vu, se prêtent par les contractions de ces derniers à des variations de forme : elles se dilatent lors de l'expiration et reviennent sur elles-mêmes pendant l'inspiration. Ces mouvements alter-
natifs sont indépendants de la volonté et si étroitement liés
à ceux de la cage thoracique, qu'ils s'exécutent alors même que
l'air pénétrant dans le poumon par une ouverture artificielle
pratiquée à la trachée ne passe plus par les fosses nasales.
Nous avons vu bien des fois ce fait se produire chez des chevaux dont la vie végétative était entretenue par l'insufflation de
l'air au moyen d'un soufflet de boucher, après qu'une section
de la moëlle épinière avait isolé l'encéphale du reste du système
nerveux.

L'entrée de l'air dans les poumons et sa sortie produisent
dans l'intérieur de la poitrine un bruit particulier, nommé
murmure respiratoire, que l'oreille appliquée sur la paroi latérale perçoit facilement. Ce bruit est un souffle léger résultant de la collision de l'air sur les parois des conduits aériens,
surtout pendant l'inspiration; il est plus faible et presque instantané au commencement de l'expiration. Sous l'influence des
altérations dont les organes respiratoires peuvent être le siège,
ce bruit subit des modifications dont la connaissance est fort
utile pour le diagnostic des maladies de l'appareil. Il cesse complètement dans les points du poumon qui ne sont plus perméa-
bles à l'air.

La *toux* et l'*éternuement*, par lesquels l'appareil respiratoire
se débarrasse des obstacles passagers qui peuvent obstruer
quelque partie de son conduit, sont des mouvements brusques,
saccadés et bruyants d'expiration. Dans le cas de toux, le bruit
plus ou moins retentissant, suivant que l'obstacle, le plus souvent
causé par des mucosités épaisses, est situé dans les bronches,
dans la trachée ou le larynx, ce bruit est dû à la collision de
l'air sur les bords de la glotte, rétrécie pour donner plus de
force au courant d'expiration. Dans l'éternuement, ou dans ce
qu'on appelle chez le cheval l'*ébrouement*, ce sont les narines
qui vibrent, parce que l'obstacle est aux fosses nasales.

Tels sont les phénomènes *mécaniques* de la respiration; voyons
maintenant les phénomènes physiques, c'est-à-dire ceux re-

latifs aux modifications que subit l'air introduit dans les poumons.

La connaissance de ces modifications ne pouvait être obtenue que par l'analyse comparative de l'air expiré. On a constaté ainsi, dans de nombreuses expériences, d'abord une température plus élevée que celle de l'air extérieur, puis une plus faible proportion d'oxygène et une plus forte proportion d'azote, enfin une quantité élevée d'acide carbonique et de vapeur d'eau. Ce sont ces faits qui avaient fait croire aux physiologistes, avant que l'expérimentation eût atteint le degré de perfection auquel elle est arrivée dans ces derniers temps, que le poumon était un foyer de combustion, et que l'acide carbonique constaté dans l'air expiré se produisait instantanément dans son intérieur par l'action comburante de l'oxigène sur les principes carbonés du sang.

On sait maintenant que le phénomène qui s'accomplit dans les parois de la vésicule pulmonaire est purement de l'ordre physique : c'est un échange par voie d'endosmose au travers de ces parois, entre l'oxigène de l'air et les gaz dissous dans le sang veineux et dont le principal est l'acide carbonique. En se substituant à ce dernier, l'oxigène change le sang veineux en sang artériel, en le faisant passer du rouge brun au rouge vermeil. C'est ce seul phénomène-là qui est instantané, ou à peu près dans le poumon. Les actions chimiques de l'oxigène dissous dans le sang artériel et qui le font ultérieurement redevenir sang veineux, par la production d'une nouvelle quantité d'acide carbonique aux dépens de ce même oxigène, dont la provision doit être renouvelée lorsqu'il a parcouru son cercle, seront indiquées plus loin. Elles appartiennent à la nutrition ou assimilation, dont nous parlerons à propos de la circulation du sang. Ce sont ces actions qui entretiennent la chaleur animale, et non pas l'acte respiratoire proprement dit, ainsi que l'avaient crû Lavoisier et ses contemporains.

En somme, on voit que la fonction respiratoire a pour objet de renouveler incessamment la provision d'oxigène nécessaire pour transformer le sang veineux en sang artériel, à mesure que cette provision s'épuise dans les réactions chimiques dont le sang artériel est la base au contact des tissus de l'économie vivante. Ce renouvellement indiscontinu est indispensable à la vie. Dès qu'il est suspendu, l'asphyxie commence à se produire, le sang qui passe des vaisseaux veineux dans les vaisseaux artériels n'étant plus modifié ; et si la suspension se prolonge au-delà d'un certain terme la mort arrive infailliblement.

Cela suffit pour faire comprendre combien il importe que la respiration soit toujours libre et jusqu'à quel point on doit être attentif à l'hygiène de cette fonction.

CHAPITRE V.

APPAREIL DE LA DÉPURATION URINAIRE.

Nous venons de voir les voies par lesquelles les résidus gazeux des actions nutritives sont éliminées de l'économie. On a compris que ces résidus sont ceux des aliments que nous avons qualifiés de respiratoires en nous occupant de la digestion. Il va être question à présent des moyens par lesquels l'économie se débarrasse des résidus laissés par les aliments plastiques ou azotés. Ces résidus étant solides ne pouvaient être éliminés qu'à l'état de dissolution. C'est l'appareil dans lequel se produit l'urine qui est chargé de leur élimination.

Cet appareil est fort simple. Il se compose seulement de deux organes essentiels, qui sont : les *reins*, lesquels versent le produit de leurs sécrétions dans un réservoir, la *vessie*, au moyen de deux conduits appelés *uretères*, lequel produit est expulsé ensuite au dehors par le *canal de l'urètre*.

1. Reins.

Les reins, au nombre de deux, sont situés dans la cavité abdominale, de chaque côté de la colonne vertébrale, le droit un peu plus en avant que le gauche. Ce que nous allons en dire se rapporte à tous les animaux domestiques, excepté le bœuf, les reins de celui-ci présentant des différences qui rendent nécessaire une description à part.

Si les deux reins n'ont pas la même situation, ils n'ont pas non plus exactement la même configuration. La forme du rein droit se rapproche de celle d'un cœur de carte à jouer, en lui supposant une certaine épaisseur et ses deux faces convexes ; le gauche ressemble plus à un haricot. L'un et l'autre, sur le bord qui regarde le congénère, présentent une scissure assez profonde par laquelle entrent les vaisseaux et les nerfs et d'où sort le canal excréteur.

La couleur des reins est rouge brun plus ou moins foncé. Ils

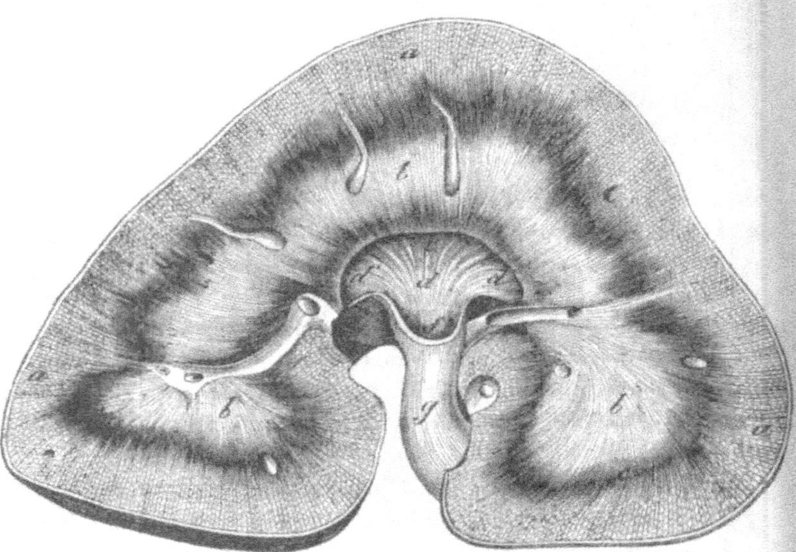

Grav. 36. — Coupe du rein droit

sont entourés d'une membrane fibreuse recouverte par le péritoine dans une partie de la face inférieure de l'organe ; leur tissu propre est constitué par des fibres rayonnantes (grav. 36. *a b*) partant toutes de la surface extérieure et s'arrêtant à un certain point vers lequel elles constituent, par leur réunion, la paroi de la cavité intérieure du rein ou *bassinet rénal (d)*, située près de la scissure ou *hile*. Cette cavité, tapissée par une muqueuse, se continue d'un côté avec l'uretère *(f g)*, et du côté opposé se trouvent les orifices, disposés en forme de crête *(c)*, des fibres rayonnantes dont nous venons de parler, et qui ne sont autre chose que les tubes par lesquels l'urine vient se rendre dans le bassinet rénal. Ces tubes sont d'une couleur blanchâtre dans la moitié environ de leur étendue. Vers l'extérieur, dans ce qu'on appelle la couche corticale, ils prennent la couleur foncée du rein, et là ils deviennent flexueux et entre-mêlés de petits corps rougeâtres considérés comme formés par des vaisseaux capillaires pelotonnés.

Chez le bœuf, les reins ont une forme allongée et sont constitués par une agglomération de lobules qui forment autant de petits reins secondaires. Le bassinet est situé en dessous et il présente autant de petits prolongements appelés *calices* qu'il y a de lobules principaux. Les tubes urinifères viennent s'ouvrir au fond de chaque calice.

Le rein de chaque côté possède une artère et une veine spéciales et très-volumineuses, qui se ramifient principalement dans la substance corticale, où l'urine s'élabore.

2. Uretères.

Les uretères partent de chaque bassinet rénal, sous forme de tube membraneux. Ils décrivent une courbe à concavité externe et se dirigent ensuite en arrière directement le long de la colonne vertébrale, vers la cavité du bassin où ils gagnent la partie postérieure et supérieure de la vessie. Arrivés là ils pénètrent au travers de la membrane musculeuse de ce réservoir, et après un trajet de 2 à 3 centimètres entre cette membrane et la muqueuse, ils s'ouvrent dans la cavité vésicale. Cette disposition a pour effet d'empêcher le reflux de l'urine dans leur intérieur, lors des efforts d'expulsion.

Les uretères sont constitués par une muqueuse, entourée d'un tissu blanc contractile, dit dartoïque, dont les contractions accélèrent le transport de l'urine des reins dans la vessie.

3. Vessie.

La vessie est une poche membraneuse située dans la cavité pelvienne, reposant sur la paroi inférieure du bassin, qu'elle déborde en arrière pour s'avancer dans la cavité abdominale lorsqu'elle est pleine d'urine. Au-dessus d'elle se trouve la matrice chez la femelle, et le rectum chez le mâle. A son extrémité postérieure terminée en col, par laquelle elle communique avec le canal de l'urètre, elle est fixée à la symphyse ischiopubienne au moyen d'un ligament particulier. Son fond ou cul-de-sac est coiffé d'une sorte de calotte séreuse qui se prolonge à sa surface plus en haut qu'en bas et qui est fournie par un repli du péritoine. Cette disposition donne naissance à des replis latéraux qui sont les moyens de suspension de la vessie.

La vessie est constituée d'abord par une membrane musculeuse formée par des faisceaux de fibres dirigés en divers sens, dont un circulaire assez mince entoure le col en forme de sphincter. Son intérieur est tapissé par une muqueuse pâle et mince, qui présente à l'état de vacuité de nombreux plis.

La fonction de cet organe est de permettre l'accumulation de l'urine, de telle sorte que son expulsion puisse être intermittente. C'est, à proprement parler, un réservoir.

La vessie manque chez les oiseaux, où les uretères s'ouvrent directement dans le cloaque, correspondant au rectum des mammifères, ce qui fait que l'urine est expulsée en même temps que les excréments solides.

4. Canal de l'urètre.

C'est le conduit qui part du col de la vessie et qui, après un court trajet en arrière, se contourne sur le bord postérieur de la symphyse ischio-pubienne pour se diriger ensuite en avant, différemment chez le mâle et chez la femelle. Chez cette dernière il s'ouvre bientôt à l'entrée du vagin, au centre d'un tubercule ; chez le mâle, il gagne la face inférieure du pénis qu'il longe jusqu'à l'extrémité de cet organe où il s'ouvre par un orifice particulier. Nous y reviendrons en décrivant les organes de la génération.

Nous n'avons rien dit des *capsules surrénales*, petits corps allongés dont la structure est analogue à celle des reins, mais qui n'ont point de canal excréteur, et qui sont appliqués sur la face inférieure de ces organes, en avant de la scissure et tout près du bord interne. Leurs usages sont encore inconnus, c'est pour cela que nous nous bornons à indiquer leur présence.

5. Dépuration urinaire.

L'urine est un liquide purement excrémentitiel, contenant 95 pour 100 d'eau, et le reste en parties solides dissoutes, qui sont des sels et des substances organiques, résidus de la nutrition, ainsi que nous l'avons déjà dit. Elle est pour ainsi dire tamisée dans la substance corticale du rein, au travers des parois des tubes urinifères, qui la versent ensuite dans le bassinet rénal. C'est ce passage des éléments de l'urine, des capillaires sanguins du rein dans sa cavité intérieure, qui est ce qu'on appelle la sécrétion urinaire. De là elle passe constamment dans l'uretère, qui la conduit à son tour dans la vessie, où elle séjourne jusqu'à ce que l'animal, averti par la sensation pénible que lui cause la plénitude de ce réservoir, fasse des efforts pour l'expulser par le canal de l'urètre.

La quantité d'urine sécrétée dans un temps donné est en rapport avec celle de l'eau absorbée avec les aliments ou sous forme de boissons. La nourriture verte en produit plus que la nourriture sèche.

L'urine est alcaline ou acide, suivant les espèces. Elle est alcaline chez les herbivores et acide chez les carnivores. Cela tient à la prédominance de l'un ou de l'autre de ses principes. Le plus remarquable de ces principes est l'*urée*, la plus riche en azote de toutes les matières organiques connues : elle en contient 46,7 pour 100. C'est à cette substance, qui est considérée comme le produit de l'oxydation des matières albuminoïdes de l'économie, que l'urine doit surtout ses propriétés fertilisantes. Sa quantité moyenne dans l'urine est de 2,2 pour 100, ce qui fait de ce liquide le plus riche de tous les engrais azotés. On y trouve aussi de l'*acide urique* chez les carnivores et de l'*acide hippurique* chez les herbivores : ce sont des produits d'oxydation des matières azotées plus avancés que l'urée, qui est neutre. Celle-ci, lorsque l'urine demeure exposée à l'air, se transforme par le fait d'une sorte de fermentation en carbonate d'ammoniaque. Et c'est là la source des émanations ammoniacales que l'on observe dans les écuries et les étables. C'est ce qui fait aussi que l'urine fraîche des carnivores et celle de l'homme étant acides elle devient bientôt alcaline par son exposition à l'air. Celle des herbivores doit son alcalinité normale à la présence des carbonates alcalins qu'elle contient en grande quantité à l'état de suspension, ce qui la rend trouble. Cela est surtout remarquable dans l'urine de cheval.

La dépuration urinaire entraîne très-rapidement les substances étrangères à la nutrition introduites à l'état soluble dans l'économie, soit dans un but thérapeutique, soit dans un but d'empoisonnement. Et c'est par là qu'on peut avoir une idée de la rapidité avec laquelle l'absorption de ces substances a eu lieu, car on en trouve promptement des traces dans l'urine.

La sécrétion urinaire est donc bien, ainsi que nous l'avons dit en commençant, la voie par laquelle l'économie est débarrassée des substances qui n'ont plus aucun rôle à jouer dans la nutrition. L'on tire grand parti de ce fait, aussi bien en hygiène qu'en thérapeutique.

CHAPITRE VI.

APPAREIL DE LA CIRCULATION.

Cet appareil comporte un organe central, qui est le *cœur*, et deux ordres de vaisseaux dont les uns charrient le sang et les autres ce que l'on appelle la lymphe. Les premiers, divisés en deux ordres, sont les *Artères* et les *Veines* ; les seconds sont connus sous le nom de *Vaisseaux lymphatiques*. Nous décrirons successivement le cœur et les vaisseaux, puis, suivant le plan adopté, nous nous occuperons de la marche du sang dans leur intérieur et des modifications qu'il y subit. Cela donnera l'idée plus nette de l'appareil tout entier, considéré dans son ensemble.

1. Cœur.

Le cœur est situé dans la poitrine, entre les deux poumons ; et contenu dans un sac fibro-séreux que l'on appelle *Péricarde*. Il présente la forme d'un conoïde renversé, dont la pointe est

obliquement dirigée vers le sternum, en avant et à gauche, et
la base vers la colonne vertébrale, à laquelle l'organe est suspendu par l'intermédiaire des gros vaisseaux. (grav. 37. A B C F).

Le cœur est une sorte de muscle creux, divisé par une

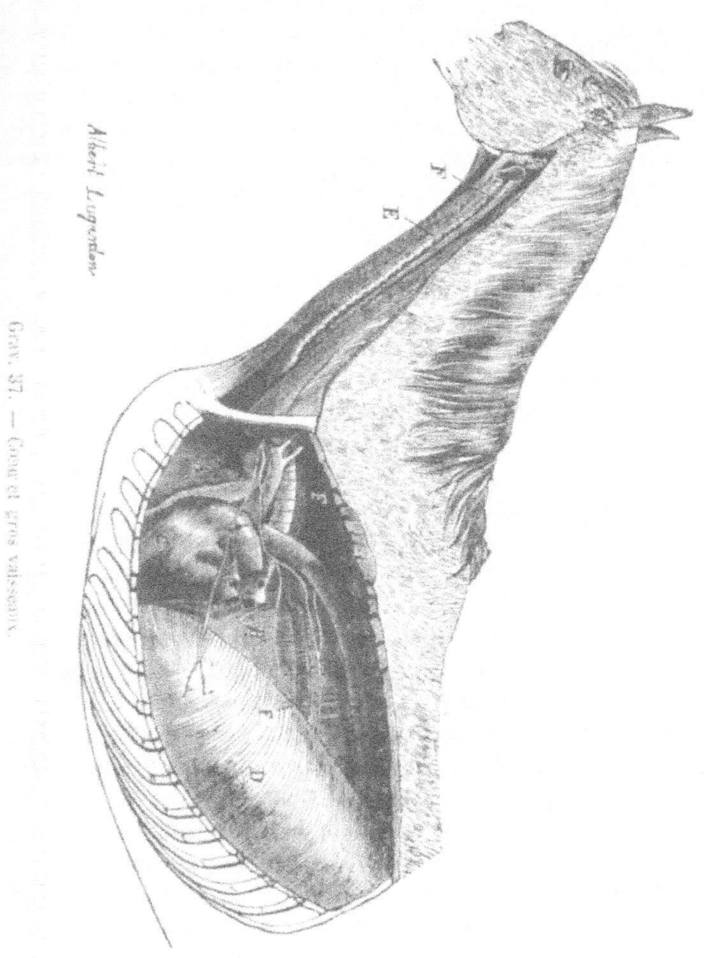

Grav. 37. — Cœur et gros vaisseaux.

épaisse cloison intérieure en deux cavités parfaitement indépendantes l'une de l'autre, à tel point qu'on admet, pour la facilité
de l'explication du fonctionnement de l'organe, deux cœurs,
l'un droit, l'autre gauche. Chacune de ces cavités comporte

elle-même deux compartiments, l'un inférieur, qui est appelé *Ventricule*, et l'autre supérieur, formé par l'*Oreillette*, sorte de poche flasque qui semble surajoutée. Ces deux cavités superposées sont séparées par une ouverture munie d'une soupape portant le nom de valvule. De gros vaisseaux s'abouchent dans ces cavités, les uns directement dans les ventricules, les autres par l'intermédiaire des oreillettes. Nous les indiquerons tout à l'heure.

Il n'y a pas lieu d'entrer ici dans la description minutieuse de la surface extérieure du cœur. Ce qui importe, afin que le lecteur soit mis à même de bien comprendre le fonctionnement mécanique de l'organe, c'est la connaissance de la disposition intérieure des cavités.

Par rapport à la situation normale du cœur dans la poitrine, les deux paires de cavités superposées sont distinguées, ainsi que nous l'avons déjà dit, en droites et en gauches. Il serait plus exact de dire, pour ce qui concerne les animaux, en antérieures et en postérieures. Quoiqu'il en soit, nous conserverons les appellations usitées, et nous examinerons successivement la disposition intérieure des ventricules et des oreillettes.

Le *ventricule droit* représente un segment longitudinal de cône creux, dont la coupe horizontale ressemble à un croissant. Cela tient à ce que la face de la cloison interventriculaire tournée de son côté est convexe dans le sens de ses deux diamètres, et que ce ventricule semble ajouté à l'autre et n'avoir en propre que sa paroi externe. Sur tous les points de la surface intérieure de ce ventricule on remarque des sortes de colonnes charnues faisant saillie, et dont quelques-unes appelées *piliers du cœur*, courtes et épaisses, ont un sommet libre sur lequel s'implantent de petits cordages tendineux qui vont de là se fixer à la valvule ; les autres semblent sculptées en relief sur la paroi ventriculaire, ou elles sont libres par leur partie moyenne seulement.

A la région supérieure de la cavité ventriculaire droite, il existe deux orifices : l'un, qui est l'*Orifice auriculo-ventriculaire*, est placé au niveau de l'étranglement qui constitue ce qu'on appelle la base du cœur. Il est presque régulièrement circulaire et pourvu d'une valvule ou soupape dite *Valvule tricuspide* ou *Triglochine*, à cause de la division de son bord libre en trois festons, auxquels viennent se fixer les cordes tendineuses partant des piliers. Ces trois festons en se relevant viennent clore l'orifice, ce qui permet la communication entre l'oreillette et le ventricule, mais non entre le ventricule et l'oreillette qui lui est superposée. L'autre orifice, situé en avant et à gauche du précédent, est *l'Orifice pulmonaire,* ainsi nommé parce qu'il établit la communication du ventricule avec l'artère pulmonaire. Cet orifice est muni de trois *valvules sygmoïdes,* disposées à la manière de trois nids de pigeon réunis en triangle. Lorsqu'elles se relèvent, elles viennent s'appliquer par leur face concave sur les parois de l'artère; lorsqu'elles s'abaissent, au contraire, leurs bords en s'adossant ferment l'ouverture autour de laquelle ces valvules, d'ailleurs très-minces, sont placées.

L'oreillette droite est une sorte de couvercle fortement concave appliqué sur l'orifice auriculo-ventriculaire. Sa cavité est aréolaire dans la plus grande partie de son étendue. A la paroi supérieure, il existe deux ouvertures qui font communiquer l'oreillette avec la veine cave antérieure et avec la veine azygos.

Le ventricule gauche a la forme d'une cavité cylindro-conique irrégulière. Les parois sont beaucoup plus épaisses que celles du ventricule droit et leur face interne ne présente guère que des piliers et des colonnes en relief. Sa base est également percée de deux orifices, dont un *Auriculo-ventriculaire,* dont la *valvule,* est dite *mitrale* parce que ses deux principaux festons sont disposés à la manière d'une mitre d'évêque. Cette valvule est, comme la tricuspide, jointe aux piliers au nombre de deux seulement, par des cordes tendineuses. L'autre ouverture est *l'Orifice aortique,* par lequel le cœur gauche communique avec le tronc de l'artère aorte. Cet orifice est située en avant et à gauche de l'ouverture auriculo-ventriculaire, dont il n'est séparé que par un mince faisceau musculaire. On y remarque trois *valvules. sygmoïdes* ne différant en rien de celles de l'orifice pulmonaire du ventricule droit.

L'oreillette gauche ne diffère pas essentiellement de la droite. Sa paroi supérieure est seulement pourvue de quatre à huit orifices donnant ouverture à l'embouchure des veines pulmonaires, où il n'y a point de valvules.

La substance propre du cœur est constituée par des faisceaux de fibres musculaires dirigées en divers sens, et dont les uns sont communs aux deux ventricules, tandis que les autres sont particuliers à chacun d'eux. Chez le bœuf on y rouve deux petits os.

Les cavités de cet organe sont tapissées par deux membranes séreuses indépendantes l'une de l'autre, et qui se replient aux orifices pour former les valvules en embrassant, entre les deux replis constituants, des fibres blanches et charnues. Ces membranes séreuses sont les *Endocardes*.

La surface extérieure du cœur est recouverte par une autre séreuse qui est le feuillet viscéral du *Péricarde*. On sait que celui-ci est une poche extérieurement fibreuse, qui fixe le cœur dans la cavité pectorale en s'attachant en haut autour de la base et en bas au sternum. La face interne de cette poche fibreuse est tapissée par le feuillet pariétal de la séreuse. La disposition générale de celle-ci a été justement comparée à un bonnet oton, dont la partie externe représenterait le feuillet pariétal. et la partie rentrée le feuillet viscéral ; de telle sorte que du côté de la cavité du sac les deux feuillets soient appliqués l'un contre l'autre, le péricarde enveloppant le cœur et la base des gros vaisseaux en laissant, par sa laxité, toute latitude à celui-là pour se mouvoir.

Le cœur, ainsi qu'on l'a vu par sa structure, est un organe essentiellement et fortement contractile. Lorsqu'il se resserre par ses contractions, l'amplitude de ses cavités diminue. Il représente, en réalité, par rapport au liquide sanguin, une pompe foulante, dont le mécanisme sera détaillé lorsque nous parler ons de la circulation. Ses contractions produisent un bruit particulier, donnant la sensation d'un choc à la main qui l'explore. L'état de relâchement des fibres musculeuses du cœur est appelé *Diastole* ; celui de contraction, *Systole*. Les mouvements de cet organe sont des diastoles et des systoles successives, d'où résulte la circulation générale dont nous allons maintenant étudier les conduits.

2. Système artériel.

Nous ne devons considérer ici ce système qu'à un point de vue très-général. La description détaillée de ses fort nombreuses parties nous entraînerait beaucoup trop loin, sans grande utilité.

Une bonne définition du système artériel ne saurait être empruntée ni à la structure anatomique des vaisseaux qui le constituent, ni aux qualités du sang que ces vaisseaux charrient. Au premier point de vue, en effet, nous aurions une des principales artères charriant du sang veineux (l'artère pulmonaire); au second, du sang artériel charrié par des veines (les veines pulmonaires). Il convient donc de dire, tout simplement, que les artères sont les vaisseaux qui conduisent le sang du cœur vers un lieu quelconque de l'économie, dans une direction excentrique à cet organe. Ajoutons toutefois que les vaisseaux portant le nom d'artères se distinguent tous par leur lumière exactement circulaire, par leurs parois formées de tissu jaune élastique et la parfaite continuité de leur forme tubulaire intérieure dépourvue de tout repli membraneux.

Il y a en réalité deux systèmes artériels partant du cœur, chacun par un tronc unique qui se divise ensuite en troncs secondaires et en branches plus ou moins multipliées. Le premier est le *système pulmonaire*; le second, le *système aortique*.

1° **Système pulmonaire.** — L'*artère pulmonaire*, qui le constitue, part, ainsi que nous l'avons dit, du ventricule droit du cœur, par un tronc volumineux. Ce tronc se dirige d'abord en haut, puis il s'infléchit en arrière pour arriver au-dessus de l'oreillette gauche où il se divise en deux troncs secondaires dont chacun pénètre, avec la branche correspondante, dans le tissu pulmonaire où il se ramifie exactement comme celle-ci. À leur extrémité terminale les divisions de l'artère pulmonaire pénètrent dans les parois de la vésicule en prenant la forme capillaire.

On peut sans peine se faire une idée exacte de ce système artériel fort simple, dont nous donnerons d'ailleurs la représentation graphique idéale à propos de sa fonction.

2° **Système aortique.** — Celui-ci est autrement compliqué. Nous n'en indiquerons point toutes les parties, mais seulement les principales, laissant à l'intelligence du lecteur le soin de suppléer à nos omissions volontaires, après lui avoir préalablement fait observer que tous les organes de l'économie, quels qu'ils soient, reçoivent du sang artériel. Négligeant donc les petites divisions de l'arbre aortique, nous ne parlerons que des grosses.

Le *Tronc aortique* ou *aorte primitive* part du ventricule gauche du cœur, il se dirige en haut et un peu en avant, et, après un court trajet, il se bifurque pour donner naissance à deux troncs secondaires dont l'un se dirige en avant et l'autre en arrière. Suivons chacune de ces deux divisions et nous aurons ainsi la disposition générale de tout le système.

La première division, la moins grosse des deux, est l'*Aorte antérieure*. Elle vient se placer au-dessus de la trachée, entre les deux lames du médiastin antérieur, et après un court trajet en avant, elle se divise en deux branches qui sont les *Troncs brachiaux*, fournissant les artères des membres et celles de toutes les parties de la région antérieure du corps et de la tête. Du tronc brachial droit en part un autre qui est le tronc commun des deux *Artères carotides primitives*, lesquelles longent les côtés de la trachée et vont se diviser au niveau des parotides pour fournir les artères de la tête.

La seconde division du tronc aortique donne naissance à l'*Aorte postérieure* qui est, en réalité, la véritable continuation de ce tronc. Dirigée en haut et en arrière elle se courbe en forme de crosse, pour gagner le côté gauche de la face inférieure de la colonne vertébrale, qu'elle suit en se dirigeant insensiblement à droite, jusqu'au niveau des piliers du diaphragme, où elle gagne le plan médian qu'elle ne quitte plus après, en parcourant ainsi toute la longueur du rachis.

Chemin faisant elle donne naissance à des artères spéciales, partant à angle droit de ses parois. Les unes sont dites pariétales, parce qu'elles se distribuent dans les parois des cavités thoracique et abdominale; les autres, viscérales, se distribuent aux organes logés dans ces cavités. Nous parlerons seulement de celles-ci.

Les branches viscérales de l'aorte postérieure sont : le *Tronc broncho-œsophagien*, qui fournit les artères du poumon et de l'œsophage; le *Tronc cœliaque*, d'où partent les artères de l'estomac, du foie et de la rate; l'artère *grande Mésentérique*, fournissant des divisions à la presque totalité des intestins; la *petite Mésentérique*, qui se distribue dans le côlon flottant et le rectum ; les *Artères rénales*, allant directement de l'aorte à chacun des deux reins ; et les artères qui se distribuent dans les organes de la génération, testicules ou ovaires et utérus.

Arrivée au niveau de la dernière articulation vertébrale, à l'entrée de la cavité pelvienne, l'aorte postérieure se termine par une double bifurcation, pour donner naissance aux *Troncs pelviens* ou *iliaques*, dont l'un, l'interne, fournit les artères du bassin, et l'autre, l'externe, celles des membres postérieurs.

Le système aortique présente ceci de remarquable, que chacune de ses divisions affecte toujours la forme régulièrement cylindrique d'un diamètre égal dans toute son étendue. Ces mêmes divisions sont toujours dichotomiques ; et comme celles du système pulmonaire, elles se terminent finalement dans la profondeur des tissus où elles se distribuent par des vaisseaux capillaires. On peut donc se représenter ce système, dans son ensemble, comme une succession de divisions d'un calibre décroissant jusqu'à ce que ce calibre arrive à celui d'un tube capillaire. Pour en avoir une idée complète, il suffit d'imaginer que tous les organes décrits jusqu'à présent sont, dans toutes leurs parties, pénétrés par des vaisseaux capillaires n'étant que les subdivisions dernières des troncs artériels et des branches que nous avons indiquées explicitement ou implicitement, chaque organe ayant son artère particulière.

3. Système veineux.

De même que le système des artères comporte deux parties distinctes, dont l'une appartient à la circulation pulmonaire et l'autre à la circulation générale, de même celui des veines se subdivise également. Le système veineux fait d'ailleurs suite au système artériel. Dans une description logique, il commence où celui-ci finit, c'est-à-dire aux vaisseaux capillaires, les deux ordres de vaisseaux de ce genre n'étant séparés, dans la constitution des tissus, que par des cellules particulières qui établissent entre eux la communication. Au lieu donc que le point de départ du système veineux soit au cœur, il convient de le prendre à la périphérie et de considérer sa marche comme convergeant vers l'organe central.

Le système veineux, dans son ensemble, a une capacité beaucoup plus grande que celle du système artériel. Chaque artère de la circulation générale est accompagnée dans son trajet d'une veine au moins, mais il y en a souvent deux ; de plus, on observe à la surface du corps, sous la peau, tout un réseau veineux considérable qui n'a pas d'analogue dans le système artériel ; en outre, il y a le système particulier de la veine-porte, dont nous avons eu déjà l'occasion de parler à propos des viscères digestifs.

Les vaisseaux veineux ont une forme cylindrique, mais moins régulière que celle des artères. On y observe de distance en distance des renflements, sortes de nodosités qui correspondent aux valvules. Leur canal intérieur présente en effet des replis valvuleux analogues aux valvules sigmoïdes du cœur. Quelques-unes cependant font exception à cet égard. Les valvules y sont nulles ou très-peu développées. Nous les indiquerons.

Les parois des veines sont minces et flasques ; elles s'affaissent dans l'état de vacuité du vaisseau ; elles sont transparentes. Rien de tout cela n'a lieu pour les artères, ainsi que nous l'avons vu. D'ailleurs, les unes et les autres sont composées de trois tuniques : une externe celluleuse, une moyenne élastique, et une interne séreuse.

Nous allons voir maintenant les dispositions de chaque partie du système veineux.

1° **Système pulmonaire.** — Les divisions des veines pulmonaires, partant de chaque vésicule, se réunissent comme les bronches et les artères en branches progressivement plus grosses, et elles aboutissent, en sortant des poumons, à des troncs au nombre de quatre à huit qui viennent s'ouvrir dans la paroi supérieure de l'oreillette gauche. Ces veines sont dépourvues de valvules intérieures dans toute leur étendue. Et cela n'a rien de surprenant, puisqu'elles charrient du sang artériel, ainsi que nous le verrons.

2° **Système des veines caves.** — C'est celui qui correspond aux artères de la circulation générale. Il aboutit à deux troncs principaux, qui sont ceux des veines caves, d'où il tire son nom. Il faut le considérer, dans son ensemble, comme les racines de l'arbre circulatoire, dont les divisions extrêmes partent de toutes les parties du corps, pour se rendre, celles des portions antérieures à l'une des premières branches radicales, et celles des portions postérieures à l'autre. C'est ainsi que nous allons procéder.

Les veines de la tête viennent aboutir, de chaque côté, au niveau de la glande parotide, à une grosse veine unique qui descend le long du cou, au-dessus de la carotide, dans la gouttière qui règne entre la trachée et le bord inférieur de la tige cervicale. Cette veine est la *Jugulaire*, à laquelle se pratique le plus souvent la saignée, chez les animaux.

En arrivant près de l'entrée de la poitrine, les deux jugulaires droite et gauche se réunissent en un confluent qui porte le nom de *Golfe des Jugulaires*, et auquel viennent aboutir les autres veines de la région, notamment les veines *axillaires* formées principalement par la réunion de celles des membres antérieurs. A partir de l'entrée de la poitrine, le tronc unique qui résulte de la réunion de tous ces affluents, prend le nom de *veine cave antérieure* et vient s'ouvrir dans la paroi supérieure de l'oreillette droite. Dans son trajet thoracique, la veine cave antérieure est comprise entre les deux lames du médiastin antérieur, en-dessous de la trachée et à droite de l'aorte antérieure.

Près de son embouchure à l'oreillette, cette veine en reçoit une autre qui est unique et vient en sens inverse de celles dont il était question tout à l'heure. Nous voulons parler de la *veine azygos*, dont les racines sont au niveau des premières vertèbres lombaires. De là elle s'étend d'arrière en avant, sous le corps des vertèbres dorsales, reçoit chemin faisant des divisions veineuses des parois du thorax, et vers la sixième elle s'infléchit en bas pour former une espèce de crosse jusqu'à son embouchure, qui a lieu quelquefois aussi directement dans l'oreillette droite.

La veine cave antérieure apporte donc au cœur le sang venu de la tête, de l'encolure, des membres thoraciques et aussi des parois supérieures des cavités abdominale et pectorale. C'est là qu'aboutit en outre, par l'intermédiaire de la veine du bras, une autre veine importante à signaler ici, parce qu'on y pratique quelquefois la saignée, chez le cheval. Il s'agit de la *veine de l'éperon*, qui commence sur le flanc et le ventre par de nombreuses racines réunies bientôt en deux branches principales, puis en une seule qui longe la région inférieure de la paroi thoracique et vient enfin disparaître sous les muscles du bras, à peu près au niveau du coude.

Les veines des membres postérieurs et celles des parois du bassin se réunissent, en suivant les divisions artérielles de ces régions, à l'entrée de la cavité pelvienne, pour former deux grosses racines, qui se confondent à leur tour en un seul tronc. Celui-ci est la *veine cave postérieure,* qui est le plus volumineux vaisseau veineux de toute l'économie.

De l'entrée du bassin, la veine cave postérieure se dirige en avant, sous le corps des vertèbres lombaires, pour gagner le bord supérieur du foie vers lequel elle descend pour se loger dans la scissure creusée sur la face antérieure de cet organe. Elle traverse ensuite le centre aponévrotique du diaphragme, pour pénétrer dans la cavité thoracique où elle chemine près de la face interne du poumon droit, et aller enfin se jeter dans l'oreillette droite, qu'elle atteint à sa partie postérieure et externe.

En suivant ce trajet, elle reçoit plusieurs affluents principaux qui sont, énumérés d'arrière en avant : les *veines lombaires*, venant des muscles des lombes; les veines des cordons testiculaires du mâle, ou des ovaires et de l'utérus de la femelle ; les *veines rénales*, venant des reins; les *veines diaphragmatiques*, au nombre de deux ou trois, dont les racines viennent de la portion charnue de la cloison; enfin, avant même celles-ci, les divisions terminales du système de la veine-porte dont nous allons nous occuper en particulier. Ces divisions portent le nom de veines *sus-hépatiques*.

On voit par là que la veine cave postérieure apporte au cœur le sang des membres postérieurs, et celui de tous les organes situés en arrière du diaphragme.

3º **Système de la veine porte.** — Les racines de la veine-porte sont dans toutes les parties de l'appareil digestif où s'opère l'absorption intestinale; elles aboutissent à deux branches principales, qui sont les *veines mésentériques* ou *mésa-*

raïques. Il s'y joint la *veine splénique*, venant de la rate et de l'estomac.

La *grande mésentérique* ou *mésaraïque antérieure* est constituée par tous les affluents veineux sortis des parois de l'intestin grêle, du cœcum, du côlon replié et de l'origine du côlon flottant. Ses divisions correspondent exactement à celles de l'artère grande mésentérique, qu'elles accompagnent. C'est une sorte d'arbre en éventail, dont les branches courent entre les deux feuillets du mésentère.

La *petite mésentérique* ou *mésaraïque postérieure* commence près de l'anus, au-dessus du rectum, et vient entre les lames du second mésentère se réunir à la veine splénique, au niveau de la terminaison de la grande mésentérique.

La *veine splénique* est un énorme canal qui suit le trajet de l'artère du même nom. Elle commence à l'estomac par des branches anastomosées, c'est-à-dire communiquant entre elles, et qui sont contenues dans l'épaisseur de l'épiploon spléno-gastrique. Elle a en outre pour affluents d'autres rameaux venant de l'estomac, de la rate et de l'épiploon lui-même.

Ces trois racines se réunissent à la région sous-lombaire, pour former l'unique tronc de la *veine porte*. Celui-ci se dirige ensuite en avant au-dessous de la veine-cave, et vient se loger dans la grande scissure postérieure du foie. De là ce tronc se divise en plusieurs branches portant le nom de veines *sous-hépatiques*, lesquelles se ramifient dans l'intérieur de la glande en finissant par constituer, autour de ses lobules, des réseaux entremêlés avec ceux des canalicules biliaires et pénétrant avec eux dans la granulation où ils prennent la forme capillaire. En sortant des granulations, les capillaires se réunissent à un nouveau rameau qui occupe le centre de chaque lobule; les rameaux se réunissent eux-mêmes de proche en proche pour donner naissance à des branches qui sortent du tissu propre du foie, pour aller se jeter dans le tronc de la veine cave postérieure à son passage dans la scissure antérieure. Ces branches terminales du système de la veine porte, sont les *veines sus-hépatiques*, par lesquelles, en conséquence, le sang chargé des matériaux élaborés par le tube digestif arrive dans la circulation générale, après avoir laissé dans le foie ceux qui étaient nécessaires pour former la bile.

Le système de la veine porte représente donc exactement un arbre véritable ayant ses racines, son tronc et ses branches, ces dernières étant toutefois bien moins multipliées et étendues que les racines.

4. Système lymphatique.

Le système des vaisseaux lymphatiques peut être considéré comme une dépendance de celui des veines. Ses dispositions sont fort analogues. Les divisions radicales en sont seulement beaucoup plus nombreuses, chaque vaisseau veineux étant habituellement accompagné de plusieurs vaisseaux lymphatiques. Ceux-ci viennent aboutir en outre dans un certain nombre de points à des ganglions, qui sont susceptibles de s'engorger sous l'influence de certaines altérations des tissus. Nous signalerons seulement ceux qui sont situés à la face interne des branches du maxillaire inférieur, dans la région de l'auge, parce qu'ils sont le siége des abcès gourmeux, et surtout à cause de l'importance attachée à leur engorgement pour le diagnostic de la morve.

Les vaisseaux lymphatiques de l'intestin portent le nom de chylifères, ainsi que nous l'avons vu.

La forme des lymphatiques est comme celle des veines cylindrique et noueuse. Les nodosités en sont beaucoup plus rapprochées, en raison du plus grand nombre des valvules. La capacité intérieure du système lymphatique, malgré le nombre considérable des vaisseaux qui le composent, n'est peut-être pas plus grande que celle du système veineux, ces vaisseaux étant chacun beaucoup moins volumineux que la veine correspondante ; leurs parois sont minces et transparentes. Ils charrient un liquide blanc appelé lymphe, auquel se mêle, dans ceux qui accompagnent les racines de la veine porte, le chyle provenant de l'intestin.

Les lymphatiques prennent leur origine, comme les veines, dans toutes les parties du corps et forment, à la surface des organes, des réseaux vraiment admirables lorsqu'ils ont été injectés avec du mercure, par exemple, sur le cadavre.

Nous ne pouvons pas songer à décrire leurs dispositions en détail, on le comprend bien. Il suffira de répéter qu'ils suivent le trajet des veines, pour qu'on en prenne une idée satisfaisante ;

en faisant observer toutefois que cette remarque ne s'applique pas exactement aux troncs principaux, que nous allons décrire, en commençant par le principal.

Les lymphatiques des membres postérieurs aboutissant aux ganglions inguinaux ; ceux de la cavité pelvienne et des muscles qui l'entourent ; ceux de la cavité abdominale ; ceux enfin des viscères abdominaux, parmi lesquels les chylifères : tous ces vaisseaux interrompus dans leur cours par des ganglions très-nombreux, viennent s'ouvrir dans une cavité spéciale située dans la région sous-lombaire, au dessus de l'aorte et de la veine cave postérieure, au niveau de la naissance de l'artère grande mésentérique. Dans ce même point viennent converger les lymphatiques partis de la moitié gauche de la tête, du cou et du thorax, et aussi du membre antérieur gauche. On peut donc dire que tous les vaisseaux blancs de l'économie convergent vers la région sous-lombaire, à l'exception de ceux du membre antérieur droit et de la moitié droite de la tête, du cou et du thorax. C'est là, il faut en convenir, une disposition singulière, dont, bien entendu, nous ne chercherous pas ici la raison.

Ce renflement ou *réservoir sous-lombaire*, encore appelé par les anatomistes *citerne de Pecquet*, est divisé à l'intérieur, par des lamelles, en plusieurs compartiments incomplets. Il est d'un volume et d'une forme très-variables.

A ce réservoir succède un tube relativement fort étroit et d'un volume irrégulier, appelé *canal thoracique*, qui pénètre dans la cavité thoracique entre les piliers du diaphragme, et vient s'ouvrir dans la veine cave antérieure, au sommet de cette veine, c'est-à-dire au point de jonction des deux jugulaires. A sa terminaison, le canal thoracique forme une ampoule, moins volumineuse et moins irrégulière que le réservoir. L'orifice, qui est quelque fois double, est muni de valvules.

Les vaisseaux lymphatiques du côté droit de la tête, de l'encolure, du membre et de la paroi thoracique du même côté, viennent tous converger vers les ganglions situés à droite de l'entrée de la poitrine. Ces ganglions en sont le centre, et comme le réservoir du liquide qu'ils charrient. De là part le second canal commun du système.

Ce canal ou conduit, appelé *grande veine lymphatique*, bien qu'il soit fort court, pénètre dans l'intérieur du thorax et vient s'ouvrir dans le golfe des jugulaires, par un orifice muni de val vules.

La lymphe et le chyle arrivent donc au cœur mélangés avec le sang veineux. En donnant ici quelques notions sur la composition du liquide qui circule dans le canal thoracique, nous en aurons assez dit sur la circulation lymphatique pour n'avoir plus à y revenir lorsque nous nous occuperons de celle du sang.

La *lymphe*, considérée dans les vaisseaux du système périphérique et dans les chylifères d'un individu qui n'a pas reçu d'aliments depuis un certain temps, est un liquide transparent, légèrement jaunâtre, qui se coagule spontanément en dehors des vaisseaux. Elle contient des globules blancs, de l'albumine, de la fibrine, des sels et de l'eau dans la proportion de 925 pour 1000. Ce liquide prend naissance dans la profondeur des tissus de l'économie. Comme il n'y a aucune communication directe entre les capillaires sanguins et l'extrémité originelle des vaisseaux lymphatiques, cette extrémité étant close, il s'ensuit que la lymphe, résultat des opérations ultimes de la nutrition des tissus, y pénètre au travers des parois du réseau initial des lymphatiques. Il faut conclure aussi de là que les globules blancs se forment dans l'intérieur du système, ces petits corps solides n'y pouvant pas pénétrer par voie d'endosmose, comme les parties liquides.

5. Circulation du sang.

Pour expliquer aussi clairement qu'il nous sera possible le mécanisme de la circulation du sang, nous supposerons le moment où l'appareil étant rempli et au repos, le mouvement commence par la contraction du cœur. La gravure 38 représente une simplification idéale du système circulatoire, dans laquelle les deux moitiés du cœur sont séparées et indépendantes.

Nous prenons donc les cavités des deux cœurs en état de diastole, c'est-à-dire pleines de sang. La première systole se produit, les deux cœurs se contractent, et voici ce qui se produit simultanément dans les deux systèmes, le pulmonaire, le général :
Du côté du cœur droit A B, le sang veineux chassé vers la base

agit sur les valvules placées aux deux orifices; celles de l'orifice auriculo-ventriculaire, qui agissent de bas en haut, se relèvent et ferment cet orifice. Le sang veineux ne trouvant pas d'issue par là, s'engage dans l'orifice de l'artère pulmonaire, dont les valvules se relèvent au contraire pour lui livrer pas-

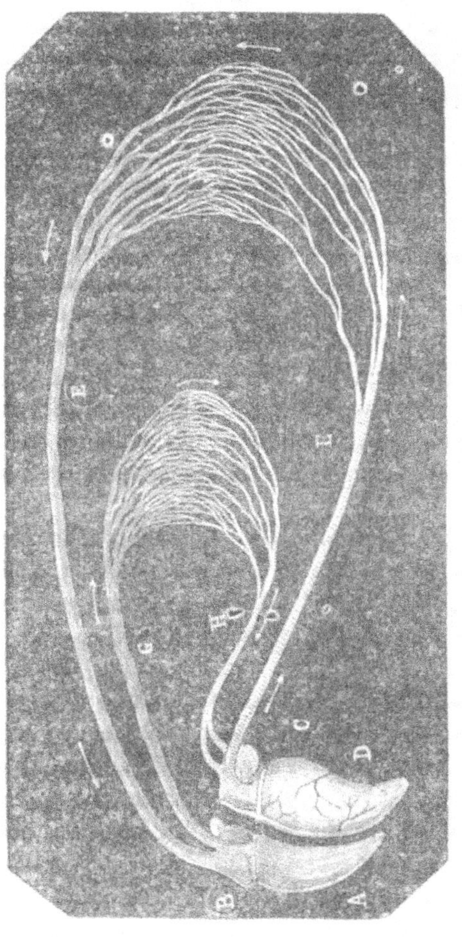

Grav. 38. — Représentation idéale de l'appareil circulatoire.

sage. L'artère pulmonaire G, conduit ce liquide jusqu'à ses divisions capillaires, jusqu'aux vésicules du poumon, où s'opère sa transformation en sang artériel. Du côté du cœur gauche C D, les mêmes phénomènes se produisent aux orifices; le sang artériel que contient le ventricule gauche ne pouvant refluer vers l'oreillette franchit l'orifice aortique, et il est ainsi conduit dans le canal aortique représenté par E jusqu'à l'extrémité des divisions du système artériel général.

L'effet de la systole des ventricules étant épuisé, le cœur revient au repos par un mouvement de diastole. Alors les oreillettes vident leur contenu dans les ventricules par l'abaissement des valvules auriculo-ventriculaires et se remplissent de nouveau du sang venu des veines caves F pour la droite, et des veines pulmonaires H pour la gauche. Le même phénomène d'abaissement des valvules des orifices pulmonaire et aortique s'oppose au contraire, en raison de leur disposition, au reflux du sang dans les ventricules par ces deux orifices.

Le sens du double mouvement circulatoire que nous venons d'indiquer est marqué sur la figure par la direction des flèches.

Dans la diastole, le sang est donc mis en mouvement dans les ventricules, dans les oreillettes et de proche en proche dans tout le système veineux ; par la systole, il est chassé dans le système artériel, où la colonne fluide rebondit de manière à produire ce mouvement élastique du vaisseau que l'on appelle le *pouls,* et qui correspond exactement à chaque battement du cœur.

En outre des mouvements du cœur, dont il ne serait pas utile ici d'analyser davantage le mécanisme, la circulation sanguine est secondée, dans toute l'étendue des deux systèmes, par l'élasticité même des parois des vaisseaux et par les valvules qui existent dans l'intérieur des veines. En considérant l'étendue du système circulatoire, on aurait peine à se douter du peu de temps qu'il faut pour que le sang y fasse sa révolution complète, c'est-à-dire pour qu'une parcelle déterminée de ce sang, partant du ventricule gauche, revienne au ventricule droit, après avoir subi, bien entendu, les modifications dont nous parlerons bientôt.

Des expériences bien faites ont démontré que la durée moyenne d'une révolution circulatoire est égale, chez les mammifères, au temps pendant lequel le cœur exécute 26 ou 28 battements. Or la quantité du sang en circulation, et le nombre des battements du cœur dans un temps donné étant en raison inverse de la taille, il en résulte que le temps nécessaire pour la

révolution est d'autant plus court que l'animal est plus petit. Il
en faut conclure que chez les animaux domestiques les plus
gros, le sang a parcouru tout le système circulatoire en une
demi-minute environ.

6. Chaleur animale et nutrition.

Nous avons vu que le sang veineux, au contact de l'air dans
le poumon, se transforme en sang artériel par le seul phénomène
d'un échange entre l'acide carbonique qu'il contient et l'oxygène
de cet air. Le sang artériel charrie donc de l'oxygène en dissolution.

On a cru longtemps, d'après la théorie de Lavoisier, que cette
transformation était due à un phénomène de combustion opéré
dans l'intérieur même du poumon, et que la chaleur animale
n'avait pas d'autre source. Les expériences des physiologistes
de la première moitié de ce siècle ont démontré que si, en effet,
il est vrai, comme l'avait pensé l'illustre créateur de la chimie
moderne, que la chaleur animale est le résultat de la combustion de certains matériaux du sang, ce n'est point dans l'intérieur du poumon que cette combustion s'opère.

Il serait difficile de comprendre, à présent, que la quantité de
calorique nécessaire pour entretenir la chaleur animale à la
moyenne de 35 à 40 degrés environ pût être produite dans un
seul organe comme le poumon. On sait à n'en plus douter que
c'est à mesure qu'il circule dans le système artériel que le sang
subit les modifications, les réactions, qui donnent naissance à la
chaleur animale, et surtout dans le réseau capillaire où s'accomplit le phénomène de la nutrition.

La chaleur animale, c'est la vie, c'est la source de tous les
mouvements de l'organisme ; la vie languit et cesse même tout
à fait à mesure qu'elle s'abaisse au-dessous d'un certain degré,
soit sous l'influence d'un refroidissement extérieur, soit par défaut d'éléments pour la combustion. Pour que la chaleur animale conserve sa moyenne normale, et par conséquent pour que
la vie soit entretenue dans de bonnes conditions, il faut donc que
l'exercice et la réparation soient en rapport avec la température
extérieure, par conséquent que la proportion des aliments dits
respiratoires dans la nourriture, soit d'autant plus forte que la

température habituelle est plus basse. Il y a dans cette considération un enseignement qu'il ne faut pas perdre de vue en hygiène.

Pour bien apprécier les mutations que subit le sang en circulant et d'où résultent la chaleur animale et la réparation des tissus ou nutrition, il convient d'abord de connaître la composition de ce liquide.

Le sang a pour base de l'eau, dans la proportion de 790 pour 1000, environ. C'est dans cette eau que se trouvent, à l'état de suspension, de dilution ou de dissolution, ses autres parties constituantes. Ces dernières sont : les globules rouges, petits disques aplatis contenant dans leur enveloppe la matière colorante désignée sous le nom d'hématosine ; les globules blancs très-peu nombreux, analogues à ceux de la lymphe, sphériques et incolores ; la fibrine, matière organisée azotée qui se rassemble sous forme de filaments solides et élastiques lorsqu'on bat le sang avec un faisceau de verges ou avec la main ; l'albumine, qui, avec l'eau et les sels dissous qui donnent au sang ses propriétés alcalines, constitue le sérum ; enfin les matières grasses, la dextrine, le sucre, l'urée, et d'autres matières moins importantes à connaître.

Lorsqu'il est abandonné à lui-même en dehors de ses vaisseaux, le sang se coagule, il se prend en une masse solide appelée caillot, et il s'en sépare un liquide d'un jaune citrin qui est le sérum et qui submerge le caillot. Celui-ci présente dans le sang du cheval cette particularité, qu'il est composé de deux parties, une jaunâtre contenant la plus grande partie de la fibrine, et que l'on appelle le caillot blanc, et une autre d'un rouge foncé, située au-dessous de la première. Cette seconde partie, résultant de l'agglomération des globules emprisonnés dans de la fibrine, est le caillot noir.

Le sang veineux et le sang artériel, si dissemblables pour leur couleur, ne diffèrent guère dans leur constitution chimique que par les proportions relatives des gaz qu'il contiennent. Dans le sang veineux, la proportion d'acide carbonique est toujours plus forte que celle d'oxygène, tandis que c'est le contraire pour le sang artériel. Il y a aussi dans ce dernier un peu moins d'eau. Les quantités relatives des autres éléments ne présentent que des différences très-faibles.

Il est admis que l'oxygène en dissolution dans le sang est charrié par les globules rouges. C'est cet oxygène qui, en agissant sur les matières carbonnées et hydrogénées, produit leur oxydation, phénomène qui s'accompagne toujours d'un dégagement de calorique. Ces réactions s'accomplissent dans tous les points où le sang circule et sont la source de la chaleur animale, en même temps que celle de l'acide carbonique et d'une partie de l'eau qui se trouvent dans les vaisseaux.

La partie liquide du sang, qui filtre pour ainsi dire au travers des parois des vaisseaux capillaires, contient tous les matériaux nécessaires à la nutrition et aux sécrétions. C'est là que les tissus puisent les éléments de leur réparation, rendue indispensable par l'usure résultant de l'exercice de leur fonction. Les matières plastiques de ce liquide nutritif s'organisent et prennent la forme particulière aux éléments du tissu dans lequel elles sont épanchées; les résidus de l'usure, qui sont des produits oxydés, sont repris par les veines et les lymphatiques, et sont expulsés, ainsi que nous l'avons dit, par l'urine. Il y a par conséquent, dans l'intimité des tissus organiques un double mouvement continuel d'altération et de réparation, d'assimilation et de désassimilation, dans lequel il est indispensable pour la conservation de la machine organisée, que l'équilibre soit établi. Et c'est là ce qui explique, en outre des nécessités de la chaleur animale, l'importance de ce qu'on appelle en hygiène la ration d'entretien. Encore bien même qu'il n'accomplisse aucun travail utile, par le seul jeu des fonctions de la vie, l'animal a besoin de réparer des pertes continuelles. On le voit rapidement diminuer de poids lorsque la ration d'entretien est insuffisante, parce que les éléments de la nutrition des organes qui fonctionnent sont empruntés à sa propre substance.

Le sang est donc, pour les besoins de la chaleur animale et de la nutrition, dans un état de métamorphose perpétuelle. Il fournit, d'un côté, les matériaux des tissus et des produits de sécrétion ; de l'autre, il se régénère sans cesse, dans l'état normal, en même temps par les matières fournies à l'absorption intestinale par la fonction digestive, et aux dépens de celles qui lui font retour, puisées qu'elles sont dans la trame des tissus par le système lymphatique et par le système veineux. Ce sont là des phénomènes physiologiques du plus haut intérêt et sur

lesquels on aimerait à s'étendre ; mais de plus longs développements à cet égard ne seraient pas à leur place dans un ouvrage
de la nature de celui que nous écrivons. Rien ne doit nous faire
perdre de vue qu'il ne peut s'agir ici que des notions immédiatement applicables à la pratique de l'économie du bétail, ce
qui exclut de notre cadre les hautes questions de physiologie.

CHAPITRE VII

APPAREIL DE L'INNERVATION

Cet appareil constitue ce que l'on appelle le système nerveux.
C'est, au point de vue de ses fonctions, le plus curieux à étudier
de tous ; mais pour le but pratique auquel doit se restreindre
notre cadre, on comprendra fort bien que nous ne puissions en
donner ici qu'une idée générale par de simples indications.

L'appareil de l'innervation, destiné à percevoir les sensations, les impressions, et à transmettre aux organes l'agent
encore inconnu de leurs mouvements, peut être d'abord divisé
en deux systèmes ayant des communications entre eux, mais
cependant distincts par leur disposition. Chacun de ces systèmes semble présider aux actes des deux genres de vie établis
par Bichat. Le premier, celui de la *vie animale*, élabore tout
ce qui se rapporte aux actes de sensibilité, d'instinct, de volonté, d'intelligence. C'est le plus complet et le mieux organisé
des deux. Le second, qui appartient à la *vie végétative* ou *organique*, est connu sous le nom de *grand sympathique*.

Chacun de ces systèmes nerveux présente, dans son ensemble, ce que l'on appelle des *centres*, où s'accomplit l'acte encore
mystérieux par lequel s'élabore leur influence, et des cordons
ou conducteurs en nombre très-considérable partant de ces
centres ou bien y aboutissant. Ce que nous savons déjà des
dispositions des canaux artériels, veineux et lymphatiques,
nous facilitera beaucoup la description générale du système
nerveux, car les cordons de ce système accompagnent à peu
près toujours ces canaux dans leurs divisions. Nous n'aurons

donc guère à nous occuper en particulier que des centres nerveux.

Mais il convient avant tout de parler de la structure des
organes nerveux, à un point de vue général. Cela nous permettra de nous borner ensuite à de simples indications, lorsque
nous entrerons dans les considérations relatives à la constitution de chacun de ces organes.

L'organisation fondamentale de l'appareil de l'innervation
est constituée par deux substances distinctes, l'une dite blanche,
l'autre grise.

La *substance blanche* est un assemblage de tubes microscopiques disposés de manière à lui donner une apparence fibreuse.
Les *cordons nerveux*, ou ce qu'on appelle les *nerfs*, en sont
exclusivement formés. Elle y est disposée en longs faisceaux,
entourés d'une enveloppe cellulo-vasculaire qui porte le nom
de *névrilème*.

La *substance grise* est également constituée par des fibres,
mais moins apparentes, et entremêlées de cellules particulières
nommées *corpuscules nerveux*. Cette substance, isolée dans
certaines parties des centres, se mêle à l'autre ailleurs, ainsi que
nous aurons soin de l'indiquer. Disons dès à présent qu'elle
présente la singulière propriété de transmettre les impressions
sensitives sans être douée elle-même de sensibilité. On peut la
piquer, la lacérer, sur un animal vivant, sans qu'il manifeste le
moindre signe de réaction, lorsqu'elle est isolée du centre de
perception.

1. Système nerveux de la vie animale.

Toutes les parties de ce système se rattachent à un centre
commun, qui est l'*axe cérébro-spinal* ou *encéphalo-rachidien*,
logé dans la boîte crânienne et dans le long étui du rachis qui
lui fait suite. Cet axe est composé de deux parties aussi distinctes par leur organisation que par leurs fonctions, bien
qu'elles soient continues et que l'une semble n'être que le
renflement de l'autre. Ce renflement est l'*encéphale*, vulgairement connu sous le nom de *cervelle*, placé à l'extrémité antérieure de l'axe représenté par la *moëlle épinière*. Nous allons

décrire sommairement les deux, parfaitement analogues chez toutes les espèces dans leurs dispositions essentielles.

Encéphale. — Cette partie de l'appareil représente dans son ensemble une masse ovoïde allongée d'avant en arrière et déprimée légèrement de dessus en dessous. En le considérant d'avant en arrière, l'encéphale se compose d'organes distincts, ayant des fonctions particulières dont les principales sont connus. Les uns, parmi ces organes, sont pairs, les autres sont impairs.

On voit d'abord les *lobules ethmoïdaux* ou *olfactifs* qui sont en rapport avec la partie supérieure du plafond des cavités nasales; puis une scissure profonde qui sépare les deux *hémisphères cérébraux* constituant le *cerveau* proprement dit; enfin le *cervelet* placé en travers sur le *bulbe du prolongement rachidien* ou *pédicule*.

Vu par sa face inférieure, l'encéphale présente un grand nombre d'autres parties importantes à connaître quand on en veut faire une étude complète, mais dont la description ne serait pas à sa place ici. Parlons seulement des *pédoncules cérébraux*, qui sont deux gros faisceaux blancs par lesquels les hémisphères du cerveau sont unis au bulbe, dont ils sont la véritable bifurcation, et par ce bulbe à la moëlle épinière.

Nous allons passer en revue les principales parties de l'encéphale qui viennent d'être énumérées.

Cerveau. — Cet organe est composé, ainsi que nous l'avons dit, par les deux hémisphères cérébraux, séparés sur la ligne médiane par la scissure interlobulaire. Les deux moitiés latérales sont parfaitement semblables. Il suffira donc d'en décrire une.

Ce qui attire d'abord l'attention, ce sont les *circonvolutions cérébrales*, constituées par des plis de la surface extérieure du cerveau. Ces plis, qui sont très-profonds et irrégulièrement disposés, jouent un grand rôle dans l'organisation de l'organe; car il résulte des recherches des anatomistes qu'ils sont d'autant plus nombreux et compliqués que l'animal est plus élevé dans l'échelle sous le rapport du développement intellectuel. Aussi le cerveau de l'homme présente-t-il à cet égard la plus riche organisation.

Quelque irrégulièrement disposées qu'elles soient, les circonvolutions cérébrales peuvent cependant être suivies dans les contours qu'elles décrivent. Elles sont séparées, à l'extrémité antérieure de l'hémisphère, par une scissure transversale, formant un lobe distinct chez l'homme et nommé *lobe antérieur* ou *frontal*, et qui a été reconnu comme présidant à l'articulation des sons ou à la parole. Ce lobe n'est que rudimentaire chez les animaux.

Les hémisphères cérébraux remplissent la presque totalité de la cavité crânienne; ils répondent, par leur extrémité postérieure, au cervelet. Ils sont enveloppés par une membrane très-mince dans l'épaisseur de laquelle se ramifient les vaisseaux cérébraux et qui porte le nom de *pie-mère*. Celle-ci est elle-même en contact avec l'*arachnoïde*, séreuse analogue aux plèvres, qui sécrète un liquide spécial; puis vient la *dure-mère*, membrane fibreuse résistante qui tapisse la cavité du crâne et lui sert de périoste, en suivant les impressions de la boîte dans lesquelles se logent les circonvolutions cérébrales, toujours en rapport exact avec les parois de la cavité. Un prolongement transversal de la dure-mère sépare le cerveau du cervelet, et un autre longitudinal, nommé *faulx du cerveau*, pénètre entre les deux hémisphères. Toutes ces membranes portent le nom commun de *méninges*.

Chaque hémisphère cérébral est uni à son congénère par une commissure nommée *corps calleux*. Il présente dans son intérieur une cavité à parois lisses, dont le plancher est constitué par un épanouissement transversal de fibres réunissant les deux extrémités des pédoncules. Les deux cavités portent ensemble le nom de *ventricules latéraux* ou cérébraux. On y remarque en avant le *corps strié* et le *plexus choroïde*. Les ventricules sont tapissés par une membrane très-fine, l'*arachnoïde ventriculaire*, qui sécrète une humeur limpide, toujours peu abondante dans l'état normal.

La structure du cerveau est composée à la fois des deux substances dont nous avons parlé.

La substance grise s'étend sur toute la surface en se prolongeant dans les plis, et forme ainsi la couche corticale des circonvolutions cérébrales. Tout le reste est constitué par de la substance blanche.

Les hémisphères cérébraux sont particulièrement les organes de l'intelligence. M. Flourens les a enlevés en totalité sur des animaux, sans que pour cela ceux-ci aient cessé de vivre. Seulement ils ont perdu les facultés dont l'ensemble préside aux actes intellectuels.

Cervelet. — Le cervelet est une masse presque globuleuse divisée en trois lobes par un sillon circulaire de sa surface, d'ailleurs parcourue par un grand nombre d'autres moins profonds. Il est uni au bulbe, qu'il recouvre transversalement, en arrière des hémisphères cérébraux, par deux pédoncules.

On ne trouve dans son intérieur aucune cavité ou ventricule. Il concourt seulement, par son plan inférieur et la face interne de ses pédoncules, à former le *ventricule postérieur* ou *cérébelleux*.

Dans la structure du cervelet, la substance grise est répandue sur toute la surface de l'organe, ou elle affecte une disposition parfaitement analogue à celle des circonvolutions cérébrales. La substance blanche, qui n'est que le prolongement des pédoncules, forme la base du cervelet.

Les méninges enveloppent cet organe comme le cerveau.

La fonction du cervelet est de présider à la coordination des mouvements. Lorsqu'il a été enlevé ou seulement lésé, l'animal n'est plus maître d'imprimer à ceux-ci la direction qui lui est indiquée par son intelligence. Il s'agite sans pouvoir atteindre le but. Ces indications fournies par l'expérimentation et l'observation, sont précieuses pour la pathologie. On les doit encore aux travaux de M. Flourens.

Bulbe rachidien. — C'est la partie qui unit le cerveau et le cervelet à la moëlle épinière, par l'intermédiaire des *pédoncules cérébraux* et *cérébelleux*. Ce bulbe est un épais faisceau, de couleur blanche, plus large en avant qu'en arrière et aplati de dessus en dessous. A sa face inférieure il existe un sillon bien marqué situé dans le sens longitudinal, sur la ligne médiane. Il est séparé des pédoncules du cerveau par une saillie transversale de cette même face inférieure, nommée *protubérance annulaire, pont de varole* ou *mésocéphale*. Sa face supérieure, couverte par le cervelet, au-dessous duquel elle forme le plancher du quatrième ventricule, présente en arrière de celui-ci un angle taillé en forme de bec de plume. C'est aux environs de ce point, correspondant à peu près à l'entrée de la cavité crânienne, qu'il suffit de piquer le bulbe pour déterminer immédiatement la mort de l'animal. Et c'est ce qui a lieu lorsque les bouchers et les équarrisseurs enfoncent leur stylet en arrière de la tête des animaux qu'ils veulent abattre en les *énervant*.

L'ensemble des parties inférieures de l'encéphale, depuis le bulbe jusqu'aux extrémités antérieures des pédoncules du cerveau, porte en anatomie le nom d'*isthme*. Il est considéré comme un simple prolongement de la moëlle épinière et s'en rapproche beaucoup par sa structure.

Faisons remarquer, en terminant, que nous avons laissé de côté plusieurs parties de cet isthme, dont la connaissance n'est nullement nécessaire lorsqu'on doit se contenter d'une étude superficielle du système nerveux.

Moelle épinière — C'est un gros cordon blanc irrégulièrement cylindrique, occupant le canal rachidien, depuis le trou occipital de la tête, où il fait suite au bulbe rachidien, jusqu'au niveau du tiers antérieur du sacrum, où il se termine par un épanouissement auquel les anatomistes ont donné le nom de *queue de cheval*.

La moëlle épinière est un peu déprimée de dessus en-dessous dans toute son étendue, ce qui donne à sa coupe la forme elliptique. Son volume n'est pas égal dans toute la longueur. Elle présente des renflements, qui semblent en rapport avec l'importance des cordons nerveux qui viennent y aboutir. L'un de ces renflements, situé entre la cinquième vertèbre cervicale et la deuxième dorsale, est dit *bulbe brachial ;* l'autre, qui correspond au milieu des lombes, est le *bulbe crural*.

La surface extérieure de la moëlle présente, sur son plan supérieur et sur son plan inférieur, la double série des racines des nerfs rachidiens, implantées sur une même ligne longitudinale, à droite et à gauche, et se rassemblant en faisceaux en regard des trous situés entre les deux vertèbres correspondantes (grav. 39)

Sur la ligne médiane, en dessus et en dessous, on voit dans toute la longueur de l'organe, deux sillons profonds et très-étroits dans lesquels s'enfonce la *pie-mère rachidienne*.

Les mêmes membranes que nous avons vues envelopper l'en-

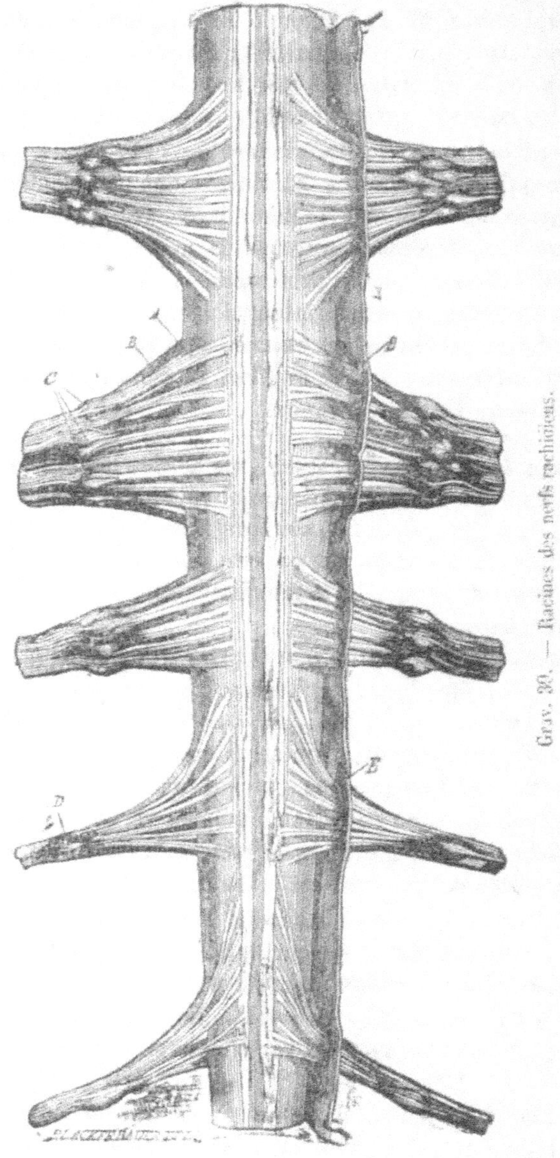

Grav. 30. — Racines des nerfs rachidiens.

céphale se continuent en effet dans le canal rachidien, pour ser vir d'enveloppe à la moëlle. Il y a donc également une *pie-mère*, une *arachnoïde* et une *dure-mère rachidienne*.

La moëlle épinière est un cordon plein, sans trace par conséquent de cavité intérieure, et formé de deux moitiés latérales réunies par des commissures au fond de chacun des sillons longitudinaux. Il y a donc en réalité deux cordons latéraux, comme il y a deux hémisphères cérébraux. Chacun de ces cordons médullaires représente un demi-cylindre de substance blanche, au centre duquel se trouve un amas de substance grise.

La substance blanche se subdivise en trois faisceaux secondaires, séparés par des sillons latéraux peu marqués. Le premier, ou supérieur, d'où partent les racines supérieures des nerfs rachidiens, est sensitif ; les deux autres, l'intermédiaire ou latéral et l'inférieur, d'où partent les racines inférieures, sont seulement moteurs.

La région supérieure de la moëlle épinière est donc le centre des impressions sensitives ; les régions inférieures et latérales moyennes, sont celui des actions motrices ; enfin les cordons intérieurs de substance grise ont pour fonctions de conduire à l'encéphale les impressions sensitives. La moëlle possède en outre, comme tous les centres nerveux, ce que l'on appelle le *pouvoir réflexe*, c'est-à-dire que sans l'intervention de l'intelligence et de la volonté, les impressions sensitives s'y réfléchissent et mettent en jeu son action motrice. C'est ce qui arrive lorsque, dans des expériences souvent répétées sur un animal dont la respiration est entretenue artificiellement, la continuité de la moëlle avec l'encéphale étant interrompue par une section transversale du bulbe, le moindre attouchement du membre postérieur suffit pour provoquer une ruade. Ce pouvoir réflexe, qui entre en jeu pour beaucoup d'actions ordinaires de la vie, est d'ailleurs d'autant plus intense qu'il est moins contrarié par l'intervention de la volonté, qui est une des facultés du cerveau.

Nerfs. — Les nerfs prennent leur origine à l'axe cérébro-spinal par des racines plus ou moins nombreuses et ordinairement étalées en éventail (grav. 39). Après un trajet assez court, ces racines se réunissent en un tronc unique. Les troncs nerveux sortent par paires des trous percés à la base du crâne ou sur les côtés du rachis, pour se distribuer ensuite dans toutes les parties du corps, en se subdivisant en branches successivement décroissantes.

D'après leur origine, les nerfs de la vie animale sont divisés en deux groupes, le premier comprenant les *nerfs crâniens* ou *encéphaliques*, le second les *nerfs spinaux* ou *rachidiens*.

1º *Nerfs crâniens.* — Ces nerfs naissent tous de l'isthme ou prolongement encéphalique de la moëlle, par paires régulièrement disposées à droite et à gauche. Nous ne songeons pas à les décrire : il faut se borner à les nommer successivement en indiquant leurs fonctions et les organes dans lesquels ils se distribuent.

Quelques uns des nerfs crâniens ou encéphaliques ont pour fonction de conduire au centre des sensations spéciales ; d'autres, ayant une seule racine, sont uniquement moteurs ; les derniers enfin ont deux racines et sont par là mixtes ou à la fois sensitifs et moteurs.

Les premiers sont au nombre de trois de chaque côté ; ce sont : les *nerfs olfactifs*, dont nous avons déjà indiqué l'origine en avant des hémisphères cérébraux, sous le nom de lobes olfactifs ; ils se terminent par un grand nombre de filets nerveux traversant une lame osseuse criblée de trous, pour se distribuer dans la partie de la membrane pituitaire qui tapisse le fond des fosses nasales ; les *nerfs optiques*, provenant de la partie moyenne de l'ithsme, se croisant et se soudant, pour ainsi dire, en un point appelé *chiasma*, et allant ensuite isolément au globe de l'œil, à la face interne duquel, après l'avoir traversé, ils s'épanouissent pour former la rétine, qui est l'agent de perception des images ; les *nerfs acoustiques*, venant du bulbe encéphalique pour aller se distribuer dans l'oreille interne.

Les nerfs crâniens moteurs sont au nombre de six paires dont trois vont aux muscles qui déterminent les mouvements du globe de l'œil ; une autre est le *nerf facial*, qui se distribue par un grand nombre de branches aux muscles qui entourent la tête et préside ainsi à leurs mouvements ; une autre est le *nerf accessoire* ou *spécial* qui se distribue dans les muscles du bord inférieur du cou ; enfin la dernière est l'*hypoglosse*, qui se distribue dans la langue.

Les nerfs mixtes sont au nombre de trois paires : l'une formée par les *nerfs trijumaux*, ainsi nommés parce qu'ils se subdivisent en trois branches, fournissant elles-mêmes de nombreux rameaux pour les muscles du front, des sourcils, pour le maxillaire supérieur, les dents, le palais, le voile du palais, etc.; l'autre, par les nerfs *glosso-pharyngiens*, fournissant des rameaux à la muqueuse linguale et au pharynx; la dernière enfin, par les *nerfs pneumogastriques*. Ces derniers, les plus longs de tous les nerfs crâniens, partent du bulbe et vont se prolonger, jusqu'au delà de l'estomac, après avoir envoyé dans ce viscère, dans l'œsophage, le pharynx, le poumon, les bronches, la trachée, le larynx, une multitude de filets tenant sous leur dépendance les mouvements, les sécrétions et la sensibilité de ces organes toutes fonctions qui sont profondément troublées lorsqu'on fait expérimentalement la section de l'un ou des deux pneumogastriques, encore nommés *nerfs vagues*.

2° *Nerfs rachidiens*. — Comme les nerfs crâniens, ceux-là partent de la moëlle épinière par paires, au moyen des racines dont nous avons déjà parlé, lesquelles sont régulièrement disposées à la suite les unes des autres. Ces paires de nerfs spinaux sont au nombre de 42 ou de 43, réparties entre les cinq régions du rachis, dont 8 *cervicales*, 17 *dorsales*, 6 *lombaires*, 5 *sacrées* et 6 ou 7 *coccygiennes*.

Tous ces nerfs, ainsi que nous l'avons dit, sont à la fois sensitifs et moteurs; ce sont donc des nerfs mixtes. Sans décrire chacun en particulier, nous parlerons seulement des principaux, de ceux qui, par leur volume et l'importance des organes dans lesquels ils se distribuent, méritent plus d'attention. Qu'il soit d'abord convenu qu'en général ils fournissent des rameaux à tous les organes musculeux de l'économie, autres que ceux où nous avons vu se distribuer les paires encéphaliques, lesquels rameaux sont d'autant plus volumineux que l'organe offre lui-même une plus grande surface.

Un certain nombre de ces paires rachidiennes se réunissent en des points déterminés pour former ce que l'on appelle des *plexus*. Ceux-ci sont des faisceaux nerveux, d'où partent ensuite des branches se ramifiant dans les muscles. Ces plexus nerveux sont au nombre de deux, le plexus brachial et le plexus lombo-sacré.

Le *plexus brachial* est situé entre la paroi thoracique et la face interne du membre antérieur. Il fournit les nerfs qui accompagnent le long du membre les artères et les veines, ainsi que tous les filets qui se distribuent dans les muscles de cette région, et dans les téguments.

Le plexus *lombo-sacré*, situé sous les lombes, donne naissance aux nerfs du membre postérieur, parmi lesquels se trouve le *grand sciatique*, le plus volumineux de tous.

2. Système nerveux de la vie organique.

Les nerfs très-nombreux dont se compose ce système, appelé encore *grand sympathique*, sont dits *ganglionnaires* parcequ'ils offrent sur leur trajet des *ganglions* ou renflements plus ou moins volumineux, qui sont en réalité autant de centres d'action réflexe. Le système se compose d'abord d'une double chaîne à peu près symétrique, placée sous la colonne vertébrale, et dont les éléments proviennent de presque tous les troncs nerveux sortant de l'axe cérébro-spinal. Les filets nerveux qui partent de là, se rendent ensuite à leur destination dans tous les organes de la vie organique ou végétative, en affectant la complication la plus irrégulière dans leur distribution.

Le grand sympathique forme lui aussi des plexus au niveau des viscères importants, lesquels se subdivisent en plexus secondaires, dont les rameaux accompagnent les vaisseaux. C'est ainsi que le *plexus solaire*, au centre duquel existe un fort ganglion, et qui est situé immédiatement en arrière des piliers du diaphragme, donne naissance, entre autres, aux *plexus gastrique, hépatique, splénique, mésentérique antérieur* et *rénal*. Le nom de ces plexus indique assez les organes où leurs divisions se distribuent. Le plexus *mésentérique postérieur*, isolé et muni également de son ganglion, se distribue en même temps que la veine mésaraïque postérieure et les artères de la région.

Le grand sympathique se compose donc, en somme, de rameaux afférents venant de l'axe cérébro-spinal, et de rameaux émergents qui se distribuent dans les organes des trois cavités splanchniques, ce qui lui a valu le nom aussi de *trisplanchnique*.

3. Fonction de l'innervation.

L'analyse des opérations vitales qui s'accomplissent dans le système nerveux général est des plus intéressantes à étudier, et elle a été poussée loin dans ces derniers temps, du moins en ce qui concerne les propriétés des diverses parties de ce système. Depuis qu'une science plus rigoureuse a entrepris résolument d'arracher aux organes vivants les secrets de leur fonctionnement par ce genre d'expérimentation que l'on appelle la vivisection, et que des esprits plus sensibles qu'éclairés, méconnaissant la haute portée humanitaire de ces études, ont vainement cherché à flétrir; depuis lors, disons-nous, aux rêves de l'imagination, aux conceptions purement spéculatives sont venues se substituer des données exactes, précises, qui ont déjà fourni à la philosophie et à la médecine de précieux documents. Non pas que le mystère des élaborations d'où résultent les actes de l'intelligence, de la pensée, et les mouvements qui les manifestent et les exécutent, ait été pénétré. Nous n'en sommes pas encore là, certainement; mais les conquêtes déjà faites permettent d'espérer, sans trop de présomption, que ce mystère ne demeurera point clos à jamais. On peut le dire sans blesser aucune croyance et tout en respectant ce que l'on appelle les principes supérieurs. La science n'étudie que les phénomènes. Leur mobile premier n'est pas de son ressort. Nous ne voulons donc parler ici que de l'analyse des phénomènes qui se produisent dans le système nerveux, source et régulateur de toutes les actions vitales.

Il n'entre pas dans notre plan de nous occuper de cette analyse et de la pousser jusqu'aux limites où la science s'est arrêtée au moment où nous écrivons. Cela nous éloignerait trop du but que nous nous sommes proposé. En décrivant sommairement les centres nerveux, nous avons indiqué la fonction de chacune de leurs parties, ou plutôt les propriétés qui leur ont été reconnues. Nous savons que l'encéphale est le centre commun où viennent aboutir toutes les *impressions* périphériques pour s'y transformer en *sensations*, et d'où partent toutes les *déterminations spontanées*, tous les actes de la volonté. Nous savons aussi que la moelle épinière est le conducteur commun, une sorte de collecteur de ces impressions et sensations et des *volitions* ou commandements de l'encéphale, et en outre qu'elle est à son tour, ainsi que les ganglions du grand sympathique, un centre d'*action réflexe*, où les impressions sensitives se transforment, sans le concours de la volonté et par simple réflexion, en actions motrices. Il ne nous reste donc plus à indiquer que le rôle des nerfs.

Ces organes du système sont purement et simplement des conducteurs; leur unique propriété est la *conductibilité*. Dès qu'ils sont séparés de leur centre, ils perdent cette propriété et ne conservent plus, mais seulement pendant un certain temps, que celle de leur propre *excitabilité*, en vertu de laquelle ils sont aptes, d'ailleurs, à transmettre les impressions, ainsi que nous le verrons en nous occupant des organes des sens.

La *conductibilité*, dans les nerfs, se manifeste suivant leurs deux directions opposées, et il en est de même dans la moëlle. Elle est *centripète*, c'est-à-dire allant de la circonférence ou périphérie au centre, pour les impressions sensitives, et ne peut s'exercer ainsi que dans les nerfs ayant des racines supérieures ou sensitives à la moëlle en même temps que des racines inférieures; elle est *centrifuge*, ou allant du centre à la périphérie, dans ces mêmes nerfs ou ceux qui n'ont que des racines inférieures motrices. C'est en vertu de ce double phénomène qu'une impression douloureuse quelconque, en un point de l'économie, provoque aussitôt des manifestations de la volonté traduites par les mouvements nécessaires pour en écarter ou en pallier le motif.

Pour compléter ces courtes explications sur l'innervation, nous emprunterons à un savant physiologiste, quelques lignes où se trouve résumé, mieux que nous ne pourrions le faire, ce qui est relatif aux actes fonctionnels où la volonté n'a rien à voir. « Quant aux fonctions de la vie végétative, dit M. Chauveau (*Traité d'anatomie comparée des animaux domestiques*), c'est-à-dire celles qui s'éxécutent pour ainsi dire à l'insu des animaux, ceux de leurs actes qui ne sont point le résulat des forces physico-chimiques, se trouvent placés sous l'influence du pouvoir réflexe de la moëlle. Par exemple, l'estomac est vide : ses membranes muqueuse et charnue restent tout à fait passives, c'est-à-dire qu'il n'y a ni contractions dans la première ni sécrétion du suc gastrique par la seconde; des aliments arrivent à l'intérieur du sac, et aussitôt son activité se développe, la tunique musculeuse exécute des mouvements qui opèrent le mélange des aliments, et les chassent vers l'ouverture pylorique, pendant que la surface libre de la membrane interne laisse exhaler en abondance le suc dissolvant : c'est que l'excitation exercée par la présence des particules alimentaires sur l'extrémité des fibres nerveuses à conductibilité centripète à été transmise par ces fibres à l'axe médullaire, puis réfléchie sur les fibres à conductibilité centrifuge, et ramenée par elles dans les tuniques de l'estomac, dont elle met en jeu les propriétés spéciales. »

Ainsi en est-il pour toutes les excitations normales et anormales produites dans les viscères. Le plus petit corps étranger dans les bronches ou la trachée, provoque la toux sans qu'on en ait conscience ; un excitant qui passe dans l'appareil urinaire, provoque une plus abondante sécrétion d'urine ; un stimulant introduit dans l'estomac active la digestion ; un autre excitant particulier, agissant sur l'intestin, y détermine la purgation en activant la sécrétion des fluides intestinaux et les contractions de sa tunique musculeuse, etc., etc.

Ce sont là autant d'actions dépendant du pouvoir réflexe de la moëlle et aussi des ganglions du trisplanchnique.

Peut-être arrivera-t-on à établir plus tard que les actes dont le centre est dans le cerveau ne se produisent pas d'une autre façon.

Cela nous conduit à nous occuper maintenant des organes chargés d'établir avec l'extérieur les rapports d'où résultent les impressions sensitives, conduites aux centres nerveux par les cordons de l'appareil dont nous avons essayé de donner une idée suffisante.

CHAPITRE VIII

APPAREILS DES SENS

Tout le monde sait que chez les êtres organisés appartenant au règne animal, les sens sont au nombre de cinq. Ces cinq sens, qui sont ceux du *toucher*, du *goût*, de l'*odorat*, de la *vision* et de l'*ouïe*, ont chacun des organes particuliers, formant un appareil distinct et remplissant une fonction. Le premier de ces appareils même, en outre qu'il est chargé des impressions tactiles, remplit dans la vie végétative un office de la plus grande importance. Nous avons réservé celui-ci pour cette occasion, bien qu'il ait beaucoup d'analogie avec ce qui se passe dans l'acte de la respiration pulmonaire, et que les physiologistes soient habitués à s'en occuper en même temps que de cet acte.

Nous allons donc indiquer succinctement l'organisation de chaque appareil des sens, et sa fonction simple ou multiple, en commençant par celui du toucher.

1. Appareil du Toucher.

L'animal perçoit les impressions tactiles par l'intermédiaire de toutes les parties tégumentaires de son corps, mais plus particulièrement avec quelques unes. La peau et certaines de ses dépendances sont donc les organes du toucher; mais la fonction est plus active en des points particuliers qui sont, par ordre de sensibilité, les lèvres et les pieds.

Peau. — Il est superflu de dire que la peau est l'enveloppe du corps, dont elle recouvre toutes les parties extérieures. Elle s'arrête aux ouvertures naturelles, après s'être amincie, pour se continuer en réalité sans interruption avec les muqueuses. L'appareil tégumentaire, dont la peau fait partie, tapisse toutes les parties extérieures et intérieures qui sont en rapport direct avec l'air. On ne saurait trouver dans les divers points de cet appareil aucune différence d'organisation fondamentale; ses éléments présentent seulement des modifications de forme, commandées par les nécessités des fonctions. Les muqueuses que nous avons déjà vues et celles qu'il nous reste à voir présentent les mêmes éléments que la peau.

Celle-ci se compose de deux membranes superposées : le *derme* et *l'épiderme*. Empruntons-en la description à l'ouvrage de M. Chauveau, plus haut cité; nous ne saurions donner cette description plus succinctement :

« Le *derme* ou le *chorion* forme presque la totalité de l'épaisseur de la membrane. C'est un tissu de fibres celluleuses et élastiques, disposées en faisceaux entre-croisés et nattés d'une manière très-solide, tissu extrêmement serré, dans lequel se ramifient un nombre considérable de nerfs et de vaisseaux sanguins ou lymphatiques. Sa face interne adhère plus ou moins aux parties sous-jacentes, par l'intermédiaire d'une expansion cellulo-graisseuse. La face externe, couverte par l'épiderme, qu'elle sécrète, est percée de trous qui livrent passage aux poils, ou qui versent à la surface de la peau le produit de sécrétion des glandes sudoripares et sébacées, glandes microscopiques situées dans l'épaisseur du tégument ou dans la couche cellulo-graisseuse qui en double la face profonde ; cette face externe présente de plus une multitude de petites élevures désignées sous le nom de *papilles*, et dans lesquelles se terminent le plus grand nombre des extrémités nerveuses.

« Le derme n'a point partout la même épaisseur ; il est beaucoup plus mince dans les points qui se trouvent protégés par leur position même contre les causes vulnérantes, comme le dessous du ventre, la face interne des membres, l'entre-deux des cuisses, etc. Il est aussi fort peu épais au pourtour des ouvertures naturelles, pour ménager la transmission entre les deux téguments, et laisser à ces ouvertures toute la flexibilité dont elles ont besoin.

« L'*épiderme* est une mince pellicule recouvrant la face superficielle du derme, pellicule privée de nerfs et de vaisseaux, formée de cellules microscopiques qui sont incessamment déposées sur le chorion, qui s'applatissent en lamelles en s'éloignant de celui-ci, et se détruisent par les frottements extérieurs. Cette pellicule est moulée par sa face profonde sur la face externe du derme ; sa face superficielle se trouve couverte par les poils.

« Chez les solipèdes et d'autres animaux, l'épiderme est presque généralement coloré en noir par des corpuscules pigmentaires mêlés à ses cellules constituantes, coloration qui a pour effet de prévenir l'action rubéfiante des rayons solaires, en augmentant les pouvoirs absorbant et rayonnant de la surface cutanée. Dans le plus grand nombre des cas, cette coloration manque chez le mouton, dont la peau se trouve protégée par une toison épaisse, et le plus souvent aussi chez le porc, que ses habitudes à l'état sauvage, comme en domesticité, tiennent éloigné de l'action directe du soleil. » Nous ajouterons qu'il en est ainsi chez les oiseaux, et que c'est à l'absence du pigment dont il vient d'être parlé que sont dues ces places blanchâtres ou rosées connues sous le nom de *taches de ladre*, et qui se rencontrent assez souvent aux alentours des ouvertures naturelles chez le cheval, et aux régions inférieures des membres, ce qui constitue des particularités dans son signalement.

Dépendances de la peau. — Parmi ces dépendances ou appendices tégumentaires, comprenant les *poils* et les *productions cornées*, et participant de la nature de l'épiderme, quelques unes méritent de notre part une grande attention, à cause de leur importance, soit à titre de produit échangeable, soit en raison de leur fonction physiologique.

Les *poils*, qui forment chez les animaux le revêtement extérieur de la peau dans la plus grande partie de son étendue, sont sécrétés par de petits organes situés dans l'épaisseur du derme. Ces organes, en forme de gaîne embrassant la base du poil, sont appelés follicules. Ils sécrètent des cônes successivement emboîtés les uns dans les autres ; et c'est ainsi que le poil s'accroît. A certaines saisons de l'année, suivant le climat, la sécrétion est plus abondante d'abord, puis elle se ralentit, le poil se sépare alors du follicule et tombe, pour être remplacé par une nouvelle pousse. C'est ce que l'on appelle la *mue*.

On distingue les *crins* des poils, bien que leur organisation soit la même. Chez le cheval, les poils sont courts, fins, dans les régions surtout où la peau est mince. Ils sont imbriqués les uns sur les autres, et répandus en une couche mince qui constitue ce que l'on appelle la *robe*. Les crins, longs et flottants, occupent le sommet de la tête, où ils prennent le nom de *toupet*, le bord supérieur de l'encolure pour former la *crinière*, la région inférieure des membres où ils forment le *fanon*, et toute la surface de la *queue*, où ils sont en général longs et touffus. Au bord libre des paupières, quelques crins constituent les *cils*, et d'autres, droits et rigides, forment autour de la bouche les *tentacules* des lèvres.

L'âne et le mulet n'ont qu'une crinière et un toupet rudimentaires. Il n'y a qu'une petite quantité de crins à l'extrémité de la queue, surtout chez le premier.

Chez le bœuf, il n'existe, en fait de crins, qu'un petit bouquet à l'extrémité de la queue, portant le nom de *toupillon*

Le mouton a deux sortes de poils : les uns courts et rigides existant aux membres et à la face chez toutes les races, et dans quelques points de la surface du corps chez quelques-unes ; ce sont ces poils qui portent le nom de *jarre* ; les autres, plus ou moins longs, plus ou moins abondants, constituent la *laine* ou la *toison*. L'organisation fondamentale de ces derniers ne diffère pas sensiblement de celle des poils proprement dits. Seulement, la direction et la finesse de leur *brin* (c'est ainsi qu'on appelle chaque filament laineux) varient beaucoup suivant les races et l'influence de la culture dont elles ont été l'objet. Les brins grossiers sont en général moins nombreux pour une surface donnée, et ont une direction rectiligne. Ils se réunissent en mèches pointues pour former ce que l'on désigne sous le nom de *toison ouverte*. Les brins fins sont légèrement ondulés, frisés en spirale ou portent dans leur continuité des inflections en sens contraire, à angle aigu, et d'autant plus rapprochées que le brin est plus fin. Le type de cette dernière disposition se trouve chez le mouton mérinos. Les toisons à laine fine sont dites *fermées*, parce que leurs mèches, plus larges du côté de leur extrémité libre, sont immédiatement en contact les unes avec les autres par tous les points de leur périmètre. Lorsque les brins de chaque mèche sont très-rapprochés les uns des autres à leur base, la toison est dite *tassée* ; elle est *creuse* dans le cas contraire.

Les poils du porc portent le nom de *soies*.

Les poils et les crins des animaux sont diversement colorés ; et l'on a tiré de ce fait un utile caractère pour distinguer individuellement ceux de chaque espèce. C'est sur ces différences de coloration que sont établies les distinctions de *robe* chez les solipèdes, et de *pelage* dans l'espèce bovine.

C'est ici le lieu de donner à cet égard quelques indications.

ROBES. — Quatre couleurs fondamentales, avec leurs nuances diverses, entrent dans la constitution de la robe ou du pelage des animaux. Ces couleurs sont le blanc, le noir, le rouge et le jaune. Suivant qu'elles sont réparties dans les poils et les crins, ces parties du signalement prennent un nom particulier. Occupons-nous d'abord de ce qui concerne le cheval.

La *robe blanche* n'a pas besoin de définition. Elle est exclusivement composée par des poils et des crins blancs, qui comprennent les nuances du *blanc mat,* du *blanc sale* et du *blanc porcelaine* ou à reflet bleuâtre.

Il en est de même de la *robe noire,* dont les nuances sont le *noir franc* ou mat, le *noir jais* ou *jayet* à reflet brillant, et le *noir mal teint,* tirant sur le roux.

Les poils rouges, lorsqu'ils sont accompagnés de crins de la même couleur, forment la robe du cheval *alezan,* dont les nuances sont l'*alezan clair* ou *doré,* et l'*alezan foncé* ou *brûlé.*

Lorsqu'aux poils rouges sont joints des crins noirs, cela donne le *bai.* C'est donc seulement la couleur des crins qui sert à distinguer le bai de l'alezan. La robe baie présente des variétés tenant à la nuance du poil. Il y a le *bai clair* ou *lavé ;* le *bai cerise* à nuance rouge vif; le *bai marron ;* et enfin, le *bai brun,* caractérisé par la nuance foncée du poil, à laquelle sont jointes des nuances de feu autour du nez, aux flancs et aux fesses.

Les nuances du jaune forment la *robe isabelle* et la *robe café au lait.* La première est accompagnée de crins noirs, et le plus souvent d'une raie de poils noirs le long de la colonne vertébrale. Chez l'âne et le mulet, cette particularité se trouve aussi avec la nuance *gris souris.*

Le mélange en proportions diverses des poils des quatre couleurs précédentes forme un certain nombre de robes composées, que nous allons maintenant indiquer.

C'est ainsi que des poils blancs et des poils noirs mélangés donnent les variétés de la *robe grise,* l'une des plus répandues. Ces variétés sont le *gris clair,* le *gris argenté,* le *gris foncé,* le *gris ardoisé* et le *gris de fer,* dans lesquels les deux nuances sont fondues; le *gris étourneau,* parsemé de petits bouquets de poils blancs; le *gris pommelé,* présentant des places plus ou moins nombreuses avec des zones irrégulières de poils noirs. On distingue encore le *gris truité,* caractérisé par la présence de petits bouquets très-circonscrits de poils rouges, et le *gris moucheté,* où ces bouquets sont noirs. Parfois, ces deux particularités existent dans la même robe, qui est alors dite *gris truité-moucheté.*

Le mélange des poils blancs et des poils rouges donne la

robe *aubère*. Dans ce cas, les crins sont également mélangés ou d'une seule des deux couleurs. Suivant la prédominance du blanc ou du rouge, l'*aubère* est *clair* ou *foncé*. Lorsque cette robe reflète une teinte rosée, elle est dite *fleur de pêcher*.

Les poils noirs, blancs et rouges fondus ensemble forment le *rouan*, qui est *clair* lorsque les crins de la crinière et ceux des extrémités sont blancs; il est *foncé* dans le cas où ces crins sont noirs; dans le *rouan vineux*, le rouge domine partout.

Les mélanges des poils ne sont pas toujours généraux. Ceux-ci sont parfois répartis isolément en larges places. Cela se montre seulement toutefois pour le noir et le rouge avec le blanc. De là, les *robes pies*, comportant les trois variétés du *pie-noir*, du *pie-alezan* et du *pie-bai*, ce dernier caractérisé par des crins noirs.

En outre de ces caractères généraux des robes, il existe des *particularités* fort utiles à connaître pour établir les signalements. Elles sont tirées principalement de la présence de poils blancs disposés dans certaines régions du corps, de telle sorte qu'ils ne puissent pas entrer dans la constitution de la robe. Dans un seul cas ce sont les poils noirs qui sont en jeu. Ainsi la tête entièrement noire est dite *cap de maure*. D'un autre côté, l'absence de tout poil blanc dans la robe, quelle que soit d'ailleurs sa nuance, fait ajouter à celle-ci le qualificatif *zain*.

Les plaques de poils blancs dans un point quelconque de la face sont des *marques-en-tête*. Si ces poils sont peu nombreux et disséminés sur le front, on désigne leur présence par la mention de *quelques poils en tête*; réunis et formant une tache blanche arrondie et bien circonscrite, c'est la *pelote en tête*; avec des contours anguleux : *étoile en tête*; prolongée sur le chanfrin en bande étroite : *liste en tête*; cette bande étant élargie : *belle face*. Ces dernières particularités sont souvent accompagnées par des *taches de ladre*, dont il a été parlé précédemment dans ce même chapitre, et qui existent aux lèvres. Si les deux montrent cette particularité, le cheval est dit *buvant complètement dans son blanc*; dans le cas où une seule ou des parties seulement des deux, en sont atteintes, on l'exprime ainsi : buvant *incomplètement dans son blanc*. Dans quelque région du corps qu'elles se montrent d'ailleurs, les taches de ladre doivent être mentionnées.

Lorsque les marques blanches existent à l'extrémité inférieure des membres, on les appelle des *balzanes*. Il n'y a quelquefois que de rares poils blancs disséminés autour de la couronne du pied; on les signale par *quelques poils blancs*; réunis en un point restreint, c'est la *trace de balzane*; embrassant tout le contour, mais sans dépasser la couronne : *principe de balzane*; arrivant au niveau du boulet : *petite balzane*; jusqu'au milieu du canon : *grande balzane*; près du genou ou du jarret : *balzane haut chaussée*. La balzane est *dentelée, bordée, mouchetée, truitée*, ou *herminée*. Enfin, lorsqu'il existe quelques poils blancs disséminés dans une robe qui n'en comporte point, cette robe est dite *légèrement* ou *fortement rubican*, suivant la rareté ou l'abondance de ces poils.

Le *pelage* des animaux de l'espèce bovine est en général moins varié que la robe des solipèdes. Les mêmes dénominations sont usitées, à quelques exceptions près, cependant. Ainsi, l'alezan clair est désigné par l'expression de *froment*; le bai cerise, assez répandu, est dit pelage *rouge*; le rouan et l'aubère, lorsque ces robes sont tachetées de blanc, donnent le pelage *caille*; des lignes de poils noirs irrégulières et verticales sur un fond froment ou tout autre plus foncé, forment le pelage *bringé*; enfin il y a en outre le pelage *fauve*, caractérisé par des poils de nuance plus claire à leur extrémité, le fond de la robe étant noir par places et plus généralement bai. Les diverses robes *pies* sont très communes chez les bêtes bovines.

Les *productions cornées* dépendant de la peau sont les *cornes frontales*, les *châtaignes* et les *ongles*, connus sous les noms de *sabots* chez les solipèdes et d'*onglons* chez les ruminants et le porc. Ces productions vont être successivement étudiées, en insistant davantage sur celles qui sont d'un plus grand intérêt.

Les *cornes frontales*, quelle que soit leur forme, très différente, comme on sait, chez l'espèce bovine et chez l'espèce ovine, ont partout la même organisation. Elles ont pour base une cheville osseuse plus ou moins longue, dépendant des os du crâne, et sur laquelle la corne semble moulée.

L'évolution de la cheville osseuse ne se fait qu'à un certain âge, et elle est précédée par la sécrétion d'un petit cône plein de matière cornée, qui devra former plus tard l'extrémité libre de la corne. C'est autour de ce cône que la peau se modifie pour donner naissance à la matrice de la corne, formée aux dépens du chorion et qui s'étend à la surface de la cheville à mesure que celle-ci s'accroît. Les choses étant ainsi disposées, la sécrétion fonctionne et de nouveaux cônes creux s'ajoutent successivement en s'emboîtant les uns sur les autres, ce qui fait que la corne, dans la constitution de laquelle n'entrent que des lamelles d'épiderme et plus ou moins de corpuscules pigmentaires, est toujours plus mince à mesure qu'on la considère plus près de sa base, où elle est réduite à une lame circulaire fort mince, à son point de départ à la peau. La couleur et la densité des cornes dépendent uniquement de celles de la peau qui en forme la matrice, et par conséquent de la quantité de pigment et d'épiderme, qu'elle sécrète en même temps.

Les *châtaignes* sont des plaques cornées plus ou moins épaisses et d'une densité variable, que l'on rencontre à la face interne et vers le tiers inférieur de l'avant-bras du cheval, et aussi à l'extrémité supérieure de la face interne du canon postérieur, au-dessous du jarret. Ces dernières manquent chez l'âne et ne sont que rudimentaires chez le mulet. On n'en trouve aucune chez les autres animaux.

Nous ne parlerons pas des ongles proprement dits ou des *griffes* des carnassiers et des rongeurs. Il ne doit être question ici que de ceux qui, enveloppant les dernières phalanges, leur servent d'étui protecteur dans la locomotion. Les *onglons* ont à peu près la forme de l'os qu'ils enveloppent. Le mieux sera, pour en donner une idée complète, d'indiquer en décrivant l'ongle des solipèdes, le plus compliqué et le plus intéressant de tous, les parties qui leur sont communes. Disons seulement, dès à présent, qu'ils sont au nombre de quatre chez les ruminants et chez le porc. Les deux supérieurs, situés au-dessus et en arrière des autres et portant le nom d'*ergots*, ne servent que fort accessoirement à la locomotion.

Le *sabot* des solipèdes est sans contredit une des parties les plus importantes de l'organisation de ces animaux, à cause de l'usage auquel ils sont soumis. Nous ne pouvons pas prétendre à l'étudier complétement ; cela nous entraînerait beaucoup trop loin. Énumérons seulement les parties constituantes, en indiquant la fonction de chacune.

On connaît déjà l'os du pied et les fibro-cartilages qui le prolongent en arrière et de chaque côté, ainsi que l'expansion plantaire du tendon perforant qui passe sur le petit sésamoïde, entre les deux (voir p. 29 au chapitre de l'appareil de la locomotion). Nous ajouterons maintenant qu'il existe encore entre ces deux cartilages, recouvrant la face inférieure de l'expansion tendineuse, une espèce de coin assez épais, présentant en dessous un renflement pyramidal dont l'extrémité postérieure est arrondie et creusée d'une échancrure qui se prolonge en avant par un sillon assez profond. C'est le *coussinet plantaire*, ayant pour base de son organisation un canevas fibreux circonscrivant des aréoles remplis par du tissu jaune élastique.

Toutes ces parties sont enveloppées par une membrane qui n'est que la continuation du derme et qui porte le nom de membrane *kératogène*. Au point où commence le sabot, la peau présente tout autour de la deuxième phalange ou de la couronne un renflement, dont nous parlerons tout à l'heure, et au-dessous de ce renflement elle va pour ainsi dire, par son chorion seul, chausser l'os du pied à la manière d'un bas. Suivant les points de cet os où elle est considérée, elle présente une disposition particulière et porte un nom spécial.

La partie qui recouvre les faces antérieure et latérales présente une multitude de lamelles ou feuillets placés de champ, qui ne sont que de larges papilles ayant un grand rôle à jouer dans la sensibilité tactile du pied. C'est ce qu'on appelle le *tissu feuilleté* ou encore *podophylleux*.

A la région inférieure ou surface plantaire de l'os du pied et sur le coussinet plantaire, la membrane porte le nom de *tissu velouté*. Elle doit ce nom à ce qu'elle est hérissée d'innombrables villosités ou papilles qui lui donnent l'apparence du velours.

Le renflement de la peau dont il a été parlé plus haut est le *bourrelet* ou *cutidure*, qui, après avoir régné autour de l'os de la couronne se prolonge en descendant en arrière vers les extrémités arrondies du corps pyramidal du coussinet plantaire. Sa surface arrondie présente, comme celle du tissu velouté, ces prolongements filiformes appelés papilles ou villosités en nombre très-considérable.

C'est sur ces diverses parties de l'appareil tégumentaire du pied, très-riches en vaisseaux et en nerfs, que se moule l'enveloppe ou boîte cornée dont nous allons parler à présent.

En examinant le sabot des solipèdes on y trouve trois parties distinctes seulement soudées entre elles. Ces trois parties sont la *muraille* ou *paroi*, la *sole* et la *fourchette*.

La *muraille* ou *paroi* est celle qui enveloppe l'os du pied en avant et sur les côtés. C'est une lame de corne contournée en forme de cône tronqué obliquement à son sommet. Elle se replie brusquement en arrière et ses extrémités se dirigent ensuite en dedans et en avant, pour venir se rencontrer en formant ensemble un angle aigu, de telle sorte que ses lames latérales embrassent le coussinet plantaire. La portion moyenne et antérieure de la paroi est la *pince*; immédiatement après celle-ci, et de chaque côté, viennent les *mamelles*; ensuite les *quartiers*; puis, au point où la muraille s'infléchit, les *talons*; enfin les parties repliées à l'intérieur sont les *barres*.

La surface externe de la paroi, convexe d'un côté à l'autre, mais parfaitement rectiligne du bord supérieur au bord inférieur, est polie et luisante dans l'état normal, ce qui est dû à une légère couche cornée indépendante de cette même paroi et qui porte le nom de *périople*. Sa surface interne présente partout des lamelles blanches parallèles et exactement disposées comme celles du tissu podophylleux avec lesquelles elles s'engrènent.

Le bord supérieur est taillé en biseau interne excavé, dans lequel se loge le bourrelet. Cette cavité, dite cutidurale, est criblée d'une multitude de trous, dans lesquels s'engagent les villosités, et qui correspondent chacun à un tube corné. La paroi est en effet constituée par l'agglomération de ces tubes partant du bourrelet à la manière des poils, et unis entre eux par une matière cornée amorphe qui existe seule à la face interne de la paroi. C'est par la pousse de ces tubes, formés, comme les poils et les cornes frontales, de cônes emboîtés, que la paroi s'accroît. A leur extrémité inférieure, ils forment le contour de la surface plantaire du sabot.

En ce point, la muraille est soudée, par la partie inférieure de sa face interne, avec la circonférence de la *sole*, plaque cornée qui occupe toute la face inférieure du sabot comprise entre la lame de la paroi et ses prolongements réfléchis en dedans. Cette plaque cornée forme une sorte de voûte immédiatement en rapport avec le tissu velouté de la surface plantaire de l'os du pied,

et présentant en cet endroit une multitude de trous analogues
à ceux de la cavité cutidurale de la paroi, pour loger les villosités.
Détachée des parties avec lesquelles elle est soudée, la sole représente donc une plaque circulaire offrant en arrière une profonde échancrure en forme de V, qui répond aux barres.

C'est dans cette échancrure qu'est logée la *fourchette*, masse
de corne spongieuse qui recouvre le corps pyramidal du coussinet plantaire et qui se moule exactement sur lui. La fourchette
offre donc, à sa face inférieure, un sillon profond, appelé *lacune
médiane*, et qui sépare les deux saillies ou *branches* de la fourchette, qui vont en divergeant en arrière rejoindre les talons.
Entre les bords externes de ces branches et la barre correspondante existent les *lacunes latérales*. La corne de la fourchette
a les mêmes rapports que celle de la sole avec le tissu velouté
qui recouvre le coussinet plantaire. Le mode de sécrétion est le
même dans tous les cas.

L'organisation des onglons qui constituent le pied fourchu
des ruminants et du porc est dans son ensemble le même au fond
que celle du sabot des solipèdes que nous venons de décrire.
Pour en avoir une juste idée, il suffit de supposer que le pied
de ceux-ci a été fendu longitudinalement dans toute son étendue.
On retrouve exactement, dans chacun des onglons, une moitié
latérale du sabot, l'espace interdigité représentant inférieurement la lacune médiane de la fourchette prolongée jusqu'au
niveau de la deuxième phalange. En haut et en avant de la division, la peau du bourrelet forme une sorte de double sillon
divergent nommé *canal biflexe*, revêtu de peau fine et dépourvue
de poils, où se montrent les altérations de la *cocotte* chez le
bœuf, et du *fourchet*, chez le mouton.

La corne du pied croît constamment par une sécrétion indis-
continue de matière à la naissance des tubes cornés. De là la
nécessité de l'intervention du maréchal pour la rogner, lorsque
l'application du fer s'oppose à l'usure par son contact direct
avec le sol. Sans cela, le sabot prendrait bientôt en longueur
des proportions exubérantes.

La direction normale des tubes cornés de la paroi, chez les
solipèdes, est celle de l'axe de l'os du pied, c'est-à-dire une
obliquité en avant telle qu'ils forment avec le plan horizontal
un angle de 45 degrés. Lorsqu'il n'en est pas ainsi, et c'est le

cas le plus ordinaire, le sabot n'est plus dans des conditions naturelles de croissance et d'aplomb. La faute en est, le plus ordinairement, à l'influence irrationnelle de la maréchalerie.

Comme dans les cornes frontales et pour les mêmes raisons, la coloration de l'ongle varie du blanc jaunâtre au brun et au noir. Cela tient à la plus ou moins grande proportion du pigment mêlé aux productions de cellules épidermiques.

2. Fonctions de la peau et de ses dépendances.

La peau est avant tout l'enveloppe protectrice du corps, destinée à garantir les organes qu'elle recouvre de l'influence des agents extérieurs, principalement à l'aide de ses appendices. Nous savons également que par son contact avec ces agents elle donne aux animaux les moyens d'apprécier, par l'intermédiaire des rameaux nerveux répandus en si grande abondance dans ses papilles, les qualités des corps qu'elle touche. C'est par là qu'elle est l'organe du toucher.

Mais indépendamment de ces fonctions, elle en a une autre connue depuis moins longtemps et qui est encore plus indispensable à la conservation de la vie. Nous voulons parler de sa fonction respiratoire, en vertu de laquelle elle est le véritable auxiliaire du poumon.

Il s'opère en effet, à la surface de la peau si riche en vaisseaux sanguins, absolument comme dans l'organe pulmonaire, un continuel échange entre l'oxygène de l'air et l'acide carbonique du sang. La peau exhale constamment de l'acide carbonique et de la vapeur d'eau, à la manière du poumon, mais seulement dans des proportions moindres pour une égale surface, ce qui est dû à la finesse différente des deux membranes.

Ce fait a été mis hors de doute par des expériences directes et indirectes.

L'exhalation de l'eau par la surface cutanée est d'observation vulgaire. Tout le monde sait en effet que la surexcitation de la circulation, par les allures rapides, provoque la production de la *sueur*. Or, ce qu'on appelle ainsi n'est que le résultat de la condensation de la vapeur d'eau, exhalée par les pores de la peau ou les glandes sudoripares en trop grande quantité à la fois pour qu'elle puisse être absorbée à mesure par l'air ambiant, ce à quoi s'oppose aussi le revêtement pileux. Au repos et en temps ordinaire, cette exhalation, pour n'être pas visible, n'en a pas moins lieu. Elle prend alors le nom de *perspiration insensible*.

Quant à l'exhalation d'acide carbonique et à l'absorption de l'oxygène, on s'en est assuré par l'analyse de l'air confiné dans lequel le corps des animaux avait été maintenu durant un certain temps, de façon que les produits de leur respiration pulmonaire pussent s'échapper au-dehors. Il a été facile alors de constater que les qualités de l'air étaient complétement changées. On y a trouvé dans tous les cas moins d'oxygène, plus d'acide carbonique et plus de vapeur d'eau : preuve évidente de la fonction respiratoire de la peau.

On a pu, en outre, acquérir indirectement la démonstration de l'importance de cette fonction, en mettant obstacle à son exécution. En fermant, à l'aide d'un enduit imperméable aux gaz, les pores de la peau, on a vu bientôt les animaux soumis à cette expérience mourir avec tous les caractères de l'asphyxie lente, bien qu'ils pussent respirer librement par le poumon. Si donc la fonction respiratoire de la peau ne peut pas suppléer celle du poumon, il n'en est pas moins certain qu'elle est, de son côté, tout aussi indispensable à la conservation de la vie.

Cela fait sentir la nécessité d'éviter, dans l'hygiène des animaux, tout ce qui peut y mettre obstacle. Et les soins à cet égard sont d'autant plus nécessaires que ceux-ci, par la nature de leur service, sont plus souvent exposés à suer. Lorsqu'il s'agit en effet seulement de la perspiration insensible, les matières étrangères qu'entraîne la vapeur d'eau passent avec elle dans l'atmosphère, du moins pour la plus grande partie. Dans le cas de sueur, au contraire, l'évaporation ultérieure de l'eau accumulée entre les poils, y laisse en dépôt ces matières, qui salissent ainsi la peau et obstruent plus ou moins ses ouvertures en se mêlant aux matières sébacées ayant pour objet de donner aux poils leur luisant. Et c'est par là que se justifie la nécessité d'un pansage fréquent pour les animaux de travail et ceux qui vivent en stabulation.

3. Appareils du goût et de l'odorat.

Ces appareils n'ont aucun intérêt pour nous. Il n'en faut donc parler que pour mémoire seulement. Le premier a son siége dans la muqueuse buccale, à la surface de la langue et du palais ; le second, dans la région supérieure de la muqueuse nasale , où s'épanouissent les divisions des lobes olfactifs du cerveau. Les odeurs se perçoivent aussi dans un point du palais, par l'intermédiaire d'un ganglion du grand sympathique, appelé *ganglion Naso-Palatin*. C'est ainsi que l'on apprécie la qualité des substances odorantes par la dégustation.

4. Appareil de la vision.

Cet appareil se compose d'un organe essentiel et d'organes accessoires destinés à loger, à mouvoir et à protéger le premier. Une description détaillée de tous ces organes ne serait pas à sa place ici. Nous devons répéter encore une fois que nos indications anatomiques ne peuvent avoir d'autre objet que ce qui est d'une utilité pratique immédiate. Sans parler donc, ni de la *Cavité orbitaire*, ni des *Muscles moteurs de l'œil*, ni de ceux qui meuvent les paupières ; nous essayerons seulement de donner une idée de la constitution du globe oculaire et de la membrane qui tapisse celles de ses parties qui sont en contact avec l'air.

Globe de l'œil. — C'est une coque sphéroïdale remplie de matières liquides ou demi fluides, formant ce que l'on appelle les *Milieux de l'œil*, et dont la fonction sera plus loin indiquée. La gravure 40 en représente une coupe.

Cette coque est formée, d'abord par une membrane blanche, très-solide, qui porte le nom de *Sclérotique (b)*. Elle présente deux ouvertures, dont une postérieurement pour livrer passage au nerf optique *(a)* qui la traverse dans toute son épaisseur, plus grande en ce point que partout ailleurs ; l'autre ouverture est en avant, c'est elle qui est remplie par la cornée transparente. Cette ouverture, de forme ellipsoïde, dont le grand diamètre est transversal, a son bord taillé en biseau du côté interne, pour s'agencer de la manière la plus intime avec la circonférence de la cornée lucide.

Le globe de l'œil est donc constitué extérieurement par la sclérotique, membrane fibreuse blanche, et par la cornée, dont nous allons maintenant parler.

La *cornée transparente* ou *lucide* (*e*) est ce qu'on appelle vul-

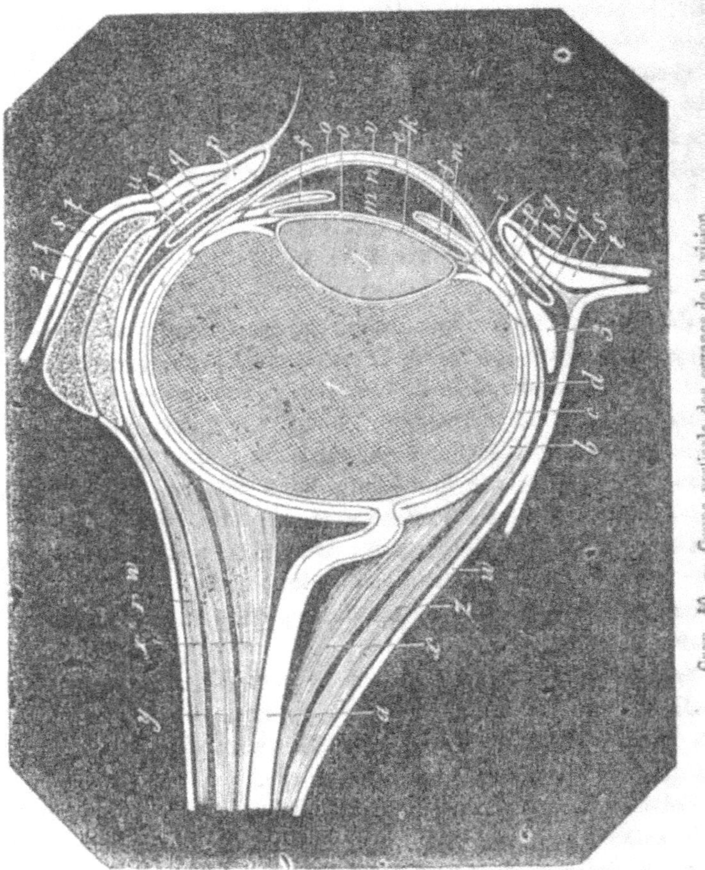

Grav. 40. — Coupe verticale des organes de la vision.

gairement la *vitre* de l'œil, parce qu'elle est traversée par les rayons lumineux. On peut la comparer assez exactement, par ses dispositions, à un verre de montre fixé dans l'ouverture de la sclérotique. Elle est donc convexe par sa surface extérieure et concave intérieurement.

La face interne de la sclérotique est tapissée par une mince membrane de couleur noire ou brune, qui est la *Choroïde (c)*. C'est à la surface de celle-ci que s'étale l'expansion du nerf optique appelée *Rétine (d)*, et qui est l'organe chargé de transmettre au cerveau, par l'intermédiaire du cordon nerveux, l'impression des images et des couleurs.

Au niveau des points de jonction entre la sclérotique et la cornée lucide, il existe une autre membrane, veritable diaphragme percé à son centre d'une ouverture de forme variée, elliptique ou circulaire, et susceptible de s'agrandir ou de se rétrécir suivant les circonstances. Ce diaphragme, d'une coloration bleue, verte, brune, noire ou même rouge, est l'*Iris (ff)*, organe contractile, en arrière duquel se trouve situé le *Cristallin (j)*. Celui-ci, qui représente de la manière la plus parfaite ce que l'on appelle en optique une lentille transparente, est enveloppé par une membrane également lucide et qui porte le nom de *Capsule cristalline (k)*. Le cristallin est une lentille biconvexe, formée de couches concentriques d'une substance fibreuse plus dense à mesure qu'on l'examine de l'extérieur à l'intérieur.

Entre l'iris et le cristallin, il existe un vide, ce qui fait que l'espace compris entre celui-ci et la cornée est séparé en deux compartiments ou chambres, la *Chambre antérieure (n)* et la *Chambre postérieure (m)*, tapissées par une membrane *(oo)* renfermant l'*Humeur aqueuse*, liquide qu'elle sécrète et qui forme l'un des milieux de l'œil, destinés comme nous le verrons à réfracter les rayons lumineux.

Le reste de l'intérieur de la coque oculaire est occupé, en arrière du cristallin, par le *Corps vitré (l)*, formé par une sorte de gelée incolore et transparente.

L'intérieur des paupières et la surface visible du globe oculaire sont tapissés par une membrane muqueuse *(uu)* qui est réduite, à la surface de la cornée lucide, à une fine lamelle transparente *(v)*. Cette membrane est appelée *Conjonctive*. Elle recouvre aussi le *Corps clignotant*, sorte de plaque à base cartilagineuse, située dans le fond de l'angle interne de l'œil, et ayant pour fonction de venir débarrasser le globe de l'œil des corps étrangers qui pourraient s'y attacher; elle livre passage par des ouvertures spéciales aux larmes sécrétées par la *Glande lacrymale*, lesquelles s'échappent par le canal lacrymal dont l'ouverture supérieure est dans l'angle nasal de l'œil.

5. — Fonction de la vision.

L'organe essentiel de la vision représente exactement un appareil de physique. C'est celui qui est connu sous le nom de *chambre noire*. L'explication des phénomènes en vertu desquels les images s'y peignent est donc des plus simples. Il n'en est pas de même de ceux qui composent l'ensemble de la fonction, et qui font que cet appareil de physique se trouve parfaitement accommodé à toutes les conditions, si multiples et si variables, de la perception des objets, quant à leurs formes et à leurs couleurs, quelle que soit la distance. Il ne conviendrait pas d'aborder ici tout ce qui concerne cette partie de la fonction et constitue l'un des plus difficiles chapitres de la physiologie. Nous devons donc nous borner à indiquer succinctement la formation des images, en supposant même connus les faits les plus élémentaires de l'optique.

En traversant la cornée lucide d'abord, puis l'humeur aqueuse de la chambre antérieure, les rayons lumineux se réfractent pour se concentrer vers l'ouverture de l'iris. C'est ainsi que l'œil embrasse des objets d'autant plus étendus qu'il en est plus éloigné, dans la limite, bien entendu, de son pouvoir : d'où, ce qu'on appelle l'*angle visuel*, sous lequel les objets sont vus. En arrivant au cristallin, plus dense que l'humeur aqueuse, les rayons sont réfractés de nouveau et viennent se réunir, en arrière de cette lentille, en un point unique ou foyer; de là, ils vont en divergeant, mais l'humeur du corps vitré maintient, par sa propriété réfringente propre, leur divergence dans des limites telles qu'ils puissent aller se peindre à la surface interne de la choroïde, qui représente exactement, par sa coloration, l'intérieur de la chambre noire. C'est là qu'ils impressionnent la rétine, étendue entre le corps vitré et la choroïde, pour être ensuite transmis par le nerf optique au point spécial de l'encéphale, chargé de les percevoir.

On comprendra sans peine, après cela, que la première condition, pour l'exécution de cette fonction, est la transparence, la lucidité parfaite des divers milieux de l'œil. Et c'est à cela surtout qu'il faut s'attacher dans l'examen et le choix des animaux.

6. Appareil de l'audition.

Nous n'avons que peu de chose à dire de cet appareil, qu'il faut surtout envisager ici dans ses parties externes. La grande mobilité de la conque de l'oreille, sorte de cornet acoustique à base cartilagineuse, mu par des muscles spéciaux, indique l'importance de sa fonction. Cette mobilité a pour but de tourner l'ouverture du conduit auditif du côté où les sons se produisent, de manière qu'ils viennent pour ainsi dire s'y engouffrer. L'intégrité de la conque, sa rigidité et sa mobilité sont donc des conditions essentielles du bon exercice de la fonction.

Les ondes sonores pénètrent, par le conduit auditif qui commence au fond de la conque, dans une cavité creusée dans l'épaisseur des os du crâne, où elles viennent frapper la *membrane du tympan* qui sépare cette cavité d'une autre plus profonde appelée *caisse du tympan*, à la manière de la peau tendue sur l'instrument qui porte le même nom. Par l'intermédiaire de la petite chaîne des osselets de l'ouïe, elles impressionnent le nerf auditif et sont transmises à l'encéphale.

La caisse du tympan, qu'il n'est pas nécessaire de décrire plus en détail, est en communication avec le pharynx, par les conduits dont nous avons déjà parlé en signalant leurs ouvertures dans cet organe.

Les diverses parties de l'oreille externe contiennent un liquide particulier et le conduit auditif sécrète une matière onctueuse appelée *cérumen*, dont la fonction est d'entretenir la souplesse de la membrane du tympan et d'amortir les chocs trop violents des bruits intenses. La peau mince, très-vasculaire et fortement adhérente au cartilage, qui tapisse l'intérieur de la conque de l'oreille est hérissée de longs poils soyeux, dont la destination paraît-être de s'opposer à l'introduction de la poussière dans le conduit auditif, qu'elle obstruerait en se mêlant aux produits de sécrétion dont nous venons de parler. C'est donc à tort que, dans la toilette des chevaux, on fait disparaître ces poils.

CHAPITRE IX

APPAREIL DE LA GÉNÉRATION.

Dans le règne animal, l'appareil de la génération se compose de deux ordres d'organes correspondant à chacun des sexes. Les organes génitaux du mâle et ceux de la femelle ont beaucoup d'analogie, quant au plan d'après lequel ils sont constitués, mais leurs dispositions diffèrent et répondent à la part que chacun des deux sexes prend dans l'acte de la reproduction. Il faut donc les indiquer successivement, en marquant seulement les analogies.

1. Organes génitaux du mâle.

Considérons ces organes dans l'ordre de leur importance pour l'accomplissement de la fonction. Énumérés dans cet ordre, nous trouvons d'abord les *testicules*, puis les *canaux déférents*, enfin le *pénis* ou la *verge*.

Testicules. — Ce sont les organes sécréteurs de la liqueur séminale. Au nombre de deux, ils sont situés entre les cuisses, dans une poche formée par la peau et qui porte le nom de *bourses* ou de *scrotum*. Nous allons sommairement faire connaître les glandes testiculaires et leurs parties accessoires.

La glande représente une masse ovoïde, comprimée d'un côté à l'autre, et formée par des lobules nombreux et agglomérés, constitués eux-mêmes par le pelotonnement de deux ou trois tubes fermés à l'une de leurs extrémités et aboutissant par l'autre à un système de canaux qui se trouve situé entre les lobules. Ce pelotonnement des *tubes séminifères* est surtout bien apparent dans le testicule du rat, où l'on peut les dévider à la manière d'un peloton de fil. Le tissu lobulaire propre est contenu dans une coque fibreuse, dite *tunique albuginée*, qui envoie des prolongements entre les lobules. Les petits canaux anastomosés entre eux viennent aboutir à l'un des points du bord supérieur du testicule, dans l'*épididyme*, tube flexueux et renflé à ses deux extrémités qui couronne la glande avec les vaisseaux sanguins de celles-ci, et reçoit le liquide spermatique sécrété par ses lobules. L'épididyme donne naissance au *canal déférent* qui se dirige en haut le long du cordon testiculaire, pour pénétrer dans l'adomen avec les vaisseaux par le canal inguinal.

Le testicule, l'épididyme, le canal déférent et les vaisseaux testiculaires formant des flexuosités aux quelles on a donné le nom de *corps pampiniforme*, sont enveloppés par une gaîne séreuse dépendant du péritoine et en communication avec lui, qui est la *gaîne vaginale*. C'est dans le sac de cette gaîne, formant un collet très-étroit à l'ouverture inguinale, que pénètre l'intestin dans le cas de hernie et que s'accumule le liquide dans celui d'hydrocèle. Pour se faire une idée de ses dispositions, il importe de savoir comment elle se forme.

Dans les premiers temps de la vie, les testicules, chez tous les animaux, sont contenus dans l'abdomen, où ils sont enveloppés par le péritoine, à la manière de tous les viscères abdominaux. Ils y demeurent normalement chez les oiseaux, comme on sait. Chez les mammifères même, il arrive parfois que les deux ou un seul persistent à y demeurer. Dans le premier cas, l'animal est dit *cryptorchide ;* dans le second, *monorchide*. Et l'on a observé que le testicule ainsi resté dans le ventre n'est pas apte à remplir sa fonction sécrétoire, ce qui entraîne l'infécondité pour les cryptorchides, mais non pour les monorchides, un seul testicule étant parfaitement suffisant pour la sécrétion du sperme fécondant.

Donc, à un certain moment de l'existence de l'animal, le testicule encore peu développé et contenu dans l'abdomen se dirige vers l'ouverture inguinale, qu'il franchit, entraînant nonseulement le feuillet du peritoine qui le tapisse, mais encore le feuillet pariétal qu'il rencontre à l'ouverture. Il en résulte que ce dernier est ainsi conduit jusqu'au fond des bourses, pour constituer leur feuillet pariétal, et que la gaîne est formée. Un muscle, appliqué le long de la gaîne et terminé par une expansion aponévrotique a aussi été entraîné. C'est ce muscle, appelé *crémaster*, qui par sa contraction raccourcit le cordon testiculaire et fait remonter le testicule vers l'aîne. Enfin, la face interne des bourses est tapissée par une calotte d'un tissu contractile particulier qui porte le nom de *dartos*, et dont les contractions produisent ces rides que l'on voit sur les bourses lors de la rétraction des testicules.

Chez toutes les espèces, le travail de descente du testicule dont nous venons de parler commence à s'opérer avant la naissance. Il est même achevé dans l'espèce bovine, mais chez les solipèdes l'organe demeure dans le canal inguinal jusqu'à l'âge de six à dix mois.

Les différences, d'ailleurs, portent moins sur la configuration du testicule que sur son volume et sur la longueur du cordon testiculaire.

Arrivé dans l'abdomen par l'ouverture inguinale, le *canal déférent* se dirige en arrière et en haut pour pénétrer dans la cavité pelvienne où il gagne, de chaque côté, la région supérieure de la vessie ; là, il aboutit chez les solipèdes seulement à un renflement ou vésicule où le sperme s'accumule. Ces *vésicules séminales* se terminent chacune par un petit *canal éjaculateur* qui vient s'ouvrir, avec celui de la *prostate*, glande située transversalement sur les vésicules et sécrétant un liquide gluant, dans le canal de l'urètre.

Chez les autres animaux, où il n'existe pas de vésicules séminales, les canaux déférents s'abouchent directement dans ce canal.

Pénis. — Nous avons déjà dit, en décrivant l'appareil urinaire, que l'urètre, commun par ce fait aux deux appareils, longe le *pénis*. Celui-ci, formé par deux corps caverneux accolés l'un à l'autre, est fixé sur le bord postérieur de chaque ischium par deux racines. Il se dirige en avant entre les deux cuisses, enveloppé par un repli de la peau qui porte le nom de *fourreau* et qui se prolonge plus ou moins suivant les espèces. Les *corps caverneux*, formés par une enveloppe fibreuse, contiennent dans leur intérieur de larges aréoles veineuses constituant leur tissu érectile et qui se remplissent de sang lors de l'érection.

Le chien seul, parmi les animaux domestiques, dont nous nous occupons, présente des particularités à signaler dans la constitution de son pénis. La partie logée dans le fourreau a pour base un os dit *os pénien*. On y remarque aussi deux renflements ou *boules érectiles*, destinées à s'opposer, tant que dure l'érection, à la sortie du pénis introduit dans les organes génitaux de la femelle.

Chez les gallinacés, le pénis est remplacé par une petite papille placée en bas, près de la marge de l'ouverture du cloaque, entre les deux orifices des canaux déférents. Cet organe, beaucoup plus développé chez les palmipèdes (oies, canards, etc). est contenu dans une cavité tubuleuse du cloaque. Au moment de la copulation, cette cavité se retourne à la manière d'un doigt de gant, et il apparaît alors sous forme d'un appendice long, pendant, en tire-bouchon.

2. Organes génitaux de la femelle.

En procédant suivant l'ordre suivi pour le mâle, nous trouvons d'abord les *ovaires*, puis la *trompe utérine*, l'*utérus* et le *vagin*, dont l'ouverture extérieure est la *vulve*. Nous avons de plus ici les *mamelles*, organes de la sécrétion du lait, qui, pour n'être pas à proprement parler des organes génitaux, n'appartiennent pas moins à l'appareil de la génération ou sexuel.

Ovaires. — Corps ovoïdes (grav. 41), représentant les testicules de la femelle. Ils sont situés dans l'abdomen, appendus à la région sous lombaire dans des replis du péritoine. Ils présentent eux aussi une tunique albuginée. Leur tissu propre est une sorte de gangue cellulo-vasculaire dans laquelle se trouvent disséminées, comme dans un nid, des vésicules remplies d'un liquide citrin dans lequel nage l'ovule. Ces vésicules, dites de Graaf, arrivent tour à tour à la surface de l'ovaire, où elles font saillie, et se crèvent au moment du rut ou des chaleurs, pour laisser échapper l'ovule.

Les ovaires sont donc les organes producteurs du germe, et par conséquent fondamentaux pour la conservation des attributs du sexe. Ils varient beaucoup de forme chez les diverses espèces, mais surtout par la disposition de leur gangue. Leur constitution est toujours une agglomération de vésicules, qui est disposée en grappes chez les oiseaux. L'ablation des ovaires entraîne nécessairement la stérilité chez la femelle, comme celle des testicules pour le mâle.

Utérus. — C'est l'organe de la gestation, dans lequel se développe l'ovule fécondé. L'utérus (grav. 41) est un sac membraneux situé dans la région sous-lombaire, à l'entrée de la cavité pelvienne, et suspendu par de larges replis péritonéaux, qui portent le nom de ligaments utérins.

Chez toutes les femelles domestiques, l'utérus est formé d'un corps cylindrique engagé dans la cavité du bassin, et qui se bifurque en avant pour donner naissance à deux cornes incurvées en bas, et se dirigeant vers chaque ovaire. Ces cornes se terminent par une pointe mousse, au centre de laquelle s'ouvre un canal dit *Trompe utérine* ou *Oviducte*, lequel canal se termine dans le péritoine, au niveau de la scissure de l'ovaire, par une extrémité libre, évasée et frangée, fixée à l'ovaire par un de

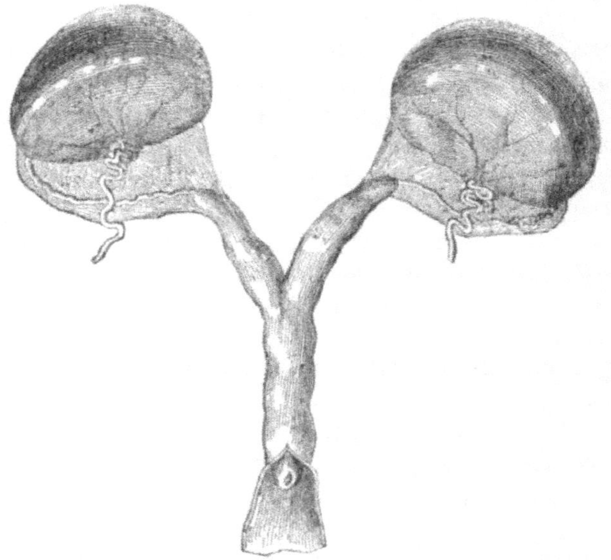

Grav. 41. — Organes génitaux de la femelle (ovaires, utérus et vagin).

ses points, qui est le *Pavillon de la trompe*. Ce pavillon s'applique sur la vésicule qui se crève au moment du rut, pour recevoir l'ovule et le faire cheminer vers la cavité de l'utérus.

Celui-ci, par l'extrémité postérieure de son corps, se termine dans le vagin par un orifice qui porte le nom de col, et qui, arrondi chez quelques espèces, fait saillie le plus souvent à la manière d'un robinet entouré de nombreux plis.

Le sac utérin est constitué par une membrane charnue dont les faisceaux musculeux prennent un grand développement lors de la gestation. Cette membrane est, bien entendu, revêtue par le péritoine ; mais c'est la muqueuse de sa cavité intérieure qui est surtout intéressante à étudier, et qui présente des différences importantes à indiquer chez les diverses espèces.

Chez la jument, la truie et la chienne, la muqueuse utérine ne présente d'autre particularité que celle d'être creusée d'une infinité d'orifices folliculeux, dont nous verrons plus loin l'usage.

Chez les femelles des ruminants, elle est parsemée de tubercules arrondis nommés *Cotylédons*. Arrondis en forme de champignon chez la vache, ces cotylédons sont au contraire creusés en capsule chez la brebis et la chèvre.

Vagin. — Le vagin est un canal membraneux, à parois minces, qui fait suite à l'utérus, et qui loge le pénis dans l'acte de la copulation. Il se dirige horizontalement entre le rectum et la vessie, et vient se terminer à l'extérieur par la vulve. Il est formé par une membrane dartoïque tapissée à son intérieur par une muqueuse plissée longitudinalement, et toujours lubréfiée par une abondante sécrétion de mucus.

La *Vulve* est une fente longitudinale circonscrite par deux lèvres recouvertes à l'extérieur par une peau fine et dépourvue de poils, et à l'intérieur par la muqueuse vaginale qui vient se confondre avec la peau. La commissure supérieure, très-voisine de l'anus, est aiguë ; l'inférieure, obtuse et arrondie, loge le *Clitoris*, petit corps caverneux, exactement constitué comme celui du penis, et enveloppé d'une sorte de capuchon muqueux. Au-dessus du clitoris et en arrière, est le *Méat urinaire*, ouverture du canal de l'urètre de la femelle.

Mamelles. — Le nombre des mamelles est variable, ainsi que leur situation. Lorsque ce nombre dépasse deux, ce qui est le plus ordinaire, elles s'étendent en deux rangées longitudinales dans les régions inguinale, ventrale et pectorale. C'est le cas pour les femelles multipares, telles que la truie, la chienne, et la lapine. Chez les autres, la jument, la vache, la brebis et la chèvre, où il n'y a que deux glandes mammaires, elles sont inguinales ; accolées l'une à l'autre, elles occupent la place des bourses du mâle.

Le volume des mamelles est beaucoup plus considérable relativement chez la vache, la chèvre et la brebis que chez la jument, du moins dans l'état domestique, ce qui tient à l'exploitation dont leur fonction est l'objet, en dehors des besoins de l'allaitement. Il est vrai de dire, toutefois, que chez la vache, chaque moitié latérale séparée extérieurement de sa voisine par un sillon médian peu profond, comme pour les autres femelles du même genre, est en réalité composée de deux glandes ayant chacune des canaux aboutissant à un *Trayon* appelé encore *Mamelon* ou *Tétine*, ce qui explique les quatre trayons de la vache, tandis que la jument, la brebis et la chèvre n'en ont que deux.

Quoiqu'il en soit, les glandes mammaires présentent dans leur structure d'abord une enveloppe de tissu fibreux jaune élastique, envoyant dans l'intérieur des prolongements qui séparent les principaux lobules de l'organe. Ceux-ci sont constitués par des grappes de grains glandulaires rassemblés sur des *canaux lactifères* terminés en cul-de-sac à l'une de leurs extrémités et s'abouchant ensemble par l'autre, de manière à former un certain nombre de canaux principaux qui viennent aboutir, au-dessus du mamelon, à des cavités, *sinus* ou *réservoirs galactophores*, au nombre de deux à quatre, qui se prolongent par autant de petits canaux définitifs jusqu'à l'extrémité du mamelon, où ils s'ouvrent séparément. Ces éléments de la glande sont unis par du tissu cellulaire aux vaisseaux sanguins, lymphatiques, et aux nerfs.

Chez la vache, il n'y a pour chaque trayon qu'un seul sinus galactophore, confluent général de tous les conduits lactifères, et parconséquent une seule ouverture au mamelon.

Chez les femelles multipares, ayant approximativement autant de mamelles que de petits, ces réservoirs n'existent pas. Les canaux lactifères se réunissent en un nombre variable de conduits définitifs, qui s'ouvrent à l'extrémité du mamelon.

3. Fonction de la génération.

Nous avons vu que l'ovaire de la femelle produit des ovules qui, au moment du rut ou des chaleurs, s'échappent de la vésicule pour passer dans la cavité utérine. L'ovule est le germe de l'individu semblable à celui qui le produit; mais ce germe, pour se développer, a besoin de subir le contact de la liqueur séminale sécrétée par le testicule du mâle, c'est-à-dire d'être fécondé. Tel est le premier acte de la fonction dont le but est la génération d'un individu nouveau.

Nous ne rechercherons pas plus la raison des propriétés fécondantes du sperme que celle du développement du germe fécondé. C'est là, quant à présent, un mystère que la science n'a pas pénétré. Elle est fort avancée en ce qui concerne l'étude du phénomène; elle ne sait rien de son motif. Bornons-nous à dire que le liquide spermatique ne possède point la faculté de féconder l'ovule, s'il est dépourvu de certains petits corps microscopiques, bien étudiés dans ces derniers temps, et anciennement appelés *animalcules spermatiques*. Le sperme des individus notoirement inféconds, des mulets par exemple, n'en contient point.

C'est donc par le contact de l'ovule avec la liqueur séminale du mâle introduite dans les organes génitaux de la femelle par l'acte du coït ou de la saillie, ou encore du saut ou de la lutte, — toutes expressions usitées, — que la fécondation a lieu.

Celle-ci pourrait aussi bien se produire à la surface de l'ovaire, ou dans la trompe utérine, que dans la cavité de l'utérus, ainsi qu'en témoignent les cas de gestation ovarique, abdominale ou tubaire qui ont été observés; ce qui montre le peu de fondement des hypothèses sur lesquelles on a voulu établir une théorie de la production des sexes. Mais, quelque soit le point où l'ovule ait été fécondé, c'est seulement dans l'utérus qu'il se développe à l'état normal.

Là il se greffe sur la muqueuse utérine qui devient turgescente. A mesure que les vaisseaux du *placenta*, membrane vasculaire qui doit établir la communication entre l'embryon et sa mère, se développent, ceux de la muqueuse utérine deviennent plus nombreux et plus volumineux. Toute l'activité est tournée de ce côté. Les vaisseaux placentaires s'abouchent avec les vaisseaux utérins, et le sang de la mère fournit les éléments du développement de son fruit, dont les organes se constituent progressivement en un temps variable suivant les espèces. C'est alors que les cotylédons des ruminants acquièrent un grand volume, pour correspondre à ceux du placenta qui s'en grénent avec eux.

Cette membrane placentaire (grav. 42. A A A A,) est la plus extérieure des enveloppes du fœtus nageant dans un liquide contenu par un autre membrane, *l'amnios* (CCC) sac clos qui

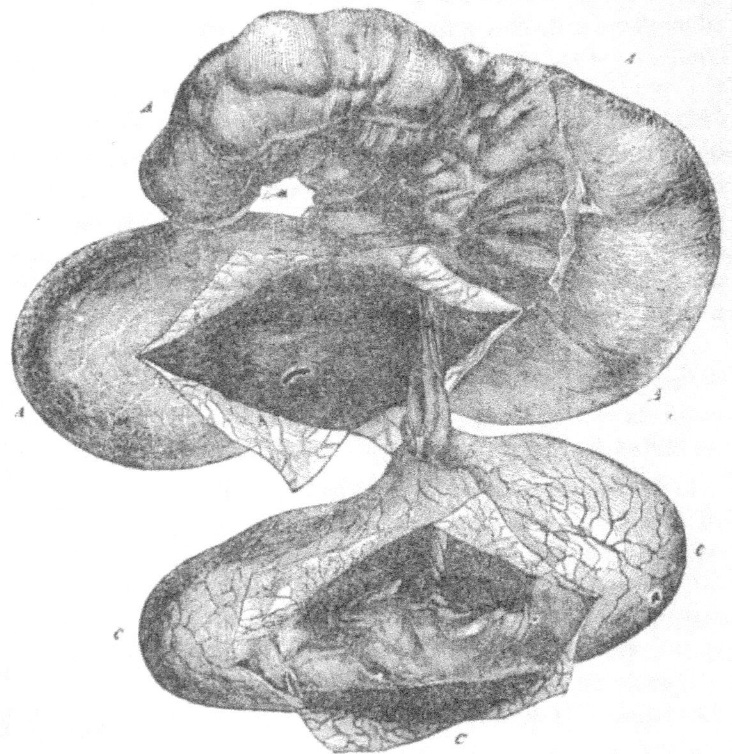

Grav. 42 — Membranes dans lesquelles le fœtus se développe.

se replie autour du *cordon ombilical* (BB). Celui-ci est formé principalement par les troncs des vaisseaux, qui rampent en divisions nombreuses dans l'épaisseur des membranes et aboutissent au placenta.

La durée du développement de l'embryon ou fœtus, ou de la gestation, est variable suivant les espèces. Elle est de 30 jours pour la lapine ; de 56 jours pour la chatte ; de 63 jours pour la chienne ; de 4 mois pour la truie ; de 5 mois pour la brebis et la chèvre ;

de 9 mois pour la vache ; et enfin de 11 mois pour l'ânesse et
la jument.

Lorsqu'il a atteint le terme de sa vie intra-utérine, le fœtus
est expulsé par les contractions de l'utérus aidées de celles des
muscles de l'abdomen. C'est ordinairement le bout du nez appuyé sur les membres antérieurs étendus qui se présente au
col utérin ; celui-ci se dilate pour lui livrer passage, la poche
amniotique se rompt, le liquide s'écoule, et le fœtus franchit
sans difficulté, dans l'état physiologique, le vagin et la vulve,
entraînant le plus souvent avec lui toutes les membranes ou le
délivre, et rompant le cordon ombilical à peu de distance de
son ombilic.

A partir de ce moment, le petit animal a respiré, il vit de sa
vie propre, et il ne tarde pas à sentir les atteintes de la faim.
Il se rend instinctivement vers la mamelle de sa mère, d'où il
extrait par la succion son premier aliment.

LIVRE SECOND

HYGIÈNE

CHAPITRE PREMIER

LIMITES ET OBJET DE L'HYGIÈNE

1. Limites de l'hygiène.

On a consacré de gros volumes à l'hygiène des animaux. La raison de l'étendue exubérante donnée à cette partie de l'économie du bétail est que, suivant une coutume trop répandue, les auteurs n'ont pas su se maintenir dans le véritable cadre de leur sujet. Conçue comme il convient, l'hygiène embrasse l'étude des influences exercées sur les êtres organisés par les modificateurs naturels composant les milieux dans lesquels ils vivent. Or, au lieu de s'en tenir à cette étude, c'est-à-dire à celle des rapports entre les milieux et les fonctions physiologiques, qui constituent proprement le domaine de l'hygiène, on croit devoir reprendre à nouveau, lorsqu'on s'occupe de cette science, tout ce qui concerne la connaissance de ces milieux en eux-mêmes, et l'on est ainsi conduit à refaire, à propos d'hygiène, de la physique, de la chimie, de la météorologie, de la physiologie, etc., toutes sciences dont l'hygiène n'est qu'une application. Il n'est pas étonnant, dès lors, de voir s'étendre outre mesure le plan des ouvrages qui lui sont consacrés, au détriment de leur réelle utilité pratique.

Il nous paraît que ce plan doit être compris tout autrement. Contenue dans ses véritables limites, l'hygiène des animaux, qui a pour but de les maintenir en santé, doit avoir pour unique objet l'examen des diverses conditions dans lesquelles ils sont entretenus en vue de l'exploitation économique de leurs produits, et des circonstances qui favorisent le mieux l'accomplissement régulier de leurs fonctions.

Au point de vue général où l'on se place trop volontiers dans les traités d'hygiène, on tombe nécessairement dans la physiologie pure, dont les principales notions occupent le premier livre du présent ouvrage, ou dans l'étiologie, étude des causes des maladies qui est en dehors de l'hygiène.

Les divisions de matières adoptées ne sont pas meilleures. Qu'elles aient pour base les modificateurs ou les fonctions, elles n'en sont pas moins arbitraires et par trop dogmatiques. Ici surtout, où nous avons pour premier devoir de présenter au lecteur des solutions nettes et précises, qui lui permettent de passer tout de suite à l'application, il faut se garder de rester dans des termes généraux et abstraits, nécessitant pour chaque cas une synthèse que l'homme de la pratique n'a que fort rarement le temps ou les moyens de réaliser.

Le plan le plus logique à adopter pour nous est donc d'envisager les choses telles qu'elles se présentent dans les nécessités de l'entretien et de l'exploitation des animaux domestiques, suivant leurs diverses destinations. C'est appliquer à l'hygiène la loi dominante de toute industrie humaine, la loi économique, en général beaucoup trop négligée au bénéfice de la science spéculative par les savants que l'esprit moderne n'a pas encore assez pénétrés. Et le premier avantage de cette subordination nécessaire de notre plan à la loi économique, sera de pouvoir concentrer en un moins grand nombre de pages tout ce qu'il est utile de savoir pour bien diriger l'hygiène des animaux.

Nous commencerons par l'examen des circonstances qui sont communes à toutes les espèces et à toutes les fonctions économiques, par exemple l'habitation, l'alimentation, etc., puis nous passerons successivement en revue les rapports de l'hygiène avec chacune de ces fonctions économiques, dont un certain nombre, ainsi que nous espérons le montrer mieux qu'on ne l'a fait jusqu'à présent, sont de nature à prouver l'insuffisance du point de vue trop absolu qui domine dans les travaux des hygiénistes.

Il n'en est pas moins vrai, toutefois, que le but le plus général de l'hygiène est le maintien des animaux dans cet état qu l'on appelle la santé. Avant tout, il nous faut donc marquer nettement ce but par l'indication des caractères de la santé.

2. Caractères de la santé.

Nous avons fait connaître le mode d'action de chacune des fonctions de l'économie animale, en même temps que l'organisation des appareils qui exécutent ces fonctions. Il est superflu d'ajouter que la manière d'être appelée par convention *état de santé*, résulte de l'accomplissement normal et régulier de leur jeu. A notre point de vue présent, il importe seulement de caractériser cet état au moyen des signes objectifs qui le révèlent à l'observation de l'animal considéré dans son ensemble. La plupart des fonctions physiologiques sont entre elles dans une étroite dépendance. Il est rare que le trouble de l'une, lorsqu'il est assez prononcé, ne réagisse pas sur les autres. En tout cas, cela se montre le plus habituellement pour un certain nombre des principales, de celles qui ont la plus grande importance dans l'économie. C'est donc sur l'état normal de ces fonctions que nous devons particulièrement appeler l'attention, en considérant d'abord l'aspect de l'animal en santé, ce que l'on appelle son habitude générale et ses attitudes.

Aspect général. — La physionomie de l'animal bien portant se caractérise par un air de gaieté, la vivacité du regard, et une facilité plus ou moins prompte, suivant les espèces, à saisir les impressions venant du dehors. Dès que son attention est éveillée par un bruit ou par un attouchement, ou encore par quelque autre excitation d'un genre quelconque, il lève la tête, dresse les oreilles, manifeste plus ou moins vivement, suivant son caractère, le contentement, l'impatience ou le désir, mais toujours réagit. Ces manifestations, auxquelles les hommes habitués à soigner les animaux ne se trompent point, accusent ce qu'ils appellent l'air de santé. Elles témoignent de la liberté d'action du système nerveux, que le moindre trouble fonctionnel un peu prononcé ne manque que bien rarement d'amoindrir.

Chez les animaux à poil ras, l'aspect du corps ou de la robe est de nuance vive, le poil est lisse, légèrement onctueux, et doux au toucher. Chez les bêtes à laine, le brin est imprégné de suint et élastique ; chez les oiseaux de basse-cour, les plumes sont brillantes, également onctueuses et régulièrement couchées. Dans toutes les espèces, les poils, les crins, la laine ou les plumes offrent une grande résistance lorsqu'on cherche à les arracher. La peau est souple et se plisse facilement quand on la pince entre les doigts.

Attitudes. — En quelque lieu qu'on les observe au repos, les animaux en santé conservent toujours des attitudes aisées. De leur propre mouvement, ils ne font jamais travailler à la fois tous les muscles de leurs colonnes de soutien. Il y a sous ce rapport, pour chaque espèce, quelques particularités bonnes à indiquer spécialement.

ESPÈCE CHEVALINE. — Le plus ordinairement, les animaux de cette espèce, lorsqu'ils sont au repos, se tiennent debout. On en rencontre fréquemment qui ne se couchent jamais, même pour dormir. Ils se bornent dans ce cas à faire porter leur tête sur quelque objet voisin, la mangeoire de l'écurie, par exemple, en y appuyant le menton, ou bien à la suspendre au bout de la longe qui les attache. Dans la station libre, à l'état de veille, les solipèdes reposent alternativement l'un ou l'autre de leurs membres postérieurs en le soustrayant à l'appui. Ce membre, dans le relâchement complet, ne pèse sur le sol que de son propre poids, tandis que les trois autres portent celui du corps. L'un des côtés de la croupe est donc toujours abaissé dans une attitude qui ne manque pas de grâce ni d'aisance. C'est là un signe très-caractéristique de l'état de santé.

Lorsque le cheval se couche pour sommeiller, il s'étend complétement sur l'un ou l'autre des côtés de son corps ; mais il ne conserve pas longtemps cette attitude gênante pour sa respiration. Quelques-uns s'affaissent sur le sol avec les membres repliés sous le corps, à la manière de l'espèce bovine, dont nous allons parler, mais cette attitude est justement considérée comme vicieuse. Quand il se relève, l'animal imprime le plus souvent à son corps une sorte de secousse générale accompagnée d'une brusque contraction du muscle peaucier, qui a pour but sans doute de le débarrasser des corps étrangers attachés à son poil. Ce mouvement est surtout habituel à l'âne et au mulet, qui se roulent en outre volontiers sur le sol.

ESPÈCE BOVINE. — A moins d'être sollicités à se tenir debout par une circonstance quelconque qui attire leur attention, les animaux de cette espèce demeurent à l'étable le plus souvent couchés. Il en est de même dans les herbages ou les pâturages, lorsque leurs repas sont achevés. Dans cette attitude, ils reposent sur le sternum et sur le ventre, inclinés un peu sur l'un ou l'autre côté, et ayant les membres antérieurs repliés sous la poitrine, tandis que les postérieurs sont étendus en avant, de façon que l'un d'eux se trouve obliquement sous le ventre, la fesse correspondante portant sur le sol, et l'autre libre du côté opposé. Telles sont les conditions du décubitus normal du bœuf et de la vache, que l'on appelle *décubitus sternal*. Le *décubitus latéral*, à la manière des solipèdes, est un signe maladif.

Lorsque les animaux dont nous nous occupons ont pris cette attitude de repos, il est habituellement assez difficile de les faire relever; ils ne s'y décident qu'avec répugnance et après des provocations réitérées, à moins que la faim ne les y incite, et que des aliments ne leur soient présentés. Dès qu'ils sont levés, on les voit enfler l'échine, comme on dit, tendre la queue, puis exécuter un mouvement contraire, dans lequel le corps est alongé et la colonne vertébrale relâchée, de manière à s'abaisser plus ou moins; en même temps l'un ou l'autre des membres postérieurs, et quelquefois les deux successivement, sont projetés en arrière par une sorte de petite ruade saccadée. Ces mouvements, que l'on appelle des *pandiculations*, semblent avoir pour but de déraidir les articulations et les muscles, engourdis par le décubitus. Ils sont un signe certain de santé. Jamais un animal de l'espèce bovine ne les exécute quand il souffre, si peu que ce soit.

ESPÈCE OVINE. — Les considérations précédentes s'appliquent également à cette espèce, ainsi qu'à tous les autres ruminants. Nous ajouterons seulement que vivant en troupeau et jouissant de plus de liberté, les moutons manifestent en outre leur état de santé en bondissant, et en faisant de vigoureux efforts pour

s'échapper, quand on les saisit par un des membres postérieurs.

Cela dit sur les attitudes, passons maintenant en revue les
signes de l'état normal des grandes fonctions.

Digestion. — L'un des principaux caractères de la santé,
à ce point de vue, c'est le retour périodique à l'appétit aux
heures habituelles des repas. Le désir de prendre des aliments,
provoqué par la sensation de la faim, se manifeste diversement,
suivant les espèces. Il faut prendre garde, toutefois, que malgré l'existence de tous les autres signes de la santé, et aussi
malgré celle de la faim, il est un cas où l'appétit ne se manifeste pas : c'est lorsqu'il est dominé par la soif, beaucoup plus
impérieuse. Avant donc de conclure, si les aliments sont refu-
sés, il est bon de s'assurer de la non existence de cet autre
besoin.

Le *Cheval* qui a seulement faim se montre impatient, il hen-
nit et frappe du pied le sol. Dès qu'on lui présente sa ration,
il allonge avec vivacité la tête pour en saisir quelques bribes,
et si on l'écarte il revient à la charge avec persistance.

Les *bêtes bovines*, en pareil cas, s'agitent en sortant fréquemment la langue, et font entendre parfois des beuglements. Elles
se jettent aussitôt sur les aliments qu'on leur présente.

Les *bêtes ovines* bêlent en se dirigeant vers la crèche, et
quand on entre dans leur bergerie, elles se précipitent toutes
du côté de la personne qui vient les visiter, en se poussant les
unes les autres.

Tous les animaux bien portants ont la bouche fraîche et humide. Ils mangent lestement et sans interruption les aliments
qui leur sont distribués, jusqu'à ce que leur appétit soit satis-
fait, puis ils attendent paisiblement qu'on les conduise à
l'abreuvoir.

Lorsqu'ils ont bu, les solipèdes habitués à recevoir une ration d'avoine, pour peu qu'on la leur fasse attendre, grattent
de nouveau le sol avec leur pied et s'agitent encore en faisant
entendre une espèce de ricanement.

Les ruminants, eux, une fois le repas achevé, se couchent pour
accomplir le second temps de la digestion, c'est-à-dire la rumination des aliments ingérés dans la panse. L'exécution régu-

lière de cette opération est un signe certain de santé. Le moindre trouble fonctionnel la dérange.

Dans le cas où, après cela, la digestion stomacale et intestinale s'exécute bien, à son début on entend se produire dans les intestins des bruits particuliers, semblables à celui qu'occasionne un gaz en traversant une masse liquide. Ces bruits, appelés *Borborygmes*, sont un indice de la marche normale de la fonction digestive.

Les signes de la santé, pour ce qui concerne cette fonction, sont encore tirés de l'aspect et de la consistance des déjections. Cela varie suivant la nature de l'alimentation. Au régime vert, ces matières sont nécessairement moins consistantes qu'au régime sec; elles sont aussi plus abondantes, de même que les urines. Dans le cas du régime sec, qui est le plus ordinaire pour les solipèdes, les crotins sont de consistance moyenne, bien moulés et légèrement enduits d'une couche de mucus qui les rend luisants. Il en est ainsi pour les ruminants, dont la forme des excréments est différente, comme on sait, suivant l'espèce. Dans l'état de santé, ces excréments sont expulsés sans effort, plusieurs fois dans la journée, et l'anus se referme aussitôt avec une certaine énergie dans la contraction de son sphincter.

Respiration. — L'état normal de la fonction respiratoire, se mesure au rhythme des mouvements du thorax qui accompagnent l'inspiration et l'expiration. Ces deux mouvements sont surtout perceptibles au flanc, qui s'élève et s'abaisse alternativement, parce que les viscères de la cavité abdominale, suivant l'impulsion du diaphragme, sont tour à tour poussés en arrière et reviennent ensuite à leur point de départ. L'élévation et l'abaissement du flanc, quand la respiration s'exécute dans les conditions de la santé complète, sont lents et continus. Le premier temps commence aux fausses côtes, et se propage ensuite progressivement jusqu'à la région supérieure du flanc; dans le second temps, celle-ci revient à sa position première, et le mouvement de retour va s'éteindre où celui d'élévation avait commencé. En même temps on observe une faible manifestation analogue, à l'entrée des naseaux. Les ailes du nez s'élèvent et s'abaissent comme les flancs, mais inversement.

Non seulement le mode, mais encore le nombre des mouvements respiratoires, sert pour caractériser l'état de santé. Dans cet état, ce nombre ne s'éloigne pas beaucoup d'une moyenne qu'il importe de connaître, et qui varie à la fois suivant les espèces et aussi suivant les âges. Les jeunes animaux ont plus de respirations que les adultes, et ceux-ci plus que les vieux.

La minute étant prise pour unité de temps, voici les chiffres :

Les solipèdes adultes ont 9 ou 10 respirations, c'est-à-dire que leur flanc s'élève et s'abaisse ce nombre de fois dans le courant d'une minute de temps. Les jeunes en ont 14 ou 15; les vieux, ordinairement pas plus de 8 ou 9. Cela s'applique principalement au cheval.

Dans l'espèce bovine, l'adulte a de 15 à 18 respirations; le jeune, de 18 à 21; le vieux, de 12 à 15.

Le mouton et la chèvre en ont de 12 à 15.

Le chien, de 16 à 18.

Quand on approche l'oreille de l'une des parois thoraciques d'un animal bien portant, à la condition qu'elle soit appliquée contre cette paroi, l'on entend à chaque mouvement d'inspiration un bruit doux, régulier, que l'on appelle *murmure respiratoire*, et auquel succède un silence pendant l'expiration. L'introduction de l'air dans le poumon est seule sensible à l'oreille; son expulsion, à l'état normal, est silencieuse. Un souffle quelconque dans ce cas, est un indice certain de trouble fonctionnel.

L'air expiré, quand on le reçoit sur la main, accuse une température qui paraît plus élevée que celle du corps. Cette chaleur apparente n'est un signe de santé qu'à la condition de rester dans des limites très-modérées. En dessus ou en dessous de ces limites, la température de l'air qui sort des poumons, devient un indice utile à consulter dans les maladies. Qu'il nous suffise de dire ici que chez l'animal bien portant, cette température est tout juste sensible à la main pourvue de sa chaleur normale.

Circulation. — L'état de la circulation se perçoit par l'examen des muqueuses apparentes et par la constatation du rhythme des pulsations artérielles ou des battements du cœur. À cet égard, nous n'avons pas seulement à faire connaître les conditions normales de la fonction, il convient aussi de mettre le lecteur en mesure de constater ces conditions en explorant les parties de l'appareil circulatoire qui peuvent le mieux les faire sentir. Les pulsations de cet appareil ne sont pas visibles à l'œil, en effet ; c'est le toucher qui doit les percevoir.

Toutefois, l'état normal de la circulation, — exécution de la fonction ou qualité du liquide circulatoire, — se manifeste dans les régions où des vaisseaux sont suffisamment apparents, comme c'est le cas dans les muqueuses de l'œil, du nez et de la bouche. Chez l'animal bien portant, ces muqueuses sont rosées et d'une teinte bien fondue, sans arborisations vasculaires plus rouges que le fond, ni infiltration de celui-ci. La membrane nasale ou pituitaire, en particulier, chez les grands animaux, est toujours humide et fraîche et très-lisse. Chez le bœuf, le mufle, également frais, est constamment parsemé de gouttelettes d'un liquide visqueux, que la moindre fièvre fait disparaître. Il en est de même chez le chien.

C'est par le toucher, avons-nous dit, que l'on perçoit la durée des impulsions circulatoires et la tension du liquide dans les conduits sanguins. Pour ce qui concerne le cœur, il suffit d'appliquer le plat de sa main sur la face gauche du thorax, en arrière de l'épaule et vers le tiers inférieur de la hauteur ; on sent alors fort bien les battements, qui correspondent, ainsi qu'on le sait, à ceux des artères, dont les alternatives de tension intérieure donnent au doigt qui les explore la sensation du phénomène appelé *pouls*. À chaque ondée sanguine lancée dans le système artériel par la systole du cœur, le doigt perçoit un choc dont les caractères varient suivant l'état de la circulation. Nous dirons tout-à-l'heure ces caractères. Auparavant il faut indiquer la meilleure manière d'explorer le pouls chez les diverses espèces d'animaux domestiques.

Chez les solipèdes le pouls s'explore à l'artère glosso-faciale, dans le point où elle va quitter l'auge pour gagner la joue, en s'appliquant directement sur la table de l'os maxillaire inférieur. On se place à cette fin devant la tête de l'animal et un peu sur le côté, et on l'immobilise d'une main ; de l'autre, on appuie le pouce sur le côté de la face, en bas de la joue (grav. 43), et avec les deux premiers doigts on cherche sur la face interne du bord tranchant du maxillaire le cordon élastique qu'y forme l'artère sous la peau. En appuyant légèrement la pulpe des doigts sur ce cordon, on sent tout de suite les impulsions de l'ondée sanguine qui constituent les battements du pouls.

Grav. 43. — Exploration du pouls, chez le cheval.

C'est aux artères coccygiennes, qui rampent le long de la face

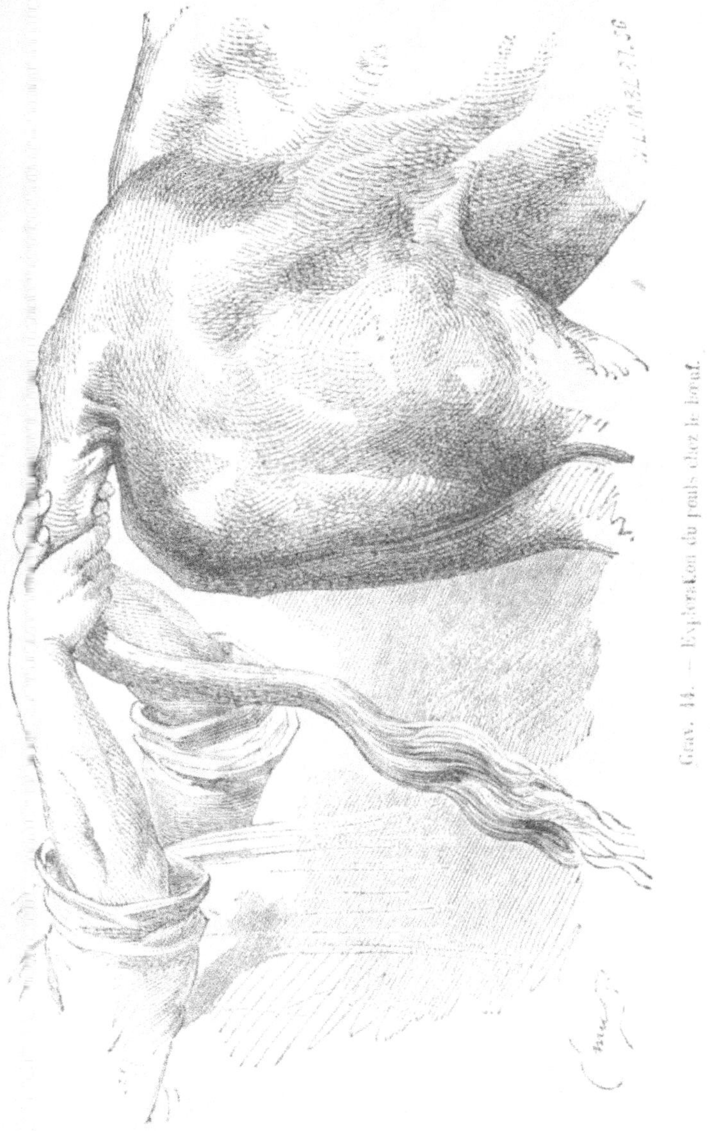

Grav. 14. — Exploration du pouls chez le bœuf.

inférieure de la base de la queue, que l'on explore le plus facilement ces battements, dans l'espèce bovine. Pour y parvenir, il faut saisir cet organe avec les deux mains (grav. 44), de

Grav. 45. — Exploration du pouls chez les petits animaux.

manière que les pouces étant en dessus, la pulpe des autres doigts soit appliquée sur l'un des sillons de la face inférieure. De cette façon les deux artères sont interrogées en même temps. On peut aussi chercher dans la gouttière de la jugulaire, située en bas du cou, au-dessus de la trachée, les battements de la carotide, mais le moyen que nous venons d'indiquer est plus simple, plus facile, et n'expose jamais aux atteintes des cornes ou des pieds, chez les sujets impatients ou méchants.

Chez tous les petits animaux, mouton, chèvre, chien, etc., le pouls se perçoit à la région correspondante à celle choisie pour l'homme, c'est-à-dire dans le sillon situé au-dessus du carpe, où rampe l'artère radiale (grav. 45). La figure indique très-bien la position de la main; il n'est donc pas nécessaire de la décrire

L'état normal du pouls, indiquant celui de la circulation du sang, est un des signes les plus importants de la santé. Cet état résulte non-seulement du nombre des pulsations dans un temps donné, mais aussi de leur qualité. Quant à celle-ci, bornons-nous à dire que l'impulsion reçue par le doigt pressant légèrement l'artère est douce, élastique et unique, lorsque la circulation est régulière, et que les pulsations se succèdent à des intervalles égaux. La sensation qu'on éprouve est celle d'une plénitude moyenne du tube artériel, sans tension exagérée.

Quant au nombre des pulsations, voici les moyennes trouvées par les physiologistes, pour les diverses espèces, en prenant une minute comme unité de temps :

Cheval, 36 à 40 pulsations ;
Ane et *mulet*, 46 à 50 ;
Bœuf, 45 à 50 ;
Mouton, *chèvre* et *porc*, 70 à 80 ;
Chien, 90 à 100 ;
Chat et *lapin*, 120 à 140.

Il ne s'agit ici, bien entendu, que des animaux adultes. Les nombres sont plus grands dans le jeune âge ; mais l'écart n'est pas assez considérable pour qu'il soit nécessaire de l'indiquer avec précision.

Les signes relatifs aux grandes fonctions dont nous venons de nous occuper sont suffisants pour caractériser l'état de santé, pour les motifs qui ont été précédemment exposés. Les maintenir lorsqu'ils existent est donc le but de l'hygiène. Et c'est en vue de ce résultat que doivent être disposés les agents hygiéniques qui entourent les animaux. A ces fonctions s'applique ce que l'on peut appeler justement l'hygiène générale, embrassant ce qui concerne les habitations, l'alimentation, les soins de propreté, etc. ; à quelques autres, objet d'une exploitation particulière dans l'économie du bétail, un ensemble de pratiques nécessaires pour leur conservation est applicable, et ces pratiques forment une hygiène spéciale dont nous aurons également à faire connaître les préceptes. C'est dans cette dernière catégorie que se rangent les pratiques relatives au travail, à la ferrure, à la parturition, à l'allaitement, à l'engraissement, etc.

Cette manière d'envisager les matières de l'hygiène offre, répétons-le, l'avantage d'être incomparablement plus pratique que celles adoptées par les auteurs qui nous ont précédé, et d'éviter un grand nombre de répétitions et de considérations en dehors du sujet. Il faut, pour atteindre sûrement le but que nous nous proposons, se garder le plus possible des généralités et des abstractions.

CHAPITRE II.

HYGIÈNE DES HABITATIONS.

Dans le mode d'exploitation des animaux domestiques usité pour notre climat, ces animaux passent au moins une partie de leur temps dans des habitations que l'homme dispose à cet effet. Nous n'avons pas à nous occuper ici de ce qui concerne la construction de ces habitations, autrement que pour indiquer les dispositions conformes aux nécessités de l'hygiène. Assez généralement, l'architecture rurale, comme l'architecture urbaine, cède dans ses combinaisons à des considérations où cette partie de son programme est trop négligée. L'utilité est souvent sacrifiée à l'agrément de l'œil. Il faut tâcher de tout concilier, et de faire que, dans les constructions destinées au logement des animaux, l'hygiène, l'économie et l'esthétique trouvent à la fois leur compte. Nous énumérons les trois conditions dans l'ordre de leur importance.

Les deux dernières ne sont qu'accessoirement de notre ressort. Nous devons surtout insister sur la première, en passant en revue les dispositions qui conviennent le mieux, au point de vue hygiénique, pour les diverses formes des habitations des animaux.

1. Écuries.

On a donné ce nom, — il est à peine besoin de le dire, — aux habitations des animaux solipèdes, chevaux, ânes et mulets. Nous avons à nous occuper à la fois de leur capacité, de leur aération et de leurs dispositions intérieures.

Aération. — L'un des points les plus importants, quant à l'hygiène des écuries, est celui qui se rapporte à leur aération. On n'a pas de peine à comprendre que la première action de ces lieux sur les individus qui les habitent, s'exerce par les qualités de l'air qu'ils y respirent. On sait aussi, d'après les considérations physiologiques du livre précédent, que la fonction respiratoire a pour effet d'expulser des gaz impropres désormais à l'entretien de cette fonction. Lorsqu'elle s'exécute en plein air, en se perdant au sein de l'atmosphère immense qui nous entoure, ces gaz ne la vicient pas sensiblement. Il en est autrement dans un espace plus ou moins clos, où l'atmosphère ne se renouvelle que d'une façon relativement lente, à moins d'une énergique ventilation. D'où la nécessité, pour que cette atmosphère demeure respirable sans dommage pour la santé, que la capacité des habitations soit calculée de manière que le mélange des gaz sortant du poumon avec l'air n'y puisse pas arriver à des proportions dommageables.

Des expériences physiologiques ont permis d'établir, en tenant compte des circonstances dont nous venons de parler, que pour respirer à l'aise et sans que sa fonction respiratoire puisse être altérée, un cheval de moyenne taille a besoin de 30 mètres cubes d'air par heure. C'est-à-dire qu'en le supposant dans un espace hermétiquement clos et contenant cette quantité d'air, il n'y pourrait pas vivre au delà d'une heure. Au bout de ce temps, la quantité de l'acide carbonique produit serait suffisante pour rendre la masse totale absolument irrespirable.

Ce n'est pas, bien entendu, qu'il lui faille, en une heure, faire passer ces 30 mètres cubes d'air par ses poumons. On a calculé que la quantité qui entre dans ces organes ne dépasse pas beaucoup 120 mètres cubes dans les 24 heures. Mais en raison de la viciation produite dans la masse par l'air expiré, il est reconnu qu'un cinquième au plus de cette masse peut servir à la respiration.

Il ne s'ensuit pas rigoureusement que la capacité des écuries doive être mathématiquement réglée sur ces bases. S'il en était ainsi, sans qu'il soit nécessaire de faire le calcul, on voit quelles énormes dimensions devraient avoir les écuries destinées à loger seulement quelques chevaux. Or, on observe tous les jours que ces animaux s'entretiennent en santé dans des espaces incomparablement moins étendus. C'est que, par le fait d'une ventilation naturelle, l'air s'y renouvelle d'une manière à peu près suffisante. Des courants s'y établissent, qui entraînent au dehors l'air vicié, pour le remplacer par de l'air pur.

Mais s'il n'est pas nécessaire de donner aux écuries, les dimensions que comporterait le chiffre d'air pur posé plus haut, il n'en est pas moins fort utile de calculer leur capacité de façon que le même résultat puisse être obtenu au moyen de la ventilation. Cette condition est d'autant plus à considérer que la respiration pulmonaire n'est pas la seule cause de viciation de l'atmosphère de ces habitations. Bien d'autres, que nous aurons tout à l'heure l'occasion de signaler, interviennent pour cela. Bornons-nous à faire sentir, quant à présent, combien il importe que les animaux mis dans ces conditions soient toujours abondamment pourvus d'air pur. Peu sensibles, à première vue, dans les petites exploitations où les chevaux sont en nombre restreint, les inconvénients des écuries insuffisantes sous ce rapport ont été surtout mis en évidence dans les grandes administrations, où l'agglomération des individus est par elle-même une cause morbifique sur laquelle nous reviendrons. Dans les écuries de la cavalerie, par exemple, on a vu la mortalité diminuer considérablement à partir du moment où l'aération y a été pratiquée sur une grande échelle. Le résultat n'est pas dû sans doute uniquement à cette cause; mais on s'accorde à reconnaître qu'il lui en revient une grande part.

Ce qu'il y a lieu de retenir surtout, dans ce que nous venons de dire, c'est la nécessité, dans la construction des écuries, d'une ventilation facile. Il faut que l'atmosphère en puisse être traversée par des courants qui entraînent au dehors l'air vicié. Mais il n'est pas besoin de faire remarquer l'effet nuisible qu'auraient ces courants, s'ils devaient frapper le corps des animaux immobiles à l'écurie. Il est donc nécessaire qu'ils passent au-dessus d'eux; et c'est là ce qui rend obligatoire l'élévation du plafond des écuries, plutôt que les nécessités de leur capacité absolue. Cela permet en effet de percer à une certaine hauteur les ouvertures par lesquelles l'air pénètre et s'échappe ensuite, entraînant celui des régions inférieures qu'il appelle par son propre mouvement.

Dispositions intérieures. — La provision d'air pur étant assurée, il y a encore d'autres considérations importantes à faire intervenir. Les chevaux sont à l'écurie pour y prendre leurs repas et ensuite s'y livrer au repos. On doit donc se préoccuper de leur donner des dispositions telles que ces deux objets puissent être remplis dans les meilleures conditions possibles.

Il en est des animaux comme de l'homme; en général, ils n'aiment pas à vivre seuls. On ne peut pas, par conséquent, recommander l'isolement des chevaux dans des cellules ou des boxes, autrement que dans des cas particuliers. La société est bonne pour tous; elle adoucit les caractères. Mais, partant de ce fait vrai, il ne faudrait pas dépasser ses limites. La société n'est salutaire qu'à la condition de ne pas devenir l'agglomération. Toutes les autres conditions hygiéniques fussent-elles réunies dans les habitations, au delà d'une certaine population, que nous indiquerons en fixant les dimensions moyennes des écuries pour les circonstances les plus communes, l'agglomération commence et constitue par elle-même un péril pour l'hygiène.

Nous n'entreprendrons pas de disserter sur ce sujet, parceque nous ne pourrions faire valoir que des explications encore à l'état de conjecture. Le fait est certain, constaté, voilà ce qu'il nous importe avant tout de savoir.

Si donc l'intérêt économique commande de réunir le plus grand nombre possible d'individus dans le même local pour les commodités du service et de la surveillance, l'intérêt hygiénique apporte un correctif dont il doit être tenu compte. Non pas qu'il faille, ainsi que les hygiénistes purs se montrent toujours trop disposés à le conseiller, sacrifier l'intérêt économique aux considérations que nous venons de faire valoir. Il est tel cas où les risques de mortalité doivent être complétement négligés au bénéfice du reste. Cela dépend du genre de spéculation et du temps que dure l'immobilisation du capital bétail. En somme, il s'agit là d'une opération d'arithmétique, non pas de poursuivre la réalisation du programme de l'hygiène parfaite. On ne doit pas oublier, en effet, pour rester dans le domaine des choses pratiques, que les animaux dont nous nous occupons sont entretenus pour les services qu'ils rendent, et qu'on ne peut point mettre à leur conservation un prix supérieur à celui de ces mêmes services.

Cela dit, voyons à présent quelles sont les meilleures dispositions à donner à la place que doit occuper chaque cheval dans l'écurie, afin qu'il y puisse convenablement prendre son repos et demeurer à l'abri des chances d'accident qu'entraîne le voisinage. Ces deux conditions sont assurées à la fois par les dimensions de l'espace superficiel dont il dispose, par la direction et la consistance du sol de cet espace, par le procédé d'attache, par les dispositions de la mangeoire et du râtelier où sont distribuées les rations, et enfin par le genre de séparation mis en pratique entre les habitants de la même écurie.

La détermination de la place nécessaire pour un cheval est on ne peut plus facile à fixer. Elle est réglée par le but même qu'il s'agit d'atteindre, à savoir que l'animal doit pouvoir s'y coucher sans aucune gêne. Or, nous savons que dans cette attitude le cheval est complétement étendu sur le côté. L'espace qu'il lui faut en largeur, ou en courant de mangeoire, pour nous servir de l'expression technique, est donc exactement mesuré par la hauteur de sa taille. Il ne peut être par conséquent moindre de 1^m.50 pour les chevaux de taille moyenne, et de 1^m.75 pour ceux de grande taille. Quant à la longueur, elle est, non compris la place occupée par la mangeoire, au moins celle de l'animal, de la tête à la queue.

Le sol de l'écurie doit être ferme, imperméable et uni, et présenter une très-légère pente d'avant en arrière, afin que les liquides n'y séjournent point. C'est à la fois une condition de salubrité et de conservation des membres, dont les aplombs sont trop souvent faussés, soit par des inégalités du sol sur lequel ils s'appuient dans la station, soit par une trop forte pente. Le poids du corps, dans ces deux cas, n'est pas convenablement réparti sur chacun d'eux, et c'est ce qui en produit l'usure prématurée.

Indiquer les matériaux à employer pour la construction du sol des écuries dans ces conditions n'est pas de notre ressort. Nous dirons seulement qu'au point de vue de l'hygiène les meilleurs sont ceux qui permettent de le rendre à la fois le moins perméable et le plus uni, de façon que les litières restent humides le moins longtemps possible. Le choix dépend ensuite des circonstances économiques. Dans tous les cas, les habitations bien sèches sont toujours préférables pour les chevaux. Rien n'est plus contraire à leur santé qu'un excès d'humidité.

La mangeoire et le râtelier sont ordinairement communs, dans la plupart des écuries de chevaux de service. Ce n'est guère que pour les chevaux de luxe, qu'on a adopté la pratique de ces élégantes corbeilles en fonte ou en fer et de ces auges isolées, qui valent mieux sans doute, mais qui ont l'inconvénient de coûter assez cher et ne sont pas, sous ce rapport, dans les conditions d'une bonne administration de l'exploitation rurale ou industrielle.

Sans donc nous arrêter davantage à ce mode de construction, nous devons considérer seulement celui qui demeurera longtemps encore sans doute le plus général, c'est-à-dire celui qui comporte la mangeoire et le râtelier régnant tout le long de l'écurie. On peut d'ailleurs, dans ce cas, arriver au même résultat d'isolement de la portion de râtelier et de mangeoire afférente à chaque animal, par les moyens que nous indiquerons tout à l'heure.

Voici sommairement les formes les plus convenables à donner à l'une et à l'autre.

La mangeoire, construite en pierre dure, doit être creusée au centre de chaque place d'une auge ovoïde (grav. 46), de manière que l'avoine ou les autres aliments du même genre qu'on y dépose puissent être facilement saisis par les lèvres jusqu'aux dernières portions, ainsi que les boissons, le cas échéant. Et

Grav. 46. — Râtelier, mangeoire et bat-flancs.

c'est en vue de celles-ci surtout que nous venons de recommander l'emploi de la pierre dure, car il importe que les matières fermentescibles entraînées par l'eau ne puissent que le moins possible s'y infiltrer. Cette auge est supportée par un pied en maçonnerie, rentrant plutôt que droit, mais surtout toujours plein. Le pied rentrant est préférable, parceque le cheval ne peut pas s'y heurter les genoux.

C'est à la mangeoire, ordinairement, que sont adaptés les moyens d'attache. Parlons-en donc dès à présent. Et cela est d'une certaine importance, à notre point de vue, car là se trouve une cause d'accidents fréquents, connus de tout le monde sous le nom de prise-de-longe. Le trou pratiqué sur le bord de la mangeoire ou l'anneau en fer fixé en avant et dans lequel passe la longe, nécessite pour celle-ci un excès de longueur qui fait que l'animal s'y embarrasse par fois l'un des membres ou même le cou, dans les mouvements qu'il exécute pour se coucher, se lever ou se gratter. Il en résulte toujours des lésions ou des blessures plus ou moins graves, dont le moindre inconvénient est une incapacité de travail.

Le système d'attache que nous recommandons plus particulièrement, est celui que l'on rencontre en général dans les écuries de la cavalerie française. Il consiste en une tige de fer verticale scellée en haut et en bas du pied rentrant (grav. 47). Cette tige est ronde et suffisamment écartée de la maçonnerie, par la courbure de ses deux extrémités, pour qu'un anneau de même métal qui l'embrasse, puisse facilement glisser sur elle dans toute son étendue. C'est à cet anneau que se fixe la longe du licol, qui peut être une chaîne à clavette ou simplement une corde. Cela permet à la longe d'être assez courte pour que les accidents dont nous venons de parler ne soient plus possibles. La mesure de sa longueur, dans ce cas, est uniquement subordonnée à la distance qui sépare l'extrémité supérieure de la tige de la région moyenne du râtelier, attendu qu'elle doit seulement permettre au cheval de joindre avec sa bouche les fourrages contenus dans celui-ci. Lorsqu'il se couche, son point d'attache, par la chute de l'anneau le long de la tige, gagne le niveau du sol, ce qui permet à sa tête de prendre la situation la plus convenable pour dormir.

Il n'y a pas d'objection à faire à ce procédé, si ce n'est peut-être le petit surcroît de dépense qu'il entraîne ; mais tout compte fait, il se pourrait bien qu'il fût en somme plus économique que les autres, en raison de la durée pour ainsi dire indéfinie des matériaux employés.

A ce propos, ajoutons que tout en préconisant l'usage de la pierre dure dans la construction des mangeoires, nous n'ex-

Fig. 147. — Système d'attache de la cavalerie.

cluons point le bois. Nous savons fort bien que dans certaines contrées on n'a pas le choix. Mais on comprendra fort bien aussi que nous indiquons seulement, comme notre objet nous y oblige, ce qui est préférable, dans la mesure du possible. Là où le bois, en raison de la rareté de la pierre et de son prix élevé par conséquent, est une obligation, il convient de se rapprocher, autant que faire se peut, dans la construction des mangeoires, des formes plus haut indiquées.

Quant aux râteliers, les dispositions les plus généralement usitées ont deux défauts principaux, également nuisibles à l'hygiène. Ils sont trop grossièrement agencés et sont inclinés outre mesure en avant. Cette direction a d'abord pour effet de laisser tomber sur la tête et dans la crinière des chevaux des parcelles de fourrage qui sont perdues pour l'alimentation et qui les incommodent; puis elle les force, pour en tirer le foin, à prendre une attitude fatigante (grav. 47).

Voici quelles doivent être les dispositions d'un râtelier bien construit. Il n'est pas nécessaire de dire, encore une fois, que nous ne voulons point parler ici des écuries de luxe ornées de boiseries. Il ne s'agit que des écuries de ferme, où la stricte économie est la première condition du succès en toute occasion. Nous n'indiquons donc que le nécessaire, ce que commande le soin d'une bonne hygiène.

La hauteur du râtelier est suffisante lorsqu'elle a environ soixante centimètres. Les barreaux dont il se compose doivent être cylindriques et espacés seulement d'une dizaine de centimètres. Cette distance permet au cheval de saisir facilement le fourrage et de le tirer par petites portions à la fois, ce qui l'empêche de le gaspiller, inconvénient qu'entraîne un trop grand écartement. Il importe ensuite que ce râtelier appliqué devant la muraille soigneusement unie par un crépissage ou plâtrée, avec une très-faible inclinaison, en soit assez écarté par sa base, pour qu'un fond ou plancher y puisse être posé obliquement, de manière que les dernières portions du fourrage viennent d'elles-mêmes, et par leur propre poids en suivant le plan incliné, se présenter entre les barreaux (grav. 46). Il y a tout avantage, malgré un petit surcroît de main-d'œuvre, à ce que tout cela soit exécuté proprement et bien joint. Les poussières toujours nuisibles ne s'y peuvent pas accumuler et les chevaux n'en sont pas incommodés. Les soins de pansage sont plus faciles, on économise du temps, la plus précieuse entre toutes les choses, et la santé des animaux s'en trouve mieux.

Nous arrivons enfin à ce qui concerne la séparation des places occupées dans la même écurie par les chevaux. Indiquons d'abord les meilleures conditions ; nous parlerons ensuite de celles dont on peut se contenter, à la rigueur.

Il serait bon que, dans toutes les écuries, il y eût ce qu'on appelle des stalles (grav. 48). Cela permet de réunir aux avantages de l'isolement ceux de la société. Le cheval y prend ses repas sans

Grav. 48. — Stalle d'écurie.

être dérangé par ses voisins, tout en jouissant des bons effets hygiéniques de leur voisinage. Ce genre de séparation peut être d'ailleurs construit avec beaucoup de simplicité, en sacrifiant l'élégance à la solidité. Il concilie avec les nécessités de l'hygiène celles du service de l'écurie.

L'important, dans la construction des stalles, est que la hauteur des séparations soit suffisante pour que le cheval, s'il vient à se quereller à coup de pieds avec son voisin, ne soit pas exposé à les enjamber et à y demeurer suspendu. Toutes les arêtes des pièces qui en forment le cadre doivent être arrondies. Il est utile aussi que la partie pleine, formée par des planches épaisses, jouisse d'une certaine mobilité, de manière que par les chocs qu'elle peut subir, soit par le fait des ruades, soit lorsque l'animal se couche, elle ne se démolisse ni ne se brise. Il convient aussi qu'au niveau de la mangeoire et du râtelier, la séparation soit complète, et par conséquent prolongée jusqu'en haut de ce dernier, de telle sorte qu'en ce point l'isolement permette à l'animal de consommer sa ration sans empiéement de la part de ses voisins.

Le plus ordinairement on ne s'occupe que de prévenir les coups de pied en séparant les chevaux au moyen de simples barres ou de ces planches épaisses dites *bat-flancs*, qui, accrochées à la mangeoire par l'une de leurs extrémités, sont suspendues à l'autre au moyen d'une corde ou d'une chaîne fixée au plafond. Le bat-flancs vaut mieux que la barre, en ce qu'il offre une plus large surface pour garer des coups de pied; mais l'un et l'autre ont ce grave inconvénient, dans le cas de combat un peu vif, de se placer entre les membres postérieurs et d'y occasionner des contusions et des blessures. C'est ce qui arrive très-fréquemment dans la cavalerie, où le batflancs est généralement adopté. Le cheval ne sait pas par ses propres efforts, se débarrasser de cet empêchement incommode, et ses tentatives maladroites aggravent encore sa situation. Il faut absolument que l'homme intervienne. Et pour rendre cette intervention plus facile-

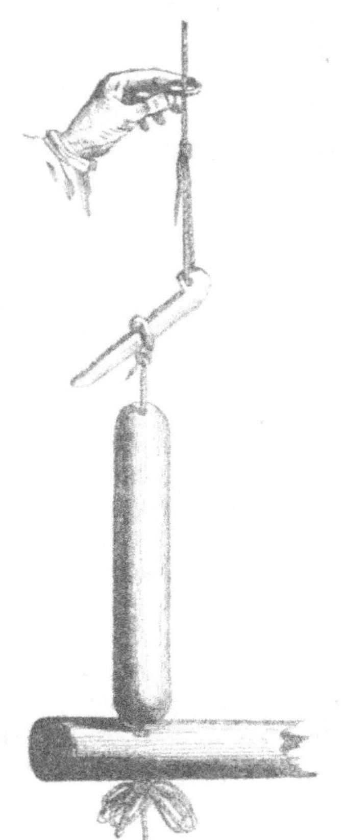

Grav. 40. — Sauterelle ouverte

ment efficace, on a eu l'idée d'établir dans la continuité de la corde ou de la chaîne, une brisure jouant au moyen de ce qu'on appelle une *Sauterelle* (grav. 49), et qui permet, sans déployer beaucoup de force, de faire tomber presque instantanément l'extrémité libre de la barre ou du bat-flancs.

Il n'est pas besoin d'insister pour faire voir que ces deux derniers modes de séparation ne remédient que fort imparfaitement aux inconvénients du voisinage, et qu'ils ont en outre par eux-mêmes des inconvénients propres. Tout compte fait, cependant, il vaut encore mieux s'en servir que de ne point séparer les chevaux du tout. Ils ne servent qu'à prévenir les coups de pieds dans la région des membres, où ces violences produisent surtout des effets graves; mais c'en est assez pour justifier leur emploi. Dans l'ordre de leurs avantages, les modes de séparation que nous venons de passer en revue doivent être énumérés ainsi : 1° la stalle; 2° le bat-flancs; 3° la barre. Une raison de mise de fonds peut seule faire hésiter. Pour ce qui est de l'hygiène, le choix ne saurait être un seul instant douteux.

Dimensions. — Les écuries sont dites simples ou doubles, suivant qu'on y établit une seule ou deux rangées de places, en d'autres termes, un seul ou deux râteliers. Dans le premier cas, l'écurie est nécessairement moins large. Il s'agit d'indiquer la part du couloir qui doit régner derrière les chevaux, afin que les hommes de service y puissent circuler facilement sans s'exposer aux accidents. Ce couloir ne doit pas avoir moins de 2 mètres de largeur, de la croupe des chevaux, ou mieux de leurs pieds postérieurs au mur du fond. Le sol, préparé comme celui de la place même des animaux, offre nécessairement deux légères pentes en sens inverse, et en outre, d'un côté à l'autre de l'écurie, dans le sens de la longueur, afin qu'au point de réunion des deux pentes inverses il existe un petit canal pour entraîner les liquides venant des litières, ou ceux qui ont lavé le sol du couloir, dans le lieu vers lequel on dirige la pente longitudinale: lieu qui est celui de la fosse à fumier.

Dans le cas d'écurie double, les râteliers étant posés sur chacun des deux côtés qui se font face, ce qui fait que les deux rangées de chevaux qui l'habitent ayant la tête au mur, se tournent nécessairement la croupe; dans ce cas donc, le couloir est en conséquence au milieu. Il n'est pas obligatoire qu'il ait en

largeur exactemeut le double de celle que nous venons d'indiquer pour les écuries simples. Trois mètres peuvent suffire
pour assurer la facilité et la sécurité du service. Ce n'est pas
de trop, cependant, surtout pour sortir les chevaux de leur
place sans les exposer à recevoir des ruades, ou mieux à en
donner. Le sol de ce couloir doit être légèrement bombé ou en
dos d'âne, afin de présenter une double pente vers les deux canaux d'écoulement des urines.

Mais quelles raisons peuvent déterminer dans le choix de
l'une ou de l'autre des deux formes d'écurie que nous venons
de voir? A part ce qui concerne le nombre des chevaux réunis,
l'hygiène est en grande partie désintéressée pour le reste. Nous
ne dirons pas qu'elle l'est complétement, parce qu'elle se ressent toujours du plus ou moins de facilité dans le service, la
paresse des serviteurs tournant nécessairement à son préjudice.
A ce compte, l'écurie double est à préférer dans toutes les circonstances où la forme du terrain ne s'oppose pas à son adoption, dès qu'il s'agit de loger au-delà de cinq ou six chevaux.
Pour ces nombres, les avantages disparaissent. En tout état de
cause, il ne nous paraît pas que l'on puisse, sans inconvénient
pour l'hygiène, réunir dans une même écurie au-delà de vingt
chevaux.

Ces considérations posées, voyons maintenant, en nous appuyant sur les bases relatives à l'aération, quelles doivent être
les dimensions intérieures des écuries, afin que toutes les conditions d'une bonne habitation y soient réunies. M. Magne a
donné des chiffres à cet égard, qui nous paraissent devoir être
adoptés, en divisant les écuries en petites, simples ou doubles,
en moyennes et en grandes.

D'après cet hygiéniste, les petites écuries simples ne peuvent
avoir moins de 4 mètres d'élévation entre le sol et le plafond ; les petites écuries doubles , 4m.56 ; les moyennes,
5m.50, et les grandes, 6 mètres. Avec les autres dimensions précédemment indiquées, cette élévation est indispensable pour que chaque cheval puisse disposer de la quantité d'air
nécessaire au bon entretien de sa respiration. Voici les calculs
qui le démontrent :

1° PETITES ÉCURIES SIMPLES.

Largeur de la stalle 1m.50
Longueur, couloir compris. 5m.50
Hauteur 4m.00

$$(1^m.50 \times 5^m.50 \times 4 = 33^{me} \text{ par cheval}).$$

2° PETITES ÉCURIES DOUBLES.

Largeur de la stalle 1m.50
Longueur des deux stalles correspondantes, couloir
  compris. 10m.00
Hauteur 4m.50

$$(1^m.50 \times 10^m. \times 4^m.50 = 67^{me}.50 \div 2 = 33^{me} 75 \text{ par cheval}).$$

3° MOYENNES ÉCURIES DOUBLES.

Largeur de la stalle 1m.50
Longueur des deux stalles correspondantes, cooloir
  compris. 11m.00
Hauteur 5m.50

$$1^m.50 \times 11^m \times 5^m.50 = 90^{me}.75 \div 2 = 45^{me}.375 \text{ par cheval})$$

4° GRANDES ÉCURIES DOUBLES.

Largeur de la stalle. 1m.50
Longeur des deux stalles correspondantes, couloir
compris 11m.00
Hauteur 6m.00

$$(1^m.50 \times 11^m \times 6 = 99^{me} \div 2 = 49^{me}.50 \text{ par cheval}).$$

On voit par ces chiffres que la quantité d'air pour chaque cheval augmente avec le nombre d'individus réunis dans le même logement. C'est une conséquence nécessaire de deux faits physiques et physiologiques. L'influence des causes d'insalubrité se multiplie en effet par le nombre des habitants, et le renouvellement de l'air, dans une habitation, est d'autant moins facile que cette habitation est plus étendue. Les moyens d'assurer ce renouvellement, dans les écuries, doivent maintenant nous occuper.

Ouvertures. — La nécessité du renouvellement de l'atmosphère des écuries est suffisamment démontrée par ce qui précède, pour que nous n'ayons pas à y revenir. Il n'est pas besoin non plus de faire remarquer que ce renouvellement ne peut s'opérer qu'au moyen d'une ventilation naturelle déterminée par des courants entraînant sur leur passage les gaz méphytiques ou simplement irrespirables, qui se produisent dans les habitations par l'exercice de la fonction respiratoire et par la décomposition des matières fermentescibles provenant des déjections des animaux. Mais cette ventilation, qui doit être active pour remplir son objet, ne peut pas sans dommage avoir pour effet d'abaisser la température intérieure au-delà du degré qui est compatible avec la conservation de la chaleur animale nécessaire pour l'exercice régulier des fonctions. Il est toujours bon, à cet égard, d'avoir dans l'intérieur des écuries un thermomètre, afin de régler leur température en mesurant la ventilation. Cette température, pour être convenable, ne devrait guère jamais s'écarter de 12 degrés au-dessus de zéro.

Mais ce qui importe principalement, dans la ventilation, c'est que les animaux soient toujours mis à l'abri des courants d'air qu'elle produit. Cela est possible et même facile, en disposant les ouvertures de façon que les couches d'air qui entourent immédiatement ces animaux soient appelées de bas en haut par un mouvement continu mais lent. Et à cette fin, c'est l'occasion de noter les avantages d'un plafond plâtré, ou tout au moins d'un plancher bien joint pour clore exactement la parci supérieure de l'écurie. En outre de la considération qui nous occupe, cela est surtout nécessaire lorsqu'au-dessus de l'écurie se trouvent emmagasinés des fourrages, qui doivent être ainsi mis à l'abri des émanations malfaisantes de l'écurie, en même temps que les habitants sont soustraits eux-mêmes à l'influence fâcheuse des poussières et des débris que ces fourrages, dans le cas d'un plancher mal joint, laissent tomber sur leur corps.

Pour atteindre le but qui vient d'être indiqué, relativement au meilleur mode de ventilation, il convient de combiner la disposition des ouvertures d'une certaine façon, que nous allons indiquer. Ces ouvertures, bien entendu, n'ont pas ce seul usage. Elles servent en même temps aux nécessités du service et à l'introduction de la lumière. Il faut donc, en s'occupant de l'hygiène, concilier tout cela, et s'inspirer à la fois de l'état des lieux.

Cette dernière circonstance commande surtout, lorsqu'il s'agit de placer l'entrée de l'habitation. On peut dire en thèse générale que cette entrée, pour être bien entendue, ne doit servir que le moins possible à la ventilation, c'est-à-dire qu'elle ne doit point provoquer de courant. Le seul moyen d'éviter ce résultat toujours nuisible, parce qu'en raison de sa situation au niveau du sol le courant d'air produit atteint presque toujours plus ou moins directement le corps des animaux, c'est de ne point pratiquer cette entrée en face d'une autre ouverture. A ce point de vue une porte d'entrée unique pour chaque écurie est toujours préférable, et c'est là une condition que les nécessités du service et la disposition des bâtiments font négliger. Lorsqu'il n'est pas possible de faire autrement que de percer plusieurs portes, il convient du moins de remédier aux inconvénients des courants d'air par des dispositions particulières. Mais il vaut toujours mieux n'avoir qu'une seule porte, placée au centre de l'un des grands côtés de l'écurie, et autant que possible de celui qui est le mieux abrité des vents. Cette porte doit être assez large pour que deux chevaux y puissent passer de front avec leurs harnais. Les portes étroites sont cause de fréquents accidents.

Quant aux fenêtres, leur but est tout différent; elles donnent de la lumière et servent particulièrement à la ventilation. En vue de ce dernier résultat, on comprend fort bien, après ce que nous avons dit, qu'il les faut percer le plus haut possible au-dessus des animaux. Et pour qu'elles remplissent bien leur office, elles doivent être plutôt nombreuses que spacieuses. Il y a cependant à cela des limites. On ne s'éloigne pas beaucoup des meilleures conditions en disant qu'une fenêtre pour deux ou trois stalles, de chaque côté de l'écurie, est suffisante, pourvu qu'elle soit située exactement en regard de celle qui lui correspond.

La meilleure forme à donner à ces ouvertures est celle du carré long. La demi-circonférence formant fenêtre ceintrée est aussi adoptée, mais elle a l'inconvénient d'entraîner de plus grands frais de construction et de fermeture. Quoi qu'il en soit, le jeu

le plus convenable pour celle-ci est le mode qui consiste à faire
basculer le vasistas par sa base, au moyen d'une corde ou d'une
chaîne d'appel passant sur une poulie fixée au centre de la ligne
supérieure de l'ouverture (grav. 50). Deux tourillons, un pour
chaque extrémité de la base du vasistas, complètent le mécanisme. Cela permet de mesurer l'entrée et la sortie de l'air, sui-

Grav. 50. — Fenêtre d'écurie avec vasistas à bascule.

vant les nécessités de l'aération et de la température, en dirigeant
toujours le courant vers le plafond. Résultat qui est obtenu par la
quantité plus ou moins grande de corde ou de chaîne qui est
lâchée, et que l'on peut arrêter à sa guise au moyen d'un crochet fiché dans le mur.

Avec des ouvertures ainsi disposées, la ventilation des écuries peut être toujours suffisante. Il n'est pas nécessaire d'avoir
recours aux barbacanes, aux cheminées d'appel, etc. Ces instruments d'aération ne peuvent qu'incomplétement suppléer aux
fenêtres disposées comme nous venons de dire. Il faut les réserver pour les cas où l'on ne peut point faire autrement, ce qui

arrive dans les vieilles écuries mal disposées et anciennement construites au mépris des règles de l'hygiène.

Les barbacanes sont de petites ouvertures allongées, de 20 à 25 centimètres de hauteur sur 30 à 35 de largeur, établies à une faible distance du sol des écuries. Ce sont de véritables prises d'air, munies d'une fermeture à coulisse, et pratiquées dans l'épaisseur de l'un des murs de l'écurie.

Les cheminées d'appel, ainsi que l'indique leur nom, ont pour but d'entraîner au dehors l'air vicié. Ce sont des espèces d'entonnoirs renversés, construits en bois, et partant du plafond de l'écurie pour se terminer au-dessus de la toiture à la manière des tuyaux de cheminée de nos appartements.

À titre de moyen d'assainissement des écuries insalubres, faute d'une ventilation suffisante, ces deux choses combinées produisent de bons résultats. Leur fonctionnement n'a sans doute pas besoin d'être expliqué. L'air chaud et altéré s'échappe par la cheminée d'appel qui l'aspire en raison de sa forme, et l'air extérieur s'introduit par les barbacanes pour combler les vides.

Orientation. — C'est au point de vue de la température intérieure des écuries surtout, qu'il y a lieu de s'occuper de l'orientation des ouvertures, pratiquées comme nous savons dans deux sens opposés. La double orientation du Nord et du Midi a l'inconvénient d'être trop froide en hiver et trop chaude en été. Il faut donc préférer, autant que possible, celle de l'Est et de l'Ouest. En toute saison cette orientation favorise le maintien d'une température moyenne à l'intérieur des écuries, et lorsque les chevaux en sortent, ils ne sont pas immédiatement exposés en hiver au vent du Nord, et en été aux chauds rayons du soleil du Midi. Ces conditions ne peuvent qu'être bonnes pour leur bien-être et leur santé. Elles sont donc essentiellement hygiéniques.

Entretien. — Les considérations qui précèdent se rapportent aux meilleures dispositions à donner aux écuries, dans l'intérêt de l'hygiène de leurs habitants. Elles ont eu pour objet l'indication des conditions les plus favorables à la conservation de la santé de ceux-ci. Mais elles ne sauraient suffire. Il faut que des soins constants en écartent les causes d'insalubrité, toujours renaissantes, dans les milieux habités, indépendamment de celles qui proviennent de l'exercice de la fonction respiratoire. Ces soins, dont nous avons maintenant à nous occuper, concernent la propreté, l'un des principaux éléments d'une bonne hygiène. C'est leur ensemble qui est ici désigné sous le nom d'entretien des écuries.

Disons tout de suite que parmi les prescriptions dont il s'agit les unes peuvent être formulées sans restriction, telles que les exigences de l'hygiène les posent. D'autres, au contraire, sont subordonnées aux considérations économiques et doivent un peu fléchir devant elles.

On peut, en effet, recommander d'une manière absolue l'entretien des murs de l'écurie dans un constant état de propreté, au moyen de fréquents blanchissages à la chaux, lorsqu'il s'agit de murs crépis, ou de simples lavages, dans le cas de murs peints à l'huile, ce sur quoi nous n'osons compter. L'important, au reste, c'est de ne pas avoir des murailles brutes, dans les anfractuosités desquelles s'accumulent les poussières imprégnées des émanations méphytiques qui se dégagent des matières organiques en putréfaction.

Rien, non plus, n'oblige à déposer, comme cela se fait trop souvent, les harnais de toute sorte dans l'intérieur des écuries, où ils exhalent une odeur désagréable de cuir, mêlée à celle qui résulte des produits de la sueur qui y demeurent adhérents. Ces harnais, tout en étant incommodes à ce point de vue, y subissent en outre pour leur compte des altérations, que l'on évite en les plaçant ailleurs, dans un lieu voisin de l'écurie. Il ne doit y avoir dans celle-ci que les objets nécessaires pour l'entretien de sa propreté, laquelle ne nécessite pas un bien grand travail lorsqu'elle est l'objet d'un entretien régulier.

Toutes les parois, murs, plafond, stalles, mangeoires, râteliers, doivent être débarrassés fréquemment des matières étrangères qui peuvent s'y attacher. Mais c'est l'entretien du sol de l'écurie qui nécessite une mention toute particulière. Ici, le problème se complique. Il faut concilier, autant que possible, les nécessités de l'hygiène avec d'autres exigences non moins impérieuses, du moins pour ce qui concerne les exploitations rurales, où les animaux, à quelque espèce qu'ils appartiennent, et quel que soit leur genre de service, au nombre des fonctions économiques qu'ils remplissent, ont celle de producteurs d'engrais. Le fumier de ferme est à juste titre considéré comme le principal de tous. Or, ses premiers éléments résultant du mélange des déjections solides et liquides des animaux avec leurs litières, le bon aménagement de celles-ci est la première condition de la bonne fabrication du fumier. Il s'agit donc de se maintenir à cet égard dans les conditions d'une propreté relative, non point de viser à la perfection hygiénique.

Pour qu'elles puissent s'imprégner suffisamment des urines, qui communiquent au fumier ses propriétés fertilisantes en provoquant la fermentation des matières végétales qui composent les litières, il est indispensable que celles-ci séjournent durant un certain temps sous les animaux. On ne pourrait fixer à ce temps que des limites arbitraires. Ce qui doit être dit sur ce sujet pour rester dans l'ordre des vérités pratiques, c'est que la litière peut être, sans inconvénient pour la bonne préparation des fumiers, enlevée dès qu'elle a été complétement imprégnée. L'entretien de la litière consiste donc à n'enlever chaque matin, en même temps que les déjections solides, que la paille bien mouillée, en faisant revenir à la surface du lit les parties encore sèches, auxquelles on ajoute le soir de la paille fraîche. Les gaz qui se dégagent bientôt de l'urine ainsi divisée au contact de l'air, par la fermentation qui la transforme en carbonate d'ammoniaque, sont retenus par la paille fraîche qui les condense et ne sont plus sensibles ni à l'odorat, ni à la membrane de l'œil, sur laquelle l'ammoniaque exerce une action irritante bien connue.

Ces soins journaliers, qui ne sont pas bien difficiles à prendre, devraient être généralement usités. Ils sont cependant à peu près toujours négligés, ailleurs que dans les écuries où, ne tenant aucun compte de la nécessité de fabriquer du fumier, on se préoccupe seulement du bien-être des chevaux. Là, les crottins et la paille mouillée sont enlevés à mesure que les déjections se produisent. Mais, dans les fermes surtout, les litières imprégnées ne séjournent guère moins de huit jours sous les pieds des chevaux, et l'opération de leur enlèvement devient alors une véritable incommodité, contre laquelle l'hygiéniste ne saurait trop s'élever, de même que l'économiste, car une telle pratique entraine des déperditions considérables de matières fertilisantes. On s'en aperçoit bien en entrant dans l'écurie au moment où s'enlève le fumier de huit jours. L'atmosphère en est surchargée de gaz ammoniacaux qui offensent l'odorat et font couler des larmes.

Tout au moins faut-il, en cas pareil, laver à grande eau la place occupée par chaque cheval et aussi le couloir, lorsqu'il s'agit surtout d'une écurie pavée, afin de ne pas laisser séjourner les matières fermentescibles dans les interstices du sol, et tenir ouvertes portes et fenêtres jusqu'à ce que le pavé soit sec et l'air purifié. Les eaux de lavage entraînent dans la fosse à fumier des matières fertilisantes qui se perdraient sans cela dans l'atmosphère.

Nous ne saurions trop recommander de rompre avec ces habitudes véritablement vicieuses, qui n'ont d'autre raison que celle puisée dans un mauvais emploi du temps. Sous prétexte de consacrer au nettoyage des écuries la matinée du dimanche, — qui serait perdue sans cela, dit-on, — et qui ne manquerait point pourtant de trouver un plus utile emploi, l'on nuit en même temps à l'hygiène et à la conservation des agents de fertilité. Rien n'est plus facile que de trouver l'instant d'entretenir la propreté des écuries pendant que les chevaux prennent leurs repas, si ce n'est tous les jours, au moins beaucoup plus souvent que cela n'est fait.

2. Étables.

Ce nom est donné, comme terme générique, aux habitations de l'espèce bovine. On donne particulièrement celui de *bouverie* à l'étable qui loge des bœufs, et celui de *vacherie* à l'étable affectée au logement des vaches.

Les principales bases hygiéniques qui conviennent pour la construction des étables sont les mêmes que celles qui ont été précédemment développées pour les écuries, du moins pour ce qui concerne l'aération. Il faut dire, toutefois, qu'en raison de la capacité de leur appareil respiratoire et de l'activité moins grande de la fonction que cet appareil remplit, les exigences des bêtes bovines sous ce rapport ont de moindres proportions. Ces bêtes peuvent se contenter sans dommage d'un cube d'air moins élevé, et sont moins sensibles à l'élévation de température. Mieux vaut toujours, cependant, s'en tenir aux bases posées pour le cheval. Au point de vue de la capacité intérieure et de la disposition des ouvertures, ce que nous avons dit des écuries peut avantageusement servir de type pour les étables, quel que soit le genre de service que l'on attende des animaux entretenus. En nous occupant spécialement de l'hygiène des animaux à l'engrais, nous aurons l'occasion de nous élever, au nom de la science, c'est-à-dire de l'expérience judicieusement interprétée, contre certains préjugés qui règnent à cet égard. L'air pur est la première condition de l'accomplissement intégral de toutes les fonctions, de celle d'assimilation comme des autres. En aucun cas on ne peut donc faillir utilement à la loi hygiénique de l'aération complète.

Sans revenir donc sur les considérations générales relatives à l'aération et à la propreté des habitations, exposées à propos des écuries, pour n'avoir plus à les répéter, nous insisterons seulement sur quelques points auxquels les conditions mêmes où sont le plus souvent entretenus les animaux de l'espèce bovine, surtout les vaches, donnent encore une plus grande importance. Nous indiquerons ensuite ce qui, dans les étables, est nécessairement spécial, en raison de la nature des animaux dont il s'agit. Il serait superflu d'ajouter que ces animaux, aux mêmes titres que le cheval et ses analogues, bénéficient de toutes les bonnes conditions hygiéniques sur lesquelles nous avons appelé l'attention, si l'observation ne montrait trop souvent que l'on n'en est point assez convaincu.

Dans les grandes exploitations, où l'on se préoccupe avec juste raison d'entretenir la plus forte quantité possible de têtes de bétail, il se manifeste une tendance dont les dangers doivent être ici signalés. Cette tendance consiste à construire de vastes bouveries ou vacheries pour y loger à la fois toute la population bovine de la ferme. Cela est sans doute agréable à l'œil, utile peut-être pour le service, et en tout cas cela fait plus d'effet sur les visiteurs. Mais on s'expose à être cruellement puni de cette petite vanité. Pour les bœufs et les vaches, comme pour les chevaux, — et pour ceux-là surtout, — l'ag-

glomération est par elle même une mauvaise condition hygiénique. Pour une espèce sujette à subir facilement les atteintes
de plusieurs affections épidémiques telles que la péripneumonie, la cocote, le charbon, etc., elle constitue une double faute.
Il faut l'éviter avec soin, au risque de faire perdre quelque chose
au coup d'œil.

Dépasser le nombre d'une vingtaine d'habitants par étable,
c'est assurément sortir des limites commandées par une bonne
entente des lois de l'hygiène.

Il est d'autant moins difficile, d'ailleurs, de se tenir dans ces
limites sages, que les choses peuvent être le mieux du monde
arrangées de façon à ne point se priver, pour cela, des avantages que présentent les grandes étables. Quelles que soient
les dimensions extérieures données au bâtiment qui les contient, il suffit de couper l'aménagement intérieur par des couloirs transversaux plus ou moins larges, sortes de vestibules
communiquant par des portes au dehors, d'une part, et des
autres avec chacune des étables que ces couloirs séparent.
Ceux-ci sont alors utiles pour le service même. On y dépose mo-
mentanément les rations de fourrages verts, par exemple, et
il suffit de tenir les portes ouvertes au moment de leur distribution. Ce n'est même pas un obstacle à l'établissement de
certaines facilités relatives à cette même distribution des aliments, qui ont été heureusement introduites dans quelques
étables, et que nous ferons connaître tout à l'heure, en parlant
des dispositions intérieures les plus convenables à adopter.

À ces remarques sur l'agglomération considérée comme influence morbifique, nous ajouterons que, contrairement à des
habitudes trop répandues, la propreté du sol des étables et le
bon entretien des litières ne sont pas moins nécessaires pour
la santé et la prospérité des animaux de l'espèce bovine que
pour celles du cheval. Ces animaux, pour des raisons que l'on
comprend fort bien, font en un temps donné plus de fumier;
leurs déjections sont plus abondantes, surtout les liquides, à
cause de la forte proportion d'eau qui entre habituellement
dans leur régime. C'est un motif de plus pour que le sol de
l'étable soit disposé de façon à faciliter leur écoulement vers la
fosse à fumier et à rendre possible, sans trop de soins, l'en-

tretien des litières propres, et la propreté des couloirs au moyen de lavages fréquents.

Dispositions intérieures. — Si les données hygiéniques générales relatives aux écuries sont également applicables aux étables, il n'en est pas de même en ce qui concerne l'aménagement intérieur de ces dernières. La conformation particulière des animaux de l'espèce bovine et les habitudes de ces animaux font une obligation de disposer autrement leur habitation. Il n'est qu'exceptionnellement nécessaire, par exemple, de les séparer. Leur caractère placide, leur vie calme, surtout lorsqu'il s'agit des bêtes de rente, — ce qui est le cas le plus ordinaire, — rendent les risques d'accidents causés par des violences à peu près nuls. L'isolement est tout au plus applicable aux taureaux déjà d'un certain âge ; mais nous n'avons pas à nous en occuper en ce moment, cela devant être réservé pour l'instant où il sera question de l'hygiène spéciale de la reproduction et de l'élevage.

Il convient donc de ne parler ici que des dispositions intérieures dont l'objet est pour ainsi dire de dresser devant les bêtes bovines leur table à repas.

Le premier soin à prendre est de rejeter l'usage du râtelier. La conformation du bœuf est telle que son encolure ne peut pas se prêter facilement, comme celle du cheval, aux mouvements nécessaires pour que la bouche y puisse aller saisir les fourrages. Cela n'a lieu qu'au prix d'une fatigue qu'il est bon d'éviter. Ici, la mangeoire suffit. Il faut seulement lui donner des dispositions particulières.

C'est dans la forme et la situation de cette mangeoire que réside la bonne disposition intérieure de l'étable tant au point de vue de l'hygiène des animaux qu'à celui des facilités et de l'économie du service.

Voici les conditions à préférer, pour se conformer à ce que l'expérience a depuis longtemps démontré être le meilleur.

Parlons d'abord de la forme de la mangeoire, nous indiquerons ensuite ce qui est relatif à sa situation.

Une auge en pierre dure ou en maçonnerie étanche, creusée suivant une courbe légère, et par conséquent peu profonde, est placée sur une base maçonnée à une élévation de

40 à 45 centimètres au plus. Sa largeur totale, y compris les bords, d'une faible épaisseur, quant au plus éloigné des points d'attache des animaux du moins, doit être d'environ autant. Sa longueur est subordonnée à celle de l'étable, mais ne peut être égale, toutefois. Pour les raisons que l'on verra tout-à-l'heure, il faut qu'entre chacune de ses extrémités et la paroi correspondante de l'étable il reste un espace vide d'un mètre au moins.

Sur le bord antérieur de cette mangeoire ainsi construite s'appuie une barrière à claire-voie (grav. 51), soutenue, à distances convenables, par des montants solides, entre lesquels sont établis des barreaux en bois, comme les montants, mais seulement d'un diamètre de 15 à 20 centimètres, également cylindriques, et reliés entre eux en haut par une traverse commune formant ou non corniche. En bas ils peuvent être fichés de même dans une tra-

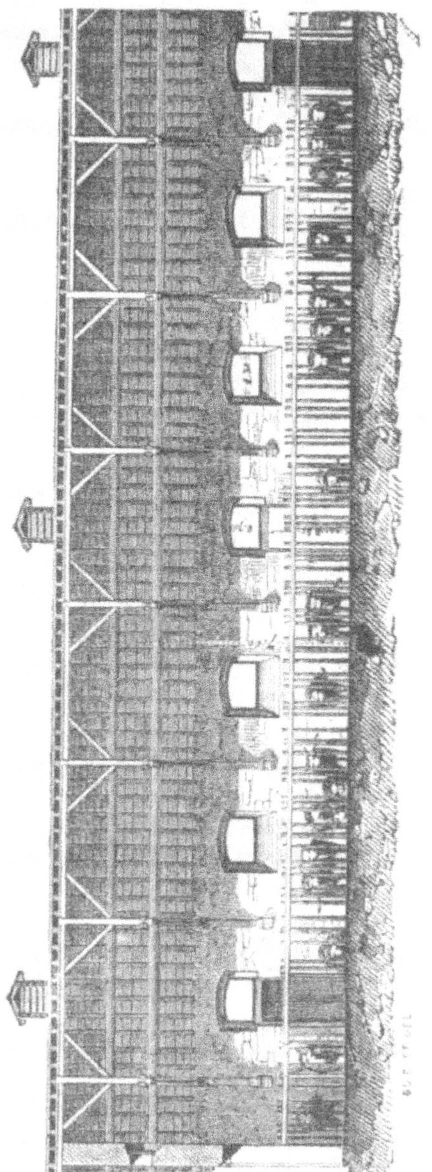

Grav. 51. — Étable (Bouverie ou vacherie), coupe longitudinale.

verse en forme d'embasse ou directement dans la pierre de la mangeoire. Le premier mode vaut mieux, car dans ce cas c'est à l'embasse que se trouve fixé l'anneau d'attache où vient passer la clavette de la chaîne.

La hauteur de la barrière est principalement une affaire de coup d'œil. Pour l'hygiène, il suffit qu'elle soit suffisante pour que l'animal ne puisse jamais atteindre avec ses cornes la traverse supérieure, lorsqu'il introduit ou retire sa tête entre les barreaux. Et c'est cette double opération, dont la nécessité règle l'écartement de ces derniers. L'expérience de chaque jour, dans les pays du Nord où le mode que nous préconisons en ce moment est généralement usité, démontre qu'un peu de jeu vers chacun des côtés de la face du bœuf, suffit au passage de la tête entre deux barreaux, les deux cornes s'introduisant successivement par leur inclinaison. Ce passage effectué, l'animal jouit de la liberté nécessaire pour atteindre toutes les parties de la mangeoire qui lui sont affectées, mais pas au-delà. Et c'est l'avantage du système. Une fois le repas commencé, il s'accomplit sans désemparer et sans dérangements, puis l'animal se retire pour se coucher et ruminer.

La situation de cette mangeoire à barrière verticale sur le bord qui fait face à l'animal est différente, suivant qu'il s'agit d'une étable simple ou double. Dans le premier cas, c'est-à-dire lorsque l'étable ne doit loger qu'une seule rangée d'animaux, la mangeoire est placée en avant de l'un des côtés, de celui qui est dépourvu de porte ouvrant à l'extérieur, et à une distance telle qu'il y ait au moins 1 mètre ou 1m.50 entre le pied du mur et celui de la face correspondante de la mangeoire. Il en résulte un couloir dans lequel on peut circuler pour distribuer la nourriture. Et c'est afin de pouvoir passer de l'intérieur de l'étable dans ce couloir et réciproquement, que l'on a ménagé un espace libre à chaque extrémité de la mangeoire.

Quand il s'agit d'une longue étable, contenant par conséquent beaucoup d'animaux, il est bon d'établir un passage analogue au milieu, en interrompant en ce point la continuité de la mangeoire ; mais il vaut mieux, à moins que l'espace dont on dispose pour la construction de l'étable n'y fasse obstacle, augmenter la largeur et placer les animaux sur deux rangées.

Dans ce dernier cas, deux dispositions sont possibles, mais non également avantageuses, au point de vue économique surtout. Les mangeoires peuvent être l'une et l'autre disposées comme celle que nous venons de voir, les animaux qui y sont attachés se tournent le derrière, et le couloir central n'étant affecté qu'au service des litières, des fumiers, et de la traite pour les vaches. Elles peuvent être placées au contraire parallèlement vers le centre de l'étable, suivant sa longueur, le couloir qui les sépare n'étant affecté qu'au service de la nourriture et les couloirs latéraux à ceux dont nous venons de parler.

Il ne sera pas nécessaire d'insister beaucoup pour établir que cette dernière disposition mérite la préférence.

Elle simplifie en effet considérablement le plus important

Grav. 52. — Étable (coupe transversale en élévation.

des services, en permettant une plus rapide distribution des aliments. En un même temps, un seul homme peut faire ainsi la besogne de deux au moins. Il dépose successivement et sans bouger de place, à droite et à gauche la nourriture et sans retourner sur ses pas avant d'avoir fini. Dans les étables bien conçues d'après ce modèle, un charriot roulant sur une voie ferrée le long du couloir central (grav. 52) lui permet de pousser devant lui toute la charge nécessaire à l'affouragement complet.

S'il y a, comme nous l'avons dit précédemment, plusieurs

étables les unes après les autres et séparées seulement par des vestibules, la voie ferrée peut régner dans toute leur étendue en traversant ces derniers, où sont préalablement déposées des provisions pour recharger le charriot.

En outre, une seule prise d'eau, à l'une des extrémités du couloir, permet d'abreuver à la fois tous les animaux de chaque rangée en remplissant, à l'aide d'un tube mobile, l'auge placée devant eux. Cela sert également pour le lavage du sol de l'étable.

C'est aussi de même que sont distribués, dans certains grands établissements, les résidus liquides que l'on fait consommer au bétail. Il suffit pour cela de les laisser couler dans les auges. Pour les étables divisées la communication s'établit à l'aide de siphons.

3. Bergeries.

De tous les animaux domestiques, le mouton est celui qui s'accommode le moins facilement aux nécessités des habitations closes. Il lui faut le grand air et la liberté, par cela même qu'il vit en troupes plus ou moins nombreuses.

Dans notre climat, où les variations de la température et les intempéries sont fréquentes, il n'est pas possible cependant de l'entretenir constamment au dehors. Les nuits d'hiver sont trop froides et les journées d'été trop chaudes. C'est de la chaleur qu'il souffre surtout. Force est donc de lui assurer des abris pour ces deux cas. Mais dans ces caractères mêmes de son tempérament et de ses besoins se trouvent indiquées, pour le mouton, les conditions à remplir pour la bonne constitution hygiénique des bergeries.

Dans une exploitation bien entendue de l'espèce ovine, les troupeaux doivent passer la plus forte partie de leur temps dehors, soit au parc, soit dans les pâturages naturels ou artificiels. Pour eux, les bergeries ne sont donc point à proprement parler des habitations, mais bien plutôt de simples abris, ainsi que nous venons de le dire. Pour ce motif, ce qui importe par dessus tout, quant à leurs dispositions, c'est d'être telles que la température y soit fraîche pendant la saison des chaleurs et modérément chaude en hiver, et qu'en tout temps l'air y soit abondant et pur, vif et sec.

Cela s'obtient moyennant une exposition ou orientation convenable, une suffisante capacité, une aération des plus complètes et une grande propreté des bergeries.

Indiquons en peu de mots la forme la plus convenable pour assurer ces conditions.

De nombreux faits d'observation permettent de considérer comme la meilleure de toutes les formes de bergerie celle qui consiste en une sorte de hangar carré ou rectangulaire, formé sur ses quatre faces par des pilastres pour supporter la charpente et par des murs à hauteur d'appui seulement. De cette fa-

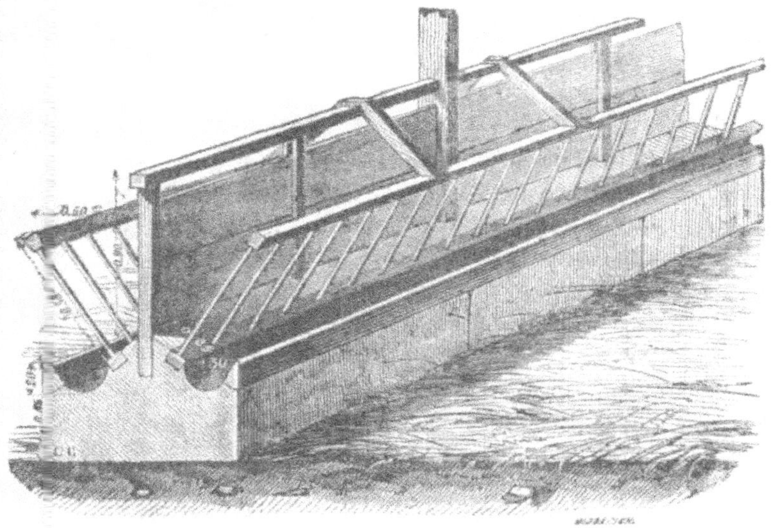

Grav. 53. — Râtelier double de bergerie formant séparation.

çon, il est possible de ménager à volonté l'air et le soleil, au moyen de cloisons en paillassons, en claies ou en planches, qui se placent entre les pilastres et suivant les nécessités. On règle ainsi l'aération et l'insolation d'après les circonstances, pour avoir à l'intérieur une température convenable, ce qui n'est pas toujours possible avec des murs pleins et seulement munis de fenêtres.

Les séparations intérieures, nécessaires pour les grand

troupeaux, ordinairement composés de plusieurs catégories d'animaux d'âge et de sexe différents, s'établissent au moyen des râteliers doubles (grav. 53). Ceux-ci, disposés entre les piliers intérieurs du hangar et dans les deux sens opposés, forment les compartiments.

Ce genre de bergerie, en raison de sa facile aération, permet d'user, sans inconvénient pour l'hygiène, d'une pratique fort im-

Grav. 54. — Mangeoire mobile de bergerie.

portante pour la bonne confection des fumiers. Nous voulons parler de celle qui consiste à les laisser séjourner longtemps sous les animaux, en ajoutant aussi souvent que cela est nécessaire de la litière fraîche. Dans certains cas, on n'enlève les fumiers ainsi faits qu'au bout de l'année, au moment convenable pour leur emploi. Il est seulement indispensable, dans ce cas, de

Grav. 55. — Râtelier circulaire de bergerie.

confectionner les râteliers de manière qu'ils puissent être progressivement élevés, à mesure que le lit des bergeries devient plus épais. Il existe à cet effet un système de râteliers mobiles, dont les montants sont percés de trous recevant des chevilles destinées à supporter les traverses de chacun d'eux. (grav. 54).

Dans ce même but, on a aussi proposé des râteliers circulaires construits comme l'indique la grav. 55.

Mais cela n'est praticable que dans les bergeries aérées comme nous venons de dire. Partout ailleurs, le fumier doit être enlevé tous les mois au moins, et, au reste, dès que l'odeur ammonicale se fait sentir. C'est la viciation de l'atmosphère par cette odeur qu'il faut avant tout éviter.

Quant à l'étendue superficielle à donner aux bergeries, son minimum est déterminé par cette considération, que tous les moutons logés dans leur intérieur doivent pouvoir s'y coucher à la fois sans gêne pour aucun.

Du reste, pour toutes les autres conditions hygiéniques relatives aux ouvertures, à l'entretien de la propreté et au service intérieur, celles qui ont été indiquées pour les écuries et les étables, conviennent également aux bergeries. Il est bon toutefois de faire remarquer que les portes doivent être plus nombreuses, afin d'éviter les accidents, les moutons voulant toujours entrer ou sortir tous à la fois. On ne saurait donc les multiplier trop, en ayant soin en outre de les faire ouvrir de dedans en dehors, afin de ne pas déranger les animaux qui pourraient être couchés contre, lorsqu'on veut entrer dans la bergerie. Il est bon aussi qu'elles soient à deux battants et leurs montants arrondis.

L'hygiène du parcage entrerait à la rigueur dans le cadre de ce chapitre; mais nous préférons réserver ce qui la concerne pour le moment où nous nous occuperons de l'alimentation au pâturage, avec laquelle le séjour au parc a quelque analogie.

4. Porcheries.

C'est une erreur assez répandue de croire que le porc se complaît dans la saleté. Autant qu'aucun autre animal, celui-ci

se trouve bien d'une habitation
propre et suffisamment aérée.
Il craint la chaleur surtout, et
c'est pour cela qu'on le voit se
vautrer dans l'eau souillée,
quand il n'en a pas d'autre à sa
disposition. Mais lorsque, par
exemple, on lui dispose un
logement assez spacieux, rarement il se couche sur ses or-
dures.

Les principes hygiéniques précédemment exposés sont donc
de tous points applicables aux
habitations de l'espèce porcine,
quant à l'aération, au sol et à
l'entretien de la propreté. Il
importe, de plus, pour les
porcheries destinées aux animaux des races perfectionnées,
qui ne vont pas au dehors
chercher leur nourriture, de
ménager devant ces porcheries
une cour, contenant autant que
possible un bassin dont l'eau
puisse être facilement renouvelée.

Du côté de cette cour se trouvent les ouvertures par lesquelles on pénètre dans la porcherie, et c'est dans l'épaisseur
du mur situé du même côté qu'il
convient de percer, à une faible hauteur du sol, les sortes
de lucarnes dans lesquelles se
placent les auges. Celles-ci,
qu'elles soient en pierre ou en
fonte, font saillie au dehors et
doivent être couvertes par une

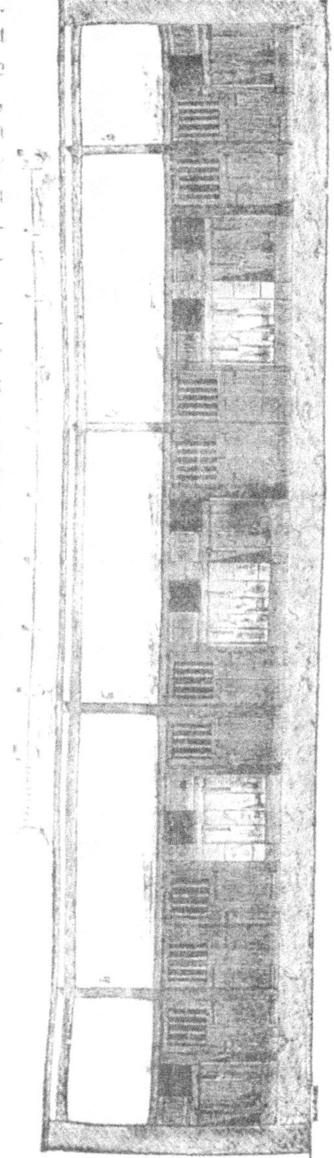

Grav. 6. — Coupe longitudinale d'une porcherie double.

fermeture à charnières. Cela permet de distribuer plus facilement la nourriture sans déranger les animaux.

Il faut, autant que possible, surtout pour les porcheries d'engraissement, une auge pour chaque porc, et même, dans l'intérieur, un compartiment séparé. Dans les porcheries d'élevage, les compartiments destinés aux mères, plus spacieux que les autres, sont avantageusement munis, en outre, d'une de ces auges circulaires en fonte divisées par des séparations rayonnantes. Chaque porcelet s'empare alors d'une place et ne peut empiéter sur la ration de son voisin. Lorsque les jeunes d'une portée mangent tous à la même auge, les plus faibles sont toujours frustrés par les plus forts, ce qui va contre le but qu'on doit se proposer.

Les porcelets sont extrêmement sensibles au froid. Leur hygiène commande par conséquent d'éviter dans les porcheries les courants d'air rasant le sol. Comme les écuries, les étables et les bergeries, ces habitations doivent être bien aérées, donner facilement issue aux gaz méphytiques, mais elle ne sont saines qu'à la condition qu'il y règne toujours une température douce.

Leur exposition et la disposition des ouvertures seront donc conçues en vue de ce résultat. Avant tout, aussi, il importe d'éviter l'humidité des murs et du sol de la porcherie. L'habitation humide est funeste à la santé du porc, plus encore qu'aux autres animaux.

Nous n'entrons pas, bien entendu, dans les détails du plan à suivre pour la construction d'une porcherie, et dont la grav. 56 offre un spécimen. Cela n'est point ici de notre ressort. Il suffit d'avoir indiqué les nécessités particulières de l'hygiène qui doivent guider en pareil cas, quelle que soit la forme adoptée pour le logement des porcs.

CHAPITRE III.

HYGIÈNE DE L'ALIMENTATION.

Ceci est, sans contredit, le point fondamental de l'hygiène des animaux. Il suffit, pour s'en convaincre, de songer aux fonctions économiques de ceux que nous entretenons en domesticité, je veux dire aux services que nous en tirons.

Ces fonctions se peuvent ramener à deux types principaux : dans le premier entrent les services où se dépense la force musculaire, et par conséquent où les animaux doivent être considérés comme des agents mécaniques; dans le second, ceux qui se caractérisent par l'élaboration d'un produit échangeable sur le marché : viande, lait, laine, graisse, etc. Il convient d'en ajouter une autre, non moins importante pour l'économie rurale, qui est celle de la production de l'engrais, sorte de résidu de l'exercice des fonctions précédentes.

Il y a lieu de se tenir en ce moment à cette simple indication. En ce qui concerne l'hygiène, elle a pour but seulement de montrer l'importance de l'alimentation, lorsqu'on ajoute que les aliments sont la matière première de tous les produits dont il vient d'être question.

Ce sont les principes immédiats contenus dans ces aliments, en effet, qui fournissent par leurs mutations physiologiques dans l'économie vivante, les éléments de ces produits plus haut énumérés, force, chaleur ou travail mécanique, — ce qui est la même chose, — ou principes immédiats de nature animale.

L'alimentation a donc pour objet de maintenir l'équilibre fonctionnel et de conserver l'organisme, en réparant les pertes causées par la dépense du travail mécanique utile, ou bien de fournir les matériaux nécessaires à l'accumulation des produits non dépensés sous cette forme.

Quelle que soit sa destination économique, elle doit être étudiée, au point de vue hygiénique, sous deux aspects.

faut considérer d'abord les objets qui la composent, ou les aliments, sous le rapport de leurs propriétés ; puis le mode d'administration de ces aliments aux animaux, relativement aux effets qu'ils doivent produire.

1. Aliments.

Ici, nous devons nous abstenir des généralités. Elles ont le défaut d'être par-dessus tout inutiles, parceque la matière ne se prête pas à ce qu'on puisse leur donner le caractère de précision et de netteté qui seul serait capable de permettre d'en faire l'application. La science n'est pas encore assez avancée pour qu'il soit possible de dogmatiser à cet égard. Nos connaissances, en ce qui concerne les propriétés des substances alimentaires, ne sont encore qu'empiriques, en grande partie. L'analyse chimique ne nous a guère appris jusqu'à présent sous ce rapport. L'expérience s'est chargée de démentir à peu près tout ce qui avait été avancé en son nom, et l'on ne saurait trop mettre en garde ceux qui, peu au courant de ce qui a été fait dans ces dernières années pour contrôler la valeur de données trop facilement et trop généralement acceptées, persistent à se servir de théories que leurs auteurs ont eux-mêmes abandonnées. Les stations expérimentales de l'Allemagne ont beaucoup fait dans cette direction et corrigé déjà bon nombre d'erreurs ; mais un semblable travail est l'œuvre du temps. Tout ce qu'on peut dire, c'est qu'il est maintenant démontré que la composition chimique élémentaire ne peut rien apprendre de certain sur la valeur nutritive des aliments. Par conséquent, une classification des aliments n'est pas possible sur cette base, et les tables d'équivalents nutritifs qu'elle a servi à établir sont entièrement à réviser.

On en peut dire autant des appréciations générales d'après les propriétés physiques. Il n'y a rien d'utile à tirer de cela.

Ce qui est bon dans un cas, devient médiocre ou mauvais dans l'autre. Les animaux, qui sont les meilleurs juges sous ce rapport, n'ont pas été suffisamment consultés, et ils ne ratifient point les classifications des aliments trop complaisamment faites sur de simples vues de l'esprit. La seule chose qui semble acquise est la notion que nous avons énoncée en résumant la physiologie de la digestion.

Bornons-nous donc, pour être véritablement pratiques, à passer en revue les diverses substances alimentaires usitées dans l'hygiène des animaux, en indiquant à mesure les caractères qui, d'après l'expérience constatée, les rendent le plus propres à fournir les éléments d'une bonne nutrition, c'est-à-dire leurs propriétés hygiéniques. Et encore à ce propos nous nous tiendrons dans les bornes de l'hygiène pure, laissant de côté tout ce qui est du domaine de l'agriculture, de l'économie rurale ou de la physiologie. Il va sans dire, toutefois, que nous ferons connaître les moyens de corriger les effets nuisibles de l'insuffisance des propriétés reconnues comme constituant le bon aliment.

Il convient de commencer par les substances alimentaires les plus répandues et les plus usitées.

Foin naturel. — C'est le produit des prairies naturelles, ou plutôt permanentes, dans la constitution desquelles les graminées fourragères dominent. Ce foin, considéré d'une façon absolue, offre dans sa constitution les éléments d'une nourriture variée, substantielle et tonique, à cause des propriétés diverses, alibiles et aromatiques, des plantes qui le composent.

Sa valeur peut être appréciée au double point de vue de la constitution botanique des prairies qui l'ont fourni, — laquelle dépend en grande partie de la composition et des propriétés physiques de leur sol, — et des caractères résultant de son mode de préparation.

Entrer dans le détail des espèces les plus propres à fournir le bon foin n'est pas ici de notre ressort, non plus que d'indiquer les meilleures méthodes de récolte. Cela regarde l'agriculture proprement dite et les traités spéciaux sur l'établissement, l'entretien et l'exploitation des prairies. Nous devons nous en tenir à l'indication des caractères qui, à l'examen, le font reconnaître. Nous supposons qu'il s'agit seulement de mettre le lecteur en mesure de discerner les qualités du foin qu'il examine avant de l'employer à la nourriture de ses animaux.

Les bonnes qualités du foin naturel se manifestent d'abord par sa couleur, son odeur, sa consistance et son goût. Lorsqu'il a été préparé par le procédé le plus généralement usité, sa couleur est d'un vert tendre. Une nuance jaunâtre ou roussâtre indique la fauchaison tardive ou une insolation trop prolongée. Dans les deux cas il a perdu de sa valeur nutritive. Le foin pâle a été récolté par la pluie, lavé par conséquent, ou il se compose de plantes étiolées pour avoir poussé sur des lieux trop ombragés. Il est alors dépourvu des propriétés aromatiques indispensables pour que les animaux le prennent avec plaisir, et les qualités toniques lui manquent.

Il est assez difficile de bien définir l'odeur aromatique qui caractérise le bon foin. Tout ce qu'on peut dire, c'est que cette odeur ne doit pas être due à l'abondance des plantes odorantes étrangères à la famille des graminées. La plupart de celles-ci, lorsqu'elles ont été séchées en pleine floraison et avec les précautions nécessaires, exhalent un arome doux, peu pénétrant et fin, dont celui de la flouve odorante est le type.

Le bon foin n'est jamais léger, sec et cassant. Les tiges qui le composent sont souples et élastiques. Il se prête facilement à la torsion sans se briser.

La saveur doit être douce, sucrée et agréable, sans arrière-goût âcre ou piquant. La présence de quelques espèces d'un goût aigre ou acerbe peut fort bien ne pas être nuisible, à la condition qu'elles ne figurent dans le foin que pour une très-faible proportion. Ce qu'il faut éviter surtout, c'est le foin dépourvu de saveur, parce que cette neutralité complète est l'indice certain d'un affaiblissement considérable des propriétés nutritives.

Les degrés divers de ces caractères constituent les différentes qualités de foin, mais en y joignant toutefois l'examen superficiel de la constitution botanique. Il suffit de faire remarquer à cet égard que, toutes choses égales d'ailleurs, le foin est d'autant meilleur qu'on y constate en plus grande proportion les graminées à tige cylindrique et fine. Les familles auxquelles appartiennent les plantes qui composent ordinairement les prairies naturelles sont nombreuses ; mais quelques-unes caractérisent assez bien la valeur nutritive du foin. Ainsi, l'abondance des cypéracées, des carex ou laiches à tiges aplaties et tranchantes, accuse le foin des prairies basses et marécageuses, généralement médiocre, sinon tout-à-fait mauvais, du moins pour les chevaux. Dans celui des prairies moyennes arrosées, on ne les trouve qu'en très-faible quantité, et encore moins pour les prairies élevées, où les labiées sont plus multipliées. En résumé, dans le bon foin, ce sont les graminées et les légumineuses qui doivent toujours de beaucoup dominer.

On a cru pendant longtemps que le foin nouveau, c'est-à-dire celui qui n'a pas encore subi la fermentation en meule ou en tas dans le fenil, était nuisible à la santé des animaux. L'indication des accidents qui lui ont été attribués se trouve encore corroborée dans des traités récents d'ailleurs fort estimables. Cependant, des expériences sur une grande échelle, instituées par la commission d'hygiène hippique établie près le ministère de la guerre, ont fourni la démonstration du peu de fondement de cette assertion, qui n'est autre chose qu'un préjugé. Ces expériences, poursuivies assez longtemps dans différents lieux sur les chevaux de nos régiments, ont prouvé que l'on peut sans inconvénient faire consommer le foin aussitôt après sa récolte. On a observé, au contraire, que sous l'influence de cette alimentation les animaux gagnent en embonpoint sans perdre de leur vigueur, et que l'usage du foin nouveau, qui n'a pas encore « *jeté son feu*, » n'augmente en rien le nombre des malades. Que d'idées reçues et répétées par les auteurs, les uns à la suite des autres, seraient ainsi démontrées fausses, si elles étaient comme celles-là soumises au contrôle de l'expérimentation !

On saisira sans peine l'importance du fait que nous signalons, car il importe souvent de pouvoir sans danger faire consommer du foin nouveau à des animaux, soit que l'hiver ait été long ou les provisions faibles, par suite d'une récolte médiocre.

Ce qui est bien plus à redouter pour la santé des animaux, c'est l'usage du foin trop vieux. Lorsqu'il est bien logé, dans un local suffisamment aéré et sec, le fourrage se conserve facilement d'une année à l'autre et même quelques mois de plus ; mais en général il subit toujours à la fin quelques altérations contre lesquelles on doit se tenir attentif quand on est soigneux d'une bonne hygiène. La plus commune est cette sorte de fermentation qui s'accompagne du développement des moisissures. Elle est reconnaissable à son odeur particulière, bien connue sous le nom de moisi. Lorsqu'on remue le foin moisi, il s'en dégage une poussière âcre, plus ou moins abondante suivant l'ancienneté et le dégré de l'altération. Rien ne peut corriger les effets nuisibles de ce mauvais aliment, qui détermine presque à coup sûr des maladies graves aux animaux qui le consomment, même en petite quantité. C'est un poison dont l'antidote n'est pas encore connu. Il faut donc le rejeter absolument. Il n'est même pas sans inconvénient de s'en servir pour la litière, quand même on l'aurait fortement secoué ou battu, pour le débarrasser de sa poussière. Il est probable que dans les accidents pathologiques qu'il produit, les cryptogames ont moins de part que l'altération chimique qui précède ou accompagne leur développement .

Les foins lavés, vasés ou passés, n'ont que le défaut d'être peu nutritifs. On peut corriger leurs défauts avec des condiments ou suppléer à leur insuffisance par des rations plus fortes ou par des adjuvants. Celui qui est altéré dans ses principes immédiats demeure sans remède, parce que ceux-ci ne sauraient être rétablis.

Le rôle des fourrages atteints par des altérations cryptogamiques a été sans doute beaucoup exagéré, dans la production des maladies infectieuses. La cause de ces maladies a des sources complexes. Mais des observations incontestables n'en ont pas moins établi que ces altérations sont la principale, dans la plupart des cas. Les dénégations systématiques ne peuvent pas faire que la constitution ne dépende point avant et par-dessus tout des matériaux qui lui sont fournis par l'alimentation.

Foin artificiel. — Nous donnons, pour abréger, ce nom au fourrage provenant des prairies dites artificielles ou plutôt temporaires, et composé d'une seule plante appartenant à la famille des légumineuses ou papillonacées. Il s'agit seulement du foin de luzerne, de trèfle et de sainfoin. D'autres légumineuses et quelques graminées, exemple les vesces, d'un côté, le ray-grass et le Brome de Shrader, de l'autre, sont cultivés en prairies temporaires, mais il faut réserver le nom de foin artificiel à la luzerne et au sainfoin desséchés et fanés et n'envisager dans cet article que leurs propriétés hygiéniques.

On a beaucoup discuté, dans ces derniers temps, sur ces propriétés. Le développement d'affections graves sévissant sur les chevaux de diverses régions de la France a été attribué à l'influence de l'alimentation avec les fourrages dont nous nous occupons. On le trouve même affirmé dans quelques livres classiques sous une forme absolue qui a provoqué de vives contestations. En cet état, la société impériale et centrale de médecine vétérinaire a cru devoir ouvrir un concours sur cette question. Beaucoup de praticiens distingués ont répondu à son appel, et tous, dans des mémoires plus ou moins remarquables, appuyés sur des observations précises, sont venus démontrer le peu de fondement des reproches adressés aux fourrages artificiels. Analysant les effets des légumineuses fourragères cultivées sur l'économie animale, ils ont établi que ces plantes bien récoltées et convenablement préparées donnent un fourrage excellent, dont la valeur nutritive propre est supérieure à celles des graminées, ce qui ne veut pas dire, bien entendu, qu'il puisse être convenable, dans tous les cas, d'en composer exclusivement la nourriture des animaux. Mais nous n'avons pas en ce moment à nous placer à ce point de vue, qui viendra naturellement lorsque nous nous occuperons de la composition des rations. Il faut se borner présentement à considérer le foin artificiel de luzerne et de sainfoin sous le rapport des caractères qui accusent leur bonne qualité ou leur altération.

La première condition, pour que les fourrages dont il s'agit jouissent de toute leur valeur nutritive, c'est qu'ils aient été fauchés en temps utile. Trop murs, leurs tiges sont dures, coriaces et pauvres en matières alibiles; lorsqu'ils ont été fauchés trop tôt, ces dernières n'étaient pas encore suffisamment élaborées, la proportion d'eau était exagérée, ils se flétrissent outre mesure et sont en outre d'une difficile conservation. L'instant le plus favorable est celui dans lequel les organes accessoires de la fleur sont développés, celui où la plante est en pleine floraison et où la graine va se former. A ce moment, les tiges et les feuilles ont acquis leur plus grande richesse. Il convient donc d'abord, dans l'examen du foin artificiel, de porter son attention de ce côté et de s'assurer s'il a été récolté dans ces conditions.

Après cela, le reste dépend du mode de préparation. Le bon foin artificiel, bien préparé, conserve toutes ses feuilles et ses fleurs fanées, celles-là demeurant vertes; il est bien sec mais cependant encore souple dans toutes ses parties et non cassant. Il exhale l'odeur propre à la plante, qui est un parfum doux. Sa saveur est douce et légèrement sucrée.

La fenaison des légumineuses exige de grandes précautions. Si elle a été insuffisante, l'eau de végétation qui reste provoque dans la masse une fermentation qui altère le fourrage et s'accompagne toujours d'un développement de cryptogames, qui sont des mucédinées vulgairement connues sous le nom de moisissures. C'est là ce qui arrive souvent sous les climats humides, dans les territoires à sous-sol argileux, et c'est ce qui fait qu'on ne peut point comparer les effets hygiéniques des légumineuses récoltées sous des latitudes différentes. Ce qui est vrai pour le Nord ne saurait l'être pour le Midi, et réciproquement, du moins d'une façon absolue. *Est modus in rebus*, ici comme en toute chose. Les propriétés hygiéniques des plantes sont en rapport avec la composition et les propriétés physiques du sol sur lequel elles ont végété.

Dans tous les cas, la luzerne, le sainfoin et le trèfle insuffisamment fanés, comme toutes les autres légumineuses fourragères, cultivées en prairies temporaires ou annuelles, s'altèrent ensuite facilement. Ils ont alors une couleur plus ou moins foncée, roussâtre, et une odeur désagréable, nauséabonde; leur goût est piquant ou acerbe. Lorsqu'on les remue, il s'en dégage une poussière âcre. En cet état, il faut absolument les bannir de l'alimentation. Ce sont de véritables matières toxiques. Mais dans de bonnes conditions de récolte, de préparation et de conservation, le foin des prairies artificielles n'a aucun des inconvénients imaginaires qui lui ont été attribués, et que des auteurs d'ailleurs considérables ont trop complaisamment répétés sans une suffisante vérification. Des expériences suivies avec soin pendant plusieurs années dans divers régiments de cavalerie, par la commission d'hygiène hippique, ont réduit à néant ces imputations du préjugé, adoptées par les observateurs superficiels. J'ai moi-même pu constater, dans des garnisons où le fourrage se composait exclusivement de luzerne, que les chevaux du régiment auquel j'étais alors attaché et qui avaient antérieurement souffert d'un travail excessif et d'une nourriture insuffisante, se sont rapidement refaits sous l'influence de ce régime. Il a hâté, il est vrai, l'éclosion de la morve sur un certain nombre, mais seulement sur ceux qui en avaient apporté le germe dans la nouvelle garnison; la santé des autres s'est au contraire consolidée.

Regains. — Il ne convient pas de donner le nom de regain au produit des coupes successives des légumineuses formant les prairies temporaires qui suivent la première, à moins que ce ne soit pour la dernière tout à fait, lorsqu'elle est pratiquée sur une pousse incomplète et tardive. Dans ce cas le fourrage est tendre, très-vert et moins nutritif; il importe que sa dessiccation ait été opérée avec précaution, car sans cela il s'échauffe avec la plus grande facilité.

Le vrai regain est le fourrage provenant de la seconde coupe des prairies permanentes; c'est un diminutif du foin naturel. Il se compose principalement des premières feuilles poussées par les plantes dont la végétation a été interrompue par une première coupe. Lorsqu'il a été bien préparé, c'est-à-dire fané dans de bonnes conditions, il est d'un vert plus vif que celui du foin, son odeur est moins forte, quoique aussi suave, et sa saveur plus faible.

Les regains, de quelque nature qu'ils soient, sont des aliments fort incomplets, qui ne sauraient convenir pour les animaux de travail. Il faut les réserver pour les bêtes ovines, pour les vaches laitières, et pour les tout jeunes élèves non encore sevrés, comme supplément de nourriture.

Pailles. — Il s'agit ici bien entendu, sous ce titre, de toutes les tiges desséchées des plantes ayant fourni leur graine, de quelque nature qu'elles soient; les pailles ne peuvent donc, considérées d'une manière absolue, constituer que de médiocres aliments. Elles ont cependant sous ce rapport leur place en hygiène, car dans la composition des rations ou des repas, les éléments ne comptent pas seulement par la proportion de matière nutritive qu'ils peuvent fournir. Leurs propriétés physiques ont également un rôle à remplir. Et c'est ici surtout l'occasion de faire remarquer combien peu la composition élémentaire peut donner une idée exacte de la valeur d'un fourrage quelconque comme aliment. Ainsi, il est bien certain

que la paille de froment, par exemple, quand même elle serait
administrée à un animal en quantité quelconque, ne saurait jamais le nourrir suffisamment à elle seule, comme le foin, encore
bien même que la ration contiendrait la même proportion d'a-
zote, de corps gras et d'acide phosphorique, comme on l'a
admis théoriquement; tandis que dans certaines combinaisons
alimentaires qui seront indiquées plus loin, elle peut au contraire être avantageusement substituée à ce fourrage. D'un
autre côté, les pailles de légumineuses, qui ne diffèrent pas
sensiblement, par leur teneur en azote, des foins de même nature, ne nourrissent pas autant, à beaucoup près, quelque
soin que l'on prenne pour les faire consommer entièrement. Il
en est de même des menues pailles de toutes sortes, balles de
blé, siliques, etc.

Il faut donc envisager ces matières alimentaires seulement au
point de vue de leurs propriétés particulières, sans idée de
comparaison avec les autres. Leur valeur nutritive absolue dépend d'abord de la proportion de grains qu'elles ont pu retenir, et par conséquent du mode de battage auquel elles ont été
soumises; elle dépend aussi des plantes qui peuvent s'y trouver
mêlées et de leur propre volume. Les pailles fines, pourvues de
moelle, sont plus nutritives que les pailles grossières, longues
et creuses. Il importe en outre qu'elles soient exemptes des
altérations de la rouille, de la carie, de la nielle, du charbon,
et qu'elle n'aient pas subi l'influence des intempéries. Dans ce
dernier cas, les pailles se dessèchent difficilement; il se développe à leur surface des moisissures qui sont l'indice d'une altération profonde de leur constitution, reconnaissable d'ailleurs
à l'odeur nauséeuse qu'elles exhalent. Administrées en cet état,
elles produisent à coup sûr un empoisonnement, quelques précautions que l'on prenne pour en corriger les effets. Nous en
avons personnellement observé de nombreux cas.

Les pailles peuvent entrer avec avantage dans la composition des rations lorsqu'elles sont de bonne qualité. L'expérience
a démontré que celles de froment, de seigle ou d'avoine, rem-
placent utilement une partie du foin pour les chevaux qui reçoivent une forte ration d'avoine; mais c'est surtout pour les
animaux à l'engrais, consommant des pulpes, des tubercules,
ou des racines cuites, des tourteaux, des farineux, etc., que les

pailles de toutes sortes hachées, divisées, et mêlées à ces substances qui les ramollissent et les imprègnent de leurs sucs, produisent leurs meilleurs effets. Elles acquièrent alors une valeur
nutritive effective dont leur composition chimique est bien loin
de donner une idée. C'est qu'elles complètent l'alimentation en
lui fournissant un élément qui manquerait sans cela. La vraie
manière d'envisager le rôle des pailles, en hygiène, au point
de vue qui nous occupe, est donc de les considérer comme un
aliment complémentaire. Ce point de vue n'a sans doute pas
complétement échappé aux hygiénistes; jusqu'à présent, ils ont
constaté le fait en passant, en notant les observations des agronomes qui en témoignent; mais aucun, à notre connaissance,
n'en a déduit, à cet égard, une conclusion suffisamment formelle à laquelle l'esprit puisse s'arrêter.

Grains. — L'on donne ce nom, en hygiène, aux fruits des
graminées, dont les plus usités sont l'avoine, l'orge, le seigle,
le maïs et le blé. Chacun de ces grains veut être étudié à part,
mais il est des caractères généraux que l'on peut indiquer
d'abord.

Pour être de bonne qualité, un grain quelconque doit avant
tout être plein, lourd, à surface égale, lisse et brillante, ce qui
le rend coulant : c'est-à-dire que pressé dans la main en certaine quantité, ses surfaces glissent avec une grande facilité
les unes contre les autres. C'est là l'indice d'une suffisante
siccité, indispensable pour la conservation des propriétés nutritives. Le volume propre de chaque espèce de grain n'a pas en
lui-même une grande importance ; il dépend de la variété, ou
de la nature du sol sur lequel la plante a été cultivée ; mais
ce qu'il faut prendre en considération à cet égard, c'est l'ho-
mogénéité de la masse ; il est nécessaire que tous soient égaux
entre eux ou à peu près, qu'ils soient sains, et non pas mêlés
de grains ridés, échaudés ou cassés. Et c'est pourquoi l'évalua-
tion au poids est à tous égards préférable, la quantité réelle
de matière nutritive étant en rapport avec la densité, bien plus
qu'avec le volume. Les grains gonflés par l'humidité, en effet,
sont moins lourds pour un volume déterminé. Il en est de même
de ceux dont les enveloppes sont épaisses, relativement à la
masse de l'amande. On peut donc dire que, toutes choses égales

d'ailleurs, la valeur nutritive de chaque espèce de grains s'apprécie assez bien par le rapport entre le volume et le poids.

Indiquons maintenant sommairement les particularités relatives aux divers grains.

L'*avoine* est, pour les animaux de travail, surtout pour les solipèdes, le meilleur de tous les aliments. Elle devrait, en toute circonstance, former la base de leur alimentation. Elle contient en proportion convenable les éléments d'un aliment complet. L'expérience le démontre tous les jours, et l'analyse chimique en donne la raison. Les matières azotées, les principes immédiats hydrocarbonés, amidon, dextrine, sucre, cellulose et matière grasse, les sels minéraux qui entrent dans la constitution des tissus et des liquides organiques y figurent tous en notable quantité. Elle contient en outre un principe excitant et tonique que l'analyse n'a point encore parfaitement isolé, que l'on soupçonne être une matière résineuse, mais dont les effets sur l'économie animale ne sont point douteux. Ces effets ont été attribués récemment à la seule richesse de l'avoine en principes hydrocarbonés de la série des matières grasses, et l'on en a tiré cette conclusion qu'en prenant l'avoine pour type, les autres grains pourraient lui être sans inconvénients substitués dans l'alimentation, à la condition que la ration fût réglée d'après l'équivalent de ces mêmes matières. C'est là une vue de l'esprit qui a le mérite d'être spécieuse. Est-elle vraie ? Pour résoudre la question, il faudrait un assez grand nombre de faits bien observés qui font défaut jusqu'à présent. Ceux qui ont été invoqués manquent de la condition qui pourrait seule les rendre probants : ils ont été recueillis dans des circonstances tellement différentes qu'on ne saurait les considérer à bon droit comme comparables.

On connaît, en hygiène, différentes sortes d'avoine, qui se distinguent par leur couleur et aussi par leur provenance. C'est sur l'une ou l'autre de ces bases qu'elles sont désignées dans le commerce. Les deux sortes principales et les plus généralement usitées sont l'avoine blanche et l'avoine noire, présentant diverses nuances de ces couleurs, qui dépendent uniquement de l'enveloppe. Leur valeur comparative n'a rien d'absolu ; elles obtiennent la préférence suivant les habitudes des lieux. Pour les apprécier, il convient de tenir compte des caractères généraux plus haut indiqués, puis de l'égalité des grains entre eux et de l'absence ou de la présence des balles et des graines étrangères. Il faut rejeter celles qui contiennent en proportion notable des grains d'ivraie, reconnaissables à leur plus petit volume et au pédicelle filiforme qui existe à l'une de leurs extrémités. Ces grains ont des propriétés toxiques dont les effets deviennent facilement appréciables pour peu que la dose en soit forte. Tout au moins est-il bon d'en débarrasser l'avoine par un criblage fait avec soin, lorsqu'il s'agit d'un produit que l'on a soi-même récolté et dont on veut tirer parti. Outre les qualités que nous venons de voir, l'avoine de premier choix a l'écorce mince, l'amande ou gruau d'un blanc farineux, à saveur franche de farine et sans arrière goût. Ce sont là les indices qui prouvent qu'elle a été cultivée et récoltée dans de bonnes conditions et qu'elle possède toute sa valeur nutritive.

L'avoine mal récoltée, coupée trop tôt ou qui a reçu la pluie en javelles, reste humide comme celle qui a été mouillée à l'état de grain ou seulement conservée dans des lieux exposés à l'humidité. Dans ce cas, elle s'altère avec la plus grande facilité, par le fait d'une fermentation plus ou moins avancée qui, dans ses limites extrêmes, s'accompagne du développement de moisissures. Elle cesse alors d'être douce et coulante au toucher et elle exhale une odeur particulière facilement saisissable. Non-seulement sa valeur nutritive est diminuée dans ce cas, mais elle est devenue un véritable poison dont les effets toxiques ne tardent pas à se montrer.

Le préjugé qui fait repousser les fourrages nouveaux s'applique également à l'avoine. Il n'est pas davantage fondé. Encore ici l'expérimentation rigoureuse s'est chargée de montrer l'inconvénient de cette façon trop commode de se copier les uns les autres sans aucun contrôle, si usitée parmi les auteurs. Les indigestions, les irritations des intestins, les éruptions cutanées attribuées à l'influence de l'avoine nouvelle, sont de pures chimères, de même que les raisonnements sur lesquels certains auteurs s'appuient pour expliquer leur production. Il est singulier, par exemple, de voir à notre époque considérer comme un fait exceptionnel la fermentation des grains nouveaux dans l'estomac, comme si l'on ne savait pas que c'est là une des conditions normales de la digestion gastrique pour les nouveaux aussi bien que pour les anciens, ainsi que nous l'avons établi dans l'étude succincte que nous avons faite de cette fonction.

L'avoine est le plus ordinairement donnée aux animaux sans aucune préparation. On peut même dire, malgré des affirmations produites dans ces derniers temps, que c'est là le meilleur mode d'administration pour les animaux destinés à faire usage de leur force mécanique, et dont les organes digestifs sont à l'état normal. Les grains sont ainsi soumis à la mastication et suffisamment imprégnés de la salive qui doit faciliter leur digestion. Ceux qui échappent à cette première opération, toujours en nombre relativement peu considérable, cèdent néanmoins à l'estomac leur partie féculente; et si l'on examine de près les grains en apparence entiers qui se montrent parfois dans les déjections, on s'apperçoit qu'il n'en reste plus que l'enveloppe extérieure, du moins pour la presque totalité. Les préparations telles que l'aplatissement, la coction, etc., conviennent seulement pour l'avoine destinée aux convalescents, aux vieux chevaux dont la dentition est insuffisante ou irrégulière, aux tout jeunes élèves et aux animaux à l'engrais, qui la reçoivent mélangée à des pulpes ou à d'autres aliments divisés, cuits ou macérés.

L'*orge* est pour les chevaux des pays méridionaux, de l'Afrique en particulier, ce que l'avoine est pour ceux des régions tempérées et septentrionales. Elle fournit la meilleure preuve des différences que présente la valeur nutritive des aliments suivant les climats. Depuis que des chevaux algériens ont été introduits en grand nombre dans la cavalerie française de nos garnisons, on a pu constater que les effets de l'orge n'y sont plus les mêmes que ceux observés en Afrique. Elle ne saurait par conséquent être substituée à l'avoine. Le principe excitant et tonique nécessaire aux animaux de travail sous notre climat, pour conserver leur énergie, lui fait défaut. Elle est plus riche en matières azotées et féculentes, mais moins riche en corps gras de près de la moitié.

Ce grain doit donc être réservé pour les animaux destinés à la boucherie, soit durant leur élevage, soit dans la période d'engraissement. A ce titre, la valeur de l'orge est considérable; c'est un des meilleurs aliments que l'on puisse administrer. Son appréciation intrinsèque ne présente rien de particulier. Il faut en exiger les caractères communs à tous les autres grains. Eu égard à sa destination, il convient de la donner préférablement cuite, macérée, aplatie, concassée ou même moulue. C'est sous cette dernière forme qu'on la fait le plus habituellement entrer dans la ration des animaux à l'engrais. La farine d'orge délayée dans l'eau est l'aliment par excellence des malades et des convalescents. Elle a des propriétés adoucissantes qui la font justement estimer dans ces cas.

Le *seigle*, au point de vue de ses propriétés alimentaires et de sa valeur nutritive, ne diffère pas beaucoup de l'orge. Ce qui vient d'être dit de ce grain peut donc s'appliquer également à celui dont il s'agit maintenant. Il est cependant moins généralement usité. Cela tient, sans aucun doute, à ce que sa culture est moins générale et principalement bornée aux contrées siliceuses qui ne peuvent produire du blé. Les progrès de l'agriculture, l'emploi de la marne et de la chaux, restreignent chaque jour la production du seigle. Ce grain n'en est pas moins un très-bon aliment pour les animaux à l'engrais.

Le *maïs*, parmi les grains employés usuellement, est assurément le plus nutritif de tous. Aucun n'est plus propre à fournir les éléments d'un engraissement rapide. De temps immémorial il forme la base de celui des volailles et du porc. Très-riche en matières azotées et hydrocarbonées, féculentes et grasses, il a tout ce qu'il faut pour cela. Dans les régions méridionales de la France, en Espagne et dans l'Amérique du sud, où il est surtout cultivé, le maïs fournit la plus grande partie de l'alimentation des populations humaines et animales. Plus la température moyenne est élevée, mieux il peut suffire tout seul aux besoins. D'après le rapport d'un vétérinaire distingué, M. Liguistin, chargé de la direction du service de notre expédition du Mexique, la ration de maïs donnée aux chevaux et mulets de l'armée aurait suffi, à cette latitude, pour les entretenir en santé, malgré un travail très-pénible. Il aurait donc rempli le rôle qui appartient à l'avoine dans nos climats. C'est là une observation très-intéressante et qui mérite toute créance ; mais il faut bien se garder d'en tirer aucune conclusion absolue, ainsi qu'on s'est trop empressé de le faire. Ce qui est vrai pour le

Mexique ne l'est pas nécessairement pour l'Europe, en matière de physiologie et d'hygiène. Pour être autorisé à des conclusions générales, il importe avant tout que les conditions soient comparables. On attendra sagement que l'expérience se soit prononcée à cet égard ; quant à présent, elle fait absolument défaut. Et il est au moins douteux que dans l'alimentation des animaux employés à des services pénibles en France, le maïs puisse en aucun cas remplacer l'avoine.

En attendant, il est bon de considérer ce grain seulement d'après ses propriétés connues, et qui sont celles d'un aliment fortement nutritif pour l'élaboration de la graisse. A ce titre, indépendamment de la bonne constitution et de l'égalité des grains, il est bon de s'assurer, dans leur choix, particulièrement de leur état de convenable siccité. Lorsque le maïs n'a pas été suffisamment séché à l'air libre, il s'y développe vers le hile un champignon nommé vulgairement verdet, auquel la production de la pellagre dans l'espèce humaine a été attribuée. L'exactitude de ce dernier fait n'est pas précisément démontrée ; mais on ne saurait contester que l'altération du grain dont il s'agit ne puisse avoir des inconvénients pour les individus, — bêtes ou gens, — qui le consomment.

Le porc mange volontiers le maïs en grains secs et entiers ; en sa qualité d'omnivore, il est pourvu d'un appareil dentaire suffisamment puissant pour le triturer, et d'ailleurs son activité digestive est grande ; les autres animaux y répugnent d'abord, à cause du volume et de la dureté des grains, mais ils s'y habituent bientôt ; toutefois, en raison de ce que les animaux d'engrais doivent absorber le plus possible en un temps donné, tout en ménageant leurs organes digestifs, il est toujours préférable de n'administrer le maïs qu'après l'avoir fait ramollir par la macération dans l'eau, ou bien après qu'il a subi l'action du concasseur ou de la meule. Le mieux est de commencer par la farine mêlée aux autres aliments, pour passer ensuite au grain concassé, puis ramolli ou cuit.

Le *blé* n'est qu'exceptionnellement employé à la nourriture des animaux ; sa valeur marchande, lorsqu'il est de bonne qualité et propre par cela même à celle de l'homme, est trop élevée et mettrait le prix de revient des services à un taux dépassant de beaucoup la moyenne de leur estimation. On est seulement dans l'usage d'en donner quelques rations aux femelles qui viennent de mettre bas, mais les effets qu'on en attend en pareil cas seraient tout aussi bien obtenus par les autres grains tels que l'avoine, l'orge, le seigle ou le maïs. Il faut borner l'usage alimentaire du blé, pour les animaux, à celui qui, en raison des altérations qu'il a subies sur pied ou après la récolte, a perdu beaucoup de sa valeur ; et alors il convient de ne l'administrer qu'aux bêtes à l'engrais, pour terminer leur engraissement, et après lui avoir fait subir des préparations capables de corriger ses propriétés nuisibles, s'il en a. Le nettoyage par le crible d'abord, puis la macération, la coction et le mélange avec d'autres aliments plus sains permettent de l'utiliser sans danger, surtout pour des animaux dont la vie ne doit pas dépasser la limite de leur engraissement achevé.

Le *sarrasin*, bien qu'il n'appartienne point à la famille des graminées, est néanmoins en hygiène rangé parmi les grains. Dans plusieurs localités, et notamment en Bretagne, il est avantageusement employé. Ses propriétés nutritives sont considérables. Il est plus riche en matières azotées que l'avoine et l'orge, et aussi plus riche en matières grasses que ce dernier grain. Il convient de même pour l'engraissement, surtout à l'état de farine. Quelques agronomes l'ont recommandé comme un des meilleurs succédanés de l'avoine pour les solipèdes. On peut répéter à son sujet la même remarque que celle faite à propos de l'orge et du maïs. Ce n'est pas l'avis des consommateurs : ils préfèrent l'avoine, et rien ne prouve qu'ils n'aient point raison. La substitution ne doit donc être opérée que quand on ne peut pas faire autrement, jusqu'à ce qu'une expérimentation, suivie sur une grande échelle, ait fourni des preuves qui manquent jusqu'à présent.

Indépendamment des altérations dont les grains peuvent être l'objet après leur récolte et qui ont été signalées à mesure que nous avons parlé de chacun d'eux, il en est d'autres qui sont le résultat de véritables maladies et dont nous devons nous occuper maintenant, non pas pour les décrire, car elles sont connues des agriculteurs, mais bien dans le seul but de faire connaître leurs effets sur l'économie animale. Cela est tout à fait du ressort de l'hygiène.

La plupart des céréales, mais particulièrement le seigle, sont affectées de l'*Ergot*, caractérisé par une excroissance allongée, noire et recourbée, d'une odeur assez désagréable. Lorsque l'ergot est en proportion assez considérable dans le grain donné aux animaux, au bout d'un certain temps son action toxique se manifeste par la gangrène des extrémités, et ils meurent bientôt empoisonnés. L'affection générale qu'il produit est connue en médecine sous le nom d'ergotisme. Elle a sévi à plusieurs reprises dans certaines localités où le seigle se cultive en grand, après des récoltes faites dans de mauvaises conditions ayant favorisé le développement de l'ergot. Un de ses premiers effets est de causer l'avortement des femelles. Il faut donc se garder d'administrer des grains ergotés. Quand ils ne le sont qu'à un faible degré, il suffit, pour prévenir les accidents, d'un triage fait avec soin. Les frais de main-d'œuvre sont d'ailleurs largement payés, car l'ergot a une valeur assez élevée en pharmacie pour l'usage médical.

Beaucoup moins dangereuses sont les manifestations de la *rouille* sous ses diverses formes. Ses effets sur l'économie animale ne sont pas si immédiatement saisissables, mais on a peine à croire, ainsi que cela a été affirmé d'après une seule expérience peu prolongée, que la rouille des céréales soit tout à fait inoffensive pour les animaux qui consomment les pailles ou les grains rouillés. L'affirmation contraire, basée sur l'observation, est énergiquement soutenue, et elle semble en tout cas plus plausible. Quoiqu'il en soit, dans le doute il faut s'abstenir, ou tout au moins ne donner les aliments rouillés qu'après les avoir mécaniquement débarrassés du champignon parasite qui existe à leur surface. Il en faut dire autant du *charbon*. C'est toujours une excellente précaution de faire passer par le tarare les grains ainsi altérés et de les laver au besoin.

Les autres maladies qui attaquent les grains en diminuent seulement la valeur nutritive, et cela est appréciable au poids. Nous n'avons donc pas à nous y arrêter autrement que pour insister sur la nécessité d'en tenir compte dans l'achat de ces grains. Plus il y a, dans un échantillon, de grains cariés, niellés, etc., plus la valeur alimentaire est diminuée.

Graines. — Au point de vue de l'hygiène, on doit diviser les graines en deux catégories. Dans la première, entrent celles où domine la matière féculente et un principe immédiat azoté qui porte le nom de légumine, parce qu'elles appartiennent à la famille des légumineuses : les principales sont celles de fève, de féverolle, de pois et de vesce; dans la seconde sont rangées les graines dites oléagineuses, en raison de ce que le principe gras huileux y domine : le lin, le chènevis, le colza, la navette, sont de ce nombre. La plupart de ces dernières graines sont rarement employées en nature à l'alimentation; on n'utilise guère que les résidus qu'elles laissent après la fabrication de l'huile et dont il sera question plus loin. Enfin, il faut mentionner à part les graines des deux espèces de sorgho cultivées, qui ne sont ni oléagineuses ni féculentes à proprement parler; elles se rapprochent plutôt, par leur composition et leurs propriétés, des grains de céréales.

Il serait sans utilité d'examiner chacune des graines féculentes en particulier. Leur valeur nutritive diffère peu, et en tant qu'aliments plastiques elles sont supérieures aux grains par leur richesse plus grande en matières amylacées et azotées assimilables. Elles poussent au développement des masses musculaires et conviennent par conséquent pour tous les jeunes animaux aussi bien que pour ceux affectés particulièrement à la production de la viande. L'expérience semble avoir démontré, de plus, que les fèverolles, notamment, peuvent avec avantage entrer dans la ration des animaux de travail. On en donne même assez souvent aux chevaux de course, et l'observation justifie cet usage. Seulement il ne faut pas perdre de vue que les qualités attribuées ici aux graines féculentes n'impliquent nullement, pas plus que pour un autre aliment, que la nourriture en puisse être exclusivement composée. Ces qualités sont essentiellement relatives : il reste toujours à déterminer les bases de la ration normale.

Les graines dont nous nous occupons sont en général volumineuses et dures, par conséquent difficiles à triturer; elles ont une enveloppe épaisse que les sucs digestifs ne dissolvent pas habituellement et ne peuvent être digérées pour ce motif, lorsqu'elles n'ont pas été triturées sous les dents. Il convient donc de ne les administrer qu'après les avoir concassées ou bien après qu'elles ont subi la macération ou la coction, surtout lorsqu'elles entrent dans la ration pour une forte part. Cela est moins nécessaire quand on les donne aux chevaux à faible dose et en mélange avec l'avoine ou la paille hachée, comme font les anglais. La graine de sorgho à balai, qui sert dans quelques localités à la nourriture des bœufs de travail et des chevaux, n'a pas besoin de ces préparations : elle est tendre et d'une mastication facile.

Il en est de même des graines oléagineuses, qui sont surtout propres à hâter l'engraissement. Ce qu'il faut dire seulement à leur sujet, c'est que la graisse qu'elles produisent, par son peu de consistance, par sa couleur et surtout par son goût, ne communique pas à la viande des qualités bien estimables ni bien estimées. C'est une mauvaise opération, au demeurant, de leur faire une trop grande part dans la ration, si l'on perd en qualité, au delà de ce que l'on gagne en quantité. Cela peut convenir pour les animaux de concours, qui ne sont appréciés que sur les apparences extérieures ; mais on ne saurait conseiller à cet égard, dans les opérations pratiques, ce qui est un réel abus. L'usage des graines oléagineuses dans l'engraissement est bon, mais non pas au delà de certaines limites que l'expérience enseigne. C'est un utile complément de la ration, ce n'en peut être la base.

On a recommandé, en s'appuyant sur des faits bien observés, la graine de lupin comme un aliment tonique, propre à prévenir la pourriture des moutons et même à la guérir. C'est à prendre en sérieuse considération.

Son. — C'est, comme on sait, l'écorce du grain de froment, séparée des autres produits de sa mouture par le blutage, que l'on appelle ainsi. Il y en a de diverses qualités par le fait des dimensions de leurs particules. Les sons empruntent la plus grande partie de leur valeur nutritive à la proportion des éléments de la farine qu'ils retiennent. C'est ce qui fait que cette valeur est fort variable. Elle diminue à mesure que les procédés de mouture et de blutage se perfectionnent, en réduisant la proportion des *issues*. Celles-ci comprennent dans leur ensemble ce que l'on nomme, dans le commerce de Paris, les remoulages, les recoupes, les recoupettes, le petit son et le gros son. Les premiers contiennent une notable quantité de

matière azotée provenant du gluten modifié dans ses propriétés;
mais les sons, proprement dits, sont à peu près réduits à la partie corticale du grain entièrement composée de cellulose et de
matières minérales. Une bonne manière, du reste, d'apprécier
leur valeur consiste à s'assurer s'ils blanchissent l'eau dans
laquelle on les délaie, auquel cas ils ont retenu une notable
quantité de farine.

Le son, en général, est donc un aliment médiocre. Il convient surtout à titre de laxatif, humecté avec de l'eau ou *frisé*,
comme on a dit vulgairement, pour les chevaux nourris abondamment à l'avoine et fatigués par un travail pénible, mais il
ne faut pas en abuser. Ceux qui en reçoivent trop souvent en
forte quantité finissent par succomber à des calculs volumineux
qui se développent dans leur intestin et sont formés par le
phosphate ammoniaco-magnésien. C'est pour cela que cette
affection se montre le plus souvent sur les chevaux des bou-
langers et des meuniers. Le son, dans ces conditions, produit
aussi de fréquentes indigestions stomacales, la plupart mortelles. Il est, en effet, très-difficile à digérer pour les solipèdes.
Les ruminants, dont l'appareil gastrique attaque plus facilement
la cellulose et la rend assimilable, ne sont pas sujets à ces inconvénients ; aussi le son peut-il entrer sans danger pour une
notable proportion dans leur alimentation journalière, et c'est
ce qui a lieu surtout pour les vaches laitières entretenues par
les nourrisseurs des grandes villes. Il en est de même des
autres issues, également propres à la production du lait, et de
plus à celle de la graisse, surtout pour les porcs, en mélange
avec des racines, des tubercules cuits ou des résidus.

Fruits. — Sous ce titre, nous comprenons des aliments fort
accessoires en hygiène, mais qui sont ici à leur place logique,
après les grains et les graines auxquels leur nature propre les
rend analogues. Comme ceux-ci, en effet, ils résultent du développement de la partie essentielle de la fleur et contiennent le
germe de la plante. En raison de leurs propriétés et de leur
constitution physique, nous les divisons, après les botanistes,
en deux ordres : les fruits charnus et les fruits secs. Il convient
de ne les examiner que très-succinctement.

Dans le premier ordre se trouvent les potirons, les pommes

et les poires, fruits à pepins; les prunes, les prunelles et les cerises, fruits à noyau. Ces fruits, très-chargés d'eau et peu nutritifs en fait, sont seulement consommés par les porcs. A l'exception des premiers, ils ne sont point cultivés pour cet usage et ne le reçoivent que dans les années de grande abondance, ou lorsqu'ils ont subi des altérations qui les rendent impropres à la nourriture de l'homme. Mêlés à des matières fortement nutritives, telles que des grains, des graines, des farines ou des débris animaux, ils fournissent à l'alimentation des porcs un utile contingent.

C'est aussi à ce même titre que quelques fruits secs sont utilisés. Parmi les principaux il faut citer le gland, la faîne, la châtaigne et le marron d'Inde. Tous ces fruits crus ont un principe amer qui leur donne des propriétés toniques, plutôt que nutritives. Leur utilité est bien connue et leur usage répandu, surtout pour ce qui concerne la châtaigne et le gland. Mais il convient de faire ici la remarque des effets nuisibles attribués par beaucoup d'auteurs à la faîne, fruit du hêtre, que les animaux, porcs et oiseaux, consomment cependant dans les forêts sans inconvénient. Il y a là sans doute une question de mesure. Les accidents observés se rapportent vraisemblablement à des cas dans lesquels les animaux en étaient exclusivement ou presque exclusivement nourris. Cela doit toutefois commander la prudence. Ajoutons que dans certaines localités du midi le marron d'Inde est employé avec succès dans l'engraissement des moutons. Il communique, paraît-il, à leur viande une saveur agréable.

Tubercules. — Les tubercules alimentaires cultivés sont la pomme de terre et le topinambour. Ils ont une grande importance en hygiène, surtout la première, et il n'est pas nécessaire d'entrer dans de grands développements pour l'établir. Tout le monde en est convaincu.

La *pomme de terre* comporte un nombre très-considérable de variétés sur la valeur relative desquelles les avis sont différents. On manque de bases précises pour les apprécier d'une manière exacte, et en tous cas les variations, si elles existent, ne sont pas facilement appréciables; elles dépendent sans doute plus de la qualité du sol et des conditions climatériques que de la variété cultivée. On peut dire seulement, en général, que les tubercules de moyenne grosseur valent mieux que les très-gros ; leur poids spécifique est plus élevé et ils contiennent une proportion moins forte d'eau. Il faut s'attacher principalement, dans le choix des pommes de terre, pour la nourriture des animaux, à écarter celles qui ont subi des altérations et les conserver dans des locaux secs et bien aérés, afin d'éviter autant que possible leur germination. Les tubercules germés ont subi un commencement de fermentation qui a transformé une partie de leur substance nutritive, et les pousses qui s'y montrent ont acquis des propriétés nuisibles dont les effets sur les animaux deviennent sensibles lorsque ceux-ci les consomment en notable quantité. Avant d'administrer les pommes de terre germées, il est donc bon d'enlever ces pousses.

La pomme de terre est surtout riche en fécule ; elle en contient en moyenne de 15 à 20 pour 100, sur 75 d'eau. Les matières azotées y sont en faible proportion. Cela explique ce fait bien connu que le tubercule dont il s'agit ne convient point pour les animaux de travail. Son emploi le plus rationnel et le plus habituel est dans la nourriture du porc ; cependant on peut donner avec avantage la pomme de terre aux bêtes bovines jeunes ou à l'engrais ; mais dans tous les cas, il convient de ne l'administrer qu'après lui avoir fait subir la cuisson et en mélange avec du son, des farineux ou des menues pailles : crue, elle a un goût désagréable, âcre, qui la fait peu rechercher ; en outre, lorsqu'on la donne entière aux bêtes bovines, elle peut être avalée ainsi et s'arrêter dans l'œsophage.

Les mêmes remarques s'appliquent au *topinambour*, et à plus forte raison encore, attendu que ce tubercule est plus chargé d'eau que la pomme de terre et moins riche en fécule ; par conséquent il est moins cultivé et moins employé. Toutefois, des observations bien faites ont prouvé que le topinambour fournit le meilleur moyen de tirer parti, pour la nourriture du bétail, de certains sols qui ne sauraient être utilisés sans cela à cet usage. Le topinambour, en effet, n'est pas difficile sur leur qualité. Un vétérinaire du midi, M. Vialas, a publié dans la *Culture*, il y a quelques années, des faits personnels qui établissent que les clairières des bois, par exemple, sont ainsi avantageusement occupées.

Nous ne dirons rien de la *patate* et de l'*igname*, dont les propriétés alimentaires n'ont pas été suffisamment vérifiées par l'expérience pour qu'il soit permis d'en parler. Le dernier surtout n'a pas encore été l'objet d'essais assez suivis. Il est permis cependant, *à priori*, de penser qu'à tous égards la pomme de terre et le topinambour leur sont de beaucoup préférables.

Racines. — Les racines alimentaires sont relativement nombreuses. Elles ne sont pas moins importantes pour l'hygiène du bétail que pour l'agriculture proprement dite; car si elles ont fourni un surcroît de matière alimentaire excellente qui, avec le produit des prairies artificielles, a permis tout à la fois d'améliorer ce bétail en nombre et en qualité, elles ont été le plus puissant agent du progrès agricole, puisque c'est à leur aide que la culture intensive a pu être établie. Ce n'est pas mon rôle ici d'insister sur ce point de vue; nous devons nous borner à l'étude des racines considérées comme matières alimentaires, en résumant les résultats acquis. Malgré l'importance du sujet, on peut être court en cela sans inconvénient. A cet égard, la controverse est fermée. Les propriétés alimentaires des racines cultivées, pour le bétail, sont devenues classiques. On peut donc s'en tenir à des indications sommaires. Pas plus que pour les aliments précédents, nous ne tiendrons compte des évaluations relatives à l'équivalent nutritif des racines dont nous allons nous occuper, et nous avons pour cela deux bonnes raisons, dont l'une a été déjà formulée dans ce livre: la première, c'est que la base, sur laquelle ces évaluations ont été établies, est arbitraire; la seconde, que les racines sont exclusivement employées à la nourriture des animaux de croît ou de rente, et que par conséquent, en bonne économie, le chiffre de leur ration n'a de limite normale que dans l'étendue de leur appétit; plus ils mangent, plus ils produisent: en conséquence, la bonne hygiène alimentaire consiste pour eux à leur faire consommer le plus possible sans déranger leur santé.

Considérons donc successivement chacune des racines alimentaires en particulier et suivant sa valeur absolue.

La *betterave* est la plus importante de toutes, en hygiène vétérinaire. On préfère celle qui donne le plus de produit par hectare, parmi les variétés cultivées. Au point de vue de la valeur nutritive, il n'y pas de différences bien sensibles pour un poids déterminé. Le choix de la variété n'est par conséquent pas de notre ressort. La betterave disette est cependant la plus répandue, et après celle-ci la globe jaune. La betterave de Silésie, ou betterave à sucre, est cultivée davantage, mais ce n'est pas pour servir directement à l'alimentation du bétail. Nous la retrouverons en nous occupant des résidus.

Quel que soit leur volume, les racines de betterave ont d'autant plus de valeur alimentaire qu'elles sont plus fermes et plus lourdes. Elles doivent être saines extérieurement, exemptes de blessures faites avec les instruments employés pour les arracher et homogènes à l'intérieur. Celles qui laissent à désirer sous ces divers rapports, indépendamment de ce qu'elles sont moins nutritives, se conservent mal; il faut les faire consommer les premières. La betterave est une nourriture d'hiver; c'est à ce titre que ses effets sont surtout avantageux pour l'économie du bétail. Il importe donc de l'aménager de façon, après la récolte, à ce que sa conservation soit assurée jusqu'à la venue des premiers fourrages verts. Étant très-aqueuse et riche en matière fermentescible, elle s'altère facilement sous l'influence d'une température un peu chaude. Elle perd alors au moins une partie de ses propriétés nutritives, si elle n'est rendue impropre à l'alimentation par la fermentation putride.

Deux méthodes sont employées pour éviter ces altérations: elles consistent à soustraire les racines, autant que possible, à l'influence de l'air, ou bien à faire que celui-ci n'y arrive qu'avec une température fraîche et une hygrométricité peu prononcée. Dans le premier cas, la condition se réalise en plaçant les betteraves dans des silos creusés en terre, sorte de fossés peu profonds où elles sont disposées entre deux couches de paille et recouvertes de terre. Ces silos doivent être disposés de manière à ce que la provision qu'ils contiennent soit bientôt épuisée, une fois qu'ils sont ouverts par une de leurs extrémités. Pour le second cas, qui convient lorsqu'il s'agit de provisions peu considérables, on dispose les betteraves en couches peu épaisses dans un local bien aéré, sec et frais, cave, cellier, hangard, etc.

Les analyses des diverses variétés de betteraves qui ont été faites établissent que cette racine contient environ 80 p. 100

d'eau et 10 de composés hydrocarbonés, amidon, sucre ou corps gras ; les matières azotées y sont en très-faible proportion. Elle ne peut donc être considérée que comme un aliment respiratoire, impropre à constituer tout seul la ration. Cet aliment ne convient qu'aux ruminants, mêlé à des matières fortement nutritives sous un petit volume, comme les farines de céréales ou de légumineuses, et aussi à des fourrages hachés ou à des menues pailles ; mais dans ces conditions il est un des plus précieux pour les élèves, les vaches laitières, et les bœufs d'engrais, qui mangent toujours la betterave avec plaisir. C'est la meilleure nourriture d'hiver que l'on puisse donner aux animaux des espèces bovine et ovine.

La betterave ne peut être administrée à ces animaux, on le comprend bien, que nettoyée et divisée. Il n'y a aucun avantage à la faire cuire. Les frais de préparation ne sont pas dans ce cas suffisamment compensés par les effets produits. Le mieux est de la réduire en tranches ou en cossettes à l'aide du coupe-racines. La dernière forme a été particulièrement préconisée pour les moutons. On a même recommandé de procéder tout de suite à cette préparation, après la récolte, puis de dessécher les tranches ou les cossettes pour les conserver. Cela est peu pratique, et enlève d'ailleurs à la betterave l'un de ses principaux avantages hygiéniques, qui est de fournir dans la saison froide un aliment aqueux et laxatif. C'est même en observant ses effets sous ce rapport que l'on arrive à déterminer assez exactement la proportion d'après laquelle elle peut, sans inconvénient, entrer dans la ration journalière. Cette proportion n'est pas trop forte, tant que les excréments ne sont pas ramollis au point d'accuser une véritable diarrhée. Du reste, quand on commence à la faire entrer dans l'alimentation, il est bon de procéder progressivement, en donnant d'abord une faible dose, que l'on augmente ensuite par des additions successives.

La *carotte* ne diffère pas beaucoup de la betterave par sa composition et ses propriétés nutritives. La proportion d'eau y est cependant un peu plus forte ; mais on lui attribue une vertu excitante que celle-ci n'a pas, et cela semble justifié, du moins pour quelques unes de ses variétés, par les effets que le cheval en ressent. La carotte cultivée pour les usages culinaires est, en fait, une nourriture excellente pour cet animal, lorsqu'il s'a-

gic de le rafraîchir après un service pénible, et une alimentation très-riche. Elle passe pour lui rendre le poil fin et luisant,
ce qui est un indice de bonne santé, et c'est avec raison. Quant
à la carotte blanche à collet vert, plus particulièrement cultivée
pour le bétail, elle convient surtout au mouton, préférablement
à la betterave; mais ce n'est sans doute qu'à cause du moindre
volume de ses tranches.

Il importe, quand on parle de la valeur alimentaire de la carotte, de ne pas confondre les variétés en une appréciation générale, ainsi que l'ont fait quelques auteurs. Il est certain que
les propriétés de la variété cultivée pour nos usages culinaires
diffèrent beaucoup de celles des variétés blanches cultivées en
grand pour le bétail. Celles-ci, répétons-le, ne diffèrent pas
sensiblement de la betterave, et ne valent ni plus ni moins
comme aliment. La première au contraire a une odeur aromatique et une saveur agréable qui la font rechercher par le
cheval et expliquent assez les effets hygiéniques qu'elle produit sur cet animal. Ces effets sont tels qu'on est allé jusqu'à
dire que la carotte pouvait dans certains cas remplacer l'avoine,
ce qui est évidemment une exagération. Quelques jours de régime aux carottes sont le meilleur de tous les remèdes pour les
chevaux échauffés; comme supplément pour les poulains de
race distinguée, qui reçoivent beaucoup d'avoine, la carotte est
aussi très-hygiénique : voilà les limites dans lesquelles l'observation judicieuse commande de se tenir.

Ce qui vient d'être dit de la carotte, s'applique également
au *panais* dont la culture est moins étendue. Pour les usages
de l'hygiène vétérinaire, elle est presque exclusivement bornée
à quelques parties de la Bretagne, où cette racine est employée
à la nourriture du cheval et des vaches. Elle passe pour communiquer au lait et au beurre de celles-ci un goût agréable.
Dans la nourriture du cheval, des inconvénients lui ont été attribués qui auraient besoin d'être mieux prouvés. Jusque là,
il convient de considérer la racine de panais comme fort analogue, sinon identique, à la carotte par sa valeur nutrive et
ses propriétés hygiéniques.

Le *navet*, le *chou-navet*, *navet de Suède* ou *rutabaga*, la
rave ou *rabiole* et le *chou-rave*, sont des racines fortement
aqueuses dont les propriétés hygiéniques ne diffèrent pas beau-

coup entre elles. Il convient donc de les considérer ensemble. Moins riches que la betterave et la carotte, elles contiennent en général de 85 à 90 pour 100 d'eau. Le navet est le plus sucré et le plus nutritif de toutes, mais c'est la racine la moins cultivée pour le bétail. La rave et le rutabaga sont au contraire plus employés.

Tout ce qui a été dit plus haut des betteraves, au sujet de la quantité, de la conservation, du mode d'administration et des propriétés hygiéniques, convient également pour les racines dont il s'agit ici. Seulement ces dernières ont une valeur moindre pour une égale quantité. Tout le monde sait le rôle des turneps, en Angleterre, dans l'alimentation du bétail, et particulièrement des bêtes ovines. Dans ce pays on les fait consommer sur place. Chez nous les intempéries ne le permettent pas. Il faut donc les récolter et les conserver. Ils s'altèrent en tas plus vite que la betterave. Cela indique qu'il faut les faire consommer les premiers. Répétons en terminant que malgré cet inconvénient ils constituent une précieuse ressource alimentaire pour l'hiver, dont les éleveurs de l'Auvergne, du Limousin et du Périgord, notamment, ont su tirer un très-grand parti. Il est désirable qu'ils soient imités partout.

Fourrages verts. — Les fourrages verts remplissent un grand rôle dans l'alimentation du bétail. Ils forment la base du régime auquel sont soumis les élèves durant la plus grande partie de l'année. Ils ont une part considérable dans l'engraissement des bœufs et des moutons. Cela montre l'intérêt qu'ils doivent inspirer à l'hygiéniste. Mais les développements consacrés précédemment à ce qui concerne la valeur nutritive des produits desséchés ou fanés des prairies naturelles ou artificielles, nous dispenseront de revenir à leur sujet sur des considérations qui s'appliquent également à ces produits consommés sur pied. Il suffit de savoir seulement que les fourrages verts de cette nature, pour un poids égal, ont des effets alibiles qui sont moindres en raison de la proportion d'eau qu'ils contiennent. Remarquons toutefois que ceci n'est pas absolu, car outre que l'espèce des plantes peut faire varier le résultat, les fourrages verts en général agissent d'une autre façon sur l'économie que les fourrages secs, ainsi que nous le dirons plus loin, en envisageant en particulier le régime du vert. Quant à présent, occupons-nous des diverses formes sous lesquelles les fourrages verts sont consommés.

La plus commune est celle des *paturages*, c'est-à-dire celle dans laquelle les plantes sont consommées sur pied. Leur valeur dépend en général de celle du sol ou de la richesse du fonds et aussi de son exposition. Nous n'aurons pas à en faire une étude complète, qui est du domaine de l'agriculture proprement dite. Nous devons dire seulement que les plantes qui croissent spontanément à l'état de gazon sur une terre saine et au grand jour, et parmi lesquelles dominent les bonnes espèces de graminées et de légumineuses, constituent toujours une bonne nourriture pour les animaux qui n'ont qu'à se développer ou à s'entretenir. Depuis les pâturages de montagne jusqu'aux friches de la culture semi-pastorale, en passant par les riches embouches de grasses prairies non fauchées, les animaux qui passent ainsi une partie de leur temps dehors, si ce n'est la totalité, jouissent des bienfaits de la liberté et de l'air pur, tout en remplissant leur estomac d'aliments de facile digestion. Au point de vue de la santé, rien n'est supérieur à ce régime. C'est donc le plus hygiénique de tous; et si les animaux n'avaient d'autre but à atteindre que celui d'acquérir une constitution robuste, dans les limites de leurs aptitudes naturelles, c'est ce régime qui devrait être toujours préféré. Mais les nécessités économiques commandent de sacrifier, dans une certaine mesure, ces avantages à d'autres; il y a lieu de forcer les aptitudes et de les développer. Le régime du pâturage doit donc céder une part à celui de la stabulation, où l'influence directe de l'homme peut intervenir pour stimuler l'action digestive et accroître la puissance d'assimilation. Dans notre économie rurale, en effet, le bétail est en général composé de consommateurs de fourrages, dont les produits sont en rapport avec leur consommation. Le régime du pâturage doit en conséquence être plutôt considéré comme un utile auxiliaire, à moins qu'il s'agisse d'exploitations en période pacagère commandée par l'altitude et la nature même du sol, ou bien que l'on soit dans une de ces situations transitoires de la culture améliorante si bien décrites par M. Ed. Lecouteux.

Dans ce dernier cas, la formation des pâturages est l'œuvre

du cultivateur ; ils sont dits temporaires ou même artificiels ; et nécessairement ils ne se composent que de bonnes plantes, dont la minette et le ray-grass sont les principales. Il n'y a que du bien à en dire, surtout pour la nourriture des moutons, dont l'exploitation correspond bien à un tel état cultural.

Les produits des prairies artificielles dont nous avons parlé, trèfle, luzerne, sainfoin, auxquels il faut joindre ici le farouch ou trèfle incarnat, sont consommés en vert, sur pied ou à l'étable et à l'écurie. C'est principalement lorsque les provisions de l'hiver ayant été insuffisantes, elles sont épuisées de bonne heure, ou simplement dans un but hygiénique, qu'il y a lieu de raffraichir les animaux. Toutes ces plantes constituent de bons aliments, ainsi que nous l'avons déjà dit. Le dernier, le trèfle incarnat, ne peut même être consommé utilement qu'à cet état. C'est le plus détestable des fourrages secs ; il ne peut pas faire de foin, en raison de la grossièreté de ses tiges, tandis qu'il donne un excellent fourrage vert, surtout pour les ruminants. La même remarque s'applique aux autres grandes légumineuses cultivées en prairies dites annuelles, telles que les vesces, les gesses, les jarosses, etc., dont la valeur comme aliments verts est bien connue.

Il est bon de donner, à cette occasion, quelques indications sur les dangers que peut présenter la consommation des légumineuses vertes, et qui ont été fort exagérés. Ces plantes produisent en effet assez souvent la météorisation chez les ruminants, ce qui peut être un accident mortel ; mais la faute en est bien moins aux plantes elles-mêmes qu'à l'ignorance où l'on est des conditions dans lesquelles elles peuvent être consommées sans cet inconvénient. Un préjugé règne à cet égard, qu'il importe de détruire. On attribue la fermentation qu'elles subissent dans la panse et les gaz qui en résultent à la rosée dont elles étaient couvertes au moment où les animaux les ont ingérées. C'est là qu'est l'erreur, et c'est le contraire qui est vrai. Tant que les légumineuses sont mouillées par la rosée ou la pluie, elles peuvent être mangées impunément. Il en est autrement lorsqu'elles ont subi l'action du soleil sur pied ou après avoir été coupées. C'est l'élévation de leur température qui les dispose à la fermentation. Il ne faut donc les faire pâturer qu'avant le lever du soleil, ou du moins avant que ses rayons aient pu les porter à une certaine température après l'évaporation de la rosée. Le même effet se produit lorsque ces fourrages, coupés pour être distribués au râtelier, se sont échauffés en tas; et, dans ce cas, qu'il faut toujours éviter en les étendant en couches minces sur le sol et à l'abri de la chaleur solaire, le meilleur moyen de prévenir la météorisation est de les arroser avec de l'eau fraîche. Ce ne sont pas là seulement des notions théoriques. L'observation et l'expérience des hommes compétents ne laissent aucun doute à cet égard.

D'autres fourrages verts sont cultivés, mais il serait inutile de les passer tous successivement en revue au point de vue de leurs propriétés hygiéniques, qui n'offrent pas un intérêt particulier. Parmi les plantes qui les fournissent, nous citerons les seigles, l'escourgeon, les lupins, le sorgho, le moha, etc. Les considérations générales précédentes s'y appliquent parfaitement. Parlons seulement de deux qui ont dans l'hygiène des animaux de l'espèce bovine une certaine importance, l'une comme fourrage vert d'été, l'autre comme fourrage vert d'hiver. Il s'agit du maïs et des choux.

« Le *maïs vert*, dit M. Magne, est un des fourrages les plus salutaires, les plus agréables et les plus alimentaires pour les ruminants. Il leur donne un poil poli, luisant, des chairs fermes, et les rend capables d'exécuter les plus rudes travaux. » Il y a peut-être bien dans ce dire un peu d'exagération, du moins en ce qui concerne la dernière affirmation. Le même auteur ajoute : « Ce fourrage suffit pour entretenir en bon état, pendant les mois d'août et de septembre, les attelages employés à porter le fumier et à faire les seigles dans les contrées les moins fertiles du Rouergue. » Cela ne peut pas passer, on le voit, pour de bien rudes travaux, car, dans les terres à seigles du Rouergue, les labours ne sont guère pénibles et les fumures peu intenses. Mais le maïs n'en doit pas moins être considéré comme fournissant dans cette saison une bonne nourriture pour les animaux de l'espèce bovine, et c'est justement que M. Magne continue ainsi : « Cette nourriture est d'autant plus précieuse que la récolte en est facile et que les animaux la mangent avec avidité, mettent peu de temps à prendre leur repas. Un de nos plus habiles éleveurs, M. Massé, nous a dit que ce fourrage lui avait été fort utile pour produire la souche des bêtes précieuses qui lui ont valu des succès si bien mérités dans les concours. »

Quant à la valeur hygiénique des *choux-fourrages,* dont le chou cavalier est le type, et qui comprennent les diverses variétés de chou branchu du Poitou, de chou moellier ou de Chollet, etc., je ne saurais mieux faire que d'emprunter à mon ami, M. P. Joigneaux, ce qu'il en dit dans l'excellente monographie qu'il a publiée récemment sur les choux *(Bibliothèque du cultivateur).* Il s'exprime ainsi à propos du chou cavalier :

« Nos populations de l'Ouest ont cette plante en grande estime, pour les raisons que voici : elle donne un fourrage vert considérable, très-recherché du bétail; elle fournit, en outre, au cultivateur, des feuilles qu'il ne dédaigne point pour sa nourriture, bien qu'elles ne soient pas délicates; enfin, elle prospère dans ces contrées et résiste bravement à l'hiver. La considération dont jouit le chou cavalier est certainement méritée, et nous remarquons avec plaisir que sa culture tend chaque année à gagner du terrain. Mieux vaut tard que jamais. Il y a plus d'un demi-siècle que Parmentier la conseillait vivement; il écrivait alors les lignes qu'on va lire : « Un cultivateur anglais,
« M. Balders, a prouvé, par l'expérience, que les choux sont
« de beaucoup préférables aux turneps pour engraisser le bé-
« tail. Il y a, selon lui, soixante-quinze pour cent à gagner,
« relativement à la quantité, et il faut trois fois moins de temps.
« L'effet des choux est de distribuer la graisse plus également.
« Les animaux de la ferme de M. Scroop ont extraordinaire-
« ment prospéré depuis qu'il leur donne des choux. Aujour-
« d'hui, il n'engraisse plus ses bœufs et ses moutons que par
« leur moyen. Les avantages qu'il a retirés de leur culture
« dans les années de sécheresse sont incalculables. Il leur doit
« la plus grande partie de sa fortune; aussi, les soigne-t-il avec
« une attention toute particulière. »

« Il n'y avait, ajoute M. Joigneaux, dans ces assertions, rien d'exagéré, et, en ce temps-ci, vous ne seriez pas en peine de trouver des fermiers qui mettent les choux cavaliers au-dessus de tous les fourrages verts, pour la nourrriture des bœufs et des moutons. » Il est certain que, dans la Vendée, notamment, on en tire un parti très-considérable pour l'engraissement des bœufs, et que ceux engraissés ainsi dans les environs de Cholles sont réputés à Paris pour l'excellente qualité de leur viande.

Après avoir ainsi passé en revue les principaux fourrages verts, il nous reste à exposer quelques considérations générales relatives à leurs effets sur l'économie animale, comparés à ceux des fourrages secs. Ce n'est pas le lieu de faire une étude approfondie de ce qu'on appelle en hygiène le régime du vert. D'après le plan de cet ouvrage, nous empiéterions en cela sur des points qui seront examinés ailleurs. Les effets de ce régime sur les jeunes animaux, sur les élèves, sont du ressort de la zootechnie générale, ainsi que ceux qui se rapportent à l'engraissement des animaux de boucherie. Au point de vue de l'hygiène proprement dite, il convient de se borner à ce qui concerne l'indication et l'utilité du régime vert pour la conservation de la santé des animaux de travail, habituellement soumis à l'usage d'une alimentation sèche, composée de foin et de grains excitants.

A cet égard, le régime du vert doit donc être envisagé moins sous le rapport de la valeur nutritive des aliments qui le composent que sous celui de leur mode d'action sur les organes digestifs et sur l'économie animale en général. A proprement parler, le vert dans ce cas est un remède qui a pour principal effet de procurer du repos aux animaux, soit qu'ils le consomment au pâturage, ce qui est la meilleure manière de l'administrer, soit que les plantes vertes, après avoir été coupées, leur soient distribuées au râtelier. Plus faciles à triturer et à digérer, en raison de la moindre consistance qu'elles ont et de la forte proportion d'eau qu'elles contiennent, ces plantes cèdent plus facilement leurs principes nutritifs à l'absorption intestinale et produisent en outre une légère purgation qui rafraîchit et corrige les effets de l'alimentation sèche et excitante, à laquelle les animaux travailleurs ont été antérieurement soumis. Sous leur influence, jointe au repos des organes mécaniques et locomoteurs, ces animaux reprennent de l'embonpoint et deviennent plus dispos. Le premier effet s'explique par ce fait que, dans les plantes jeunes, la proportion de matière azotée est plus forte, nous parlons seulement, bien entendu, de la tige et des feuilles, que dans celles qui sont arrivées à leur maturité. Mais il n'en faut pas moins remarquer qu'à cet état les fourrages manquent des propriétés nécessaires pour entretenir l'énergie et la force de résistance indispensables pour un travail soutenu. Les animaux au vert suent facilement, sont mous, et incapables par conséquent de fournir ce travail. Le régime dont nous nous occupons ne peut donc produire de bons effets qu'à la condition d'être combiné avec le repos. Il convient surtout aux individus fatigués, amaigris, manquant d'appétit, trop jeunes ou trop vieux pour le service auquel ils sont employés. Et sa durée doit être avec soin mesurée, de manière qu'elle ne dépasse pas la limite du temps nécessaire pour rétablir la santé altérée par le travail ou la maladie. Dès que le poil est devenu meilleur et l'embonpoint satisfaisant, il faut le faire cesser. L'abus du régime vert, systématiquement mis en pratique pour les chevaux de travail, par exemple, a été longtemps, dans l'armée notamment, une des principales causes prédisposantes de la morve, en raison de ses effets débilitants.

Quant au mode d'administration du régime du vert, à part les précautions qui ont été indiquées à propos de quelques-unes des plantes qui le composent, des légumineuses en particulier, il y a surtout à s'occuper de la transition. Il n'est pas sans inconvénient de substituer brusquement le vert au sec ou le sec au vert. En hygiène, et pour ce qui concerne particulièrement l'alimentation, il convient toujours de tenir grand compte de l'accoutumance. Il y aurait même à faire sur ce sujet un chapitre spécial, si nous ne devions éviter, par la nature même de ce livre essentiellement pratique, les généralités. Le but sera néanmoins atteint par l'indication attentive de ses applications particulières. En ce qui touche le régime du vert, nous dirons donc qu'il convient de ne pas remplacer du premier coup la ration sèche par une ration complète de plantes vertes. La substitution doit être progressive et durer quelques jours, en commençant par un quart de la ration au plus. Il faut donner aux organes digestifs le temps de s'habituer à ce nouveau régime. De même, lorsqu'il s'agit de le faire cesser, la transition est ménagée en sens inverse. On ne saurait trop recommander, en outre, de continuer, pendant la durée du vert, au moins une portion de la ration d'avoine aux chevaux qui ont l'habitude, en temps ordinaire, d'en manger tous les jours.

De cette façon ils bénéficient des avantages du régime sans en subir les inconvénients, et ainsi, ils peuvent même suffire aux exigences d'un léger travail qui paye une partie de leur nourriture.

Résidus. — Les aliments de cette catégorie ont pris dans ces derniers temps une très-grande importance, à mesure que l'agriculture est devenue plus industrielle. Comme pour toutes les choses nouvelles, la valeur alimentaire de quelques-uns des résidus laissés par les fabrications agricoles a été surfaite d'un côté, contestée de l'autre, et a donné lieu à beaucoup de discussions. L'expérience s'est suffisamment prononcée maintenant pour qu'il n'y ait plus lieu de prendre part à ces discussions. Le débat est clos, il doit suffire d'en exposer les conclusions, et l'on peut le faire en toute sécurité de conscience. Ceci, d'ailleurs, n'est pas un livre de polémique. Nous allons donc, en ces matières, marquer à chaque chose sa place et sa valeur telles que la science, fondée sur l'expérience, les leur indique.

Disons, d'abord en thèse générale, que l'adjonction des résidus alimentaires aux fourrages naturels et aux fourrages cultivés a été une véritable conquête pour le progrès de l'économie du bétail, et par conséquent pour celui de l'économie rurale tout entière. Toute démonstration serait à cet égard superflue. Le fait est acquis. Il ne s'agit donc plus que d'exposer les propriétés hygiéniques particulières de chacun des résidus employés dans l'alimentation du bétail, en commençant par ceux qui proviennent de la fabrication du sucre ou de l'alcool. Ces résidus, lorsque la fabrication porte sur des racines ou des tubercules, sont désignés sous le nom générique de pulpes.

Les *pulpes de betterave* sont de deux sortes, suivant le procédé d'après lequel elles ont été préparées, et elles ont une valeur hygiénique différente. Elles sont essentiellement constituées par le parenchyme de la racine; mais on comprend facilement que la proportion de liquides ou de sucs qu'elles retiennent, ainsi que la température à laquelle elles ont été soumises, font varier beaucoup leur composition et leur richesse en principes assimilables. Il importe donc de ne point confondre, en hygiène, les pulpes râpées et pressées avec celles qui proviennent de betteraves seulement coupées et macérées à chaud dans les vinasses, ou ayant subi l'action de la vapeur.

La pulpe pressée est à tous égards moins nutritive que les autres, à moins qu'elle ne soit administrée en mélange avec les mélasses de la sucrerie. La pression à laquelle on l'a soumise lui a fait perdre la plus grande partie des matières solubles ou miscibles à l'eau, qui ont été entraînées dans les jus. Sous le bénéfice de cette remarque, ses propriétés sont les mêmes que celles des autres dont nous allons maintenant parler.

On a estimé que les pulpes provenant de macération à la vinasse, par le procédé Champonnois, sont trois fois plus riches en matières azotées que les pulpes pressées des sucreries. Elles contiennent tous les principes immédiats de la betterave, moins le sucre, mais la fermentation a exercé sur ces principes une action qui les rend plus propres à être assimilés. Il en est de même de celles qui ont été traitées par la vapeur. En somme, l'observation a prouvé sur une grande échelle que ces pulpes ne diffèrent pas sensiblement, sous le rapport de leur valeur nutritive, des betteraves d'où elles proviennent. Elles constituent, comme celles-ci, un précieux aliment pour le bétail, mais qui ne peut pas être employé tout à fait dans les mêmes conditions. Les pulpes conviennent mieux, en effet, pour l'engraissement des bœufs et des moutons, que pour les élèves ou les animaux de travail. Et, dans tous les cas même, leurs effets sont meilleurs lorsqu'elles ne forment qu'une partie de la ration. Mélangées avec des fourrages durs et peu nutritifs par eux-mêmes, elles les ramollissent, les pénètrent de sucs, les rendent assimilables, et leur communiquent une utilité qu'ils n'auraient point sans cela, en même temps que ces fourrages médiocres corrigent, de leur côté, les effets nuisibles d'une alimentation exclusive à la pulpe. Dans ces derniers temps, M. Champonnois a eu l'idée de faire entrer dans son procédé de distillerie agricole une modification consistant à joindre aux macérations de betterave une faible proportion de grains, en vue précisément d'améliorer les pulpes pour la nourriture du bétail. On n'a pas de peine à comprendre les avantages de cette modification.

Il ne faut rien exagérer. Les pulpes de betterave peuvent sans inconvénient entrer pour une faible proportion dans la nourriture de tous les ruminants ; mais, dès que la production en est assez forte pour qu'il soit nécessaire d'en constituer la base de l'alimentation, celle-ci ne convient plus que pour les animaux à l'engrais. Dès que la distillerie agricole est établie sur une assez grande échelle, elle entraîne donc comme conséquence la spéculation de l'engraissement. On a attribué au régime presque exclusif de la pulpe une influence capitale sur le développement de la péripneumonie contagieuse du gros bétail. Le fait n'est pas scientifiquement démontré ; mais l'observation de ce qui se passe dans les étables des distillateurs de la Belgique et du Nord le rend au moins probable. Il faut donc en tenir compte, à titre de risque.

Il a été beaucoup discuté sur les procédés de conservation applicables aux pulpes de betterave, particulièrement pour celles des sucreries. On emploie pour cela des silos ou des cuves fermées et pressées, où les pulpes desséchées sont maintenues à l'abri de l'air. Il n'y a pas grand'chose d'utile à attendre de ce côté. Le meilleur moyen de tirer un bon parti de l'aliment dont il s'agit, c'est de lui assurer des consommateurs à mesure qu'il est produit, car, alors seulement, il est en possession de toute sa valeur nutritive. Les facilités fournies par les chemins de fer pour le transport des bestiaux gras, bœufs ou moutons, simplifient considérablement la question, ainsi que l'assurance du débouché dans les grands centres de consommation.

Les *pulpes de pommes de terre* sont également de deux ordres. Elles constituent des *résidus de féculerie* ou des *résidus de distillerie*. La pomme de terre reçoit en effet ces deux emplois industriels.

Lorsqu'il a été passé au four, le résidu de féculerie égale, dit un auteur contemporain, le bon foin en propriétés nourrissantes, car la pomme de terre a perdu surtout de la fécule, du principe hydro-carboné neutre, dont elle a toujours un grand excès. Il n'est guère possible d'abuser davantage de la théorie des équivalents nutritifs. Et s'il était besoin d'établir combien cette théorie, fondée sur la composition élémentaire des aliments, est arbitraire, on n'en saurait trouver une meilleure preuve. Certes, le résidu de féculerie, administré en certaine proportion aux porcs et aux ruminants, peut entrer avantageusement dans la ration, surtout lorsqu'il a subi la cuisson. Il a les propriétés générales des pulpes; mais le comparer au bon foin, c'est aller beaucoup trop loin. S'il est donné cru et non égoutté, surtout seul et en forte quantité, l'action débilitante domine. On s'en aperçoit bientôt, car les animaux qui le consomment ne tardent point à être atteints de diarrhée. Comme tous les aliments du même genre, et comme la pomme de terre en particulier, il ne peut entrer utilement dans la ration qu'à la condition d'être mélangé avec des fourrages secs, des grains ou des farines qui corrigent ses défauts et le complètent. A ce prix seulement, les résidus de féculerie cuits ou crus fournissent un bon aliment pour les animaux d'engrais et les vaches laitières.

Les mêmes remarques s'appliquent aux résidus provenant des distilleries de pommes de terre. Toutefois, ceux-ci sont plus nutritifs quand la fabrication comporte un mélange de grains avec les tubercules. Mais on ne saurait trop répéter qu'ils ne constituent dans aucun cas un aliment complet, pouvant entretenir l'animal en santé. Toutes les inductions basées sur la composition chimique ne sauraient rien prouver à cet égard. Dire, par exemple, que le résidu de pomme de terre est plus nutritif que la pomme de terre entière, parce que dans celle-ci les matières hydro-carbonées sont trop abondantes relativement aux éléments minéraux et azotés, c'est faire une pure supposition que la pratique n'a jamais confirmée, c'est s'en laisser imposer par une vue théorique sans fondement. Les matières féculentes appartiennent à la catégorie des aliments que Liebig a qualifiés de respiratoires, et qui concourent à la formation de la graisse. Or, la pomme de terre, de même que ses résidus, ne pouvant convenir que pour les animaux à l'engrais, ou pour ceux qui donnent des produits où les principes sucrés sont abondants, prétendre que la richesse en fécule puisse être un inconvénient, c'est soutenir tout à la fois une erreur scientifique et une contre-vérité pratique. Savoir si c'est tirer un meilleur parti de la pomme de terre d'en extraire de la fécule ou de l'alcool, ou bien de la faire consommer entière par le bétail, c'est une question dont nous n'avons pas à nous occuper ici. Ceci est de l'économie rurale. Mais, quant à ce qui est de comparer, au point de vue hygiénique, la pomme de terre à son résidu, cela ne peut faire question. Si le cas est douteux pour la betterave conenant 4 pour 100 de sucre seulement, et dont la pulpe a subi, dans les préparations dont elle est l'objet, des modifications qui la rendent plus facilement assimilable, en ce qui concerne la pomme de terre contenant environ 20 pour 100 de fécule, il serait même puéril de s'y arrêter. Se demande-t-on si le son est plus nutritif que le grain de froment ?

La *drèche*, résidu de la fabrication de la bière, est formée par les grains germés et légèrement torréfiés ou *touraillés*, comme on dit en terme de brasserie, ayant été soumis à l'action de l'eau bouillante qui leur a enlevé les parties les plus solubles, particulièrement le sucre développé pendant la germination. C'est un aliment encore riche néanmoins, et qui nourrit fortement. Il pousse à la graisse et au lait. Beaucoup de brasseurs le font consommer eux-mêmes, en annexant à leur établissement une étable d'engraissement ou une porcherie. Dans les grandes villes, les vacheries où se produit le lait en font un grand usage. Donnée en faible quantité aux chevaux qui consomment d'ailleurs du foin et de l'avoine, la drèche entretient leur embonpoint et leur santé. C'est un bon supplément de nourrriture. Mais on doit répéter à son sujet ce qui a déjà été dit des autres résidus cuits et aqueux : ses propriétés hygiéniques sont d'autant meilleures qu'elle a une part moins exclusive dans l'alimentation.

Longtemps les *résidus de cidre* ont été perdus pour la nourriture du bétail. Le *marc de pommes* était jeté sur quelque point de la voie publique, et n'était même pas utilisé comme engrais. On s'est enfin aperçu qu'il en pouvait être tiré un plus utile parti. Dans les localités à cidre, on commence à le faire consommer. Ce n'est certainement pas une nourriture de premier ordre ; mais, mêlé en proportion convenable et réglée par le tâtonnement avec des aliments plus nutritifs, avec des grains, par exemple, il contribue à entretenir et même à engraisser les porcs et les ruminants, qui le mangent d'ailleurs avec plaisir.

On en peut dire autant du *marc de raisin*, qui est plus souvent employé, toutefois, comme engrais pour la vigne. Comme les pays vignobles ne sont guère des pays à bétail, et qu'en outre il n'est point selon les lois naturelles de la culture de la vigne de détourner au profit de la production animale les résidus de la fabrication du vin, qui devraient tous retourner directement au sol, y compris les cendres de sarment, je ne crois pas qu'il soit bon de considérer le marc de raisin comme un aliment utile pour les animaux, du moment que l'on peut et que l'on doit en tirer meilleur parti par une restitution normale au sol qui l'a produit.

Les *résidus des distilleries de grains* sont utilisés sur une grande échelle pour l'engraissement des bœufs, et ils ne sont propres qu'à cela. Ces résidus presque liquides sont consommés à cet état, en les faisant couler dans les auges des étables, ou mélangés avec des menues pailles ou des fourrages hachés. Ce dernier mode est le meilleur, mais il n'est pas toujours possible. En tout cas, plus encore que pour les précédents, on ne peut songer à en nourrir exclusivement les animaux. Il y faut de toute nécessité joindre du lest solide pour les organes digestifs.

Les *résidus d'amidonneries* sont moins alimentaires que ceux des distilleries des grains, pour ce motif qu'ils ont été plus lavés pour en extraire le plus possible d'amidon. Ils n'en diffèrent du reste que sous ce rapport. Ils sont plus particulièrement employés à la nourriture des porcs, qui s'accommodent plus volontiers qu'aucun autre animal du goût aigre de ces résidus.

En joignant à ceux qui précèdent les *résidus de topinambour*, à peu près exactement comparables à ceux de la pomme de terre, employée comme ce tubercule pour la fabrication de l'alcool, nous aurons épuisé la série des matières alimentaires de ce genre où dominent les principes sucrés. Nous avons maintenant à nous occuper de celles qui proviennent des graines ou des fruits oléagineux. Ce sont les *résidus d'huilerie*, généralement connus sous le nom de *tourteaux*, parce qu'ils sortent des fabriques d'huile sous forme de pains plus ou moins volumineux, circulaires ou carrés, et diversement épais.

En théorie, il est facile d'apprécier la valeur nutritive des tourteaux. Elle est celle de la graine ou du fruit dont ils proviennent, moins l'huile qui en a été exprimée par la pression. Mais, suivant l'intensité de celle-ci, l'on comprend fort bien qu'ils peuvent retenir une proportion variable du principe huileux, qui dépend aussi de la perfection apportée dans la trituration préalable de la graine ou du fruit. C'est donc à ce double point de vue qu'il convient d'abord de se placer lorsqu'on en veut juger la valeur commerciale. Il est clair, d'après cela, que les tourteaux sont d'autant moins riches qu'ils sont plus secs, plus cassants, et que leur cassure est plus homogène. A ce compte, ceux qui contiennent dans leur intérieur des fragments un peu volumineux de graine ou de fruit oléagineux doivent être préférés.

Nous ne nous arrêterons pas, pour les motifs déjà plusieurs fois exposés, à la composition chimique des tourteaux. Il n'est nul besoin de fournir une nouvelle preuve, à cette occasion, que les nombres qui ont été donnés ne nous apprennent absolument rien pour l'hygiène, si ce n'est la parfaite opposition qui existe entre les conclusions théoriques formulées et les résultats de l'expérience la plus vulgaire. En effet, d'après ces formules, on serait conduit à admettre que les tourteaux sont, de tous les aliments, les plus complets et les plus propres à constituer tout seuls, par conséquent, la meilleure alimentation pour tous les cas. Ils contiennent, dit-on, en très-fortes proportions, les éléments azotés, les principes hydro-carbonés et les composés salins les plus utiles à la composition du corps animal. On calcule, suivant des errements aujourd'hui complétement abandonnés par tous ceux qui sont au courant de la science, leur équivalent en bon foin, ce qui n'empêche pas d'ajouter qu'il ne faudrait pas cependant les administrer seuls, et qu'ils conviennent médiocrement aux animaux de travail. En se fondant sur l'observation, il faut dire que les tourteaux ne leur conviennent pas du tout. Mais, sans aller si loin, on est bien forcé de voir qu'il y a flagrante contradiction entre ces diverses assertions, et qu'aucun profit ne peut être tiré ni des unes ni des autres par ceux qui cherchent à s'éclairer. Il n'en reste que l'impression d'une idée préconçue et hypothétique avec force portes de derrière pour s'échapper en cas de discussion. En somme, peu ou point d'éléments d'instruction.

La vérité est que les tourteaux, pour l'hygiéniste qui base ses déductions sur l'observation directe et rigoureuse des faits, ne doivent être considérés que comme un très-utile appoint de la ration des animaux à l'engrais. Leur effet le plus constant est de favoriser le développement de la graisse et de hâter en conséquence l'engraissement. Mais à côté de cet avantage ils ont un inconvénient qui est d'agir plutôt sur les masses adipeuses extérieures et sous-cutanées que sur celles de l'intérieur qui forment le suif, et de communiquer à celui-ci des propriétés qui diminuent sa valeur commerciale. Le suif des animaux engraissés aux tourteaux est moins consistant, moins ferme et plus coloré; leur viande est aussi moins savoureuse et moins aromatique. Il faut donc concilier, dans l'usage alimentaire des tourteaux, la qualité avec la quantité, en ne les administrant qu'à dose modérée, lorsqu'il s'agit d'animaux engraissés pour le commerce et non pour les concours et les exhibitions, où les maniements font surtout de l'effet.

D'après cela, l'on comprend que la dose de tourteau varie tout à la fois suivant le but qu'on se propose d'atteindre et suivant la nature de la subtance qui forme la base de l'alimentation. Les animaux nourris au bon foin ou dans dans des pâturages salubres peuvent en recevoir sans inconvénient plus que ceux qui n'ont consommé que des racines ou des pulpes mêlées à des fourrages grossiers; et en tout cas il est bon de les remplacer par des farineux ou des graines, vers la fin de l'engraissement. Cette remarque s'applique également aux graines oléagineuses et à plus forte raison aux huiles qui ont été préconisées pour l'engraissement du bétail. Il n'y a pas lieu de se préoccuper autrement de celles-ci.

Ces considérations générales énoncées, nous n'avons plus que quelques mots à dire des particularités de chacune des espèces de tourteaux. Ces espèces sont peu nombreuses, et nous ne parlerons que des principales, qui sont celles de lin, de noix et de colza. Les tourteaux de cameline, d'œillette, de sésame, d'arachide, de chénevis, d'olive, appelé *trouille* dans le Midi, et de faine, sont plus particulièrement usités à titre d'engrais pour le sol.

Le *tourteau de colza* est le plus riche de tous en matières grasses. C'est aussi le plus usité dans la nourriture des animaux. Après lui, on peut mettre sur la même ligne le *tourteau de lin* et le *tourteau de noix, nougat* ou *nouget,* dont la richesse est environ d'un quart moindre.

Ces substances s'administrent sous forme de poudre, après avoir été broyées ou concassées, soit en mélange avec les autres aliments solides, soit délayées dans de l'eau. Le premier mode est plus simple et préférable, à moins qu'il s'agisse de jeunes élèves qui les reçoivent à titre de supplément, peu de temps avant le sevrage.

Matières animales. — Il nous resterait pour terminer ce qui concerne l'étude des aliments, si nous suivions le plan habituel des traités d'hygiène, à passer en revue les matières animales. Mais il ne nous paraît aucunement nécessaire de parler ici de ces matières autrement que pour faire remarquer qu'elles n'appartiennent point à l'hygiène des animaux dont nous nous occupons. Il ne saurait être rationnel, en effet, non plus que d'une bonne économie, de nourrir des herbivores avec de la viande, du sang ou d'autres substances animales. On a expérimenté ce genre d'alimentation pour les porcs qui, en leur qualité d'omnivores, s'y prêteraient mieux ; mais c'est là une pratique qu'il ne faut pas encourager. La chair et la graisse des porcs ainsi nourris sont détestables. En fait de matières d'origine animale, le porc ne peut s'accommoder, eu égard aux services que nous attendons de lui, que des débris de cuisine et des eaux de lavage de la vaisselle. Dans ces matières, il n'y a pas à choisir, on fait consommer celles que l'on produit, uniquement pour les utiliser.

Quant au lait, il ne serait pas sérieux de le considérer comme un aliment possible en dehors de l'allaitement, attendu qu'il ne viendra à l'esprit d'aucun homme raisonnable de lui donner un tel emploi, lorsqu'il peut en faire du beurre ou du fromage, s'il n'en trouve le débouché dans son état naturel. Tout au plus peut-on faire remarquer que le petit-lait, résidu de la fabrication du beurre ou des fromages, est avantageusement consommé par les porcs, surtout par les jeunes qui en sont très-friands.

2. Condiments.

On a beaucoup abusé de la signification de l'épithète de condiment, en hygiène vétérinaire, parce qu'on est parti d'une définition fautive de l'aliment. C'est au point que bon nombre de plantes entrant dans la composition des prairies naturelles ont été considérées comme des condiments. Il est certain que la présence de ces plantes dans le fourrage sec provenant de ces prairies, dans le foin, contribue beaucoup à en faire un aliment capable d'entretenir à lui seul les animaux en santé, mais il s'en faut de beaucoup que ce soit seulement en raison de leur action directe sur les diverses parties de l'appareil digestif. Toutes les plantes, à quelque famille qu'elles appartiennent, du moment qu'elles sont herbacées, contribuent pour leur part à l'alimentation en cédant de leur propre subtance, qu'elles soient amères, aromatiques, toniques ou excitantes. Leurs effets dépendent de leur proportion, et nous n'avons pas à revenir en ce moment sur ce qui a été dit à propos du foin.

Sans se livrer à des répétitions inutiles, il faut donc se borner à la seule signification que puisse avoir, en ce qui concerne les animaux domestiques, l'expression de condiment. Cette expression ne convient ici que pour désigner les subtances qui peuvent être ajoutées aux aliments pour leur communiquer une saveur qui leur manque, pour les faire ainsi manger avec plus d'appétit et en faciliter la digestion. A ce compte, la liste en est vite remplie, de même que l'indication des circonstances de leur application. En Angleterre beaucoup plus qu'en France, en Angleterre où l'industrialisme a plus de ressources que chez nous, il se débite des poudres nutritives ou apéritives dont la composition est tenue secrète par ceux qui les exploitent, mais dont le principal mérite est de contenir des substances, la plupart végétales, d'un goût relevé, et qui, en petite quantité, plaisent aux animaux dont le palais est blasé par une nourriture trop uniformément composée de racine et de tourteaux. Ce sont là de véritables condiments, contre l'usage desquels nous n'avons rien à dire, si ce n'est que le prix en dépasse le plus souvent la valeur réelle. En ces matières, le souverain juge est le goût des consommateurs ; il faut se guider sur l'observation : c'est la seule règle d'hygiène que nous puissions poser, ne nous croyant nullement tenu de disserter sur des à peu près, qui remplissent les pages d'un livre sans utilité. Tel condiment plaît à tel animal ou à telle espèce, qui déplaît à une autre. Et l'on se montre d'autant plus facile sur les explications, qu'on a moins observé, parce que l'on prend alors ses idées propres et préconçues pour des vérités démontrées.

Il n'y a point, à cet égard, d'exception à faire pour le sel, à l'occasion duquel on a tant discuté dans ces derniers temps. Il n'en reste guère debout, maintenant, de toutes les belles théories basées sur la statique chimique des animaux. L'implacable expérience a renversé tout cela, dès qu'il est venu à l'idée de quelque esprit rigoureux de l'instituer dans de bonnes conditions. Le rôle du sel en hygiène, que des expérimentateurs enthousiastes et trop pressés de conclure du particulier au général avaient fort exagéré, est maintenant réduit à sa juste valeur. Cette substance ne vaut que pour donner de la saveur aux aliments qui en manquent; elle n'a qu'une seule action, celle de stimuler, d'exciter l'appétit. Des fourrages qui seraient sans cela repoussés ou consommés en moindre quantité, sont pris avec plaisir lorsqu'ils ont été un peu salés. Le sel est leur assaisonnement. Et il est impossible de fixer autrement que d'une façon tout à fait arbitraire la dose qui convient. Cette dose ne dépend, ainsi que certains auteurs le prétendent, ni de l'espèce de l'animal, ni du service qui est sa spécialité; elle dépend uniquement de la nature de l'aliment dont il s'agit. On ne s'est jamais avisé de déterminer, pour l'hygiène de l'homme, la quantité de sel, en poids, nécessaire pour la dose journalière de chaque individu. La cuisinière se règle, à cet égard, sur le goût de ses consommateurs, et sur les propriétés naturelles des aliments qu'elle prépare. Elle sale davantage les choses fades, le porc et les épinards, plus que le mouton, le bœuf et les petits pois. Sachons donc bien que les animaux ne sont pas beaucoup plus bêtes que nous.

Il importe encore, à ce sujet, de détruire une erreur assez répandue, sur la foi de conceptions théoriques insuffisantes. Cette erreur consiste à prétendre que le sel peut corriger les effets nuisibles des fourrages altérés; elle est basée sur un fait vrai, savoir la propriété conservatrice de cette substance, comme agent capable de prévenir les fermentations. Il est certain qu'ajouté à des fourrages dont la dessication n'est pas suffisante, le sel peut préserver d'une altération ultérieure les parties qu'il a imprégnées; mais cette altération une fois produite, son action se borne à masquer le goût désagréable qui en est la conséquence, à faire consommer des aliments qui seraient rejetés sans cela. Quant aux propriétés nuisibles résultant de l'altération, elles subsistent. Le sel ne peut rien ajouter aux propriétés nutritives diminuées ou détruites, ni rien retrancher aux effets toxiques développés dans la matière avec laquelle il est administré.

En somme, le sel n'est donc purement et simplement qu'un assaisonnement qu'il est bon d'ajouter aux aliments manquant de sapidité ou qui sont d'une digestion difficile. Il peut entrer utilement dans les rations composées de pulpes ou de fourrages peu nutritifs, provenant de prairies basses ou marécageuses, où l'acidité domine trop. Dans ces cas on obtient de bons effets de ce condiment.

3. Boissons.

Les eaux seules fournissent les boissons des animaux. C'est donc aux propriétés hygiéniques de ces eaux, telles qu'elles se présentent dans les conditions de l'économie publique, que doit se borner ici notre étude. Quant à l'action des boissons aqueuses, considérée au point de vue du liquide qui en forme la base, elle est du ressort de la physiologie. Nous en avons dit précédemment tout ce qui était nécessaire; nul besoin d'y revenir. Il convient toujours de ne pas sortir des limites de l'hygiène. Je vais reproduire presque textuellement les considérations que j'ai déjà consacrées ailleurs [1] à ce sujet.

Pour que l'eau puisse être propre à la boisson des animaux, il faut qu'elle présente les qualités capables de la rendre tout à la fois agréable au goût et d'une digestion facile; en un mot, elle doit être *potable*.

On entend en hygiène par *eau potable*, celle qui est vulgairement dite *légère* et dont nous énumérerons tout à l'heure les qualités particulières. Le sens populaire ne se trompe guère à cet égard. Toutefois, sans cesser d'être légère, l'eau peut laisser à désirer pour l'hygiéniste : c'est lorsqu'elle contient des matières organiques susceptibles d'altération. Au reste, il faut dire dés à présent, qu'une eau pourrait cesser d'être potable pour

---

[1] Article EAU du *Nouveau dictionnaire pratique de médecine, de chirurgie et d'hygiène vétérinaires*, de MM. H. Bouley et Reynal, t. V, p. 182.

l'homme sans qu'il en fût ainsi pour les animaux, pour certains du moins, les ruminants notamment, qui appètent assez les boissons fortes en goût. Cependant, on peut dire, en thèse générale, que l'eau la plus propre à servir de boisson est celle qui présente les caractères suivants : elle cuit bien les légumes, dissout le savon sans flocons et ne se trouble pas lorsqu'on la soumet à l'ébullition ; elle ne tient en suspension aucune matière étrangère, minérale ou organique, qui puisse altérer sa limpidité ; elle est bien aérée, ce dont on s'aperçoit en constatant, lorsqu'on l'a soi-même bue, qu'elle ne pèse pas sur l'estomac : d'où la qualification d'eau légère donnée à celle qui est dans ce cas. Si l'on veut avoir recours aux procédés chimiques pour s'assurer des qualités potables de l'eau, il suffit d'y rechercher la présence ou l'absence des matières organiques, à l'aide d'une solution de chlorure d'or, ou de l'acide sulfurique associé au protosulfate de fer. Sous l'influence de ces réactifs, l'eau se trouble et se colore en rose dans le premier cas ; dans le second elle ne manifeste aucune réaction. Enfin, la température de l'eau potable ne doit varier qu'entre 10° et $15^{\circ} +$ zéro ; dans ces limites elle ne paraît pas froide en hiver et semble fraîche en été.

De toutes les propriétés physiques de l'eau qui doit servir de boisson, celle-ci est le plus à considérer en hygiène. Lorsque, en effet, l'eau ingérée dans l'estomac est trop froide, c'est-à-dire au-dessous du chiffre minimum ci-dessus indiqué, elle occasionne dans l'économie animale un refroidissement subit dont les conséquences peuvent être funestes, en arrêtant les exhalaisons naturelles. Il arrive même, assez souvent, que l'effet immédiat en est tel sur l'estomac et les intestins, qu'il se manifeste par de violentes coliques. En tout cas, les boissons trop froides troublent plus ou moins les digestions des animaux.

Il est bon d'indiquer les circonstances les plus habituelles qui abaissent la température de l'eau employée en boisson. Ces circonstances sont celles d'une eau contenue dans des réservoirs où elle a, en hiver, séjourné quelque temps, ou encore qui provient d'un ruisseau alimenté par la fonte des neiges ; de même, en été, pour l'eau venant d'être puisée à une source vive ou extraite d'un puits très-profond. Le grand écart qui existe alors entre la température extérieure et celle de l'eau, rend l'abaissement produit encore beaucoup plus sensible.

Pour éviter les inconvénients des boissons administrées dans de telles conditions, il y a des moyens fort simples. Il suffit, en hiver, de faire consommer l'eau immédiatement après qu'elle a été puisée. S'il est absolument nécessaire de la puiser d'avance, on la fera séjourner dans un lieu dont la température soit convenable, par exemple dans l'intérieur de l'écurie ou de l'étable. En été, on la laissera durant quelques heures exposée au soleil.

Au-dessus du maximum de température indiqué, l'eau peut avoir également des inconvénients. Elle produit des effets débilitants qui retardent les digestions et finissent par les déranger complétement. On attribue aux boissons chaudes, non sans raison, une part d'influence dans la production des diarrhées, de la dyssenterie, de la jaunisse et autres affections de la saison d'été. Le moins qui puisse en résulter est une atonie générale qui met les animaux hors d'état de résister aux exigences du service que l'on réclame d'eux. Il faut donc remédier à cet inconvénient en rafraîchissant l'eau par le séjour dans un lieu frais, en y ajoutant un peu de sel ou de vinaigre.

Quant aux propriétés hygiéniques que l'eau emprunte aux matières minérales en dissolution, on croit assez généralement qu'elles peuvent également pécher par insufisance et par excès. M. Grimaud, de Caux, auteur d'un excellent traité complet sur les eaux publiques, a parfaitement démontré qu'en ce qui concerne l'insuffisance, cette croyance n'est qu'un pur préjugé. La présence des matières salines n'est nullement nécessaire à l'action de l'eau comme boisson. Lorsque la quantité en est faible, elles se bornent à n'être pas nuisibles. La plus pure à cet égard est la meilleure. Ce qui est indispensable, c'est la présence de l'oxigène et de l'acide carbonique en dissolution. Lorsque l'eau en est dépourvue, elle est fade, douceâtre et difficile à digérer. Aussi, pour être potable, doit-elle avoir été exposée à l'air pendant un certain temps. Celle qui a été agitée par un courant, qui est tombée en cascades d'une certaine hauteur, est sous ce rapport la meilleure.

Si les matières salines sont en excès dans l'eau, elle est plus ou moins mauvaise suivant leur nature. Le sulfate de chaux est plus nuisible que le carbonate. Dans les deux cas, l'eau est dite crue et lourde; elle ne cuit pas les légumes et dissout mal le savon. C'est alors une mauvaise boisson dont il ne faut pas se servir, si l'on peut faire autrement. Dans le cas contraire on doit user des moyens capables de l'améliorer. Ces moyens varient suivant la nature des sels en dissolution. Si c'est le bicarbonate de chaux, l'addition d'une quantité suffisante de chaux éteinte précipite ce sel en le faisant passer à l'état de carbonate insoluble, parce que la chaux s'empare d'une partie de son acide carbonique. Après le repos on la clarifie, puis on l'agite pour l'aérer suffisamment quand elle a repris sa limpidité. Dans le cas d'eau séléniteuse ou chargée de sulfate de chaux, c'est au bicarbonate de soude qu'il faut avoir recours. On a calculé que 3 grammes de ce sel suffisent pour précipiter toute la chaux d'un litre de l'eau la plus séléniteuse, en décomposant le sulfate de chaux. Il reste alors en dissolution du sulfate de soude, mais en quantité trop faible pour que ce sel puisse être nuisible. Enfin on remédie aux inconvénients des eaux chargées de matières terreuses et de matières organiques plus ou moins altérées, en les filtrant sur du charbon ; mais le mieux est de ne les point faire servir à la boisson, à moins qu'on ne puisse absolument pas s'en procurer d'autres ; ce qui n'est guère admissible, ainsi que nous le démontrerons plus loin.

Il s'agit maintenant, en effet, de passer en revue les sources diverses où l'on peut puiser l'eau nécessaire à la boisson des animaux, et d'indiquer la valeur hygiénique de chacune des formes sous lesquelles ces sources se présentent dans l'économie naturelle ou domestique. De toutes ces formes, la plus commune, et en même temps la meilleure, est celle qui nous est offerte par les *ruisseaux*, les *rivières* et les *fleuves*.

À moins de causes particulières d'altération dues à des circonstances exceptionnelles, l'eau qui court ainsi est riche en oxygène, bien aérée ; les matières peu solubles se sont déposées dans son trajet ; elle est parconséquent la plus pure. Cela est vrai, même pour celle des ruisseaux, pourvu qu'elle soit puisée assez loin de la source ; trop près de celle-ci, l'eau n'est généralement pas assez aérée. Il arrive aussi qu'en raison de la nature du terrain d'où elle surgit, les sels minéraux y sont en trop forte proportion. Les eaux de source ne peuvent donc être convenablement utilisées qu'à la condition d'avoir séjourné pendant un certain temps dans un réservoir, où elles se sont aérées et où elle ont déposé leur excédant de principes minéraux, ou bien après avoir parcouru en courant un certain trajet. Cela s'applique particulièrement aux eaux de fontaine.

Les *lacs* et les *étangs* ne sont, le plus souvent, que de grandes fontaines ou de vastes réservoirs alimentés par une ou plusieurs sources. Leur eau est d'autant plus salubre qu'ils sont habités par un plus grand nombre de poissons vivant aux dépens des matières organiques qui ne peuvent plus dès lors s'y altérer. Il faut faire une exception cependant pour les eaux des marais et des tourbières, qui sont crues, dures, aigres, et tout à fait impropres à fournir une bonne boisson.

L'eau des mares, dont la plus grande partie, si ce n'est toujours la totalité, provient des pluies et des égoûts des villages, est pour ce motif le plus souvent impure. Elle a un aspect repoussant. Les animaux s'y habituent cependant, les bœufs surtout, et la boivent volontiers, ce qui est dû sans doute à sa saveur prononcée. Mais elle ne peut être considérée, dans une hygiène bien entendue, que comme un pis-aller. Il est toujours possible de la remplacer, si ce n'est au moyen de puits, du moins à l'aide des citernes.

L'eau de puits est celle qui présente les qualités les plus variables. Ces qualités dépendent non-seulement de la nature du terrain où le puits a été creusé, de la profondeur de celui-ci, mais encore des circonstances de l'industrie humaine qui l'entourent et parconséquent des matières qui peuvent y être entraînées par l'infiltration. Suivant ces circonstances, elle ressemble à l'eau de source ou à celle de mare. Toutefois, dans les campagnes elle est le plus ordinairement bonne, bien qu'un peu crue ou séléniteuse. Mais il ne faut la faire consommer qu'après l'avoir exposée à l'air pendant un certain temps, au soleil, en été, et dans un lieu un peu chaud en hiver. Son principal et plus général défaut est d'être insuffisamment aérée.

Mais une source d'eau potable qui est trop négligée, et qui est peut-être la meilleure de toutes, parce qu'elle est la plus pure, doit être particulièrement recommandée ici, où il s'agit avant tout de l'hygiène des campagnes. Je veux parler de la citerne, ayant pour objet d'emmagasiner l'eau de la pluie. En se basant sur des faits incontestables, l'auteur que j'ai cité plus haut, M. Grimaud, de Caux, en a fait une étude particulière. Le sujet est assez important pour que nous soyons autorisé à sortir un peu du cadre purement hygiénique, en empruntant à cet auteur quelques détails sur les moyens de se procurer ainsi de l'eau salubre, partout et dans toutes les saisons.

« Dans toute habitation rurale où l'on peut disposer d'une superficie de toit de 1,000 mètres carrés, il est aisé, dit-il, de recueillir et d'emmagasiner pour l'usage une provision de quarante jours à raison de 1,500 litres par jour. C'est la provision de vingt-cinq personnes, à 5 litres, de cinquante bêtes de somme, bœufs, vaches, chevaux, etc., à 20 litres par tête ; le reste pour les plantes du potager... »—« Il n'est pas jusqu'au simple cultivateur, ajoute M. Grimaud, de Caux, qui ne puisse se ménager les bienfaits de la citerne vénitienne. En considérant que la main-d'œuvre l'emporte de beaucoup sur les matières premières, matières que d'ailleurs l'habitant de la campagne a presque toujours à sa proximité, on peut ajouter que la chose est peu dispendieuse. Soit donc l'habitation d'un petit cultivateur exploitant deux ou trois hectares de terre. Une semblable habitation a, en superficie de toit, d'ordinaire, au moins 10 mètres sur 8 ou 9, soit 80 à 90 mètres carrés. La superficie de 90 mètres carrés donne, dans l'année, 68 mètres cubes d'eau. »

Or, d'après les calculs fort justes de l'auteur, cette quantité dépasse de beaucoup les besoins du personnel et du bétail de l'habitation. « Le simple cultivateur qui voudra, dit-il en terminant, se ménager une source permanente d'eau douce, limpide et toujours fraîche, n'a donc qu'à isoler, autour de son habitation, une superficie de 16 mètres carrés pour y loger sa citerne. Une fois la citerne construite, il lui suffira de soigner son toit, c'est-à-dire de maintenir en bon état la couverture et les canaux ou conduites qui le lient à la citerne. »

On a calculé, d'après les observations, qu'il tombe en France, en moyenne, 7 millimètres cubes 5 d'eau par jour de pluie sur un mètre carré de superficie, et qu'il y pleut un jour sur 4, 5. Il est facile de savoir, d'après cela, la quantité d'eau sur laquelle on peut compter relativement à la superficie du toit sur lequel on veut recueillir les eaux pluviales. Après ces détails, nous répéterons seulement que ces eaux ainsi recueillies et conservées à l'abri des altérations, dans une citerne bien construite, au-dessous du niveau du sol ou à sa surface, sont les plus pures et les meilleures pour l'hygiène des animaux, ainsi que pour celle de l'homme.

Nous avons à indiquer maintenant les meilleurs modes d'administration des boissons, dont les qualités viennent d'être appréciées.

La première règle hygiénique à observer, à cet égard, est que les animaux ne doivent jamais se trouver dans le cas de souffrir de la soif. Il importe donc avant tout qu'ils aient, au moment opportun, de l'eau à leur disposition. Et cela est surtout important pour ceux de rente ou de croît. Ce qui a été dit précédemment du rôle physiologique de l'eau rend parfaitement raison de cette remarque. Le mieux à ce sujet serait que le bétail eût à l'étable, comme il l'a dans la plupart des pâturages, toujours à sa portée la boisson qu'il prendrait alors au moment où le besoin s'en ferait sentir. Outre l'avantage qu'une telle pratique procure, au point de vue des effets physiologiques de l'eau ingérée, elle a encore celui d'éviter d'une manière certaine les accidents qui se produisent assez souvent lorsque, pressés par une soif trop vive, les animaux boivent à la fois une trop forte quantité d'eau; ce qui, pour peu que celle-ci soit froide, détermine au moins du malaise, du trouble dans la digestion, et parfois même des coliques violentes et mortelles. Ainsi qu'il a été dit à propos de l'hygiène des étables, celles-ci doivent donc, pour ne rien laisser à désirer dans leur construction, avoir des mangeoires disposées de telle façon, que l'on y puisse abreuver les animaux facilement.

Mais si cela n'est pas possible, comme c'est le cas le plus ordinaire, il faut y suppléer par une grande régularité dans la distribution des boissons. Jamais un animal ne doit attendre son eau, qu'elle lui soit donnée à l'écurie, à l'étable ou à la bergerie, ou bien qu'il doive être conduit à l'abreuvoir. Dans ce dernier cas, s'il manifeste des dispositions à beaucoup boire, il est toujours prudent de l'interrompre pendant quelques instants, pour le laisser reprendre ensuite.

Convient-il, s'est-on demandé, de faire boire les animaux avant ou après le repas? Faut-il donner aux chevaux l'avoine avant de les conduire à l'abreuvoir ou après qu'ils en sont re-

venus? Ces questions ont été l'objet de discussions sérieuses,
bien qu'elles ne le comportassent guère. Il suffit, pour les résoudre au mieux, de s'interroger soi-même, sans comparaison,
au lieu de se livrer à des dissertations oiseuses sur de pures
suppositions. Les animaux digèrent comme nous et absolument
de la même façon. Nous devons donc les traiter, autant que
possible, comme nous nous traitons nous-même. Or, je ne
connais aucun homme, pour ma part, qui, ayant à boire dans
un repas une ration déterminée, préfère l'ingurgiter avant de
commencer à manger, plutôt que d'entremêler ses aliments
solides de boissons ou de réserver celles-ci pour la fin. Certes,
l'habitude est pour beaucoup en pareille matière, et l'on conçoit parfaitement que les choses puissent se passer ainsi sans
des inconvénients bien immédiatement saisissables. Les chevaux
de l'armée en garnison, par exemple, boivent au pansage du
soir, à trois heures, avant de recevoir leur avoine et leur botte
de foin. Ce n'est point à dire pour cela qu'ils ne se trouve-
raient pas mieux de boire après avoir mangé. En tous cas,
l'hygiène alimentaire des chevaux de troupe, un peu trop subordonnée aux détails du service militaire, ne doit point être
prise pour modèle. Encore un coup, pour être sûrs de ne pas
trop nous tromper en ce qui convient aux animaux, sous ce
rapport, consultons nos propres goûts, si nous croyons convenable de régler leurs instincts. Ceux-ci, bien observés, sont en
définitive les meilleurs guides, lorsque nous ne les avons pas
dépravés par un trop grand abus de la domesticité. Il est
d'ailleurs facile de comprendre, quant à l'objet dont nous
nous occupons, que l'eau arrivant en quantité modérée sur les
aliments ingérés déjà dans l'estomac, ne peut qu'être favorable à l'accomplissement de la digestion.

4. Composition des rations alimentaires.

Sur ce sujet, nous serons sobres de considérations générales.
On en a jusqu'à présent beaucoup trop abusé. Nul n'est en mesure, dans l'état actuel de la science, de fournir à l'hygiène de
l'alimentation des bases solides, sur lesquelles on puisse s'appuyer, dans un cas donné, pour fixer théoriquement la composition
d'une ration alimentaire, d'après la nature et la quaité des ali-

ments dont on dispose. On sait ce qu'il faut penser de la théorie des équivalents nutritifs, qu'elle soit établie d'après la teneur en azote seulement, ou d'après cette teneur et celle en acide phosphorique et en matière grasse, ainsi que cela a été proposé. Il ne s'agit là que d'inductions tirées d'une notion inacceptable en physiologie, car aucun physiologiste n'admettra que la composition chimique élémentaire puisse donner une juste idée de la valeur nutritive d'un aliment. Si un tel principe pouvait être admis, il en faudrait nécessairement conclure qu'une certaine pommade, convenablement préparée au phosphate d'ammoniaque, dût être considérée comme le meilleur et le plus complet des nutriments.

Rien n'est plus facile, en effet, que de réunir sous cette forme les proportions exactes d'azote, d'acide phosphorique et de corps gras que l'on trouve dans l'avoine, par exemple. Cette simple remarque suffit pour faire juger de la valeur des hypothèses qu'on a voulu prendre pour base de l'hygiène alimentaire des animaux. Jusqu'à ce que le rôle de chacun des principes immédiats contenus dans les aliments nous soit mieux connu, quant à la digestion et à l'absorption ; jusqu'à ce que ces principes immédiats mêmes aient été tous découverts et étudiés, il est absolument impossible de construire une théorie des rations alimentaires. Je ne sache pas d'ailleurs que celles qui ont cours se soient jamais vérifiées autrement que sur les aliments pris pour type ou leurs analogues. Hors de là, elles ont toujours échoué. Le plus sage est donc de s'en tenir à ce qui nous a été révélé par l'observation et à ce que nous savons en physiologie. Ceci semblera moins savant, en apparence, mais à coup sûr ce sera plus utile. La véritable science est celle qui ne se compose que de vérités démontrées, et le véritable savant est celui qui sait à propos confesser son ignorance.

Dans l'exercice des fonctions de la vie, la matière qui compose les organes subit des mutations dont le résultat final est une élimination, sous les trois formes principales d'eau, d'acide carbonique et de cette substance solide azotée que les chimistes appellent urée et qui est contenue dans l'urine. L'effet immédiat de ces mutations est une production de mouvement ou de chaleur, ce qui est au fond la même chose, les deux modes étant susceptibles d'équivalence. Or, pour que les phénomènes dont l'ensemble constitue la vie se répètent sans interruption et sans que les organes qui les produisent viennent à épuisement, il faut de toute nécessité que la matière dont ils sont composés se renouvelle incessamment. C'est par la fonction de nutrition, qui succède à celle de la digestion, ainsi que nous l'avons vu dans le premier livre de cette ouvrage, que l'assimilation des matériaux nouveaux a lieu. L'alimentation a pour but de fournir ces matériaux.

Il suit logiquement de là que pour être complète elle doit de toute nécessité contenir, sous une forme assimilable, tous les éléments nécessaires à la constitution des tissus organiques et à l'exercice de leurs fonctions. Cette donnée théorique est incontestable; mais dans l'état présent de la science elle ne comporte pas un exposé plus détaillé. Nous ne savons pas encore, en effet, quels sont au juste tous ces éléments. L'expérience nous a seulement appris que parmi les matières alimentaires que l'usage journalier consacre, quelques unes sont de composition assez variée pour suffire seules à réparer les pertes incessantes qu'entraîne le jeu de la vie et par conséquent à maintenir l'organisme en santé. Pourvu qu'elles soient mangées en quantité suffisante, elles ont les qualités nécessaires pour remplir l'objet dont il s'agit. C'est à ce titre qu'on leur donne le nom d'aliment complet. Il n'y a peut-être pas, dans tout le règne végétal, une seule plante qui, prise isolément, soit absolument dans ce cas. Parmi les substances animales, il n'y a que l'œuf et le lait qui puissent suffire jusqu'à un certain point, mais surtout jusqu'à un certain âge, pour former l'alimentation exclusive de l'animal vivant. En thèse générale, on peut dire que la nourriture normale ne peut être uniforme, c'est-à-dire constituée par une seule substance naturelle, si riche que soit d'ailleurs celle-ci. C'est pour cela que le bon foin de prairie naturelle, seul peut-être à cause de la variété des plantes qui le composent, mérite la qualification d'aliment complet pour la plupart des animaux domestiques. C'est pour ce motif, aussi, qu'il a été pris pour type par les auteurs qui se sont occupés de fixer la quotité des rations ou d'établir des équivalents nutritifs.

La première nécessité de l'hygiène alimentaire est donc, ainsi que nous venons de le voir, de fournir aux tissus les éléments de leur réparation. Il faut que l'alimentation apporte les matériaux capables de compenser les pertes causées par le jeu des organes, afin que l'équilibre ne soit point troublé ni rompu. Cet état statique est la condition indispensable de leur fonctionnement régulier, en d'autres termes du maintien de la santé, pour ce qui concerne du moins la fonction de nutrition. Mais on comprendra facilement que la nécessité dont il s'agit n'est pas d'une étendue invariable. Elle présente des cas différens qui sont précisément le point fondamental de la question qui nous occupe en ce moment.

La réparation nécessaire, avons-nous dit, est en rapport avec les pertes. Or celles-ci, de leur côté, sont exactement en rapport avec le fonctionnement des organes qui, en économie rurale, industrielle ou commerciale, pour ce qui concerne les animaux domestiques, dépend des services qu'on exige d'eux. Quel que soit, au reste, le genre de ces services, un fait est constant, c'est qu'il y a toujours deux parts à établir dans ce fonctionnement, l'une ayant pour objet d'entretenir la vie même de l'individu, l'autre de suffire aux exigences du service. La somme d'aliments, qui suffirait pour compenser les pertes causées par le jeu des organes fonctionnant seulement pour l'exercice de la vie, constitue ce que l'on appelle la *ration d'entretien*. C'est celle qui maintiendrait à un poids invariable l'animal adulte ne rendant aucun service. L'excédant de cette ration, quel qu'il puisse être, est la *ration de production*.

La ration de production et la ration d'entretien se confondent dans la pratique, du moins presque toujours; mais la distinction n'en est pas moins importante en économie rurale, au point de vue de la comptabilité. Le but vers lequel on doit toujours tendre dans les entreprises agricoles, eu égard au bétail, étant d'économiser le plus possible les rations d'entretien, qui sont par le fait improductives en elles-mêmes.

Mais ceci ne doit nous occuper ici qu'accessoirement. La notion physiologique relative à la ration d'entretien a pour l'hygiéniste une signification et une portée tout autres. Je vais l'envisager d'une façon qui n'a pas encore, si je ne me trompe, été indiquée. Je n'en ai du moins rencontré nulle trace dans les auteurs que j'ai pu consulter.

Cette notion, à mon sens, doit être la base de toutes les considérations relatives à la composition des rations. Mieux que les conceptions fondées sur l'analyse chimique des aliments, elle peut, dès à présent, fournir la formule essentielle de l'hygiène alimentaire; et aussi bien, à mesure que les recherches ultérieures jetteront sur les propriétés bromatologiques des principes immédiats, la lumière qui nous manque actuellement, elles ne feront que la confirmer et la compléter, de même qu'il arrive pour tout ce qui est vrai.

Voici donc notre formule fondamentable :

Quels que soient l'espèce et le service de l'animal, son alimentation, pour être composée selon les exigences de l'hygiène, doit contenir toujours, au moins sous le rapport de la qualité, les éléments de sa ration d'entretien.

Il va sans dire que ces éléments seront calculés d'après les faits acquis à l'expérience et non pas sur les données insuffisantes de la théorie des équivalents. Une fois la ration d'entretien assurée, c'est à dire une fois les aliments, dont les propriétés sont reconnues capables d'entretenir la vie et la santé, pris pour base, en y peut sans inconvénient joindre les substances qui, par leur nature même, répondent le mieux aux exigences du service ou du produit qu'il s'agit d'obtenir. A cet égard, l'aliment se spécialise comme le service, et sans entrer dans plus de détails, nous pourrons nous borner à renvoyer à ce qui a été dit précédemment à propos de chacun des aliments passés en revue.

Telle est la règle essentielle de la composition des rations, en vue d'une bonne hygiène. Nous devons nous en tenir là. Nous ne sommes pas plus en état de fixer sérieusement par des chiffres la quantité d'aliments qui constitue la ration d'entretien pour un poids vif déterminé, que de dire d'une manière exacte où doit s'arrêter la limite de la ration de production. En copiant sur ce sujet les auteurs qui nous ont précédés, nous nous donnerions seulement des apparences de précision. Je ne veux induire personne en erreur à ce prix. La vérité est que les chiffres donnés à cet égard ne sont d'aucune utilité et ne peuvent être d'aucune application. Une pareille question ne comporte pas l'usage des moyennes, et l'on aurait dû le comprendre. Précisément parce que ce sont des moyennes, et admettant même qu'elles aient été rigoureusement établies, en les appliquant on aurait la certitude d'aller au delà ou de demeurer en deçà de la juste mesure. Tomber sur le compte exact serait en tout cas l'effet du pur hasard. Il faut donc être bien convaincu que la ration d'entretien ne se peut déterminer qu'à l'aide du tâtonnement pour chaque cas particulier. C'est une question d'expérience. Et il en est de même pour la limite extrême de la ration de production. L'observation seule, à l'aide de pesages opportuns, fait déterminer le moment où les aliments cessent d'être productifs. Il serait superflu de consigner ici sur ce point des indications vagues comme celles dont les livres sont trop souvent encombrés. Quand on n'a rien de précis et de pratique à dire, mieux vaut se taire. Pour être plus souvent répétées, les assertions hasardées et les erreurs n'en acquièrent point de valeur.

Ces notions fondamentales posées, il est certain en principe que la composition de la ration alimentaire ne saurait être trop variée. Moins est forte la proportion relative de chacun des éléments qui font partie de cette ration, plus les effets en sont assurés et complets. Il serait superflu de revenir, à ce sujet, sur ce qui a été dit à propos de chaque aliment. Les propriétes particulières en ont été indiquées et en même temps le meilleur mode d'administration. Nous avons également noté l'espèce d'animal à laquelle chacun convient plus spécialement, ainsi que les préparations qu'on peut lui faire subir avec utilité. Insister sur ce qui concerne ces préparations n'est pas du domaine de l'hygiène. Elles ont toutes pour but de rendre les aliments plus facilement digestibles et d'épargner aux organes de la digestion une partie de leurs efforts. La division, la macécation, la coction, la cuisson des aliments, ont des applications avantageuses, mais qui ressortissent plutôt à la zootechnie qu'à l'hygiène. Ce sont, pour les animaux, d procédés propres à augmenter leurs moyens de production, non pas de conserver leur santé. Le zootechnicien ne se préoccupe qu'accessoirement de cette dernière considération. La plupart de ses opérations sont, au contraire, de propos délibéré, des déviations de l'état normal, des ruptures d'équilibre qui altèrent plus ou moins la constitution et la santé.

Il ne nous reste plus, pour terminer ce chapitre, le plus important de toute l'hygiène, qu'à dire quelques mots de la distribution de la nourriture. La digestion étant une fonction intermittente, en ce sens qu'une fois remplis d'aliments les organes digestifs ont besoin d'un certain temps pour s'en débarrasser, et aussi que la faim ne se manifeste qu'à des intervalles déterminés ; pour ces motifs celle-ci, dans les conditions de la santé, ne manque jamais de se manifester lorsqu'arrive l'heure à laquelle elle est habituellement satisfaite. Or, la faim, on le sait bien, est une souffrance. Il importe donc de ne la point laisser ressentir par les animaux ; et pour cela on ne saurait mettre trop de régularité dans la distribution de leurs repas. Sans entrer dans aucune autre explication, ce qui d'ailleurs ne serait pas sans péril, attendu qu'il n'y a rien de bien précis dans ces matières, il suffit d'établir que le défaut de régularité dans la distribution de la nourriture aux animaux qui, étant privés de la liberté, ne peuvent l'aller chercher eux-mêmes, leur fait endurer la souffrance de la faim, pour démontrer la nécessité de l'éviter. Je me plais du moins à le croire. En tout cas, je dirai à ceux qui pourraient n'être pas touchés de cette seule considération, que même pour les animaux de travail cela nuit à la santé et par conséquent à la durée du capital qu'ils ont engagé. Quant aux animaux de rente, la souffrance est pour eux une occasion de dépense en pure perte. Un mouvement d'impatience se traduit par une diminution de poids.

CHAPITRE IV.

HYGIÈNE DE LA PEAU.

Pour suivre le plan que nous nous sommes tracé, nous avons à nous occuper maintenant de l'exercice d'une des principales fonctions de l'économie animale, au point de vue des nécessités créées par l'état de domesticité. Ces nécessités, en effet, sont tout artificielles : elles n'existent pas pour les animaux sauvages, jouissant constammant des bienfaits de la liberté qui est, ainsi que l'a dit fort justement Grognier, je crois, la première condition d'une vie exempte d'inconvénients, pour tous les être organisés. Mais telle que nous la leur avons faite, en vue de nos besoins, l'existence des animaux domestiques les expose à subir l'influence d'agents hygiéniques contre lesquels ils ne peuvent pas réagir de leur propre mouvement. Logés dans des habitations dont l'atmosphère ne saurait jamais être aussi pure que celle du dehors, et soumis, pour la plupart, à des exercices qui dépassent la limite du jeu naturel de leurs organes, ils effectuent également des excrétions exagérées, qui sont la conséquences de l'usure des parties constituantes de leurs organes.

Une alimentation bien réglée répare ces pertes, sans doute, et nous consacrerons plus loin un chapitre spécial à cette partie de l'hygiène qui est assurément d'un grand intérêt. En parlant des habitations, nous avons dit les exigences de la propreté, par rapport aux déjections solides et liquides provenant de l'appareil intestinal et de l'appareil de la sécrétion urinaire. Mais si, en parlant de l'appareil tégumentaire extérieur et de ses importantes fonctions, nous avons fait sentir la nécessité d'assurer l'entier accomplissement de celles-ci, nous avons dû réserver pour cette partie de notre travail l'indication des moyens propres à faire atteindre le but. L'ensemble de ces moyens est précisément du domaine de l'hygiène ; il comprend tout ce qui a pour effet de contribuer aux soins hygiéniques de la peau, en favorisant son fonctionnement.

Parmi les moyens dont il s'agit, quelques-uns sont impérieusement nécessaires pour les animaux qui travaillent, et fort utiles pour tous ceux qui ont le poil ras, quel que soit d'ailleurs leur genre de service. Les autres n'ont que ce dernier caractère, mais il est bien suffisant pour qu'ils méritent néanmoins toute notre attention. Nous allons les passer successivement en revue. Les premiers constituent l'opération appelée *pansage* ; les autres sont le *tondage* et les *bains*.

Pansage. — L'objet le plus immédiat de ce qu'on appelle le pansage des animaux est d'entretenir la propreté de la peau, de débarrasser celle-ci des matières provenant de ses excrétions et des corps étrangers venant de l'extérieur qui s'accumulent à sa surface et entre les poils. L'eau de la transpiration cutanée, la sueur, entraîne avec elle des matières solides dissoutes, qui se déposent par l'évaporation, même lorsque celle-ci, dans l'état de repos, s'effectue d'une manière insensible. Ces matières solides accumulées obstruent plus ou moins les pores de la membrane cutanée ; elles s'opposent ainsi tout à la fois aux exhalaisons et à l'action directe de l'air extérieur sur la peau ; en un mot, elles gênent la fonction respiratoire périphérique sur l'importance de laquelle nous avons appelé l'attention. Il n'est pas besoin d'insister sur le dommage qu'en doit éprouver la santé.

Outre ce premier effet du pansage, il est certain que la plupart des pratiques qui le composent en ont un autre moins généralement apprécié, mais très-utile aussi, et qui est d'exercer sur la membrane cutanée et sur les parties sous-jacentes une stimulation particulière, dont nous parlerons bientôt. Auparavant, indiquons les instruments usités pour effectuer le pansage, puis nous dirons le meilleur mode d'emploi de chacun d'eux. C'est après cela, ou plutôt à mesure, que nous appellerons l'attention sur leur double mode d'action.

Les instruments de pansage les plus usités sont l'*étrille*, la *brosse*, le *peigne*, l'*époussette*, l'*éponge*, le *bouchon* et le *cure-pied*. L'usage particulier de chacun de ces instruments et la part qu'il prend dans l'exécution d'un pansage complet sont bien connus. Nous ne nous arrêterons donc pas à les décrire minutieusement. Il convient seulement d'examiner cet usage au point de vue de ses effets hygiéniques.

Nous ferons d'abord à cet égard un grave reproche à l'étrille. L'action directement exercée sur la peau par les pointes ou les dents de ses lames attaque le plus souvent l'épiderme, en détache des fragments et dépasse ainsi le but, qui devrait être seulement d'enlever les matières excrémentitielles déposées à sa surface et entre les poils. Pour n'être pas nuisible, l'étrille, maniée légèrement et avec beaucoup de précautions, devrait borner son action à ce qui vient d'être dit. Or, il est bien difficile d'obtenir des gens qui exécutent le pansage qu'ils se maintiennent dans ces limites. Sur les gros chevaux à peau épaisse, à poil abondant, long et grossier, les inconvénients sont moindres, les dents de l'étrille pénétrant avec moins de facilité jusqu'à l'épiderme ; mais quant aux chevaux fins, il est à peu près impossible de les éviter. La peau subit ainsi l'influence d'une irritation périodique, qui exagère sa sensibilité et la rend plus impressionnable à l'action des courants d'air, moins protégée qu'elle est par son revêtement normal. Cette irritation est pénible pour la plupart des chevaux, qui le manifestent en réagissant, surtout lorsque l'étrille passe sur les parties peu fournies de muscles.

Le mieux serait donc de proscrire complétement l'usage de l'étrille, ou tout au moins de la réserver pour les cas exceptionnels et pour les parties du corps fortement souillées par des excréments ou de la boue, en ayant soin toujours de ne se servir de cet instrument violent qu'avec modération. La brosse de chiendent peut aussi bien remplir son office. Elle permet de nettoyer également la peau, bien que son action soit moins rapide. Et du reste cette dernière condition a elle-même de grands avantages. Les frictions qu'elle produit agissent avec d'autant plus d'efficacité qu'elles sont plus prolongées et moins intenses. Nous n'hésitons pas, par conséquent, à recommander pour tous les cas la substitution de la brosse de chiendent à l'étrille dans le pansage des chevaux, surtout en faisant remarquer qu'il convient toujours, lorsque ceux-ci rentrent en sueur à l'écurie, de les sécher en passant sur leur corps, dans le sens des poils, ce que l'on appelle un *couteau de chaleur*, sorte de lame mousse en bois ou en métal, qui exprime l'eau et la fait tomber en entraînant les matières dissoutes.

Le pansage commence donc par cette première opération exécutée avec l'étrille et mieux, répétons-le, avec la brosse de chiendent, qui détache les souillures adhérentes à l'épiderme et aux poils. Pour les animaux de l'espèce bovine, beaucoup trop négligés sous ce rapport, cela peut suffire à la rigueur; mais il n'est pas difficile d'en comprendre les avantages. Tout ce que l'on peut dire au sujet de la propreté de la peau du cheval s'y applique également, et surtout pour ce qui concerne les bêtes dont l'unique fonction est d'assimiler de la nourriture. L'expérience s'est prononcée à cet égard. Dans plusieurs localités du Nord, les bœufs d'engrais se trouvent fort bien d'être pansés régulièrement, et l'on se sert pour cela de cardes hors de service. On en fabrique même à présent de toutes spéciales pour cet usage qui se répand de plus en plus. Le bouvier du

Midi panse depuis longtemps son attelage avec soin. Il n'y a que le centre et l'ouest de la France qui résistent à cette pratique, d'un avantage hygiénique incontestable pourtant.

Dans le pansage du cheval, après la première opération que nous venons de voir, il convient de faire usage du bouchon de paille formant une sorte de corde serrée et rude et légèrement humide. Cette seconde pratique a moins pour objet de nettoyer la peau que d'exercer un massage méthodique. Aussi est-ce particulièrement sur les membres que le bouchon doit agir. Les frictions et les pressions qui constituent ce massage donnent de la tonicité aux muscles, favorisent la circulation dans leur intérieur, les échauffent et y produisent une sensation de chaleur douce qui fait disparaître les effets de la fatigue. Il faut dire à cette occasion qu'il n'y a point de meilleure pratique que celle qui consiste, lorsque les chevaux rentrent à leur écurie après le travail, à leur donner un bon coup de bouchon. Outre le résultat du massage, dans ce cas, qui se fait sentir sur les muscles, on obtient pour la peau d'autres avantages non moins à considérer.

Au bouchon succède l'époussette, qui a pour effet de chasser des poils la poussière laissée par la brosse, au moyen de la percussion. Il ne reste plus qu'à lisser les poils en passant à leur surface, dans le sens de leur direction, la brosse en crin. La crinière et la queue sont ensuite peignées, puis enfin vient le tour de l'éponge, à l'aide de laquelle il faut laver à grande eau les yeux, les oreilles, les naseaux, l'anus, l'intérieur du fourreau, le bord supérieur de l'encolure et la naissance de la queue.

Ces derniers soins ne sont pas les moins importants du pansage. Ils sont trop généralement négligés, dans les fermes surtout. Ils constituent des soins de propreté qui ont une grande influence sur la conservation de la santé.

Nous ne parlons pas des pratiques usitées seulement sur les chevaux de luxe, et qui composent ce que l'on appelle leur toilette. Si nous en avions quelque chose à dire, ce serait pour faire remarquer qu'ils sont en général condamnés par l'hygiène. Les poils et les crins dont ces soins privent les animaux pour satisfaire à des conventions de mode, ont leur utilité. C'est au détriment de l'hygiène qu'ils en sont privés. Mais dans la vie l'utile cède souvent le pas à l'agréable. On croit arranger les choses au mieux, dans ce cas particulier, en faisant aux chevaux de luxe une existence factice, en les entourant de flanelles, de couvertures et de camails. Cela n'aboutit qu'à les rendre plus impressionnables aux influences pathologiques. Les chevaux de service doivent être gouvernés tout autrement. La première loi de leur hygiène, en ce qui concerne la partie qui nous occupe en ce moment, est de conserver autant que possible le degré de rusticité compatible avec la vie domestique. Pour cela, avec les conditions d'habitation et de pansage bien entendu que nous avons posées, il est bon de s'abstenir de l'usage des couvertures et autres vêtements, que l'on emploie précisément au moment où leur nécessité est le moins justifiée. J'ai à cet égard l'appui d'une expérience personnelle de plusieurs années, dans des conditions fort diverses. J'ai eu pour mon service des chevaux de la plus fine espèce, que j'ai toujours fait beaucoup travailler à des allures vives et par tous les temps. Ils n'ont jamais connu l'usage de la couverture, sans que leur santé en ait subi la moindre atteinte. Il est vrai que leur toilette était bornée à des soins de propreté très-attentifs et très-régulièrement administrés par les procédés préconisés plus haut, et dans lesquels l'usage de l'étrille n'a jamais été pour rien.

Le moment du pansage journalier est pour l'hygiène indifférent. Cela dépend des exigences du travail. Ce qui importe, c'est que l'opération ait lieu au moins une fois et qu'elle soit complète. Elle ne saurait être exagérée. La propreté de la peau est une des plus impérieuses nécessités de la santé. Un bon palefrenier ne peut jamais abuser de la brosse ni du bouchon. Quant à la question de savoir s'il convient mieux de panser les chevaux dehors ou dedans, question qui a été fort agitée pour ceux de troupe, elle ne peut guère recevoir une solution absolue. En principe, il y a avantage à ne pas conserver dans l'intérieur des écuries les impuretés qui s'échappent du corps des animaux; mais, d'un autre côté, il est bon de ne pas exposer au dehors les animaux immobiles à l'influence de l'air froid contre lequel ils ne peuvent réagir. Si la température est douce et que sans nuire au service on puisse sortir les animaux à l'ombre pour les panser, cela vaut assurément mieux que de les tenir dans l'intérieur de l'écurie. En tout cas, lorsque ces conditions n'existent pas, il est bon de tenir tout ouvert durant le pansage, afin que les courants d'air puissent entraîner les poussières irritantes au dehors.

Tondage. — Il n'est plus guère nécessaire maintenant d'entreprendre la démonstration des avantages hygiéniques de l'opération du tondage des animaux. Des considérations fondées sur une connaissance incomplète des fonctions de la peau l'ont pendant longtemps fait repousser *à priori* par une fausse application de ce que l'on considérait comme une loi naturelle, bien que l'expérience en eût prouvé les avantages dans certaines localités, où elle s'est pratiquée de tout temps sur les animaux de travail. On sait à présent que ces animaux ont au demeurant moins besoin d'être protégés contre les intempéries par de longs poils, que contre les conséquences d'un fonctionnement imparfait de leur organe cutané, en vue des conditions qui lui sont faites par les exigences du service auquel ils sont soumis. Les remarques qui précèdent, relativement aux effets du pansage, nous dispenseront d'insister à cet égard. Il est clair que la transpiration insensible et la fonction respiratoire de la peau sont d'autant plus facilitées que le revêtement pileux de cette membrane forme à sa surface une enveloppe moins épaisse ; il est non moins clair que le refroidissement de la surface du corps, par l'action de la température ambiante abaissée, se produit avec une facilité d'autant moindre que la chaleur animale est plus développée par une activité plus grande de la fonction respiratoire et que la sueur est plus rare.

Or, l'activité de la respiration et celle de la transpiration cutanée sont en rapport direct avec l'abondance et la longueur des poils. Lorsque ceux-ci sont courts, l'évaporation de la sueur se fait à mesure de sa production et d'une manière insensible. Le repos succédant au travail, il n'y a plus à craindre les effets du refroidissement subit causé par l'évaporation du liquide accumulé sur les poils. Avec la facilité qu'il donne pour l'exécution du pansage et l'entretien de la propreté de la peau, c'est là le principal avantage du tondage. Du reste, après ce qui a été constaté par des expériences faites sur une grande échelle dans nos régiments de cavalerie, pour le cheval de travail, et dans quelques fermes du Nord pour le bœuf, il n'y aurait pas lieu d'entrer dans ces détails, si ce n'est pour se rendre compte des bons résultats hygiéniques de l'opération. Il est avéré désormais que le tondage contribue à faciliter l'assimilation de la nourriture et fortifie la santé. Dans tous les cas, les animaux qui y ont été soumis, ont toujours montré plus d'aptitude à leur service, en conservant au moins autant d'embonpoint que ceux dont la robe avait été comparativement respectée. Ces bons effets ont surtout été sensibles sur les chevaux relativement faibles et malingres, souvent indisponibles, comme on dit dans l'armée.

Les bons résultats du tondage ne sauraient donc plus être contestés, à moins de méconnaître à la fois les enseignements de l'expérience et les notions les plus positives de la physiologie. Tant que l'animal travaille, il réagit suffisamment contre l'influence du froid pour n'avoir pas besoin d'une épaisse fourrure. Celle-ci le gêne, au contraire, en provoquant la manifestation de la sueur ; et dès qu'il entre en repos, la couche liquide retenue par ses poils devient un inconvénient réel, qui peut être la cause d'une perturbation grave des fonctions de la peau, surtout si l'influence d'un courant d'air froid en provoque la prompte évaporation.

Le tondage, dont l'effet le plus direct est de rendre moins facile et plus rare l'apparition de la sueur, est donc une bonne opération hygiénique. Il serait sans doute superflu d'insister sur ce point. Il y a lieu seulement d'indiquer la saison la plus convenable pour pratiquer cette opération. Au printemps et en été les animaux n'en ont pas besoin, bien entendu, quoique moins que jamais à ce moment elle puisse leur être nuisible. C'est pour la saison d'hiver, où les poils sont plus longs et plus abondants, qu'elle doit être surtout recommandée. Mais il ne serait pas prudent d'attendre la venue des grands froids pour priver brusquement la peau d'une partie de sa fourrure. Une des premières lois de l'hygiène, en toute chose, est de ménager les transitions, ainsi que nous l'avons déjà dit en plus d'une occasion. Il convient donc de procéder au tondage vers la fin de l'automne, avant la venue des grands froids. La peau s'habitue ainsi progressivement à supporter, sans aucun dommage, la température basse de l'air qui l'entoure dans les moments de repos. Il n'y a plus ensuite aucun inconvénient à renouveler l'opération en plein hiver, s'il y a lieu, c'est-à-dire si les poils ont repoussé au delà de certaines limites.

Nous n'avons pas à nous occuper ici des procédés à l'aide desquels on pratique le tondage. Disons cependant que l'imperfection de la plupart d'entre eux, imperfection qui les rend relativement assez coûteux, a été jusqu'à présent un des principaux obstacles à la généralisation de cette utile pratique. Il ne faut point regretter, cependant, le temps qu'on y passe ou l'argent qu'on y dépense. Les avantages en sont assez grands et assez certains pour les compenser et bien au delà. Nous avons vu fonctionner, il y a quelques années, une tondeuse-mécanique, inventée par MM. de Nabat, qui simplifie considérablement l'opération en la rendant plus rapide et plus parfaite. Il est désirable que la connaissance et l'usage de cette machine se répandent et se généralisent. Ce serait un véritable bienfait pour l'hygiène des animaux.

Bains. — Pour compléter l'étude des soins hygiéniques réclamés par le bon entretien de la peau, il nous reste à parler de l'usage des bains.

Il ne peut point s'agir ici, bien entendu, de ce qu'on appelle des bains chauds, du moins pour ce qui concerne les grands animaux. Bien qu'ils ne puissent être que fort utiles pour leur santé, comme ils le sont pour celle de l'homme, ces bains étant le meilleur moyen d'entretenir la propreté de la peau, les difficultés de leur application nous défendent d'y songer. On ne veut parler que des bains froids pris dans les masses d'eau naturelle.

Les effets de ces bains sont faciles à comprendre et à exposer. Outre leur action comme moyen de débarasser la peau des impuretés qui la souillent et de compléter les avantages du pansage, ils exercent sur l'économie en général une influence tonique encore bien plus à considérer. C'est surtout dans la saison chaude que cela est appréciable. Il suffit d'en avoir soi-même usé pour connaître la sensation de bien-être et de vigueur qui succède à la sortie d'un bain froid, après que la réaction s'est produite. La constitution allanguie par la chaleur reprend son ressort. La tonicité des tissus se développe, et les membres fatigués recouvrent leur élasticité première. Il n'y a point de raison pour que ces diverses sensations, si bien perçues par nous, n'existent pas également chez les animaux.

L'interprétation physiologique en est des plus faciles, mais ce n'est pas le lieu de s'y arrêter. Qu'il nous suffise de dire que l'influence du bain, dans ce cas, est principalement de régulariser et de faciliter la circulation périphérique, parce qu'il résulte de ce fait une nécessité pratique et un précepte qui lui correspond. Cette nécessité est celle d'assurer la réaction qui doit succéder à l'impression de froid produite sur la peau et qui en éloigne le sang; le précepte, de provoquer ladite réaction par l'exercice immédiatement après la sortie du bain, et au besoin par des frictions si l'exercice ne suffisait pas.

Les bains froids sont d'autant plus salutaires qu'ils sont plus généraux. Suivant ce mode, ils ne sont pas assez usités. Il est au contraire habituel, partout où il existe une rivière ou une masse d'eau quelconque, d'y conduire presque chaque jour les chevaux de travail, en toute saison, pour leur faire prendre au moins un bain de jambes. C'est le plus souvent en vue seulement de les laver de la boue, mais la pratique n'en agit pas moins sur les membres dans le sens que nous venons de voir. En été surtout, l'immersion du corps dans l'eau doit être complète et peut se prolonger. Il est bon toutefois que l'animal n'y demeure pas immobile. Le mieux est de lui faire traverser plusieurs fois le bain. La réaction se fait ensuite facilement sous l'influence de l'action d'un soleil chaud. Si la température extérieure n'est pas élevée, le bain d'eau froide se borne à une immersion instantanée, suivie de quelques minutes d'exercice, jusqu'à ce que le corps soit à peu près sec.

Dans ces conditions, les bains sont une excellente pratique d'hygiène pour les animaux de travail et même pour tous les animaux. Ils font, répétons-le, disparaître les effets de la fatigue, ils tonifient la peau et le système musculaire; enfin, ils stimulent l'appétit en facilitant les digestions et l'absorption des matières nutritives. A cet égard, il faut faire remarquer en terminant que, malgré l'exagération de l'influence attribuée aux bains froids sur la digestion stomacale, pour ce qui concerne les herbivores surtout, il est cependant prudent de ne point conduire ces animaux au bain immédiatement après le repas. Comme n'y a aucun avantage à choisir ce moment plutôt qu'un autre, mieux vaut s'en abstenir, dussent les inconvénients être douteux.

CHAPITRE V.

HYGIÈNE DU PIED.

On ne saurait appeler trop sérieusement l'attention sur cette partie des soins hygiéniques, pour ce qui concerne le cheval en particulier. L'efficacité et la durée de ses services sont étroitement liées à la conservation des qualités normales de son pied, en l'absence desquelles son aptitude, comme agent mécanique, est au moins fortement diminuée, quelle que puisse être, d'ailleurs, l'excellence de sa constitution. Il faut répéter ici cet adage tant de fois formulé et si profondément juste : « Pas de de pied, pas de cheval. » C'est sur le pied, en effet, que viennent aboutir chez cet animal tous les efforts musculaires ; cet organe est le point d'appui final de tous les leviers de son organisme. S'il est altéré dans sa solidité ou dans sa sensibilité normale, la perversion de fonction qui en résulte met obstacle à l'exécution de toutes les autres parties de l'appareil locomoteur.

C'est donc une des nécessités essentielles de l'hygiène de veiller à ce que les propriétés normales du pied soient conservées. Et tout à cet égard dépend de la qualité et de la forme du sabot ou boîte cornée.

Utilité de la ferrure. — Les conditions de la vie domestique qui obligent les animaux à cheminer sur un sol artificiellement durci, en portant ou en traînant des fardeaux, ont rendu nécessaire, dans presque tous les cas, l'usage d'une pratique dont le but est de garantir la corne du pied contre une usure qui, dans ces conditions, dépasserait promptement la proportion de sa pousse normale. Lorsque, dans l'état de liberté, le cheval ne marche que pour ses propres besoins sur le sol doux des gazons qu'il habite, ces deux choses s'équilibrent, parce qu'elles sont à peu près équivalentes. Mais le travail dérange les termes de l'équation, en ajoutant d'un côté la somme d'efforts qu'il nécessite. Il a donc fallu protéger la face plantaire du sabot contre l'usure, et c'est là le but de la ferrure.

Mais avec l'avantage qu'elle a d'atteindre sûrement ce but utile, la ferrure entraîne de nombreux et très-graves inconvénients qui, hâtons-nous de le dire, sont toutefois moins inhérents au fait lui-même qu'à la manière le plus souvent vicieuse dont l'opération est pratiquée.

On n'est pas ici d'avis, en effet, que l'application d'une armature de fer sur la face plantaire du sabot mette nécessairement obstacle, dans une mesure quelconque, à l'accomplissement entier de la fonction de la boîte cornée. Tout ce qui a été dit à cet égard, même par les auteurs les plus autorisés de tous les pays, a son fondement dans des idées spéculatives sur le mode d'action de l'organe, bien plus que sur des démonstrations expérimentales. On pense que cela *doit* être ainsi ; mais je déclare, pour mon compte, que je n'en ai trouvé la preuve nulle part. On pourrait accepter même les prémisses, — ce qui serait cependant se hasarder beaucoup, — sans que pour cela la conséquence fût obligatoire. Rien n'a établi, jusqu'à présent, que le fer appliqué d'après les modes les plus usitées, soit capable de mettre obstacle à l'exercice de l'élasticité de la boîte cornée dans les limites contestées qui lui ont été assignées par les auteurs les plus éclairés.

En fût-il autrement, que cela ferait seulement sentir la nécessité de pratiquer la ferrure de façon à atténuer autant que possible cet inconvénient ; mais, je le répète, c'est là un problème qui n'existe point, son premier terme étant une erreur manifestement démontrée aujourd'hui. Le contour de la face plantaire de pied, dans les points surtout où le fer y est fixé par des clous, n'a rien à voir dans l'élasticité réelle par laquelle les réactions des membres s'y décomposent dans la boîte cornée. Chercher là les conditions d'une bonne ferrure hygiénique est donc s'égarer dans un problème oiseux, au détriment de nécessités bien autrement considérables et importantes.

C'est sur ces nécessités que nous avons le devoir d'appeler l'attention.

Conditions d'une bonne ferrure. — La première de
toutes et la plus capitale est celle de maintenir toujours le sabot
dans les proportions qui assurent la conservation des aplombs
du membre. Et c'est cette nécessité-là qui est à peu près généralement méconnue, parce que les conditions fondamentales
en sont inconnues de la plupart de ceux dont c'est la fonction
de les respecter.

Nous ne reviendrons pas à cette occasion sur ce qui concerne
l'étude des aplombs; nous y avons suffisamment insisté lorsque
nous avons décrit l'organisation et les fonctions de l'appareil
locomoteur (Voy. page 45). Il convient de s'en tenir aux applications pratiques des principes physiologiques exposés en cette
occasion. Cela seul est du ressort de l'hygiène; mais l'importance du sujet veut que nous y donnions toute notre attention.

Dans le pied muni de sa ferrure, la corne pousse mais ne s'use
pas : le fer la protége, et c'est lui qui subit, par le frottement
sur le sol, les effets de l'usure. En le supposant donc même
appliqué selon toutes les règles de la plus incontestable physiologie, c'est-à-dire de telle sorte que la forme et les dimensions normales des diverses parties du sabot soient attentivement
conservées au moment de son application, par cela seul que
l'usure régulière de la corne ne vient plus compenser les effets
de sa pousse, il s'en suit nécessairement que ces dimensions
cessent bientôt d'être normales. D'où la nécessité de se préoccuper, pour le renouvellement de la ferrure, d'autre chose que
de l'usure du fer, et de veiller à ce que le sabot n'acquière pas
une longueur capable d'altérer les conditions de son aplomb
normal. Et c'est sur ce point qu'il importe surtout d'appeler ici
l'attention, car il est exclusivement du ressort de ceux qui ont
intérêt à veiller sur l'hygiène du cheval. On en transgresserait
absolument les lois, si l'on pensait que la nécessité du renouvellement de la ferrure est seulement indiquée par le manque
de solidité des clous qui attachent le fer au sabot ou par l'usure
de ce fer.

La condition essentielle, en effet, de la conservation des propriétés naturelles de la boîte cornée, est que ses diverses parties exercent leur fonction. Il faut pour cela que dans l'appui
du pied chacune supporte la part de poids qui lui est norma-

lement dévolue d'après les lois de la mécanique animale. Tous les systèmes enfantés par l'imagination féconde des amateurs qui s'intitulent « hommes de cheval » sans avoir suffisamment étudié ces lois, sont des conceptions de fantaisie dont il serait bon que l'espèce chevaline fût enfin préservée ou délivrée. Tous ces redresseurs de la nature en sont le véritable fléau. Ceux-là seuls qui ont l'humilité de s'y soumettre en la respectant, demeurent dans le juste et le vrai. Ils n'ont pas de système ; ils se contentent du simple bon sens.

Ne perdons pas de vue donc qu'il importe avant tout que la conformation du pied soit telle que tous les points du contour de la face plantaire portent également sur le sol dans l'appui. Ce précepte résume toute l'hygiène de la ferrure, parce qu'il découle clairement de l'observation des faits naturels. Or, c'est ce qui n'a plus lieu, dès que le sabot a acquis certaines dimensions par la pousse de la corne. Les aplombs du membre sont alors faussés, et les parties dont la fonction est pervertie s'altèrent plus ou moins profondément.

Nous n'avons pas à faire ici, bien entendu, un traité de maréchalerie. Il convient seulement d'y consigner les notions de cet art dont la connaissance est indispensable pour se mettre en mesure d'apprécier les conditions de la bonne exécution de l'opération par laquelle il se résume. Ces notions sont nécessaires, sinon pour diriger l'ouvrier dans l'accomplissement de son travail, du moins pour en juger les résultats et guider le choix qui doit en être fait. Il faut que celui qui possède des chevaux et a charge de leur hygiène soit capable de discerner entre le bon maréchal et le mauvais.

Il règne à cet égard de bien préjudiciables erreurs, contre lesquelles notre devoir est de prémunir le lecteur. On est surtout frappé, en général, dans cette matière, par le fini du travail, par ce que l'on appelle communément une ferrure propre. Les ouvriers qui ne sont que de simples artisans habiles et qui ne se préoccupent, dans l'exécution de leur besogne, que de flatter l'œil, ne remplissent qu'une des conditions fort secondaires de ce travail, et qui n'est pas nuisible seulement dans le cas où elle se borne à ce qui concerne le fer. En tout ce qui touche le sabot, cette préoccupation est un véritable danger. Elle porte en effet à faire un usage abusif des instruments dont la seule action utile doit être de le ramener aux proportions qu'il aurait conservées si l'usure s'en était faite régulièrement.

Cette action, qui a pour objet de parer le pied (c'est l'expression consacrée), n'est maintenue dans les limites utiles qu'à la condition de se borner à l'enlèvement, à l'aide du rogne-pied et du boutoir, de la partie de paroi qui excède la hauteur normale du sabot. Quant à la sole et à la fourchette, elles doivent être respectées. La seule chose qui soit permise, c'est de faire tomber les écailles qui tendraient à s'en détacher toutes seules. Au lieu de cela, la plupart des maréchaux, pour *blanchir* (comme ils disent) le pied, et afin que celui-ci ait meilleur aspect, jouent du boutoir sur toutes ces parties, les amincissent outre mesure en leur enlevant le revêtement extérieur qui les maintient hygrométriques et prévient leur dessication ; ils attaquent et détruisent les arcs-boutants, qui ont pour fonction d'assurer l'écartement des talons et de permettre l'expansion de la fourchette ; enfin ils font de même pour la surface de la paroi, sur laquelle ils enlèvent avec la râpe la couche imperméable et luisante qui la protége également contre l'évaporation des sucs dont la corne est pénétrée. Toutes ces pratiques sont aussi vicieuses que possible. On ne saurait mettre trop de soins à les éviter. Rien n'est plus contraire à la bonne hygiène du pied.

Là est, sans contredit, le point capital de la ferrure. Que le pied soit paré d'après ces indications, en ayant soin de lui conserver les dimensions de la pince et des talons qui sont celles exigées par les conditions de l'aplomb normal, telles qu'elles ont été décrites précédemment ; pourvu que le fer soit d'égale épaisseur partout et que les clous qui l'attachent au sabot ne gênent pas les parties profondes ; qu'ils soient implantés solidement dans les points où ils ont le plus de prise et de manière à ne pas provoquer la déchirure de la corne par leur trop grand rapprochement ; à ces conditions la ferrure sera bonne. Pour qu'il en soit ainsi, d'ailleurs, il faut nécessairement que le fer ait exactement la tournure du pied, qu'il soit bien étampé, et que son ajusture l'empêche de presser sur la sole. Le reste est fort accessoire pour l'hygiène ; cela n'est plus qu'une question d'élégance dont nous n'avons pas à nous occuper.

Lorsque, par suite d'une ferrure vicieuse pratiquée antérieurement, l'action de parer le pied de la manière que nous ve

nons de dire ne suffit pas pour rétablir les aplombs faussés, il
y a lieu d'y remédier en donnant au fer plus d'épaisseur dans
les points où le sabot est demeuré trop court. On juge parfaitement d'ailleurs que les conditions de l'aplomb sont remplies
quand l'usure du fer, dans l'exercice, s'effectue uniformément
dans toute son étendue. Les points où cette usure est exagérée
sont ceux qui correspondent aux parties trop longues du sabot.
On est alors averti qu'il convient de les rogner.

Nous engageons ceux qui dirigent l'hygiène des chevaux à se
bien pénétrer de ces principes. Ils sont fondamentaux. Tant
qu'ils seront respectés, les sabots conserveront leur forme et
leurs propriétés normales, ce qui est une garantie certaine, en
même temps, de la conservation des membres, dont les articulations et les tendons souffrent dès que l'appui du pied n'a plus
lieu dans les conditions de son aplomb. Les onguents dits hygiéniques préconisés pour entretenir la corne en bon état, ne
peuvent nuire dans aucun cas. Ils corrigent, dans une certaine
mesure, les effets des pratiques irrationnelles contre lesquelles
nous nous sommes élevés ; et c'est en Angleterre, où ces pratiques sont érigées en système et où les mauvais pieds et les
pieds souffrants sont surtout communs, que ces onguents ont
beaucoup de vogue. A ce sujet, nous nous bornerons à faire
remarquer en terminant qu'il importe de ne pas laisser la corne
se dessécher trop, et que le meilleur moyen d'éviter sa dessication est de l'enduire d'un corps gras. Mais cela est rarement
nécessaire pour les chevaux de service dont les sabots ont été
suffisamment respectés.

CHAPITRE VI.

HYGIÈNE DU TRAVAIL.

On pourrait nous reprocher — et il se trouvera sans aucun
doute quelqu'un pour le faire — de manquer complétement de
dogmatisme dans le plan que nous suivons pour exposer les
préceptes dont se compose l'hygiène des animaux. Tantôt nous
prenons pour point de départ la fonction physiologique, tantôt

l'organe, et maintenant la fonction économique, afin de l'envisager dans ses rapports avec les modificateurs hygiéniques ou les circonstances qui peuvent influencer la santé. Nous avouerons ce défaut sans la moindre hésitation, parce que nous sommes convaincu que ceux qui mettent les exigences de la netteté, de la clarté et de la précision au-dessus des vaines formes d'un système artificiel, nous en sauront gré. L'important est de trouver ici des règles de conduite nettement formulées pour chacune des situations dans lesquelles les animaux sont entretenus et exploités. A ce titre, on préférera nous voir envisager dans un chapitre spécial tout ce qui se rapporte à l'influence du travail et de ses divers modes sur la santé, plutôt que d'avoir à le chercher au milieu de ce fatras de considérations que les hygiénistes ont pris l'habitude de disséminer dans la catégorie des *gesta*. C'est, il faut le dire, par un singulier effet d'imitation servile, que cette catégorie, pour ce qui concerne les animaux, a été empruntée aux traités consacrés à l'hygiène de l'homme. Il serait assez difficile, en effet, d'en comprendre l'utilité, non plus que celle de la catégorie des *percepta*. Lorsque je parle des soins qu'il convient de prendre pour que le travail porte le moins possible atteinte à la santé des animaux, tout le monde me comprend. Je ne suis pas du tout sûr qu'il en serait de même si je me livrais à des dissertations dogmatiques et générales sur les *percepta* et sur les *gesta*. En tout cas, j'arrive au même but par des chemins plus courts et plus faciles à parcourir. Il y a, je crois, tout avantage.

Nous avons vu comment il convient de loger, de nourrir, de panser, de ferrer les animaux. Nous allons voir maintenant les conditions dans lesquelles l'hygiène commande de les faire travailler. C'est là ce que nous appelons l'hygiène du travail. Le plan que nous suivons est le plus simple et le plus conforme aux nécessités de la pratique. C'est par conséquent le meilleur.

Hygiène morale. — Nous entendons ici le travail dans son acception mécanique. C'est, au demeurant, l'emploi de la force des animaux. L'hygiène, en conséquence, doit avoir pour objet de tracer les limites au delà desquelles il en serait fait un usage abusif, soit en dépassant les bornes de l'aptitude à produire de la force, par le fait de ce que l'on appelle une surcharge, soit en l'appliquant aux résistances à vaincre par des modes vicieux de transmission. Ces derniers, outre qu'ils font dépenser, en pure perte, la force qui pourrait être transformée en travail utile, par la douleur qu'ils font naître, arrivent encore au même but, car la douleur est une exaltation d'un des modes de l'activité vitale, et, par là même, une cause de déperdition. Qu'elle soit physique ou morale, passagère ou durable, le résultat est au fond le même : elle use les organes qui sont mis en jeu sous son impression.

Si donc, la bienveillance et la douceur, envers tous les animaux, ne nous était pas commandée par des raisons de sentiment, — auxquelles, malheureusement, les bons cœurs seuls sont accessibles, — la perception intelligente de notre intérêt suffirait pour nous en faire une loi. C'est surtout pour ce qui concerne les animaux de travail qu'il est facile de le comprendre, parce que ces animaux accomplissent d'autant mieux les services que nous exigeons d'eux, qu'ils sont plus dociles à nos commandements et plus capables d'initiative raisonnée. J'écris ce dernier mot sans la moindre hésitation. En dépit des subtilités des esprits orgueilleux, qui veulent absolument s'aveugler au point de prétendre que l'intelligence est l'apanage exclusif de l'homme, il n'est pas possible, à moins de nier les résultats les plus positifs de l'observation, de refuser aux animaux la mémoire, la comparaison, le jugement, qui sont les opérations intellectuelles d'où découlent les déterminations raisonnées. Ce n'est pas le lieu d'insister sur ces considérations, qu'il serait pourtant bien facile d'appuyer sur de nombreux et irrécusables faits. Il suffira d'ailleurs de réfléchir un instant sur les actes qu'on voit accomplir chaque jour sous ses yeux par tel cheval ou tel chien, pour se convaincre de la vérité que nous formulons ici. Or, si l'on veut que l'animal soit un compagnon toujours fidèle, un auxiliaire dévoué, ou un agent docile et courageux, il ne faut jamais perdre de vue qu'il est un être sensible et intelligent, que l'injustice ou la brutalité révolte ou déprime, tandis que la bienveillance et les bons soins développent et affermissent ses facultés morales et physiques, affectives et intellectuelles, sa force et sa soumission.

Traiter dans tous les cas les animaux avec douceur et bonté, en même temps qu'un devoir de solidarité naturelle est donc la loi hygiénique qui domine toutes les autres. C'est le moyen de porter leurs services au plus haut degré. Et nous avons attendu, pour en recommander la stricte observance, qu'il fût question de l'hygiène du travail, pour ce motif que celui-ci, s'exécutant toujours en présence de l'homme et sous sa direction immédiate, c'est alors surtout qu'il a le plus besoin de s'en souvenir.

Il n'est pas nécessaire d'entrer dans les détails d'une analyse physiologique, pour faire comprendre la justesse de cette loi. Ici, comme pour la réalité de l'existence des facultés intellectuelles, chez les animaux, il suffira d'un peu de réflexion pour s'en apercevoir. Il serait superflu, de même, de spécifier les cas de son application. Pénétrez-vous bien qu'il importe d'être juste et bon envers les bêtes comme envers vos semblables, et vous ne ferez rien qui puisse leur être nuisible, vous ne leur imposerez aucun chagrin ni aucune douleur gratuite. Vous ne les corrigerez, par exemple, que dans la limite absolument indispensable pour éviter le retour de leurs fautes. Lorsque la voix suffira pour les stimuler, vous n'emploierez pas le fouet, etc. Il faut demeurer convaincu que toute souffrance est pour les animaux une cause d'épuisement et de dépense inutile, lorsqu'on les considère seulement comme des machines propres à transformer en services économiques les aliments qu'ils consomment. L'observation vulgaire a depuis longtemps démontré, par exemple, que tout animal à l'engrais dont la quiétude est troublée par une influence quelconque perd de son poids.

Ce qui précède peut s'appeler de l'hygiène morale, et cela pourrait être beaucoup développé. On compte sur l'intelligence du lecteur pour en saisir nonobstant toute la portée et en déduire toutes les conséquences. Arrivons maintenant au travail proprement dit.

Alimentation. — Les études modernes de la physique ont établi que le phénomène appelé chaleur et le phénomène appelé mouvement correspondent à des états identiques de la matière, que les deux peuvent être l'objet d'une équivalence et se transformer l'un dans l'autre, de telle sorte que le dynamomètre ou le thermomètre puissent indifféremment servir à les évaluer. C'est ainsi que les physiciens ont établi l'équivalent mécanique de la chaleur et qu'ils ont été conduits à considérer par là le phénomène appelé chaleur comme un mode particulier de mouvement. Il ne s'agit pas ici d'une simple vue de l'esprit. Des preuves expérimentales nombreuses en ont été fournies et M. Tyndal, un savant physicien anglais, les a répétées publiquement dans une série de douze leçons faites à Royal-Institution de Londres. Ces leçons ont été rédigées et récemment traduites en français par M. l'abbé Moigno. De son côté M. Jules Béclard a établi, par des expériences dont la précision et l'exactitude ne sauraient être contestées, que la contraction musculaire s'accompagne d'une production de chaleur dans le muscle qui se contracte, et que cette chaleur cesse d'être sensible au thermomètre dès que la force produite par la contraction est dépensée en travail mécanique utile, c'est-à-dire lorsqu'elle sert à déplacer un corps pesant quelconque. D'où il suit nécessairement que le travail des muscles, tel que nous l'entendons, est au demeurant et en dernière analyse une dépense de chaleur. Il n'y a là rien de vague : c'est un fait certain et bien déterminé, comme tout ce qui porte le cachet vraiment scientifique.

Si nous nous reportons maintenant à ce qui a été dit dans le premier livre relativement à l'étude physiologique de la chaleur animale (Voy. p. 157), nous verrons que cette chaleur est le produit d'une véritable combustion d'un certain nombre des matériaux organiques entrant dans la constitution des tissus, et dont les résidus sont expulsés de l'économie. Il en faut donc conclure que la combustion sera d'autant plus active et les matériaux brûlés d'autant plus considérables que la somme de chaleur produite le sera davantage. Or, pour le cas particulier qui nous occupe, il serait permis d'admettre *à priori* que la contraction musculaire, par cela seul qu'elle s'accompagne d'une production de chaleur, est une cause de combustion des éléments du muscle, si d'ailleurs le fait n'avait été prouvé expérimentalement. Il est d'observation vulgaire, en outre, que l'exercice seul fait disparaître bientôt les matériaux les plus combustibles de l'économie, en commençant par la graisse. Mais l'action ne se borne pas là : les éléments azotés eux-mêmes, qui constituent la fibre musculaire, sont oxidés en même temps et doivent être réparés à mesure que leurs résidus sont expulsés.

De ces données physiologiques il résulte, en thèse générale, la nécessité de proportionner exactement la réparation aux pertes, en d'autres termes de calculer la ration alimentaire d'après la quantité du travail produit, non pas seulement en s'occupant de son poids, mais surtout en la composant de telle sorte qu'elle puisse fournir avant tout les éléments nécessaires à la réparation du tissu musculaire usé par ses contractions. D'après ce que nous avons dit en étudiant les divers aliments, il sera facile de se faire une idée de ce que doit être la ration des animaux de travail, surtout si l'on veut bien considérer en même temps les remarques faites à propos de la notion hygiénique relative à ce qui est appelé la ration d'entretien. Je ne suis pas du tout convaincu, pour ma part, de l'utilité de formuler, à l'exemple des auteurs qui se sont occupés de ces sujets, ce qu'ils nomment des types de rations. Nous manquons absolument, quant à présent, de bases solides pour les établir. J'ai assez dit l'insuffisance des tables d'équivalents nutritifs. Ainsi, l'on évalue communément la ration nécessaire pour un cheval de ferme à 3^k.30, valeur en foin, par quintal de son poids vif, à 3 kil. seulement pour un bœuf. Cela peut être bon pour établir des moyennes de prix de revient du travail en économie rurale. Mais quels bénéfices l'hygiène pourrait-elle tirer de ces évaluations? Si l'on s'astreignait à les prendre pour règle de conduite, on s'exposerait tout simplement à courir la chance de voir les faits en nombre à peu près égal les démentir ou les confirmer, suivant les individus, les lieux et les aliments employés.

La seule règle générale sérieuse, pour la composition des rations des animaux de travail, est celle qui s'appuie sur ce fait, qu'ils ont besoin de digérer et d'absorber, dans le moins de temps possible, les matières nécessaires pour réparer leurs déperditions. L'activité de l'appareil musculaire et locomoteur influe sur celle de l'appareil digestif; elle la facilite lorsqu'elle agit en liberté; mais au-delà, elle l'entrave plus ou moins, surtout quand ces organes sont surchargés. Il importe donc avant tout que les aliments administrés soient d'une digestion facile et prompte et fortement nutritifs sous un petit volume. A ce titre, l'avoine et ses analogues sont les aliments par excellence des animaux travailleurs, avec les foins et les pailles comme accessoires. Quant à la quotité relative, l'observation attentive et journalière peut seule permettre de l'établir pour chaque individu. Celui-ci est suffisamment nourri, quelle que soit la quantité de travail qu'il produise, lorsqu'il conserve la vivacité de son regard, la vigueur de ses mouvements, l'aisance de ses habitudes, le lustre de son poil et le volume normal de ses muscles. Ce que l'on appelle l'embonpoint est du surcroît, qui n'est point nécessaire à la santé et qui peut même être considéré comme une condition défavorable pour la bonne exécution d'un travail soutenu. Le cheval, particulièrement, pour être en cet état d'entraînement que les Anglais expriment en disant qu'il est « en condition, » doit avoir le système musculaire ferme mais dépourvu de graisse. L'embonpoint n'est qu'une affaire de coup-d'œil, qui témoigne cependant que l'alimentation est au-delà du nécessaire pour réparer les pertes causées par le travail.

L'observation constante et attentive permet donc seule de régler convenablement la ration de production des animaux travailleurs. Il ne faudrait pas induire de ce principe, toutefois, que la possibilité de maintenir l'équilibre entre la dépense de force ou de chaleur et la réparation soit illimitée. La puissance des organes digestifs et celle d'assimilation ont des bornes qu'il n'est pas permis de dépasser. On est souvent porté à abuser du courage, de l'énergie morale des animaux, et à exiger d'eux, pour satisfaire un intérêt malentendu, des efforts musculaires dont l'alimentation est impuissante à réparer les effets. Ils les produisent alors aux dépens de leur propre substance, et bientôt leur constitution en subit des désordres irréparables. C'est sous l'influence de ces conditions que s'engendre le plus souvent, chez les solipèdes, l'élément morbide qui donne naissance à la redoutable affection appelée morve, en outre des altérations qui témoignent de l'usure locale des organes de l'appareil locomoteur, favorisée d'ailleurs par l'oubli des conditions physiologiques sur lesquelles nous avons insisté en décrivant cet appareil.

L'alimentation ne peut, en définitive, compenser les déperditions causées par le travail que dans une mesure déterminée.

Au delà de cette mesure, variable pour chaque individu, suivant sa constitution et son âge, et qui ne peut en conséquence point être indiquée *à priori*, mais que l'observation, d'après les signes que nous avons dits, fait apercevoir, au-delà de cette mesure le travail devient excessif et par conséquent contraire à l'hygiène. Il abrége au moins la durée des services, si ce n'est même celle de la vie; tandis que le travail bien réglé sur l'aptitude et soutenu par une bonne alimentation est en lui-même une condition salutaire pour le maintien de la santé.

Nous avons à présenter maintenant quelques considérations relatives aux meilleurs modes d'application de la force des animaux pour l'exécution des travaux auxquels ils sont soumis. Ces modes, en général, se réduisent à deux : ils consistent à porter des fardeaux, ou à les traîner par l'intermédiaire de véhicules auxquels ils sont attelés et sur lesquels ils exercent une traction. Ce n'est pas ici le lieu d'examiner la théorie des actions musculaires diverses qui entrent en jeu dans les deux cas : ceci est du ressort de la physiologie et de la mécanique animale. Nous avons à voir seulement l'inflence hygiénique des instruments à l'aide desquels ces actions sont transmises aux résistances à vaincre, et de ceux qui servent à l'homme pour les obtenir et les diriger. Nous atteindrons ce but en passant en revue le harnachement et les véhicules.

Harnachement. — On ne fait point assez attention, en général, à cette partie de l'hygiène des animaux ; nous pourrions dire à cette partie de l'économie du bétail, car, en outre du côté hygiénique, la question en présente un autre qui est tout entier du domaine de l'économie industrielle. En effet, la somme de force utile que l'on obtient directement dans l'exécution du travail, est en rapport avec la perfection du harnais qui sert à la transmettre. Pour l'hygiène, il suffirait à la rigueur que ce harnais ne blessât pas l'animal ou qu'il ne portât point d'obstacle au libre exercice de ses fonctions physiologiques, dût-il être d'ailleurs un médiocre ou mauvais agent de transmission. A ce dernier point de vue, l'utile emploi de sa force y est autrement intéressé. Mais il suffit de l'indiquer, sans nous y arrêter davantage. Ne sortons pas de notre cadre.

Pour ne rien omettre, disons avant tout un mot du harnais à

l'aide duquel les animaux sont retenus captifs à l'écurie ou à l'étable. Cela n'est pas particulier à l'hygiène du travail, mais nous n'aurions pu trouver une meilleure place pour en parler. C'est du reste d'une très-petite importance. Il suffira de faire remarquer que le *licol*, qui embrasse la tête du cheval, pourvu qu'il soit bien confectionné, de manière à n'en blesser aucune partie, est dans tous les cas préférable à la courroie plus ou moins large qui entoure seulement le cou. Celle-ci, pour constituer un mode d'attache solide, doit être un peu serrée, et, dans ce cas, elle présente des chances d'accident qui vont parfois jusqu'à l'étranglement. En outre, pour les sujets un peu trop vifs ou indociles, c'est un moyen de conduite insuffisant pour les déplacements que l'on doit leur faire subir dans l'intérieur de l'écurie ou alentour. Quant à l'espèce bovine, il faut préférer les chaînes d'attache à trois branches, dont deux embrassent le col et se joignent au moyen d'une clavette et d'un anneau.

Cela dit, nous abordons le harnachement de travail.

Solipèdes. — Il est dans ce harnachement une partie qui est commune à tous les modes d'après lesquels les solipèdes sont utilisés : c'est celle qui sert à les diriger et qui s'appelle la *bride*. Que le cheval, le mulet ou l'âne portent ou tirent, la bride est toujours l'instrument nécessaire de leur harnachement. C'est par son intermédiaire que l'homme les conduit et les dirige. Sans elle, il ne pourrait en tirer parti.

Ceux qu'on appelle des « hommes de cheval, » les écuyers, les cavaliers, sont persuadés que la bride est avant et par-dessus tout un instrument de contrainte. Ils l'ont toujours été. Depuis l'antiquité, la partie principale de cet instrument est considérée comme un frein, et dans le style figuré le terme a été conservé. Dans cette acception, je consens, pour ma part, à l'adopter. Il est certain que si l'on considère seulement le résultat, la bride est bien évidemment pour le cheval un frein. C'est par son action qu'il s'arrête. Mais si nous analysons ce résultat, si nous en cherchons les conditions, il n'est plus possible d'admettre que ce frein agisse toujours et directement en vertu de sa force physique ou mécanique, en multipliant la puissance du bras de l'homme à tel point qu'elle arrive jusqu'à annihiler l'impulsion mécanique de l'animal, en la contrebalançant. Laissant de côté les parties accessoires de la bride, dont les dispositions n'ont qu'un intérêt fort secondaire pour l'hygiène, nous nous occuperons uniquement ici de la partie essentielle à ce point de vue, qui est le *mors*. C'est le mors, en effet, qui est l'agent direct de l'action qu'on attribue à la bride. Dans les idées les plus répandues, c'est le mors qui vaincrait, manié par la main de l'homme, les résistances purement physiques de l'animal. De là toutes ces combinaisons plus ou moins ingénieuses ayant pour but d'en augmenter la puissance, en le rendant plus offensif, plus dur à la bouche dans laquelle il est placé, proportionnellement au défaut de sensibilité de celle-ci.

J'ai démontré péremptoirement ailleurs [1] je crois, que tout cela s'appuie sur une erreur d'appréciation. Il est bien évident que le cheval se soucierait fort peu, en général, s'il le voulait, de l'action physique du mors, et il le montre parfois assez clairement lorsque, exaspéré par des attaques maladroites, il se départ de sa soumission purement volontaire à l'homme. Si donc il obéit aux impulsions qui lui sont communiquées par l'intermédiaire de la bride, c'est qu'il le trouve bon, non point qu'il ne puisse faire autrement. Il en faut donc conclure que la bride, dans son ensemble, est simplement un moyen à l'aide duquel nous nous mettons en communication avec l'animal sans l'intermédiaire de la parole, une sorte de truchement qui sert à lui transmettre nos désirs et nos volontés. Et la preuve, c'est qu'il est avant tout nécessaire de lui apprendre à connaître la signification de ces actions par ce qu'on appelle le dressage. Il ne les comprend pas du premier coup. S'il s'agissait seulement d'une influence mécanique en serait-il ainsi? L'erreur vient de ce que l'on considère les animaux comme de simples automates, tandis qu'ils sont en réalité des êtres sensibles et pensants, souvent plus raisonnables que les hommes qui s'intitulent orgueilleusement leurs maîtres.

C'est donc sur l'intelligence de l'animal seulement que les actions physiques du corps peuvent agir, et non point directement sur sa force mécanique. Elles provoquent, par des signes tacites et convenus, les déterminations de sa volonté, en les con-

---

[1] *Jour. Diet.* etc., de Bouley et Reynal, loc. cit. art. BOUCHE.

formant à celles de l'homme qui le conduit. Les actions du mors constituent, en fait, une langue plus simple, plus rapide et plus facilement perceptible que la parole, qui la remplace d'ailleurs dans beaucoup de cas. Les impressions produites sur la bouche par le mors agissant au moyen des rênes de la bride sont comprises de l'animal. Il y obéit parce qu'il le veut bien, mais non parce qu'il ne peut faire autrement.

La conclusion pratique et hygiénique à tirer des ces considérations incontestables, c'est que pour le dressage des animaux de travail le mors le plus doux est toujours le meilleur, et que, dans tous les cas, il faut agir sur la bouche avec une grande modération ; c'est ainsi que, pour triompher des résistances opposées par les individus indociles, au lieu d'avoir aussitôt recours à des mors d'une puissance physique de plus en plus grande, — ce qui ne manque jamais d'augmenter les défauts de leur caractère, — il est plus rationnel et plus efficace d'agir sur leur intelligence par la douceur et les bons procédés, et de captiver ainsi leur confiance et leur soumission. La cause première de l'indocilité est le plus souvent due, précisément, à la douleur maladroitement imposée au début par une bride trop dure sur des natures nerveuses et sensibles, qui sont portées à réagir. Cette douleur répétée les exaspère et leur fait perdre la tête. Seuls les chevaux fins et énergiques gagnent à la main, comme on dit en terme d'équitation, et s'emportent dans une sorte d'accès de folie.

Sans doute, lorsque les choses en sont venues à ce point véritablement maladif, il y a lieu de prendre des précautions. L'animal est hors de lui-même, il n'y a plus moyen d'agir sur son intelligence et sur sa volonté. Il faut trouver des procédés physiques pour l'arrêter. Beaucoup ont été imaginés et essayés. On peut dire à cet égard toutefois que les plus brutaux ne sont pas les meilleurs, et que les moins efficaces de tous sont ceux qui augmentent l'impression douloureuse causée par le mors. De nombreuses expériences auxquelles j'ai assisté me permettent de l'affirmer. Les martingales, maniées par une main intelligente, permettent de conserver l'action normale de la bride et de la faire comprendre à l'animal un peu calmé dans sa course.

Mais comme agents purement physiques, en pareil cas, je ne connais de vraiment rationnels et efficaces que ceux qui ont pour effet de mettre obstacle à la respiration en rétrécissant le conduit aérien par la compression.

Les autres parties du harnachenment des solipèdes, pour porter ou tirer, quelle que soit leur forme, doivent au point de vue de l'hygiène remplir une condition qui est unique pour tous et qu'il suffira d'indiquer, sans entrer dans les détails de leur confection. Qu'il s'agisse de la *selle,* du *bât,* de la *sellette*, du *collier*, de la *bricole*, de l'*avaloire* ou des *traits*, ce qu'il faut avant tout c'est qu'ils soient bien ajustés à l'animal qui doit les porter. Un harnais est bien ajusté, lorsqu'il ne gêne aucun mouvement et s'applique exactement sur les parties qui doivent le supporter sans y produire de frottements. Or ces parties ne peuvent être celles dans lesquelles les os sont immédiatement sous-jacentes à la peau, telles que le garrot et l'épine dorsale, par exemple. L'ajustement exact s'oppose aux déplacements du harnais. La peau, lorsque celui-ci ne joue pas à sa surface, n'en subit que des pressions directes, d'ailleurs amorties, dans la plupart des cas, par des coussins élastiques formés de crins ou de bourre, à l'aide desquels le contact est établi d'une manière permanente, ou encore par des coussins à air. La condition principale, au point de vue hygiénique, dans la confection des harnais dont nous parlons, est donc qu'ils s'appliquent exactement sur les parties où ils doivent porter pour recevoir l'impulsion de la force qu'ils ont à transmettre, en laissant entièrement libres celles qui sont animées de mouvements dans la locomotion, qui présentent des saillies osseuses ou qui servent au passage de l'air se rendant à l'intérieur des poumons. Ainsi la selle, la sellette ou le bât seront évidés au niveau de la colonne vertébrale, surtout en avant, au niveau du garrot, et leur panneaux se prolongeront vers la région de l'épaule, sans toutefois toucher à celle-ci, de manière à ce qu'ils trouvent, dans le sillon qui longe l'extrémité supérieure et postérieure de l'omoplate, un point d'appui qui empêche le harnais de gagner en avant. Il importe en outre, pour cela, que les sangles demeurent toujours suffisamment serrées; et à cette condition la croupière devient un accessoire dont il est préférable, le plus souvent, de se passer, à moins que la conformation de l'animal soit vicieuse au point de le rendre absolument nécessaire. En tout cas, cet accessoire devient une cause presque certaine de gêne et de blessure, lorsqu'il agit constamment. Quant au collier, il ne doit pas porter non plus sur le garrot ni en bas, sur l'entrée de la trachée dans la cavité thoracique; et l'on obtient ce résultat en lui donnant des mamelles suffisamment renflées se moulant exactement sur la base de l'encolure, sans gêner les mouvements de l'épaule et de l'articulation qui en forme la pointe, dite scapulo-humérale.

Il convient que ces divers harnais soient aussi légers que possible, tout en leur donnant les proprtions nécessaires à leur solidité et aux charges qu'ils doivent supporter. Il règne à cet égard un préjugé préjudiciable aux animaux, surtout pour ce qui concerne les colliers. C'est une sorte de luxe de donner à ces harnais des proportions énormes, par les dimensions de leurs attelles, et de les surcharger d'ornements, de housses et de grelots. Indépendamment de la vanité des charretiers, qui s'en trouve satisfaite et suffit pour leur faire accepter le surcroît de la fatigue que leur impose le maniement de tels harnais pour habiller leurs attelages, on a cherché à en démontrer l'utilité par ce fait que cela augmenterait la force de traction de ceux-ci. L'animal qui tire, dit-on, entraîne la charge non-seulement en raison de sa force musculaire, mais encore en raison de sa masse qu'il projette en avant par le déplacement de son centre de gravité. Pour un cas j'en demeure d'accord, et c'est celui du tirage sur un plan horizontal. Dans ces conditions, évidemment, l'action mécanique de l'animal surchargé est augmentée. Il resterait à savoir si ce n'est pas en même temps au détriment de sa conservation, et cela mériterait de nous occuper. Mais si l'on veut bien considérer que le cas dont il s'agit est bien loin d'être le plus ordinaire, et que dans celui de pente montante ou descendante, qui se présente habituellement, la charge du collier se joint à celle qu'il s'agit d'entraîner ou de retenir, au lieu de venir en déduction, tout compte fait on s'apercevra qu'en somme c'est l'animal qui la supporte sans bénéfice pour personne. Elle lui impose donc un surcroît de travail inutile, et à celui qui le nourrit une perte sèche, sans compter le prix de revient plus élevé du harnais. Le plus sage est, en conséquence, de ne donner au collier que les proportions nécessaires pour assurer sa solidité, en n'y adaptant que des attelles suffisantes pour attacher les chaînettes et les traits

qui viennent y aboutir. Cela est en même temps plus utile et
plus commode, moins cher et pas moins élégant (grav. 57 et 58).

Nous ne dirons qu'un mot de la bricole, autrefois fort usitée
pour les attelages de poste. C'est un mauvais appareil, qui
utilise mal la force, en gênant les mouvements des membres
antérieurs. Il faut le conserver pour les cas où, par suite de

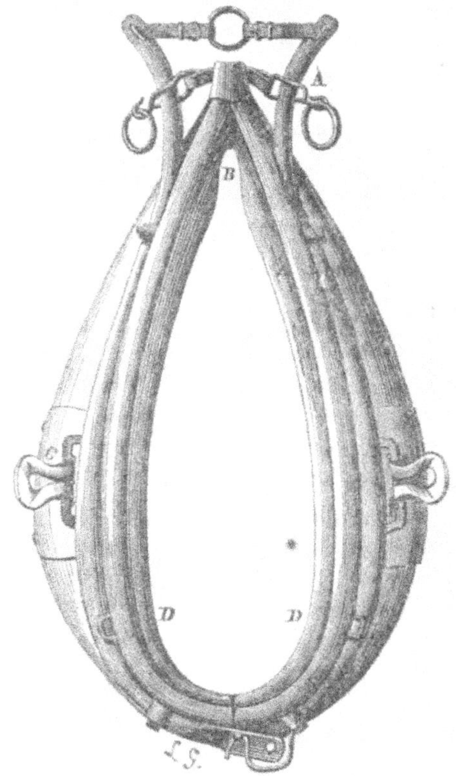

Grav. 57. — Collier léger à attelles en fer.

blessure, on ne peut pas se servir du collier, et quand il s'agit
de travaux qui n'exigent que peu de force. Quant à l'avaloire
des limoniers, il n'y a pas à s'en occuper ici, si ce n'est pour
faire remarquer qu'il convient de la maintenir au niveau de la
partie la plus saillante des fesses. Enfin, ajoutons que les traits

doivent toujours être disposés de manière à ne pas frotter le long du corps de l'animal.

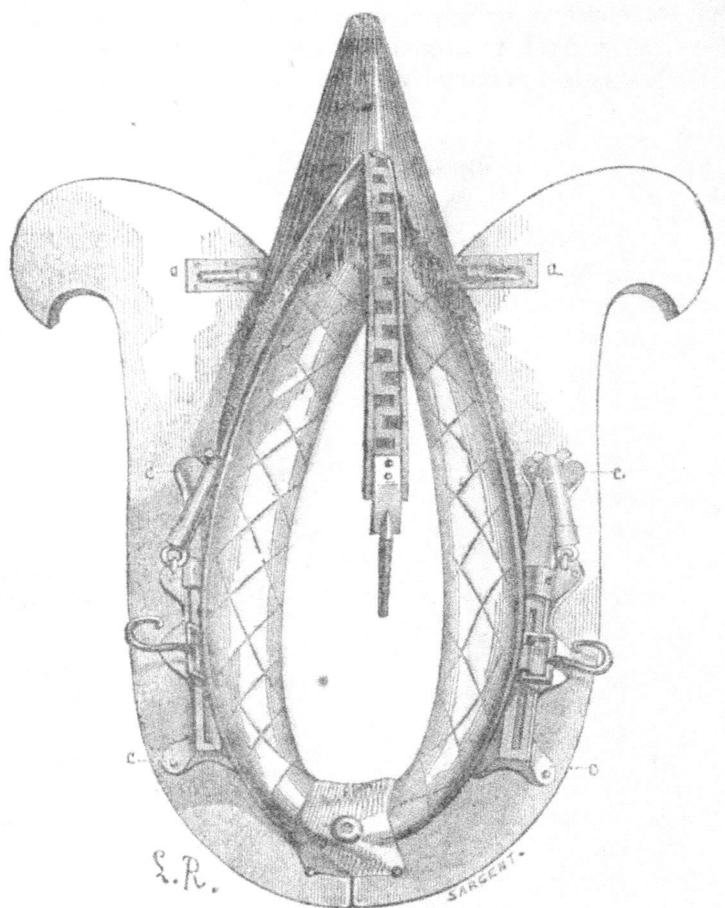

Grav. 58. — Collier léger à attelles en bois.

Bœuf. — Tout ce qui précède s'applique au harnachement des solipèdes. Il nous reste à parler de celui des animaux de l'espèce bovine, qui ne sont point près de n'être plus employés au travail, quoiqu'en pensent et en disent ceux qui rêvent une transformation subite des aptitudes de ces animaux. Le travail du bœuf sera longtemps encore et peut-être toujours une des nécessités de l'économie rurale française. Dans la plupart de ses conditions il est plus économique que celui du cheval. Au lieu donc de méconnaître cette vérité et de combattre l'emploi du bœuf dans les travaux agricoles, il convient d'étudier les moyens propres à le rendre possible, tout en le conciliant dans la plus complète mesure possible avec les exigences du but final auquel l'animal doit arriver; c'est-à-dire les moyens d'utiliser sa force en l'économisant. Et à cet égard le harnachement doit particulièrement attirer l'attention.

Le mode d'attelage le plus usité, par paire de bœufs réunis au moyen d'un joug commun, est à tous les points de vue le plus vicieux qu'on puisse imaginer. Sans parler de la gêne qu'il occasionne et des attitudes fatigantes qu'il nécessite, il suffira, pour le faire condamner par tous ceux qui sont capables de raisonner, de remarquer qu'il exige une action constamment synergique des deux individus ainsi accouplés, sans quoi le tirage en contresens paralyse nécessairement une partie au moins de leurs forces, qui ne sont plus parallèles et ne donnent plus une résultante formée de la somme de ces forces. Il serait superflu d'insister. Le fait est tellement démontré qu'il ne se trouverait sans doute plus personne pour le contester. On convient donc sans peine qu'il y a lieu de renoncer au joug commun.

Mais où les dissidences commencent, c'est lorsqu'il s'agit de savoir par quelle sorte de harnais celui-là serait le plus avantageusement remplacé. Les uns se prononcent pour le collier et ses accessoires, à la manière usitée pour l'attelage des solipèdes. Plusieurs agriculteurs, dans le Nord et dans l'Est, en ont adopté la pratique et ne s'en trouvent pas mal. Cela vaut mieux assurément, beaucoup mieux même, que le joug commun. En tirant au collier, le bœuf jouit de toute sa liberté d'allure. Mais j'ai à faire, pour mon compte, deux sortes d'objections, les unes physiologiques et hygiéniques, les autres économiques.

Il n'est pas douteux, d'abord, que par le fait même de sa constitution anatomique, le bœuf ne puisse déployer plus de force de traction en prenant son point d'appui à la tête plutôt qu'à la base de l'encolure. Pour entraîner un même poids, il lui faut donc plus d'efforts musculaires dans le second cas que dans le premier, et par conséquent plus de dépense physiologique pour un travail utile seulement égal. En second lieu, le collier expose le bœuf à des blessures assez fréquentes, qui sont au moins une cause de douleur et agissent par là dans le même

Grav. 59. — Harnachement pour l'attelage du bœuf au demi-joug frontal.

sens. Et ces chances de blessure sont d'autant plus grandes

qu'il est difficile d'arriver à l'emploi de colliers toujours bien ajustés. Cela nous conduit à notre objection économique.

En effet, la vie de travail du bœuf est nécessairement d'une durée fort limitée, surtout si l'on exploite cet animal dans des conditions de progrès, qui exigent le fréquent renouvellement du bétail devant finir par l'abattoir. La durée des harnais est nécessairement plus longue, et à moins de les réformer avant leur usure, il faut bien les faire servir successivement à des animaux pour lesquels ils n'avaient point été faits. Le collier de bœuf devrait donc, pour remplir les conditions hygiéniques précédemment formulées en général, être une sorte de selle à tous chevaux. Or, c'est ce qui n'est pas possible, et l'on ne peut arriver qu'à se servir de colliers mal ajustés, à moins de faire chaque fois la dépense d'un ajustement nouveau. Enfin, et ceci n'est que secondaire en ce moment, le harnais complet coûte assez cher.

Ce sont toutes ces raisons qui m'ont porté, pour mon compte, à considérer comme bien préférable sous tous les rapports, ce que l'on appelle le *joug frontal* indépendant. Ce harnais extrêmement simple, depuis longtemps usité en Allemagne et dans quelques parties de la France, est à la fois le moins coûteux et le plus propre à utiliser, dans les meilleures conditions possibles, toute la force du bœuf. Il a subi des perfectionnements et l'adjonction d'accessoires qui rendent son usage facile dans tous les cas. Les plus dignes d'approbation sont ceux qui lui ont été apportés par M. le baron Augier (grav. 59). Je ne connais pas de défaut à ce mode d'attelage, et je ne comprendrais pas qu'on pût mettre en balance, sous aucun rapport, les avantages du collier avec ceux que présente le joug indépendant. Comme pour le collier, il faut avec le joug des véhicules à quatre roues, et c'est là sans doute ce qui en a retardé jusqu'à présent l'emploi, son adoption nécessitant la réforme de cette partie du matériel, sur laquelle nous allons maintenant appeler l'attention.

Véhicules. — C'est seulement depuis peu de temps que l'on se préoccupe, en économie rurale surtout, d'appliquer les lois de la mécanique à la disposition des instruments et des machines auxquelles les animaux sont attelés comme moteurs. Jusque-là les constructeurs ne suivaient que la routine. Et encore, il faut le dire, n'est-ce point en vue de l'hygiène de ces moteurs que les réformes ont été principalement introduites. Les considérations relatives à cet objet n'ont point encore cessé d'être secondaires. Je ne veux pas dire qu'elles soient, dans tous les cas, principales. Il est facile seulement de démontrer qu'il n'est aucune circonstance dans laquelle ces considérations ne concordent parfaitement avec celles qui se rapportent au but direct qu'il s'agit d'atteindre. Ce but étant donné, opération de culture ou de transport, l'instrument ou la machine qui doivent y conduire ne sauraient rien perdre de leur efficacité, parce qu'ils seraient construits de telle sorte que la force y fût appliquée de façon à la ménager, soit en diminuant les résistances de frottement, soit en faisant agir cette force exactement dans l'axe de la résistance, par une bonne disposition du point de tirage.

Il est clair, — et nous l'avons déjà fait remarquer à propos du harnachement, — que l'hygiène des animaux moteurs se trouve on ne peut plus intéressée à ce que la somme du travail utile produit soit exactement en rapport avec celle de la force dépensée. Ce travail ayant, en agriculture surtout, des limites déterminées d'avance, c'est dès lors le moteur qui bénéficie directement de l'économie de force. Et je n'ai pas besoin d'ajouter sans doute que cette même économie profite ensuite à celui qui s'en est préoccupé, puisqu'il doit à ses frais pourvoir à la réparation de la force dépensée.

En principe donc, la construction du matériel roulant à traction animale, de même que celle du matériel agricole en général, doit par conséquent se poser, comme l'un des problèmes à résoudre, celui de l'économie de la force employée pour mouvoir ce double matériel.

Entrer dans les détails de construction qui se rapportent à cet objet serait nous écarter des limites de notre plan. Cela soulève beaucoup de questions fort importantes, mais qui sont complexes et non point de notre ressort. Nous devons nous en tenir exclusivement au point de vue hygiénique, sauf aux intéressés à mettre ensuite en balance les considérations d'un autre ordre qui doivent intervenir dans la question. Pour ce qui concerne les véhicules proprement dits ou les machines de transport, voitures, charrettes, chariots, tombereaux, etc., nous

Grav. 69. — Chariot agricole.

n'avons pas, par exemple, à nous prononcer d'une manière absolue sur la préférence qu'il convient de donner aux petits sur les grands et réciproquement, à ceux à deux roues sur ceux à quatre, aux roues basses sur les roues élevées. Je dirai seulement que pour l'hygiène des moteurs les chariots (grav. 60), ainsi que les véhicules à quatre roues en général, sont préférables aux charrettes et voitures à deux roues, parce qu'ils rendent inutile la fonction du limonnier qui, dans beaucoup de cas, supporte à lui seul toute la charge, fonction d'ailleurs toujours si pénible et si périlleuse; et que pour le même motif, dans le cas de véhicule à deux roues, celui qui ne nécessite que la force d'un seul cheval vaut mieux que les grosses charrettes auxquelles on en attelle plusieurs. Pour un même nombre d'animaux employés, la charge totale traînée est plus forte, avec moins de peine pour chacun. De même pour les instruments de culture ou de récolte, charrues, herses, extirpateurs, faucheuses, moissonneuses, etc. Mais, je le répète, il y a ici d'autres côtés à voir, particulièrement ceux qui concernent le capital engagé dans l'achat des instruments, machines ou véhicules, et le personnel nécessaire pour les conduire et les diriger. Il faut se borner à les indiquer, sans s'en occuper autrement ici.

Mais quel que soit le choix qui doive être fait d'après toutes ces données, il est des points qui comportent une solution générale et absolue. De ce nombre est celui relatif à la réduction aussi complète que possible des résistances de frottement. Pour les machines glissantes, c'est une affaire de poli des surfaces. Quant aux versoirs de charrues, par exemple, il est facile à comprendre qu'à cet égard ceux en fer exigent moins de tirage que ceux en bois, indépendamment de leur génératrice. Ainsi de tous les autres instruments qui entament le sol ou sont traînés à sa surface. Quant aux machines roulantes, c'est, au même point de vue, des essieux et des boîtes de moyeu qu'il faut s'occuper; et c'est là un point beaucoup trop négligé, pour les véhicules agricoles surtout. On ne songe point assez à profiter des perfectionnements introduits dans cette partie de l'art. Je me bornerai à appeler l'attention sur leur utilité, sans en spécifier aucun, ajoutant que le meilleur est celui qui, exigeant le moins d'entretien, facilite le plus les mouvements de la roue sur son essieu.

Je serai plus explicite, toutefois, sur quelques accessoires ajoutés aux véhicules dans le but direct et bien déterminé de ménager la force des animaux.

Tout le monde connaît cette sorte de frein vulgairement appelé *mécanique*, et qui agit sur les jantes des roues par pression, afin de les empêcher de rouler, dans une certaine mesure. On sait aussi ce que c'est que le *sabot*. Ces deux appareils ont pour effet de diminuer la poussée que la charge exerce, à la descente, sur le limonier. Ils sont donc fort utiles, et l'on ne saurait trop en recommander l'emploi. Mais ils peuvent être avantageusement remplacés par un appareil plus simple, moins coûteux, et d'une application plus facile et plus sûre. Je veux parler de l'*arcanseur* inventé par M. le docteur Blatin. Cet instrument agit à la manière de la mécanique, à la descente, lorsqu'il est placé en avant de la roue, et dans ce cas l'énergie du frein est précisément en rapport avec l'inclinaison du plan, puisqu'il agit en raison de la vitesse déterminée par la pesanteur de la charge ; mais en outre de cette action, il exerce celle non moins utile de mettre obstacle à cette même force dans le sens du recul, à la montée, lorsqu'il est placé en arrière, sans gêner le moins du monde le mouvement de la roue en avant. Dans cette dernière situation, appliqué alternativement sur l'une et l'autre roue, il les accote et permet au limonier d'épauler pour démarrer la charge en terrain plan.

L'arcanseur de M. Blatin est constitué par une pièce solide, qui embrasse à peu près exactement la surface excentrique de la roue sur laquelle elle s'appuie à la manière du sabot ou de la mécanique. Cette pièce est fixée, au moyen d'une tige mobile, à un centre de mouvement pris sur le bâtis du véhicule, et peut ainsi parcourir un arc qui équivaut environ au tiers supérieur de la circonférence de la roue. Tant que le mouvement de celle-ci agit sur l'arcanseur de bas en haut, elle n'en est pressée qu'en raison du poids de l'instrument ; en agissant au contraire de haut en bas, elle l'entraîne vers la direction de la force centrifuge, et comme son point d'attache est fixe, cela détermine une pression sur la roue qui n'a d'autre limite que celle de la résistance opposée par la tige. Il s'agit donc véritablement ici d'un frein automoteur, que la roue serre elle-même, dès qu'il est appliqué dans le sens voulu, ce qui a lieu avec la plus grande facilité.

Dès que les nombreux avantages de l'arcanseur seront mieux connus, il remplacera partout la mécanique et le sabot.

Il est permis de s'étonner aussi que l'usage du *tuteur du limonnier* ne soit pas plus répandu. Cet accessoire des véhicules à deux roues, qui a pour but et pour effet de mettre le limonnier à l'abri des accidents si graves résultant pour lui d'un faux pas, ne devrait jamais y manquer. C'est une forte tige verticale, solidement fixée sous l'avant de la charrette ou du tombereau, et qui rencontre le sol lorsque le limonnier vient à s'abattre accidentellement. La charge est ainsi retenue et ne lui tombe pas sur le corps.

Appareillement. — Terminons enfin ce qui concerne l'hygiène du travail en faisant remarquer l'importance d'un appareillement aussi complet que possible, entre les animaux qui doivent être attelés de front. La similitude de la taille et de la conformation n'est pas la seule condition nécessaire, il y faut encore celle de la force et de l'énergie. Sans cela, la somme d'effet utile produit n'est pas égale à celle des efforts dépensés de part et d'autre, et c'est en outre l'animal le plus courageux qui en souffre en traînant plus que sa part de charge. En cas d'efforts divergents, cette part s'augmente pour chacun de tous ceux qui portent à faux. Il est donc toujours avantageux pour l'hygiène des animaux attelés de front, que la force et les allures soient égales. Lorsque cette égalité n'existe pas, on ne peut qu'imparfaitement en corriger les inconvénients par une différence de longueur de traits.

CHAPITRE VII.

HYGIÈNE DE LA REPRODUCTION.

Nous prenons ici le titre de ce chapitre dans son sens exact et non pas dans celui trop étendu qui lui a été donné. Nous nous en tenons à la définition de l'hygiène. Le tort des esprits insuffisamment rigoureux est de détourner volontiers et arbitrairement les mots de la langue de la signification qu'ils avaient lorsqu'ils ont été créés, sous l'influence d'un besoin nouveau. En voulant faire de l'hygiène la science de la production et de l'amélioration des animaux, tels que les nécessités économiques les exigent, on n'a évidemment tenu aucun compte de la valeur généralement attribuée au mot et de l'idée qu'il représente en réalité. L'hygiène ne peut pas être, en effet, un ensemble de méthodes et de procédés dont la plupart ont pour résultat de faire dévier de leur direction normale les conditions de la santé. C'est pour correspondre à l'idée complexe de cet ensemble de méthodes et de procédés, qui constitue un art complet et distinct fondé sur des principes scientifiques, que l'expression de zootechnie a pris place dans la langue française et qu'elle y restera malgré quelques oppositions aussi isolées que peu motivées. Qu'elle soit qualifiée, appliquée, ou non, l'hygiène ne peut s'entendre que de la conservation de la santé.

Sous le titre d'hygiène de la reproduction, il ne faut donc pas s'attendre à trouver autre chose que ce qui concerne exclusivement les conditions dans lesquelles les animaux reproducteurs et leurs produits doivent être maintenus, pour qu'ils puissent être considérés comme bien portants. Nous étudions ici l'hygiène d'une fonction physiologique, non point la science des fonctions économiques qui s'y rapportent. Celle-là recevra de notre part ailleurs tous ses développements, et nous ferons alors de la zootechnie, non de l'hygiène. Ici, je le répète, nous n'avons à nous occuper que du point de vue de la santé. Nous allons donc, suivant notre méthode habituelle, passer en revue successivement les deux facteurs de la reproduction dans chacune des principales espèces dont se compose le bétail, et les considérer avant, pendant et après l'accomplissement de cette fonction. Nous aurons à parler ainsi de l'hygiène des étalons et de celle des mères, beaucoup plus importante, à cause de la gestation, de la parturition et de l'allaitement. Cela terminera l'ensemble des notions relatives à l'hygiène du bétail, dont nous aurons parcouru dès lors toutes les conditions.

Hygiène des étalons. — Il est bien entendu que nous n'avons pas à nous occuper en ce moment du choix des étalons.

Nous les supposons aussi parfaits que possible pour la fonction qu'ils ont à remplir. Il ne s'agit que de les entretenir en santé. Les choses diffèrent pour cela suivant l'espèce. Il y a donc lieu de distinguer et de considérer chacune en particulier.

Cheval. — La fonction du cheval étalon n'a chaque année qu'une durée limitée par le nombre des juments qu'on lui donne à saillir, et l'exercice de cette fonction produit sur sa santé une influence qui est proportionnelle, toutes choses d'ailleurs égales, à ce même nombre relativement à la durée totale de la fonction. La première question à examiner dans l'hygiène de l'étalon, est donc celle du nombre de juments qu'il convient de lui faire féconder durant la monte.

Dans les conditions les plus ordinaires de la pratique, les considérations ressortissant à l'hygiène sont à coup sûr fort négligées. On ne les observe que très-exceptionnellement et pour les chevaux d'un grand prix, employés à la production d'individus dont le service se borne à disputer sur les hippodromes de course les palmes du vainqueur, pour devenir ensuite des étalons à leur tour, s'ils ont fait des preuves suffisantes. Ceux-là ne font que de rares saillies, payées fort cher et qu'il n'est pas toujours facile d'obtenir de leurs propriétaires, qui les réservent volontiers exclusivement pour leurs propres juments, lorsqu'ils font eux-mêmes courir. Mais les circonstances sont tout autres pour les étalons employés à la production des chevaux de commerce et de service. Dans le prix de revient de ceux-ci, la somme payée pour la fécondation de la mère ne peut pas dépasser une certaine limite, que les habitudes de l'industrie étalonnière ont réduite à des proportions fort restreintes, sous l'influence de la fâcheuse concurrence de l'Etat, s'étant imaginé un beau jour qu'il était de son devoir d'intervenir directement dans la production chevaline en se chargeant de lui fournir les meilleurs étalons au rabais. Ce n'est pas le lieu d'examiner quelles ont été toutes les conséquences de cette fausse notion du rôle et de la puissance de l'Etat. Bornons-nous à constater que son intervention n'ayant jamais pu être suffisante, quant au nombre des étalons nécessaires pour féconder toutes les juments livrées à la reproduction, le résultat le plus incontestable qu'elle ait produit est celui de l'avilissement général du prix des saillies. A mesure que la production chevaline s'est développée et que la valeur marchande des chevaux a augmenté, l'industrie étalonnière a dû conserver ses anciens prix, tant que la concurence de l'Etat subsistait. Et il ne faut pas se dissimuler que rcette considération du bas prix des saillies est la seule qui guide les derniers partisans de l'intervention de l'Etat, bien qu'ils l'abritent, suivant la coutume, sous le manteau de l'intérêt général.

Quoi qu'il en soit, le fait constant est qu'en ceci les considérations hygiéniques sont dominées par la nécessité économique. Pour couvrir leurs frais d'entretien et procurer un bénéfice sans lequel il n'y a pas d'industrie possible, les étalons de l'espèce chevaline doivent nécessairemnat saillir un nombre déterminé de juments, chaque année, quoiqu'il en puisse résulter pour leur santé. Telle est la situation avec laqu'elle il faut compter, en désirant que les progrès de la liberté industrielle viennent faire cesser un état de choses aussi préjudiciable à la production chevaline en général qu'à l'hygiène des étalons en particulier. Cet état, en effet, entraîne l'obligation d'exténuer ceuxci, en même temps que celle de n'engager dans leur achat qu'un capital en rapport avec les bénéfices qu'ils peuvent produire, et par conséquent de se montrer peu difficile dans leur choix. Les conseils hygiéniques, pas plus que les déclamations zootechniques, ne peuvent rien contre l'inexorable loi économique. Tout au plus est-il permis d'espérer que l'on parviendra, tant que les circonstances dont nous parlons subsisteront, à faire comprendre la possibilité d'atténuer le mal par des palliatifs.

Parmi ces derniers, il en est un qui a en même temps le double mérite d'être favorable au maintien de la santé physique et morale des étalons et d'ajouter à leurs qualités héréditaires. Je veux parler du travail auquel ils peuvent être soumis hors l'époque de la monte. On n'y trouve pas seulement le moyen de couvrir, durant ce temps, leurs frais d'entretien, ce qui diminue d'autant la somme de produit à exiger des saillies; somme qui, dans le cas le plus commun d'oisiveté des étalons, doit être suffisante pour compenser la nourriture de toute l'année, les frais de logement, l'intérêt et l'amortissement du capital, etc. Il serait superflu de revenir à cette occasion sur les effets hygiéniques d'un travail modéré et bien réglé sur les forces naturelles et l'alimentation convenable. Nous les avons suffisamment développés dans le chapitre spécial consacré à cette partie de l'hygiène. Nous n'insisterons pas non plus sur les avantages du dressage et de l'exexcice des facultés qu'il importe de rencontrer chez le produit à l'état d'aptitude. Cela sera l'objet de développements ultérieurs, car c'est là une des lois fondamentales de la zootechnie. Il faut se contenter en ce moment d'établir que le travail, pourvu qu'il n'outrepasse point les limites que nous avons posées, est pour l'étalon une condition de santé, comme pour tous les autres animaux de son espèce utilisés à ce service. Et cela est surtout vrai pour lui, d'ailleurs, puisqu'il suffit de le maintenir dans les limites nécessaires pour solder les frais d'entretien. Les services qu'on en obtient ainsi permettent, de plus, de lui donner durant toute l'année une alimentation plus riche, qui le dispose à mieux supporter les fatigues de la monte.

Ces fatigues sont considérables. Elles ne se mesurent pas seulement à la déperdition causée par la sécrétion spermatique. Pour aboutir à projeter, dans les organes génitaux de la femelle, la liqueur fécondante, l'animal dépense une somme d'excitabilité nerveuse et de contraction musculaire puisée, comme tout le reste, à la source unique du mouvement organique, c'est-à-dire dans la nutrition. Il y est entraîné par un puissant instinct. Mais les lois naturelles de la satisfaction de cet instinct sont telles, qu'elle rencontre un double obstacle dans la lutte où ne triomphent que les plus vigoureux et dans la résistance insurmontable des femelles non disposées pour la fécondation ou déjà fécondées. En état de domesticité, où l'homme intervient pour régler ces choses dans la limite de sa puissance, l'observation démontre et la physiologie explique qu'un cheval étalon, à l'âge adulte et dans la plénitude de sa force, ne peut pas, sans dépasser les bornes de son énergie normale, fournir plus de deux saillies par jour. Au delà commence l'abus. Ces bornes sont, il est vrai, le plus souvent franchies, pour les raisons que nous avons dites; mais c'est au détriment de l'hygiène de l'étalon, aussi bien qu'à celui de la valeur du produit qu'il engendre. Le nombre n'est pas petit des chevaux étalons qui saillissent jusqu'à six et huit juments par journée de monte. Aussi, peu de ces juments sont-elles fécondées du premier coup et même du second, et les étalons arrivent-ils bientôt à un état pitoyable de fatigue et de maigreur, quoiqu'on fasse pour soutenir leur vigueur. Au moins doiton, si les nécessités économiques font une obligation d'exiger ce service outré, ne point pousser l'oubli des préceptes de l'hygiène jusqu'à faire deux fois de suite et sans répit saillir la même jument par l'étalon, sous prétexte que cette pratique serait favorable à sa fécondation. On a peine à comprendre que cette pratique véritablement barbare, empruntée aux Arabes, ait pu être érigée en principe par un hygiéniste en la fondant sur des considérations purement empiriques. Ce qui est à la fois conforme aux lois de l'hygiène et à celles de la physiologie, c'est que les saillies de l'étalon sont d'autant plus sûrement fécondantes qu'elles sont plus rares, et que les femelles qui les reçoivent sont plus évidemment en rut. Le premier soin d'un palefrenier soucieux de ne pas imposer à l'étalon des fatigues inutiles, doit donc être de ne faire saillir la jument qu'après avoir bien constaté qu'elle est disposée à recevoir son approche, non seulement sans aucune résistance, mais encore avec plaisir. C'est là l'office du *boute-en-train* ou *étalon d'essai*.

Il est d'usage d'augmenter, durant la monte, la ration d'avoine des étalons. Le plus souvent on en donne une petite quantité après chaque saillie. En principe, cette coutume est rationnelle et nous l'avons suffisamment justifiée en posant les conditions de l'alimentation qui convient aux animaux de travail. La monte, en effet, est un travail, et sans aucun doute celui de tous qui dépense le plus de force. Il faut donc, à cet égard, renvoyer aux bases que nous avons posées pour l'établissement de la ration nécessaire. Y revenir ici serait nous répéter inutilement. L'étalon, de même que les autres animaux, n'est suffisamment nourri que s'il s'entretient en bon état.

Il n'y a rien non plus de particulier à dire, relativement à l'habitation des étalons de l'espèce chevaline et à leur hygiène en général. Il ne s'agit ici que de ce qui concerne leur fonction spéciale.

Ane. — L'étude des particularités que présente l'emploi des ânes étalons, appelés *baudets*, pour la production des mulets, est pleine d'intérêt. Mais cette étude n'entre pas dans notre cadre. Au point de vue de la multiplication de sa propre espèce, l'âne en offre moins, bien qu'il y ait lieu toutefois d'en prendre plus souci qu'on ne le fait généralement. Les considérations précédentes s'y appliquent de tout point, en faisant remarquer cependant que l'âne étalon est plus prolifique que le cheval et qu'il peut sans dommage fournir un service plus actif.

Les habitudes adoptées dans la province la plus réputée pour ses mulets et où les baudets sont les plus estimés, c'est-à-dire en Poitou, ces habitudes semblent avoir pris le contre-pied d'une bonne hygiène. Les ânes étalons y manquent à la fois d'air, de lumière, d'exercice, des plus simples soins de propreté de la peau, d'entretien des pieds. Seule l'alimentation ne laisserait rien à désirer, si l'on n'y observait des alternatives d'abondance et de disette trop disproportionnées entre la saison de la monte et celle du repos. Durant celle-ci, ces animaux mènent une existence d'isolement cellulaire, dans un espace le plus ordinairement trop étroit, et où ils ne voient que leur gardien, aux heures de distribution de la nourriture. Aussi, sont-ils extrêmement sujets à des affections de la peau et à des fourbures qui les rendent dégoûtants ou presque incapables de marcher. Il leur faut vraiment toute la rusticité et toute la longévité qui caractérisent leur espèce, pour qu'ils puissent résister à des traitements si mal entendus. Cela leur donne au moins un caractère farouche, qui n'est pas propre à faciliter l'utile emploi de leurs descendants hybrides.

Il faudrait pourtant savoir que l'âne ne fait point exception, et qu'il se trouverait aussi bien que le cheval d'une hygiène mieux ordonnée. Nous nous bornerons à faire remarquer qu'il doit être traité absolument comme le cheval, quant au logement, à l'alimentation et aux autres soins. Pour le service, à l'âge adulte ou vers quatre ans et plus, il peut sans inconvénient comporter quatre saillies par jour. Il est en moyenne de cinq ou six, et souvent de beaucoup plus. Dès l'âge de trois ans les baudets en font une ou deux. Dans ces proportions, cela n'a pas d'inconvénient bien sensible.

Taureau. — Ce qui domine dans l'hygiène du taureau, ai-je dit ailleurs [1] en envisageant ce sujet au double point de

[1] *Livre de la Ferme*, t. I, p. 735.

vue de la zootechnie et de l'hygiène, « c'est de le maintenir toujours en état de complète vigueur, en bonne condition, comme disent les Anglais, et de lui conserver un caractère docile et soumis, qui permette de l'utiliser autant qu'on le juge nécessaire pour atteindre le but que l'on s'est proposé. Cela peut être très-facilement réalisé au moyen du dressage, de l'exercice sous forme d'un travail modéré et d'une nourriture suffisamment abondante, sans excès, propre à entretenir la santé en réparant les pertes, non pas à produire l'engraissement, qui nuit, à tous égards, aux qualités du reproducteur. Parmi les soins capables de concourir à ce résultat, il ne faut pas négliger de mentionner ceux du pansage... La propreté de la peau est salutaire à tous les animaux. On peut dire, de plus, qu'elle est surtout indispensable pour le taureau, dont l'activité fonctionnelle produit des excrétions abondantes à la surface de l'organe cutané. »

La quantité de saillies que le taureau peut fournir en un jour, sans que sa santé en souffre, varie suivant son âge. Ceci soulève une question fort controversée, que nous n'avons pas à discuter pour le moment, celle de savoir si les jeunes taureaux doivent, comme on le pense, être, dans tous les cas, préférés aux adultes. Quant à ce qui dépend de l'hygiène, je dirai seulement que les bons traitements de toute sorte font, à coup sûr, disparaître l'un des inconvénients que l'on reproche aux taureaux âgés, celui de l'indocilité ou de la méchanceté. C'est toujours la même question qui se représente pour tous les étalons, et il y a lieu de la résoudre toujours dans le même sens. La moyenne, quant aux saillies, est donc encore ici de deux par jour, environ, si l'on ne se préoccupe que de l'hygiène du taureau. Le reste dépend de l'aptitude individuelle, et ne peut être réglé que d'après l'observation. Il en résulte la nécessité de ne point laisser la monte se faire en liberté, c'est-à-dire d'abandonner le taureau au milieu d'un troupeau de vaches, auquel cas il saillit toutes celles qui sont en rut et jusqu'à épuisement de ses forces. Cet inconvénient ne peut être évité que par la monte en main, ou celle qui consiste à laisser ensemble, dans un petit enclos, la femelle en rut et le taureau, ce qui est encore préférable.

Chez les animaux, où l'acte génital est seulement une fonction physiologique, les ardeurs génésiques du mâle ne se montrent que dans la saison des amours, provoquées par le rut des femelles. Hors de ces conditions, le calme règne chez eux à cet égard. Le taureau peut donc, sans inconvénient, être logé avec les vaches. On lui réserve ordinairement sa place à l'une des extrémités de la vacherie. Il n'est pas nécessaire de l'isoler. La compagnie lui adoucit, au contraire, le caractère, et la communauté d'habitation rend le service plus facile.

Bélier. — Ce que nous venons de dire pour le taureau ne s'applique point au bélier, à cause de la liberté relative dont jouissent, dans l'intérieur des bergeries, les animaux de l'espèce ovine. Il n'y a, d'ailleurs, aucun avantage à laisser vivre les béliers au milieu du troupeau de mères. Constamment excités par la présence de celles-ci, ils les tourmentent et s'épuisent en efforts pour arriver à leurs fins. Cela provoque l'avortement de quelques-unes de celles qui sont pleines. Des nourrices deviennent en rut sous l'influence de ces excitations répétées, et sont fécondées. Il est presque impossible, dans ces conditions, de maintenir l'ordre dans le troupeau.

Les béliers doivent donc être séparés des brebis. Non pas qu'il soit nécessaire de leur donner une bergerie particulière; un compartiment isolé dans la bergerie commune suffit; ils s'y tiennent tranquilles. On peut donc concilier par là les commodités de service avec les circonstances dont il vient d'être parlé.

Le régime alimentaire des béliers mérite quelque attention, afin de leur conserver la vigueur qui assure les qualités prolifiques. Il importe surtout de ne les point engraisser. Les béliers gras sont mous et mauvais reproducteurs. Une alimentation substantielle, tonique, qui les entretient en bon état seulement, hors le temps de la lutte, les prépare bien à cette fonction, dont ils supportent les effets sans dommage, avec un simple supplément de nourriture, composé seulement de grains.

L'aptitude prolifique du bélier est naturellement très-développée; il peut donc féconder un grand nombre de femelles. Mais la quantité de celles qu'il convient de lui donner, dans la pratique, dépend du mode suivant lequel la lutte s'effectue.

Lorsque cette opération a lieu tout à fait en liberté, c'est-à-dire le bélier étant abandonné à ses instincts au milieu du troupeau de femelles, celles-ci ne venant en rut que successivement, on conçoit qu'il lui arrive de s'accoupler avec la même plusieurs fois de suite. Dans ces conditions, il ne peut, sans s'épuiser, en féconder au delà d'une cinquantaine durant le temps de la lutte. Si l'on a soin, au contraire, de mieux régler l'opération en mettant successivement chaque femelle en rut avec le bélier, il peut aller jusqu'à soixante et même quatre-vingts. L'intérêt hygiénique du bélier s'accorde, du reste ici, avec l'avantage d'échelonner les naissances, surtout lorsqu'on s'occupe principalement de spéculer sur la vente des agneaux.

Il n'y a rien de particulier à noter pour l'hygiène des mâles des autres espèces domestiques, tels que le bouc, le verrat, etc., si ce n'est en ce qui concerne le régime alimentaire de celui-ci, dont nous allons parler seulement.

Verrat. — La fonction économique étroitement spécialisée de l'espèce porcine, et les perfectionnements si grands introduits par la zootechnie dans son aptitude à l'engraissement, ont fait naître une conséquence physiologique dont l'hygiène seule peut contrebalancer les effets. L'exagération de cette aptitude entraîne une tendance à l'infécondité, qui se manifeste fort souvent par des dispositions anormales des organes génitaux, dont la plus fréquente est l'arrêt de développement des testicules. Même lorsque ces organes sont, en apparence, bien constitués, le verrat ne manifeste aucune velléité d'accouplement, ou son accouplement demeure infécond. C'est la conséquence de l'obésité, de l'aptitude exagérée à élaborer de la graisse. Le régime alimentaire, principalement, et toutes les conditions hygiéniques, doivent donc combattre chez le verrat, des variétés dites améliorées surtout, cette tendance qui est l'écueil précisément de l'élevage de ces variétés, et qui a été, bien a tort, attribuée à l'influence de ce qu'on appelle la consanguinité. Il convient, pour cela, de faire prendre aux verrats un exercice régulier, de ne leur donner que la nourriture nécessaire pour l'entretien de leur poids vif normal, c'est-à-dire sans graisse, et de composer cette nourriture de substances plutôt azotées que féculentes.

Hygiène des mères. — Encore ici, nous sommes obligés de distinguer. Les généralités auraient le défaut de n'être pas d'une application pratique suffisamment précise, suivant les espèces auxquelles il s'agirait de les adapter. Ce sont des préceptes qu'il faut donner, non pas des dissertations dogmatiques. Nous allons donc passer en revue les femelles des diverses espèces domestiques, en les considérant par rapport à leur fonction de mères, jusqu'à la parturition exclusivement, celle-ci devant faire l'objet d'un paragraphe séparé.

Jument. — La fonction de mère commence au moment où la femelle manifeste des désirs d'accouplement, par cet ensemble de signes généraux et de signes locaux auxquels on a donné le nom de *rut* pour les espèces sauvages et de *chaleur* pour les domestiques. C'est donc à ce moment que doit être prise son hygiène spéciale. Indépendamment de l'importance que peut avoir la détermination de ces signes, au point de vue de la zootechnie, afin de faire accomplir en temps utile l'acte physiologique qui aboutit à la fécondation, ils doivent être pris en considération par l'hygiéniste, pour indiquer les soins qui conviennent aux juments dont le service n'est pas celui de la reproduction. Mal dirigés, en effet, ils entraînent assez souvent le développement d'un état véritablement maladif, qui peut avoir des conséquences fâcheuses pour la constitution, outre les difficultés qu'il entraîne dans le service.

La jument en chaleur perd d'abord de son appétit et témoigne d'une soif exagérée. Elle est agitée, inquiète et fait entendre, à chaque instant, des hennissements. Si elle est libre, elle recherche les mâles de son espèce. Sa sensibilité tactile s'exalte à ce point, qu'au moindre attouchement d'une partie quelconque du corps, les organes génitaux manifestent aussitôt des signes particuliers de leur excitation. Les lèvres de la vulve s'entr'ouvent convulsivement, et laissent voir leur muqueuse congestionnée et rouge. Ce mouvement est le plus souvent accompagné de l'expulsion subite d'un jet d'urine provoquée par une brusque contraction de la vessie. Ce phénomène est dû à l'exaltation de ce que les physiologistes appellent l'action réflexe (ou involontaire) du système nerveux, et il va, dans beaucoup de cas, jusqu'à s'accompagner de ruades énergiques. C'est lorsqu'il est devenu pour ainsi dire permanent, par suite de l'état maladif dont nous venons de parler, que les juments sont dites vulgairement *pisseuses*.

Pour les poulinières, la seule prescription hygiénique, lorsqu'elles sont en cet état, est de les conduire à l'étalon dès qu'il se manifeste. La fécondation le fait cesser aussitôt. Il importe surtout de ne pas le laisser s'exagérer, car son paroxysme rend la fécondation plus difficile, si ce n'est même impossible, et les excitations de l'accouplement ne font ensuite que l'entretenir et le rendre permanent. Si, par suite de circonstances imprévues, cette exagération s'était produite, il y aurait lieu de modérer les chaleurs par un régime de diète et de boissons rafraîchissantes, qui convient, d'ailleurs, toujours pour les juments en chaleur. Ce régime est indispensable pour celles qui ne doivent pas devenir poulinières, et il faut le leur faire suivre d'autant plus sévèrement que leurs velléités génésiques sont plus manifestes.

Certaines poulinières se font remarquer, au contraire, par leur peu de propension à l'acte génésique. Les nécessités économiques, du reste, portent, en général, à provoquer chez toutes la manifestation des chaleurs avant l'époque naturelle de la saison des amours. Il importe de faire naître les jeunes de bonne heure. De là l'utilité d'une hygiène particulière, propre à préparer la femelle à réagir en ce sens sous les excitations directes du mâle. La seule partie rationnelle de cette hygiène, où l'empirisme a fait introduire je ne sais quelles drogues aphrodisiaques qui ne sont pas toujours sans danger, est une alimentation excitante et fortement alibile, composée principalement d'avoine, de féveroles ou de froment. Cela est surtout nécessaire pour les jeunes bêtes qui n'ont pas encore porté, surtout lorsqu'elles n'ont pas un tempérament énergique. Mais il faut cesser ce régime dès que les chaleurs se sont manifestées. Quant aux poulinières, qui sont conduites à l'étalon peu de jours après qu'elles ont mis bas, la manifestation des chaleurs est devenue pour elles à ce moment une sorte d'habitude. Il est bien rare qu'elle ne se produise pas alors spontanément. On pense avec raison, je crois, qu'elles sont alors dans les meilleures conditions pour être fécondées ; il n'est pas moins utile de tenir compte, en ce qui les concerne, des préceptes précédents. C'est un préjugé fort répandu qu'une saignée, dans ce cas, favorise la fécondation. Cette petite opération fait partie de l'hygiène usuelle des poulinières. Je ne sais pas jusqu'à quel point le préjugé est, à cet égard, fondé. Pour s'en assurer, il faudrait le soumettre au contrôle d'une observation rigoureuse. Sa généralité est une forte présomption de vérité. En tout cas, on peut dire provisoirement que la saignée pratiquée aux poulinières saillies n'a pas d'inconvénients apparents.

Il serait très-important d'avoir des signes certains pour juger que la fécondation a eu lieu. L'état de gestation, en effet, exige des soins hygiéniques particuliers, des précautions ayant pour objet d'éviter l'avortement et de conduire la reproduction à bonne fin. Malheureusement, ces signes manquent; il n'y a que des probabilités. Habituellement, les chaleurs cessent, mais il arrive aussi qu'elles persistent encore quelque temps chez les juments fécondées. Elles passent aussi bien chez celles qui n'ont pas retenu, ou, du moins, dont l'ovule fécondé ne s'est pas développé. Et, à ce propos, il est bon de dire quelques mots d'une doctrine purement hypothétique, à laquelle des esprits légers se sont trop complaisamment arrêtés, parce qu'elle n'est pas sans inconvénients au point de vue qui nous occupe en ce moment. Je veux parler de la doctrine lancée dans le public agricole par M. Thury, de Genève, d'après lequel le sexe du produit serait en rapport avec le plus ou le moins de maturité des ovules, cette maturité correspondant, de son côté, suivant ce même auteur, au temps qui s'est écoulé depuis la première manifestation des chaleurs. On a cru devoir vérifier cette doctrine par des expériences directes, qui en ont démontré l'erreur. Ce n'était point nécessaire. Il suffisait de ce que nous savons de la fonction pour affirmer à l'avance qu'il ne pouvait manquer d'en être ainsi. L'hypothèse de M. Thury, pure conception de son imagination insuffisamment éclairée, ne méritait certainement pas d'être prise au sérieux. On sait, en effet, qu'en parcourant la trompe utérine et l'utérus, l'œuf, au lieu de mûrir, s'altère et devient impropre à la fécondation. Celle-ci ne peut avoir lieu que dans l'intérieur du pavillon ou à la surface de l'ovaire, d'où l'ovule ne se détache qu'au moment de sa maturité, en vertu d'une véritable ponte qui coïncide précisément avec la manifestation du rut ou des chaleurs. Tous les ovules, pour être en état de recevoir l'imprégnation fécondante, doivent être également mûrs. Et si je rappelle ici ces vérités acquises à l'embryologie comparée, c'est pour faire comprendre qu'en se laissant imposer par les vues hypothéthiques de M. Thury et de ses partisans, et en attendant, par exemple, la fin des chaleurs pour conduire la femelle à l'étalon, le moindre inconvénient auquel on puisse s'exposer, c'est d'augmenter beaucoup les chances de stérilité. Il peut arriver par là que la ponte soit achevée et que la liqueur séminale du mâle, en pénétrant dans l'extrémité ovarique de la matrice, n'y rencontre plus que des ovules déjà altérés et non susceptibles de subir la fécondation. En cherchant à obtenir ainsi des produits mâles, on aboutirait souvent à ne rien avoir du tout. La doctrine n'est innocente que pour ce qui se rapporte à la production des femelles, la déception portant seulement, dans ce cas, sur le sexe du produit.

Cela dit, pour l'édification de ceux qui auraient pu conserver des doutes sur la singulière théorie du savant génevois, continuons l'examen des signes qui rendent probable l'accomplissement de la fécondation.

Le plus saisissable pour les personnes qui soignent habituellement les poulinières, est celui qui se manifeste dans leur manière d'être générale. Elles deviennent bientôt plus lentes dans leurs mouvements ; elles manifestent une sorte de mollesse et sont moins sensibles aux excitations. Chez les primipares ou femelles qui portent pour la première fois, les mamelons se dérident et deviennent plus saillants ; les mamelles se gonflent progressivement. Ce ne sont là que des présomptions, auxquelles les gens habitués à soigner les poulinières ne se trompent guère, cependant ; mais la certitude n'est acquise qu'à dater du moment où les mouvements du fœtus dans la matrice peuvent être sentis par la main appuyée sur la région du ventre, un peu en avant des mamelles. Toutefois, cette certitude n'est point nécessaire autrement que pour confirmer ou détruire la nécessité des mesures hygiéniques qu'il convient toujours de prendre dès que la femelle a été saillie. Toute jument, dans ce cas, doit être provisoirement considérée comme pleine, et traitée en conséquence. Nous ne reviendrons pas à cette occasion, sur les soins d'alimentation, d'habitation et de pansage dont nous avons établi l'utilité pour tous les animaux. Ces soins sont peut-être encore plus nécessaires pour les poulinières qui vivent à l'écurie. Quant à celles qui passent la plus grande partie de leur temps dans les pâturages, si ce n'est même la totalité, elles ont acquis, par l'habitude, une rusticité qui les rend moins impressionnables aux causes d'avortement. Il faut songer, d'ailleurs, qu'indépendamment des besoins nouveaux que fait naître, pour la conservation de la santé, l'état de gestation, l'avenir du petit sujet qui se développe dans la matrice dépend beaucoup des soins que reçoit la mère, et surtout de l'alimentation qui lui est donnée. Il faut donc que les poulinières reçoivent principalement une nourriture substantielle et de facile digestion. Les troubles digestifs, les coliques, autant et plus que la misère relative, préparent l'avortement, s'ils ne le provoquent directement. Il est bon surtout d'éviter l'impression brusque des aliments verts et fortement aqueux sur l'estomac vide, de même que celle des boissons froides. Les juments qui vont au pâturage doivent recevoir d'abord à l'écurie une petite ration d'aliments secs. Durant la saison d'hiver, où elles sont déjà dans un état avancé de gestation, la nourriture leur est, en général, trop ménagée, et cette remarque s'applique surtout aux juments dites mulassières du Poitou, auxquelles on ne donne, en général, que des aliments peu nutritifs. Dans un excellent mémoire couronné par la Société impériale et centrale de médecine vétérinaire, un jeune vétérinaire distingué de ce pays, M. Bernardin, a fait ressortir l'influence de cette hygiène mal entendue sur le développement de l'affection des jeunes muletons qui cause de si grandes pertes aux éleveurs et qu'ils appellent « pissement de sang; » ce judicieux praticien a surtout insisté, dans la même occasion, sur la déplorable négligence dont l'hygiène de la peau est, en outre, l'objet. Il a mis presque hors de doute, en citant des faits bien observés, que cette dernière circonstance, jointe à l'insuffisance de l'alimentation d'hiver, doit être considérée comme la cause des accidents dont il s'agit. Et ces remarques, ainsi que les précédentes, s'appliquent de tout point aux ânesses qui produisent les baudets si estimés du Poitou. Quoi qu'il en soit, on ne saurait contester que l'importante fonction de la gestation ne soit de nature à nécessiter une hygiène encore plus attentive que celle qui convient en son absence. Les prescriptions de cette hygiène se résument à éviter aux mères toutes les causes d'excitation insolite, et à les entretenir en bon état d'embonpoint, sans excès. Il faut craindre également la maigreur et l'engraissement.

Ici se présente une question de la plus grande importance, au double point de vue de l'hygiène et de l'économie rurale : c'est celle de savoir si le repos, ou du moins l'absence d'exercice, dans une certaine mesure, est favorable à la santé des poulinières et à l'accomplissement de leur fonction. Il n'est point douteux que celles qui vivent constamment au dehors, dans les pâturages, et s'exercent à leur guise, en liberté, avortent moins souvent et parcourent ordinairement sans encombre les diverses phases de leur gestation. L'exercice facilite et règle toutes les fonctions ; il maintient l'équilibre physiologique et prépare surtout une bonne parturition. Il y a donc lieu de se demander s'il ne conviendrait pas, dans les conditions les plus ordinaires de la production chevaline ou mulassière, d'en utiliser les avantages physiologiques et hygiéniques au profit de l'économie rurale par un travail modéré. Je n'hésite point, pour ma part, à me prononcer en faveur de cette pratique. Il est certain qu'en le maintenant dans les limites au delà desquelles commence la fatigue, le travail ne peut être que salutaire aux poulinières, à la condition qu'il soit entouré des précautions que commande leur état. Pourvu qu'il s'accomplisse à des allures lentes, surtout vers la fin de la gestation ; pourvu que les harnais ou le mode d'attelage ne gènent ni ne froissent les organes qui concourent à la fonction ; pourvu que les mères soient l'objet de soins attentifs pour leur éviter les accidents, le travail ne saurait avoir aucun inconvénient. Il est, dans tous les cas, bien moins à redouter que le repos complet à l'écurie. Il y a, dans toutes les fermes, des travaux peu pénibles, de ceux que, dans certaines régions, on fait exécuter par des poulains, et qui pourraient l'être sans aucun dommage par les poulinières, même jusqu'à une époque assez rapprochée du terme de la gestation. Elles payeraient ainsi la plus forte part des frais de leur entretien, tout en accomplissant leur fonction principale dans de meilleures conditions hygiéniques. En contact plus fréquent avec l'homme, elles seraient plus douces, plus dociles, mieux soignées de toute façon, et, en définitive, meilleures mères. Pour les bêtes comme pour les gens, l'oisiveté n'est jamais bonne à rien. Le travail n'est nuisible que s'il est poussé à l'excès.

Ce régime que nous recommandons pour les poulinières vaut même mieux, à tous égards, que celui de la complète liberté, du moins en vue des services pour lesquels le cheval est produit et élevé. Ce n'est pas le lieu d'y insister à cet égard. Cela concerne la zootechnie. Contentons-nous de faire remarquer qu'au moins il éviterait les accidents qui se produisent assez fréquemment dans les pâturages communs, où les animaux des diverses espèces qui les habitent ou les fréquentent se livrent toujours quelques combats. C'est ce qu'il importe de prévenir, en tout cas, en évitant d'y laisser les juments pleines en compagnie des bœufs, des vaches ou des taureaux, dont les coups de corne sont toujours dangereux. La chaleur du soleil et la poursuite des insectes diptères y sont aussi souvent des causes d'accident.

En somme, jusqu'aux approches de la parturition, tous les soins hygiéniques qu'exigent les poulinières sont ceux qui conviennent pour entretenir en santé les animaux de la même espèce, plus les précautions nécessaires pour éviter l'avortement. Ces précautions, nous les avons indiquées en général. Quant aux détails d'exécution, il faut s'en rapporter à l'intelligence et au sens pratique des éleveurs. Les notions physiologiques relatives à la fonction et les connaissances hygiéniques exposées dans les précédents chapitres les leur indiqueront suffisamment.

Vache. — La plupart des considérations que nous venons de voir au sujet de la poulinière s'appliquent à la vache également. Il suffira donc de noter les quelques particularités par lesquelles, chez celle-ci, la fonction diffère. Une des principales est celle qui se rapporte aux chaleurs. Beaucoup plus facilement encore que chez la jument, cet état devient permanent chez la vache, lorsqu'il s'est renouvelé plusieurs fois successivement sans que la fécondation ait eu lieu. Elle est dite alors *taurelière*, et devient non seulement stérile, mais encore

impropre à l'engraissement. Les ardeurs génésiques indisconti-
nues qu'elle éprouve sont une cause incessante d'excitation qui
la conduit à la phthysie, au marasme et à la mort au bout d'un
certain temps. C'est là une véritable maladie, qui fait surtout
des ravages dans les pays où les vaches, vivant en troupeaux
dans les pâturages, ne sont pas toujours accouplées en temps
utile. Seule, la castration y peut remédier, et elle a déjà rendu
de grands services en ce sens. Les taurelières une fois châtrées
guérissent presque toujours de leurs ardeurs, si la maladie
n'était ni trop intense, ni trop ancienne, et elles peuvent être
ensuite engraissées très-facilement. Sans cela, l'on n'en retire-
rait ni lait ni viande ; elles seraient l'occasion d'une perte sèche
de nourriture et de capital engagé.

On ne saurait donc être trop attentif à veiller sur les chaleurs, de façon à donner le taureau dès qu'elles se présentent.
C'est là le point essentiel de l'hygiène des vaches mères. Quant
à l'alimentation, la vache en état de gestation étant en même
temps laitière, dans la plupart des cas, il est clair que cela nécessite un régime particulier. Il faut s'inspirer à cet égard des
principes posés précédemment pour la détermination des rations, et composer celles-ci de telle sorte qu'elles fournissent à la
fois les éléments nécessaires au développement du fœtus, à la
sécrétion laiteuse et à l'entretien de la bête en bon état. Une
vache qui est en même temps mère et laitière ne saurait être
trop abondamment nourrie, ses produits de toute sorte étant
toujours en rapport avec l'alimentation qu'elle reçoit. Nous n'a-
vons rien à ajouter quant à l'habitation et aux soins. Les femelles de l'espèce bovine, dans ce cas comme toujours, du
reste, doivent être traitées, ainsi que celles de l'espèce chevaline, avec la plus grande douceur, en évitant tous les troubles
ou violences capables de provoquer l'avortement. Ici encore, un
exercice régulier à l'air libre, dans un pâturage bien gardé et
salubre, pendant quelques heures de la journée, le matin et le
soir en été, dans le haut du jour pour les autres saisons, est
une bonne condition hygiénique.

Brebis. — C'est vers la fin de leur deuxième année, souvent
plus tôt, que les antenoises entrent en rut. Il y a quelque avantage, pour l'économie rurale, à ne leur point donner le bélier

dès ce moment, surtout lorsqu'il s'agit de bêtes dont la laine est estimée. La gestation et la lactation diminuent la valeur de la toison, et l'avantage d'avoir plus tôt des agneaux ne compense pas cet inconvénient. Ce n'est guère que vers l'âge de trente mois qu'il convient de faire lutter les brebis. D'où la nécessité de retarder, par un régime hygiénique convenable, l'apparition des premières chaleurs, et tout au moins d'y remédier lorsqu'elles se présentent. Un régime rafraîchissant, principalement composé de racines, au commencement de la saison, procure ordinairement ce résultat. Chez les femelles qui ont déjà porté, les chaleurs se montrent aussitôt après le sevrage de leurs agneaux, à moins qu'on ne continue de les traire. L'état de rut est passager ; il ne dure guère au delà de trente-six heures, et souvent est-il borné à douze. Si la brebis n'a pas été fécondée, il revient après une période de seize à dix-huit jours.

Il y a des avantages réels à régler, dans les troupeaux de mères, la manifestation des chaleurs, de façon à ce que la fécondation ait lieu dans une période déterminée, ainsi que l'aguelage. C'est à l'hygiène qu'en incombe la nécessité. Les procédés à l'aide desquels l'état de rut peut être provoqué en temps utile sont fort simples. Voici en quoi ils consistent :

Une quinzaine de jours avant l'époque choisie pour la lutte, les brebis doivent être soumises à une alimentation tonique et excitante. On leur distribue à la bergerie des provendes faites avec des grains concassés ou moulus. Elles sont conduites sur les éteules, où elles trouvent à manger des épis de seigle, d'orge ou de froment, ou bien dans les meilleurs pâturages dont on puisse disposer. Il est bien rare que ce régime n'amène pas le résultat désiré. Mais si, au moment voulu, les femelles en assez grand nombre ne se montraient point disposées, il deviendrait alors nécessaire de les faire exciter par la présence d'un bélier ardent de peu de valeur, muni du tablier que les éleveurs emploient dans ce cas pour rendre la saillie impossible. Cette pratique a, en outre, l'avantage de faire distinguer tout de suite celles qui sont en rut, et qui peuvent être aussitôt mises avec le bélier chargé de les féconder.

Le choix du moment où ces procédés doivent être mis en pratique n'est pas du ressort de l'hygiène. La comparaison de l'agnelage d'hiver avec celui d'été concerne la zootechnie. Nous n'avons donc pas à nous en occuper ici. Quant au mode suivant lequel s'effectue la lutte, disons qu'à notre point de vue présent, celui qui est à tous égards préférable dans l'intérêt hygiénique des mères, c'est le mode appelé lutte en main. Ainsi, les brebis fécondées ne sont plus tourmentées par le bélier, et n'ont plus à repousser ses attaques ou à les subir, au détriment de la fonction qui leur est désormais dévolue.

Les signes de la fécondation, chez les brebis, ne diffèrent point de ceux que nous avons indiqués pour les autres femelles. Dans un troupeau bien dirigé, le nombre des portières non fécondées est toujours très-minime ; toutes doivent être conduites de la même façon et soumises à la même hygiène. On ne saurait trop recommander, à ce propos, encore une constante sollicitude et une grande douceur, plus indispensable même à cause de la vie en commun. Il faut éloigner des troupeaux de brebis pleines les bergers brutaux et les chiens trop ardents, qui les effraient, leur font faire des mouvements trop violents, et provoquent ainsi des avortements. L'entrée à la bergerie doit être constamment surveillée, de manière à ce qu'elle ne s'effectue point avec turbulence, auquel cas les brebis sont heurtées ou pressées dans le passage des portes. Elles ne doivent jamais non plus être conduites trop loin au pâturage, afin de leur éviter les marches longues et fatigantes. Quant à leur alimentation, de même que pour la jument et la vache, il la faut substantielle et suffisamment abondante pour les entretenir en bon état. Une nourriture trop riche nuit à la fonction et prépare un agnelage difficile ; trop pauvre, elle nuit en même temps à la mère et au fruit, en prédisposant à l'avortement. C'est en vue de ce dernier accident aussi que la tonte, lorsqu'elle doit s'effectuer sur les brebis pleines, dans le cas de l'agnelage d'été, nécessite de grandes précautions, surtout pour le lavage à dos. Il en est de même, d'ailleurs, à un autre point de vue, quand elles sont seulement nourrices. Dans les deux cas, les précautions doivent porter surtout sur le choix d'une température chaude et d'une atmosphère calme, ainsi que sur l'absence de tout mouvement brusque ou violent.

Truie. — Nous répétons, au sujet de la truie, la remarque

déjà faite au sujet du verrat. C'est le point essentiel de son hygiène, qui ne diffère aucunement, pour le reste, de celles des autres femelles. Il importe extrêmement, si l'on veut conserver la fécondité des truies appartenant aux variétés perfectionnées, de veiller à ce qu'elles ne s'engraissent point durant la gestation. Le mieux est pour cela de ne pas les tenir constamment enfermées et de les bien nourrir sans excès. Il faut réserver l'alimentation abondante pour les nourrices, afin qu'elles fournissent à leurs porcelets un lait riche qui développe en eux l'aptitude à l'engraissement hâtif.

Parturition. — L'opération en vertu de laquelle le fœtus est expulsé de la matrice, lorsqu'il a atteint le degré de développement qui lui permet de vivre de sa vie propre, de la vie extérieure ou de relation, est une fonction physiologique. L'étude des circonstances qui l'entourent et peuvent l'influencer est par conséquent du domaine de l'hygiène. Cette opération se produit, chez toutes les femelles, à une date à peu près fatale, qui varie pour chacune des espèces, suivant la durée normale de la gestation. La date peut être dans certains cas avancée, sans sortir cependant des conditions physiologiques. La seule limite précise qu'il soit possible de poser, entre ce qu'on appelle une parturition prématurée et le véritable avortement, se base sur l'aptitude du fruit à vivre après son expulsion. Cette question, du reste, fort importante et très-discutée pour l'espèce humaine, à cause des intérêts sociaux qui s'y rattachent, ne doit pas ici nous arrêter. En ce qui concerne les animaux, son importance est nulle. Qu'il vive quelques minutes, quelques heures, ou pas du tout, le fruit n'en est pas moins perdu pour l'économie rurale. Le résultat effectif est toujours le même en définitive pour nous. Ce qui importe, ce n'est pas le présent, c'est l'avenir du jeune animal, qui doit nous donner des services ou des produits. A tous égards donc, il faut redouter à la fois l'avortement et l'accouchement prématuré, et s'attacher par une bonne hygiène des mères à les prévenir tous les deux.

La parturition, chez les diverses espèces domestiques, a reçu des noms particuliers, usités dans la pratique vulgaire. On dit en général des femelles ayant expulsé leur fruit qu'elles ont *mis bas;* de la jument qu'elle a *fait son poulain* ou qu'elle a pouliné ; de la vache qu'elle a *vêlé* ou qu'elle a *fait veau* ; de la brebis, qu'elle a *agnelé* ; de la truie, qu'elle a *fait ses gorets*, etc. De là, les expressions de *vêlage* et d'*agnelage* pour désigner la parturition ou le part de la vache et de la brebis. La fonction est la même chez toutes ; elle s'annonce par les mêmes signes ; elle réclame surtout les mêmes soins. Nous pouvons donc sans inconvénient la considérer d'une façon générale, sauf à indiquer les quelques particularités relatives à chaque espèce. Il ne s'agit ici, bien entendu, que de la parturition ou de l'accouchement physiologique, c'est-à-dire s'accomplissant dans les conditions normales. Le part contre-nature est du ressort de la chirurgie. Nous nous bornerons à spécifier les cas où il convient d'y appeler l'homme de l'art à son secours, après avoir toutefois fait connaître les manœuvres faciles que l'éleveur exercé peut lui-même exécuter, pour remédier aux obstacles les moins graves que rencontre parfois l'expulsion du fruit.

Lorsque les mères ont été soumises attentivement aux prescriptions hygiéniques précédemment indiquées, elles accouchent d'habitude avec une grande facilité, surtout quand elles n'en sont pas à leur première gestation. La première condition à remplir, pour qu'il en soit ainsi, c'est de leur assurer dans l'accomplissement de cet acte important une complète tranquillité. A l'approche de leur terme, les femelles pleines doivent donc être logées seules, dans un lieu spacieux et muni d'une bonne litière, à l'abri du bruit et d'une lumière trop vive : la jument dans une boxe ou un compartiment séparé, au fond de l'écurie ; la vache aussi, autant que possible ; la truie surtout, à cause de la voracité de son espèce, qui porte quelques mères à dévorer les porcelets naissants. Quant aux brebis, elles peuvent sans inconvénient demeurer toutes ensemble dans leur bergerie spéciale, l'agnelage étant pour elles chose à peu près toujours très-facile. Il en est le plus ordinairement de même des vaches, qu'on ne prend point soin d'isoler, bien que cela n'en valût que mieux. Toujours est-il que l'éleveur soigneux et soucieux de ses intérêts surveille de près à ce moment ses femelles pleines, qu'il cherche à saisir les approches de la parturition et qu'il se tient prêt à leur porter secours en cas de besoin, en s'installant même durant la nuit auprès d'elles, dès qu'il s'est aperçu des phénomènes avant-coureurs, surtout lorsqu'il s'agit des grandes femelles, vache ou jument.

Les signes d'une parturition prochaine, chez ces femelles comme chez toutes les autres, sont en général très-visibles. Peu de jours avant, le ventre semble descendre plus bas, le flanc se creuse, l'anus s'enfonce comme s'il était tiré en avant; de chaque côté de la croupe, il se produit une dépression qui fait dire, dans certaines localités, que la bête « *se casse.* » La marche est devenue alors plus lente et plus difficile; les déplacements s'exécutent avec les plus grandes précautions instinctives. Les mamelles atteignent le dernier degré de leur gonflement; il s'échappe par l'extrémité des mamelons un liquide jaune qui s'y concrète avec la consistance et la couleur de la cire. Ce dernier indice marque la limite extrême du terme. En même temps, les lèvres de la vulve se dilatent et se gonflent, et il s'écoule, par leur commissure inférieure, un liquide incolore et gluant. Alors, le moment du part est arrivé. Il ne faut plus perdre la bête de vue. Bientôt elle manifeste une certaine inquiétude; les petites douleurs utérines se traduisent par de l'agitation, comme dans le cas de coliques légères. C'est le travail d'expulsion qui commence par ces contractions utérines, dont le premier effet est de dilater le col de la matrice, par lequel le fœtus doit passer.

Lorsque les choses suivent leur marche régulière, ce travail s'accomplit avec une grande rapidité, qui est moindre toutefois chez les femelles primipares. Il convient de n'y point intervenir d'abord, de se tenir à distance et hors de la vue de la bête, afin de ne la point inquiéter. Aux premières douleurs succèdent bientôt des efforts expulsifs. La bête s'appuie sur ses quatre membres, enfle le dos, lève la queue et contracte les muscles du ventre. Si, après un certain nombre de ces efforts violents, quatre ou cinq au plus, il ne paraissait rien à l'ouverture de la vulve, il y aurait lieu d'examiner de plus près l'état des choses, l'inefficacité des contractions pouvant tenir à une présentation vicieuse du fœtus. Après avoir enduit sa main et son bras d'un corps gras, d'huile préférablement, on introduirait celle-là par la vulve, en ayant soin de rapprocher l'extrémité de ses cinq doigts en forme de coin. Il serait bon d'entraver la patiente pour se mettre à l'abri de ses coups, s'il s'agissait d'une jument qui ne fût pas docile surtout.

Pour que la présentation soit bonne, il faut que la main rencontre au fond du vagin, à l'entrée de la matrice, les deux pieds antérieurs du fœtus et le bout de son nez couché dessus, les narines étant en haut. Si la poche des eaux n'est pas crevée, on aura bien soin de ne la point rompre et de tâcher de constater au travers la présentation. Les choses n'étant pas en cet état, la présentation est vicieuse, et c'est là ce qui empêche l'accouchement d'aboutir. On se conduit alors suivant le cas. La tête peut être engagée seule, ou avec un membre, ou les deux membres sans la tête, ou enfin, c'est la croupe qui se présente. Toutes ces formes de la dystocie sont plus graves et plus difficiles à vaincre chez la jument que chez la vache, en raison de l'organisation même de l'utérus. Dès qu'on a constaté une présentation de la croupe, facile à reconnaître au toucher de la queue et de l'anus, il faut se hâter d'envoyer chercher le vétérinaire, sans perdre un temps inutile en efforts impuissants, qui ne feraient qu'aggraver le cas. S'il s'agit au contraire d'une des présentations antérieures vicieuses dont nous venons de parler, on peut essayer de repousser les parties engagées et d'aller chercher avec la main celles qui manquent, qu'il s'agisse de l'un ou des deux membres, ou de la tête. Celle-ci, en pareille occurrence, est le plus souvent appuyée sur l'épaule, le cou étant plié. Si le fœtus est encore vivant, les manœuvres ne sont pas bien difficiles à exécuter; mais, pour peu qu'on y ait infructueusement consacré quelques instants, il convient d'y renoncer, de laisser la patiente tranquille et d'avoir recours au plus tôt à l'homme de l'art.

Quand il résulte, au contraire, de l'exploration que la présentation est normale, il y a tout avantage à laisser marcher les choses naturellement, surtout chez la vache, où la parturition peut durer quelques heures sans inconvénients pour la vie du fruit. Il n'y a que dans le cas où les efforts expulsifs deviendraient très-rares ou cesseraient tout à fait, que l'on devrait intervenir en administrant d'abord à la mère des breuvages excitants, avec du vin chaud, par exemple, puis en appelant le vétérinaire si ces premiers soins étaient sans efficacité. Une fois que les membres apparaissent en dehors de la vulve, si l'accouchement ne se termine pas promptement de lui-même, on peut, après quelques contractions infructueuses, intervenir avec avantage, en tirant modérément sur ces membres pour aider la mère au moment de ses propres efforts. Dans cette situation, le fruit ne peut pas demeurer longtemps sans danger pour sa vie. Mais on doit éviter les secousses et les tractions violentes, qui sont tout à la fois préjudiciables à la mère et au petit. Ces difficultés sont souvent dues à ce que les eaux se sont écoulées trop tôt, par le fait de la hâte que l'on a mise à percer la poche qui les contient, dès qu'elle s'est présentée à l'ouverture de la vulve. L'abstention, nous ne saurions trop le répéter, est toujours le parti le plus sage, en face d'une bête qui se prépare à mettre bas. La règle hygiénique de conduite est de n'intervenir que pour remédier aux cas anormaux. La parturition physiologique doit s'accomplir toute seule, et lorsqu'on la laisse marcher régulièrement, elle n'en a que pour quelques instants, le plus souvent fort courts. C'est ce qui a lieu pour les petites femelles, dont on s'occupe beaucoup moins.

Ordinairement, au moment où le fruit est expulsé, le cordon ombilical se rompt, et il n'est point nécessaire de s'en occuper, à moins qu'une hémorrhagie ne s'y déclare, ce qui est tout à fait exceptionnel. Dans ce dernier cas, il y aurait lieu d'y apposer une ligature. Chez la jument, les membranes fœtales, délivre ou arrière-faix, suivent de près l'expulsion du fœtus. Chez la vache, c'est aussi l'ordinaire; mais en raison sans doute de la multiplicité des placentas engrenés, pour ainsi dire, avec les cotylédons utérins, la délivrance est assez fréquemment moins prompte. Il n'y aurait aucun inconvénient et beaucoup d'avantages à la pratiquer aussitôt en introduisant la main dans la matrice, pour désagréger les cotylédons qui ne céderaient pas à une légère traction exercée sur le cordon; mais si l'on n'a pas cru devoir prendre ce soin tout de suite, lorsque quelques heures se sont écoulées, il serait dangereux d'y revenir. Il faut se contenter d'attacher au cordon pendant en dehors de la vulve un poids peu lourd qui exercera sur le délivre une traction faible mais continue, que l'on augmente progressivement si elle est insuffisante. On doit éviter surtout que l'arrière-faix demeure assez longtemps dans la matrice pour s'y putréfier, et ne point tarder d'appeler le vétérinaire, dès que se montrent les premiers signes de putréfaction accusés par l'odeur.

Les femelles domestiques, aussitôt après l'accouchement, lèchent leur fruit pour le sécher, et aussi sans doute pour faciliter par une sorte de friction l'établissement de la circulation périphérique. En tout cas, ce n'est qu'après avoir subi cette opération que le petit peut se lever, se tenir debout et gagner la mamelle où il va téter son premier lait. Il est donc important de veiller à ce qu'elle soit accomplie. Quelques mères n'y paraissent exceptionnellement point disposées. On les y sollicite en saupoudrant le petit avec de la farine ou toute autre substance inoffensive dont on les sait friandes. Si aucune pratique de ce genre n'est efficace, il reste à sécher soi-même le poulain ou le veau en le frictionnant légèrement avec une étoffe de laine. On l'aide ensuite à se lever, puis on le conduit à la mamelle en dirigeant ses premières tentatives pour saisir le mamelon. A cet égard, nous devons faire remarquer combien il est important de ne pas céder au préjugé si répandu, qui fait considérer le premier lait comme malfaisant, et qui porte à traire tout de suite la mère pour en priver le petit. Ce lait, au contraire, a des propriétés purgatives, nécessaires pour faciliter l'expulsion des matières accumulées pendant la vie fœtale dans l'intestin du jeune animal. Un grand nombre d'accidents mortels sont la conséquence du préjugé que nous signalons ici.

Quant à la mère, la prescription hygiénique la plus importante à suivre après la parturition est de la tenir chaudement, à l'abri des courants d'air. Une bonne friction sur tout le corps, suivie de l'application d'une couverture, puis le repos et la tranquillité, évitent toute sorte d'accidents. Des boissons tièdes, une nourriture choisie et de facile digestion pendant quelques jours, jusqu'à ce que les organes de la gestation soient revenus à leur état normal de vacuité, ce dont on s'aperçoit quand il ne s'écoule plus rien par la vulve, cela constitue des précautions qui, pour n'être pas indispensables, ne peuvent avoir que de bons résultats.

A partir de ce moment, une nouvelle fonction commence, dont nous devons maintenant parler, au double point de vue de l'hygiène de la mère et de celle des petits.

Allaitement. — Est-il encore nécessaire de répéter, à ce sujet, que, pour les animaux domestiques, la question de l'allaitement se présente sous une double face, dont la seule qui doive nous occuper en ce moment est celle qui regarde l'hygiène proprement dite? Nous n'avons pas à tenir compte de la part qui revient à l'allaitement dans l'amélioration des individus, non plus que dans celle des races. Il ne s'agit ici que des prescriptions hygiéniques propres à conserver la santé des nourrices et des nourrissons. Nous supposons nécessairement que les mères ont l'aptitude laitière assez développée pour fournir en quantité suffisante le lait qui doit procurer aux petits la taille et le volume propres à leur race. Nous n'avons en conséquence qu'à songer à sa qualité et au mode le plus hygiénique de l'administrer.

Quant à sa qualité, toute question d'aptitude individuelle à part, elle dépend de l'alimentation. Celle-ci doit être, pour les nourrices, substantielle et riche en matériaux plastiques. Les aliments aqueux n'en peuvent utilement former que la plus faible part. Le bon foin et les graines, en voilà la vraie base, dont la quotité dans la ration doit s'augmenter à mesure que l'allaitement avance. Ce principe posé pour le cas particulier, nous n'avons plus qu'à renvoyer aux prescriptions générales de l'hygiène alimentaire, comme nous l'avons fait déjà plusieurs fois, et de même quant au reste qui ne concerne pas spécialement la fonction considérée présentement. La nourriture est suffisante et bien composée, lorsque les jeunes qui tétent se développent régulièrement, sont alertes et vigoureux, et que les mères se maintiennent en bon état. Il faut ajouter seulement que les préparations qui rendent les aliments d'une digestion plus facile et en font absorber, en un temps donné, une plus grande quantité, sont surtout utiles pour les nourrices.

En général, on laisse, pendant l'allaitement, les petits cohabiter avec leur mère, et ils peuvent ainsi téter suivant leur caprice, en pleine liberté. Ce n'est pas là une bonne pratique. Il y a de grands avantages à agir autrement pour toutes les espèces. Les mères sont ainsi sans cesse tourmentées, épuisées, et les jeunes ne s'en trouvent pas mieux. Il est bon, après les premiers jours durant lesquels le jeune animal se vide, de lui faire prendre l'habitude de téter à des heures fixes. Sans le séparer d'abord complétement de sa mère, ce qui serait peut-être un peu cruel pour les deux, on le maintient à côté d'elle, dans un compartiment où elle puisse le voir et le flairer, bien que, de son côté, l'accès des mamelles lui soit impossible. Aux heures convenables, ils sont réunis, soit que le petit aille trouver la mère, ou réciproquement. De cette façon, outre que la fonction de nourrice est moins pénible, les jeunes peuvent être habitués plustôt à recevoir un supplément de nourriture. Cela est surtout important pour le poulain, qui s'habitue ainsi plus facilement de bonne heure à recevoir les soins de l'homme. On y voit en outre l'avantage considérable de pouvoir préparer de longue main le sevrage, en augmentant progressivement la proportion des aliments végétaux administrés à mesure que diminue celle du lait. Les jeunes sujets peuvent ainsi franchir ce moment si difficile et souvent si fâcheux pour l'avenir, dans les errements habituels, presque sans s'en apercevoir. Et l'on doit surtout prendre en considération cette remarque, lorsqu'il s'agit de bêtes qui sont à la fois nourrices et en état de gestation, comme c'est le cas pour la jument et pour la vache qui élève son veau. Elle est capitale pour l'hygiène de toutes les espèces, et nous nous en tiendrons là. Tout ce qui se rapporte à l'allaitement artificiel et aux succédanés du lait pour la nourriture des jeunes, appartient à la zootechnie. Ce sont là des procédés industriels d'une grande valeur, que nous étudierons ailleurs, mais dont l'hygiène n'a pas à s'occuper, à moins qu'on ne l'entende autrement qu'elle a été définie en commençant.

Et maintenant qu'après l'indication précise des signes généraux de la santé, dont les prescriptions de l'hygiène ont la conservation pour objet, nous avons successivement étudié toutes les conditions pratiques de ces prescriptions, il nous reste à marquer la limite où l'état de santé cesse d'exister pour faire place à la maladie. C'est encore là de l'hygiène bien comprise ; car il suffit souvent d'une simple modification des circonstances qui entourent les animaux, dans le sens que nous nous sommes appliqué à bien saisir, pour rétablir l'équilibre normal, à la condition que le changement intervienne à propos. En tout cas, il y a des mesures hygiéniques à prendre relativement aux malades, en attendant l'arrivée du vétérinaire appelé pour les soigner et les guérir, si faire se peut. Nous devons les indiquer. Ce sera l'occasion de faire connaître en même temps les soins thérapeutiques urgents et de préciser le moment où le vétérinaire doit être appelé sans retard, si l'on veut que ses secours aient le plus possible des chances d'efficacité. Cela ne peut pas faire double emploi avec l'opuscule [1] que nous avons consacré tout entier à ce sujet.

CHAPITRE VIII.

HYGIÈNE DES MALADES.

Il suffit souvent, avons-nous dit, de modifier l'hygiène, au début d'une maladie, pour en arrêter le cours. Avant que l'équilibre de la santé soit tout à fait rompu, il y a un moment durant lequel l'organisme, en quelque sorte indécis, flotte entre l'exercice normal de ses fonctions et le trouble qui doit, en définitive, constituer l'état morbide. C'est ce moment qu'il importe surtout de pouvoir discerner. Une fois saisi, suivant son intensité et sa forme, le trouble fonctionnel indique sur quel point les modifications hygiéniques doivent porter, pour faire revenir l'organisme à des conditions d'équilibre stable. Ce ne serait pas assez, pour le faire apprécier, des notions physiologiques énoncées dans notre premier livre et de celles relatives aux signes de l'état de santé. Il faut préciser davantage. Tout état maladif s'accuse d'abord par des signes généraux plus ou moins perceptibles, puis par des signes spéciaux. Nous ne parlons, bien entendu, que des maladies internes, dont le diagnostic ne peut être établi que par induction, non point des accidents extérieurs et purement locaux, que l'œil peut apercevoir directement. Nous devons donc, avant tout, faire connaître les signes ou symptômes généraux que l'on perçoit toujours dans le cas de maladie aiguë quelconque. Nous considérerons ensuite à part chacun des symptômes spéciaux les plus saillants, en tâchant

[1] *Notions usuelles de médecine vétérinaire*, par M. A. Sanson, dans la *Bibliothèque du cultivateur*. Librairie agricole de la Maison Rustique, Paris, 26, rue Jacob.

d'élucider sa signification. C'est en procédant ainsi que nous énoncerons, chemin faisant, les soins hygiéniques ou thérapeutiques qui peuvent être opposés avec succès à l'état dont chacun de ces symptômes est l'expression.

1. Signes généraux de maladie.

Ces signes sont tirés de ce qu'on appelle l'habitude extérieure des animaux, de leur physionomie et de leurs attitudes, puis de l'état de leurs principales fonctions, la digestion, la circulation et la respiration, qui réagissent toujours réciproquement les uns sur les autres, lorsqu'un état maladif quelconque vient à y causer un trouble aigu. Nous passerons ainsi en revue d'abord les attitudes maladives, puis les grands troubles fonctionnels qui annoncent une lésion quelconque.

Attitudes. — Le début de l'état maladif aigu, de la souffrance, pour mieux dire, s'accuse par une expression de tristesse dans la physionomie, chez tous les animaux. A la vivacité du regard, à l'air de gaieté, à l'impressionnabilité, qui les rend, en santé, attentifs à tout ce qui les entoure, succède l'indifférence plus ou moins complète. Les solipèdes, cheval, âne et mulet, lorsqu'ils sont en mouvement, ralentissent leur marche ou s'arrêtent tout à fait ; les excitations les trouvent insensibles ; ils réagissent moins ou pas du tout. Le premier soin doit être alors de les rentrer à l'écurie. Insister pour obtenir d'eux ce qu'ils refusent serait, à coup sûr, aggraver leur mal.

Au repos ou à l'écurie, ils laissent tomber leur tête, la portent basse, comme l'on dit, et, lorsqu'ils sont attachés à la mangeoire, ils s'en tiennent éloignés, au bout de leur longe. Au lieu de cette station aisée que nous avons décrite, dans laquelle l'un ou l'autre des quatre membres est alternativement soustrait à l'appui, c'est la station forcée qui a lieu. Les quatre membres sont en même temps appuyés avec une certaine raideur, et l'animal ne se déplace pas facilement lorsqu'il y est sollicité, de même qu'il ne fléchit point la colonne vertébrale quand on la pince avec les doigts dans la région des reins. Les solipèdes malades ne se couchent que très-exceptionnellement, dans les affections aigues qui débutent, sauf pour celles qui ont leur siége dans les organes abdominaux.

Pour les animaux des autres espèces, auxquels les remarques précédentes s'appliquent également, c'est le contraire qui arrive quant à la dernière. Ceux de l'espèce bovine, notamment, qui demeurent habituellement couchés à l'étable, lorsqu'ils ont terminé leur repas en santé, dès qu'ils sont seulement indisposés, affectent de préférence cette attitude et manifestent une grande répugnance à se tenir debout. Celle-ci vaincue, il se produit un signe certain de leur état pathologique. On sait que les bœufs ou les vaches bien portants, en se levant, ne manquent jamais d'exécuter des pandiculations : ils enflent le dos d'abord, puis étendent leur colonne vertébrale en l'abaissant, et, la queue levée, ils secouent par saccades l'un ou l'autre de leurs membres postérieurs, souvent les deux successivement. L'absence de ces pandiculations est un signe certain de maladie, et elles manquent sous l'influence de l'indisposition la moins grave. Il en est un autre non moins infaillible et également particulier à l'espèce, c'est celui qui se produit lorsqu'on pince la colonne vertébrale en arrière du garrot. A l'état normal, l'animal de l'espèce bovine n'y est nullement sensible; malade, au contraire, sous cette impression, il s'affaisse brusquement, et d'autant plus que son affection est plus intense et plus grave. Si l'on insistait sur la pression, il irait jusqu'à se laisser choir.

Le mode du décubitus est encore, pour les animaux de l'espèce bovine, à considérer. Les ruminants se couchent sur le sternum, avec les membres antérieurs repliés sous la poitrine, et les postérieurs engagés en avant sous le ventre. Les solipèdes s'étendent sur le côté, avec les quatre membres étendus ou très-peu fléchis. Ce dernier mode, pour les ruminants, est un signe de maladie grave, tandis que celui qui est habituel à ceux-ci, quand il est pratiqué par les solipèdes, est seulement une habitude vicieuse, que l'on exprime en disant du cheval « qu'il se couche en vache. » Il en résulte souvent le développement d'une tumeur à la pointe du coude, vulgairement connue sous le nom d'*éponge*, parce qu'elle est produite par la pression répétée de l'extrémité du fer appelée ainsi. Mais cela n'a pas d'autre importance.

Après ces premiers signes généraux, qui attirent d'abord l'attention, il convient de porter son examen sur l'état des trois grandes fonctions dont nous avons déjà parlé, pour constater les changements qui peuvent s'y être produits. Les symptômes observés se complètent ou se suppléent pour faire apprécier les troubles survenus dans la santé ; et c'est en outre par là qu'on arrive, en procédant par élimination, à discerner le symptôme principal qui conduit au diagnostic. Procédons par ordre d'importance.

Digestion. — Le premier signe de trouble dans la fonction digestive est la diminution ou la perte complète de l'appétit. Ce n'est point à dire cependant que ce signe se présente dans tous les cas de maladie plus ou moins grave. Cela dépend beaucoup du tempérament de l'animal, de son impressionnabilité. Il est des cas assez nombreux, chez le cheval surtout, où le désir de prendre des aliments persiste, malgré l'existence d'une maladie même fort grave. Et c'est une indication hygiénique, disons-le dès à présent, de satisfaire avec mesure ce désir, sauf à n'administrer au malade que des aliments choisis et de facile digestion. Il faut être très-ménager de la diète, pour les animaux. Leurs instincts à cet égard sont plus sûrs que les inductions de notre science. Lorsque la nourriture peut leur être nuisible, ils se mettent à la diète de leur propre mouvement. La règle est de ne les jamais laisser souffrir de la faim, qu'ils soient malades ou bien portants.

L'inappétence, toutefois, lorsqu'elle existe, est un indice certain d'état morbide. Mais, pour ne point se tromper sur sa signification, il importe de s'assurer si elle n'est point seulement apparente et due à quelque obstacle purement local, qui s'oppose à la préhension des aliments. Il y a donc, avant tout, lieu d'explorer la bouche, pour le constater. Une irrégularité de l'appareil dentaire, dont les pointes aigues peuvent déchirer la muqueuse buccale, et rendre ainsi la mastication douloureuse ou impossible ; une plaie de la langue ou un abcès des conduits salivaires, causé par l'introduction de quelque parcelle de fourrage dans leur ouverture, située de chaque côté de cet organe, en dessous de sa partie libre, auquel cas il faut commencer par extraire le corps étranger en pressant sur le canal d'arrière en

avant ; le gonflement et la rougeur de la membrane du palais,
qui déborde les incisives supérieures, si commun chez les jeunes
chevaux, où il est connu sous les noms vulgaires de *fève* ou de
lampas, et que l'on a le tort de combattre par une saignée locale, pratiquée par les maréchaux ou autres empiriques, au
moyen de la pointe d'une corne de chamois : l'une ou l'autre
de ces circonstances pourrait faire prendre le change, et porter
à commettre l'erreur de considérer comme un symptôme général de maladie ce qui n'est que l'expression d'une lésion purement locale. Dans tous les cas de ce genre, l'appétit persiste ;
la douleur que cause la préhension et la mastication des aliments empêche seule les animaux de le satisfaire. Il y a lieu
d'y pourvoir en mettant à leur disposition des boissons nutritives, des grains bouillis, des farineux ou des pulpes cuites ou
macérées, tout en opposant à la lésion locale des gargarismes
acidulés et miellés. L'irrégularité des dents nécessite une petite
opération qui est du ressort de la chirurgie, et que seul le vétérinaire peut pratiquer. Lorsque l'inappétence est réelle, chez
les solipèdes, elle est ordinairement un symptôme de fièvre, et
elle s'accompagne le plus souvent d'une soif assez vive, qu'il
faut satisfaire en mettant des boissons tièdes, ou tout au moins
dégourdies et blanchies par de la farine d'orge, à la disposition du malade.

Les ruminants, bœuf, mouton et chèvre, sont, sous ce rapport, plus impressionnables que les solipèdes. Le moindre
mouvement fébrile, la plus petite souffrance même, trouble
aussitôt la fonction digestive. S'il survient après le repas, il se
manifeste aussitôt par l'arrêt de la rumination, cette opération
importante sans laquelle la digestion ne peut point s'effectuer.
Cet arrêt constitue par lui-même un phénomène grave, si l'on
ne s'empresse d'y remédier. Cela est facile, dans le cas où sa
production est le résultat d'un accident fortuit et passager.
L'administration répétée de quelques breuvages chauds, préparés avec du vin et des infusions de plantes aromatiques,
sauge, hysope, romarin, camomille, etc., suffit d'ordinaire pour
rétablir la rumination. Celle-ci reprise, et la digestion opérée,
un peu de diète et des repas courts et rapprochés remettent
ensuite les choses en ordre. Mais, si l'arrêt de la rumination
est l'effet du retentissement sur la fonction digestive d'un état

fébrile causé par une maladie générale, s'il est, en un mot, symptomatique, quand on est parvenu à le faire cesser et à vider la panse, ce qui n'est pas toujours possible, la diète d'aliments secs nécessitant une mastication est formellement indiquée. C'est là une condition indispensable de l'hygiène des ruminants malades, le trouble digestif pouvant devenir, dans le cas contraire, le danger le plus imminent pour la conservation de la vie du malade, ainsi que nous le verrons plus loin.

La sécheresse de la bouche et de la langue est un signe d'affection du tube digestif, en même temps qu'un signe d'état fébrile intense. L'état des excréments doit être aussi considéré, au point de vue général. Les matières fécales dures, sèches, rares et *coiffées*, c'est-à-dire recouvertes d'un enduit muqueux ou glaireux, sont un des symptômes habituels de la fièvre, indépendamment de leur signification particulière, quant à l'état des organes digestifs. Les matières ramollies ou liquides expulsées fréquemment dépendent de la diarrhée, qui est un symptôme spécial d'affection du tube intestinal.

Cela dit sur la fonction digestive envisagée dans son ensemble, passons à une autre, qui donne des indices encore plus précis et plus importants.

Circulation. — Ici se manifestent d'une manière incontestable les signes de la fièvre et les troubles fonctionnels généraux qui peuvent le mieux fournir des indications pour l'hygiène et la thérapeutique.

Le plus immédiatement saisissable de ces signes, est celui qui se rapporte à la calorification. Il n'est pas nécessaire de revenir, à cette occasion, sur la relation obligée qui existe entre la chaleur animale et la circulation du sang. On peut se contenter de renvoyer à ce qui en a été dit dans l'étude physiologique de cette fonction (Voy. p. 157). Les variations en plus ou en moins, par rapport à l'état normal, sont sensibles à la main, et elles se perçoivent facilement surtout aux points extrêmes du corps de l'animal, éloignés du centre de la circulation, au bout du nez, à la bouche, aux oreilles, aux cornes, aux régions inférieures des membres. On a déjà compris qu'une exagération de chaleur, dans ces points, est l'indice de la fièvre qui accompagne toutes les affections dites inflammatoires d'un or-

gane important. Cette augmentation de la chaleur animale est
une des conséquences naturelles de la rapidité plus grande de
la circulation. Il y en a une autre non moins facile à saisir,
qui est la coloration plus vive des muqueuses apparentes, produite par la distension des vaisseaux capillaires qui les parcourent. La rougeur se manifeste ainsi à la muqueuse de l'œil, ou
conjonctive, que l'on explore en écartant les paupières au
moyen du pouce et de l'index qui pressent en même temps sur
le globe oculaire pour faire saillir le corps clignotant; à la muqueuse du nez, que l'on voit en soulevant la narine; enfin, à
celle de la bouche, en écartant les lèvres et les mâchoires.
Quand la fièvre ainsi caractérisée existe, les malades doivent
être tenus dans une habitation aérée, mais à l'abri des courants, bien couverts et pourvus de boissons tièdes à discrétion,
au moins en attendant que les indications particulières aient été
déterminées par un examen ultérieur.

Bien plus graves sont les troubles en sens inverse qui peuvent se manifester dans l'état de la calorification. Le refroidissement des extrémités, nécessairement accompagné de la pâleur
des muqueuses, lorsqu'il est survenu tout à coup, ne peut pas
se prolonger sans entraîner la mort. Il est le signe d'un profond affaissement de la circulation, causé par la congestion intense et subite d'un organe interne important, le plus souvent
suivie d'hémorrhagie intérieure, ou par la rupture d'un viscère
et l'épanchement de ses liquides dans la cavité qui le contient.
C'est là un cas urgent entre tous. Il ne serait pas prudent de
demeurer inactif en face, et de se borner à faire aussitôt appel
au vétérinaire. Il faut agir sans retard en l'attendant, afin de
préparer au moins l'efficacité de son concours. Les moyens à
mettre en pratique sont ceux qui peuvent rétablir la circulation profondément troublée dans les vaisseaux capillaires de la
peau. Des frictions très-énergiques sur toutes les parties du
corps, avec des bouchons de paille tressée, imprégnée d'un liquide irritant, tel que de l'essence de térébenthine ou du vinaigre fort et bouillant, qu'il est plus facile de se procurer partout, ont pour effet, le plus souvent, de provoquer une vive
réaction, dont il est utile ensuite de seconder les résultats en
les modérant par l'exercice ou la promenade de l'animal, que
l'excitation porterait à des mouvements désordonnés, sans cela.

Si la réaction ne se produisait pas sous l'influence des frictions, il serait bon d'avoir recours à l'application de sinapismes sur les membres, à la face interne des cuisses principalement. Ces sinapismes devraient être préparés avec de la farine de moutarde délayée dans de l'eau tiède, et d'une consistance suffisante pour que la pâte pût adhérer à la peau. De l'eau trop chaude met obstacle, comme l'eau froide, au développement de l'huile essentielle de moutarde, à laquelle les sinapismes doivent leur action irritante, et dont la production résulte d'une fermentation particulière.

Quelle que soit la lésion intérieure dont l'existence provoque le phénomène dont nous venons de parler, remédier d'abord à ce phénomène par les moyens indiqués est ce qu'il y a de plus urgent. Les symptômes spéciaux dictent ensuite la conduite ultérieure. Il importe surtout de gagner du temps. La vie est en péril immédiat.

En outre des phénomènes de calorification, qui ne sont pas toujours aussi tranchés que nous les avons montrés tout à l'heure, l'état de la circulation s'accuse par les caractères du pouls. Ces caractères ont été indiqués précédemment, ainsi que la manière de les explorer, dans les conditions normales (Voy. p. 210). On se souviendra qu'ils se rapportent tout à la fois au nombre des pulsations artérielles dans un temps déterminé, qui est l'espace d'une minute ordinairement, et à la force d'impulsion de l'ondée sanguine, ainsi qu'au mode de succession des impulsions entre elles. Ce dernier point est fort délicat à saisir, et il exige, pour être constaté, des aptitudes spéciales, qu'un apprentissage peut seul faire acquérir. Nous nous en tiendrons donc aux autres ici.

Lorsque le nombre des pulsations dépasse, en une minute, le chiffre extrême de l'état normal, le pouls est dit, dans tous les cas, accéléré ou vite; mais sa signification est différente, non-seulement en raison de sa vitesse, mais surtout en raison de l'amplitude de la dilatation artérielle ou de la force de l'ondée sanguine, c'est-à-dire en raison du volume relatif de l'artère et de l'impulsion reçue par le doigt qui l'explore. Le pouls accéléré peut être fort ou petit. Il est fort lorsque l'artère est pleine et dilatée; il est petit quand son impulsion est faible et plus ou moins difficilement perceptible. Le pouls fort et accéléré accompagne ordinairement l'augmentation de la chaleur animale et la rougeur des muqueuses; il est comme elles un indice de fièvre , et aux indications hygiéniques plus haut mentionnées il joint celle de l'utilité de la saignée. Lorsqu'on le constate, il peut être bon de pratiquer cette petite opération en attendant le vétérinaire, s'il doit tarder à venir.

Le pouls petit et vite, qui coïncide habituellement avec la pâleur des muqueuses et le refroidissement des extrémités, est au contraire une contre-indication formelle des émissions sanguines, hormis le cas particulier de coliques, dont nous parlerons plus loin. A mesure que l'état morbide auquel il correspond s'aggrave, sa vitesse augmente en même temps que diminue son intensité ; et cette double progression en sens inverse donne la mesure de l'insistance qu'il faut mettre dans l'emploi des moyens révulsifs, de même que la progression contraire, en témoignant du retour de la vie, donne celle de leur efficacité. Le pouls est, si l'on peut ainsi parler, le véritable thermomètre vital. L'homme expérimenté peut, dans ce cas, le doigt sur l'artère, mesurer exactement à l'animal le temps qu'il lui reste à vivre. On ne saurait donc accorder trop d'attention à l'examen du pouls.

Respiration. — Les troubles de la fonction respiratoire, dans les maladies, suivent assez exactement ceux de la circulation. On n'aura pas de peine à le comprendre, si l'on veut bien se souvenir des relations étroites qui existent entre les deux fonctions. Au point de vue général où nous sommes placés en ce moment, il suffit par conséquent de dire que l'état morbide se traduit à peu près toujours par une modification quelconque des mouvements respiratoires. Ces mouvements sont troublés quant à leur nombre normal, indiqué précédemment pour chacune des espèces domestiques, ou quant à leur régularité. Parmi les changements qui se manifestent, le plus immédiatement saisissable est celui que l'on exprime en disant que l'animal « bat du flanc, » ce qui veut dire que sa respiration est accélérée sans qu'un exercice plus ou moins violent en ait provoqué l'accélération. Cela fournit l'indice d'un état morbide quelconque, qui peut différer autant par ses caractères propres que par son siége, et ne fait que démontrer la nécessité d'explorer attentivement les autres fonctions. On n'en peut tirer aucune indication hygiénique ou thérapeutique directe. La fonction respiratoire est donc seulement importante à considérer pour ses signes morbides spéciaux, qui seront examinés bientôt, en suivant le rang que nous avons assigné aux principales fonctions.

2. Signes spéciaux de maladie.

Il ne peut pas être question ici d'indiquer la signification de toutes les manifestations morbides qui se produisent dans l'économie animale. Ce serait une nosographie complète a faire. On doit se borner aux symptômes facilement saisissables, dont la constatation entraîne la nécessité urgente de soins hygiéniques ou thérapeutiques, sans lesquels le mal qu'ils accusent s'aggraverait même, dans certains cas, au point d'amener promptement la mort. La plupart de ces symptômes sont connus de tout le monde par leur nom. Il y a donc tout avantage à procéder de leur existence à celle de l'affection qui se manifeste par eux, lorsqu'il est absolument indispensable d'arriver au diagnostic, au lieu d'entreprendre une description des maladies dans un cadre particulier pour chacune d'elles, avec le nom scientifique ou même vulgaire de la maladie en tête du cadre. En agissant ainsi, l'on suppose nécessairement connu ce qui est précisément à enseigner, et c'est ce qui enlève toute utilité aux manuels ou guides vétérinaires conçus d'après ce plan, que j'ai, pour mon compte, eu bien soin d'éviter dans celui que j'ai publié sous le titre de *Notions usuelles de médecine vétérinaire*. En présence d'un de ces symptômes bien connus, qu'il soit ou non accompagné des signes généraux passés en revue dans l'article précédent, rien n'est plus facile que d'en chercher la signification. La simple indication de leur nom suffit pour cela. C'est ce qui s'appelle procéder du connu à l'inconnu, ce qui est toujours la bonne méthode en toute chose, et en médecine particulièrement.

Nous n'avons point à refaire en ce moment le livre cité plus haut. Il ne s'agit que de le compléter sur les points qui sont principalement du ressort de l'hygiène. Ce chapitre ne saurait le suppléer entièrement. Il y a lieu cependant de reprendre à part chacun des symptômes spéciaux relatifs aux fonctions digestive et respiratoire qui indiquent des soins immédiats à prendre, en même temps que le vétérinaire est appelé. C'est surtout en vue de bien faire saisir l'urgence de ces soins que quelques détails seront donnés sur la signification pathologique des symptômes examinés. Il n'y a pas, en fait, de nécessité méthodique pour l'ordre à suivre en pareil cas. Chaque chose vaut pour son compte, indépendamment de celle qui précède ou de celle qui suit. Considérons néanmoins successivement les symptômes fournis par chacune des fonctions dont nous nous sommes occupés déjà.

Colique. — Nul n'ignore ce que c'est que la colique. Il serait donc superflu de la définir. On sait que ce symptôme accuse des douleurs abdominales plus ou moins vives, et qu'il est caractérisé par des mouvements désordonnés dans lesquels l'animal se laisse tomber violemment, se roule sur le sol, se relève brusquement pour se laisser retomber de nouveau, après un intervalle de répit d'autant plus court que la colique est plus vive. Chez les ruminants, elle se manifeste en outre par des mouvements de flexion latérale de la colonne vertébrale et par des mouvements brusques des membres postérieurs qui ont une signification particulière. Ceux-ci sont lancés en avant, comme si l'animal voulait se frapper le ventre avec ses pieds. Il est bon d'y prendre garde, car cette forme de colique, la plus fréquente chez le bœuf, est le signe de la rétention d'urine, ordinairement causée par l'arrêt d'un calcul ou d'une pierre dans le trajet du canal de l'urètre; et, dans ce cas, les soins généraux que nous allons indiquer ne seraient pas suffisants pour remédier au mal. Il faut de toute nécessité pratiquer l'extraction du calcul, après avoir donné issue à l'urine par une ponction préalable du canal; sans quoi, la rupture de la vessie ne tarderait point à se produire, et c'est là un accident mortel. Pour plus de précision, d'ailleurs, ajoutons qu'on observe chez les ruminants, dans le cas de colique de ce genre, au-dessous de l'anus, des petits bonds du canal urétral semblables à ceux qui se produisent pendant que ces animaux urinent librement.

Les solipèdes, en cas semblables, c'est-à-dire dans le cas de colique causée par une douleur vive de l'appareil urinaire, ou de *colique* dite *néphrétique*, dans les intervalles de leurs mouvements violents, se campent infructueusement pour uriner.

C'est là le signe qui permet d'établir le diagnostic différentiel.

Lorsque aucun de ces signes particuliers ne se manifeste, la colique est l'expression d'un trouble plus ou moins intense de l'appareil digestif. Quelle que soit le cause de ce trouble, il aboutit toujours au même résultat final : congestion intestinale, suivie d'hémorrhagie interne ou de rupture de quelque viscère, dont nous avons fait connaître précédemment les signes généraux. La congestion s'établit d'emblée ou elle est la conséquence d'une indigestion. Quoi qu'il en soit, ce fait domine la situation et fournit les indications à suivre. Le diagnostic différentiel, qui peut être basé sur quelques signes spéciaux, et surtout sur les circonstances qui ont précédé la manifestation de la colique, telles que le temps qui s'est écoulé depuis le repas, la composition de celui-ci, la température et la quantité des boissons, toutes choses qui ont été relatées dans le chapitre consacré à l'hygiène de l'alimentation, ce diagnostic différentiel est secondaire pour nous. C'est au vétérinaire qu'il appartient de l'établir. Le plus urgent nous regarde seulement. Or, en présence d'un animal atteint de colique abdominale, le premier soin doit être, surtout en cas d'indigestion probable, d'éviter les chutes violentes sur le sol, qui peuvent produire la rupture des viscères surchargés d'aliments. On y parvient en le faisant marcher constamment et en le stimulant avec le fouet ou l'aiguillon lorsqu'il veut se laisser tomber sur le sol. En même temps et dès l'apparition des premiers signes, de fortes frictions irritantes sur tout le corps, comme celles préconisées pour le cas de refroidissement considéré plus haut à titre de signe général, suffisent quelquefois pour faire disparaître la colique; mais il n'y a jamais d'inconvénient à y joindre aussitôt une saignée copieuse, qui doit être renouvelée tant que le mal persiste, sans s'effrayer de la quantité de sang soustraite.

Ces moyens doivent être employés avec persistance, en attendant le vétérinaire. Ils constituent le traitement général de toutes les coliques et parent aux dangers de mort toujours imminents en pareille occurrence. Les breuvages excitants ou calmants, les élixirs recommandés pour les indigestions, peuvent venir ensuite, ainsi que les lavements. Le vétérinaire juge de leur utilité. Il n'y a pas péril à cet égard. Mais il en est autrement lorsque la colique s'accompagne du dégagement de gaz

qui distendent l'intestin et menacent l'animal d'asphyxie. Il
convient alors de donner le plus promptement possible issue à
ces gaz en plongeant obliquement dans le point le plus saillant
du flanc droit, chez les solipèdes, la pointe d'un petit troquart
ou d'un simple instrument tranchant.

Après la guérison de la colique, il y a des précautions hygiéniques à prendre pour en éviter le retour. Les organes fatigués
par la souffrance doivent être maintenus en repos, et rendus
ensuite progressivement à leur fonction. La diète d'abord, puis
des boissons nutritives, enfin de petits repas d'aliments bien
choisis et d'une digestion facile, précéderont utilement le retour
progressif au régime habituel, qui rendrait impossible la production de tout accident du genre de ceux que nous venons de
voir, s'il était entendu comme l'hygiène le prescrit.

Météorisation. — C'est le trouble digestif le plus fréquent
chez les ruminants. Le bœuf, le mouton, la chèvre, animaux à
panse, comme nous savons, sont si souvent atteints de cet accident, et il est si redoutable par ses conséquences prochaines,
que c'est un grand sujet de préoccupation pour les agriculteurs.
Les journaux agricoles contiennent à chaque instant des articles
consacrés à ce sujet, soit pour faire connaître des recettes de
traitement, soit des appels à la science vétérinaire, en vue de
demander des éclaircissements sur les causes de la météorisation.

Nous avons vu déjà comment se produit cet accident, en étudiant l'anatomie de l'estomac des ruminants d'abord, puis en
considérant, dans le chapitre relatif à l'hygiène de l'alimentation, les matières alimentaires qui favorisent son développement, et dont les principales sont les fourrages artificiels, le
trèfle et la luzerne principalement. Nous savons que la météorisation résulte du dégagement et de l'accumulation dans le
rumen ou la panse de gaz résultant de la fermentation des matières sucrées, surtout, contenues dans les sucs végétaux, et
que ces gaz, en s'accumulant, distendent le viscère, le para-
lysent, et lui font acquérir un volume tel qu'il refoule en avant
le diaphragme, et comprime le poumon au point de mettre obstacle à sa fonction en produisant l'asphyxie. Il serait superflu
de décrire en détail les symptômes qui suivent la météorisa-

tion : ils ne sont inconnus de personne. Rappelons seulement que le premier qui se manifeste au début est l'arrêt de la rumination, dont nous avons parlé plus haut, à propos des signes généraux de maladie fournis par la fonction de la digestion. Bientôt après, on voit le flanc se gonfler plus ou moins, devenir saillant, tendu, et résonner à la manière d'un tambour quand on le frappe avec la main.

Ajoutons maintenant, en le répétant, que la météorisation peut être indépendante de la nature des aliments ingérés et la conséquence seulement de l'arrêt de la rumination produit par une cause extérieure accidentelle, ou par un état maladif de l'estomac, de même que par un mouvement fébrile. Dans ce cas, elle est un symptôme accessoire et peu grave au point de vue de ses conséquences immédiates. Il en est autrement lorsque la météorisation dépend de l'aptitude fermentiscible des aliments, dont nous avons fait connaître les conditions en relevant l'erreur répandue à ce sujet, qui attribue à la rosée une influence tout à fait opposée à celle qu'elle produit en réalité (Voy. p. 280). Alors l'accident marche avec une grande rapidité. Il y a lieu de le combattre sans retard. Si rapproché qu'il fût du malade, le vétérinaire n'arriverait probablement point assez tôt. On doit donc être en mesure de le suppléer. Et nous dirons, avant d'indiquer les moyens de remédier à la météorisation, qu'il vaudrait encore mieux se bien pénétrer des précautions hygiéniques à prendre pour l'éviter, précautions qui ont été exposées dans le chapitre auquel nous venons de renvoyer.

Ces moyens sont de deux ordres : ils ont pour objet direct de condenser les gaz à l'intérieur de la panse en mettant obstacle à leur dégagement ultérieur, ou de les évacuer au dehors. Les moyens condensateurs, qui arrêtent en même temps la fermentation des matières alimentaires, doivent être préférés toutes les fois que la météorisation n'est pas encore assez intense pour mettre la vie de l'animal en péril prochain. Ils ont l'avantage d'attaquer le mal dans sa cause, de supprimer celle-ci et d'en faire à la fois disparaître les effets. L'évacuation des gaz est réservée pour les cas très-urgents.

De nombreux procédés ont été préconisés pour le traitement de la météorisation. La plupart ont l'inconvénient de nécessiter des instruments et des substances que l'on n'a pas toujours sous la main. En pareille occurrence, le plus simple est nécessairement le meilleur, surtout s'il est en même temps le plus efficace. On ne contestera point ce double mérite à celui dont nous allons parler, et dont j'ai personnellement constaté souvent l'efficacité. Il consiste à faire prendre à l'animal météorisé des breuvages d'eau salée, à raison d'une bonne poignée de sel de cuisine, — qui se trouve toujours dans toutes les maisons, — par litre d'eau froide. C'est la dose convenable pour chaque breuvage, quand il s'agit d'un ruminant de l'espèce bovine. Un tiers ou un quart de cette dose suffit pour le mouton ou la chèvre. On fait avaler le breuvage à grandes gorgées, en le versant dans la bouche à plein goulot de la bouteille qui le contient, de manière à ce que le liquide tombe directement dans la panse. Si la première dose ne suffit pas pour arrêter le gonflement, ce dont on s'aperçoit à la tension du flanc, il en faut administrer une seconde, puis une troisième, jusqu'à ce que la météorisation ne fasse plus de progrès, en n'y renonçant qu'à dater du moment où il y a menace d'asphyxie accusée par la difficulté de la respiration. L'action des breuvages est secondée par des aspersions d'eau froide sur les flancs et sur le ventre. Un drap mouillé et plié en plusieurs doubles sur le corps agit bien en ce sens.

A tous égards, l'eau salée est préférable à l'ammoniaque, à l'eau de lessive, etc. Il faut du temps pour se procurer ces substances ou pour les préparer. Elle agit dans le même sens et d'une façon plus sûre, d'abord en abaissant la température des matières en fermentation et en rendant celle-ci impossible, — propriété du sel bien connue, — puis en condensant les gaz, dont l'acide carbonique forme la plus forte part.

L'eau salée restant impuissante, ou la météorisation étant trop avancée, lorsqu'on l'aperçoit, pour y avoir recours, il ne reste plus d'autre moyen que d'évacuer au plus tôt les gaz. Les inventeurs se sont ingéniés à trouver des procédés pour les faire sortir par l'œsophage et la bouche. Plusieurs modèles de sondes œsophagiennes ont été construits dans ce but. Ils ont tous le défaut de s'obstruer bientôt, par le fait de la présence des matières solides que les gaz entraînent en s'échappant. En outre, l'introduction d'une sonde dans le rumen est une opération qui exige la main exercée de l'homme de l'art, afin d'éviter les fausses routes et les blessures du conduit œsophagien, surtout quand il s'agit d'un animal menacé d'asphyxie. Le plus simple et le mieux est de ponctionner la panse, en enfonçant avec force la lame d'un couteau dans la partie la plus saillante du flanc gauche, vers le centre du triangle formé en haut par les vertèbres lombaires, en avant par les fausses côtes et en arrière par la hanche. Le troquart est préférable au couteau, si l'on en a un sous la main. L'instrument ayant pénétré dans la panse, on retire aussitôt la tige ; la douille ou le tube reste en place, et les gaz s'échappent violemment en sifflant, à moins que le tube ne soit obstrué par les aliments, auquel cas une nouvelle introduction de la tige le dégage. Il ne reste plus qu'à fixer ce tube au corps, au moyen de cordons passés dans les œils de son pavillon, et dont les extrémités vont se rejoindre par un nœud, du côté opposé. Si la ponction a été faite avec un couteau, il convient d'introduire dans la double plaie des parois abdominales et du rumen un tube de roseau, par exemple, ou de toute autre substance, et de l'y fixer, afin de les maintenir béantes et constamment en rapport. Sans cela, des matières étrangères, solides ou liquides, pourraient se répandre dans la cavité du péritoine et y causer des désordres.

Les dangers immédiats de la météorisation conjurés par l'un ou l'autre des moyens qui viennent d'être indiqués, il reste à rétablir la rumination, ainsi que nous l'avons dit plus haut, si elle ne se produit pas spontanément, puis à surveiller le régime hygiénique comme dans le cas de colique, pour éviter le retour de l'accident.

Voyons maintenant les symptômes spéciaux fournis par la fonction respiratoire, qui indiquent des cas urgents.

Respiration agitée. — Ce symptôme appartient à plusieurs affections générales plus ou moins graves. Nous en avons déjà signalé quelques-unes manifestées en même temps par d'autres signes plus importants, notamment par ceux que fournit la circulation ou la calorification. Lorsque la respiration est irrégulière en même temps qu'agitée, elle peut être un des symptômes d'affections aiguës inflammatoires ou non des organes de la cavité pectorale ou de la cavité abdominale, dont le diagnostic précis appartient au vétérinaire. Elle se montre aussi dans la fièvre charbonneuse, où elle est précédée de tremblements partiels et d'autres symptômes bien connus.

Nous ne devons considérer ici la respiration agitée que pour le cas où elle existe seule, ou du moins à titre de symptôme le plus saillant. C'est ce qui arrive chez les animaux mis hors d'haleine par une course trop prolongée dans la saison d'été, ou exposés à un soleil trop ardent, ou encore enfermés dans des écuries, des étables ou des bergeries insuffisamment spacieuses, trop chaudes et mal aérées, en temps d'orage surtout. Ils sont alors *pris de chaleur*, suivant la locution vulgaire. Voici les caractères de cet état : l'animal s'arrête immobile sur ses quatre membres tendus, la tête basse et allongée. Ses yeux sont fixes, brillants, largement ouverts, et ont une expression de profonde angoisse. Les narines sont dilatées convulsivement. Les mouvements du flanc sont tellement précipités que celui-ci se soulève à peine. La respiration fait entendre un sifflement aigu. Le pouls est plein et accéléré ; les battements du cœur sont tumultueux et retentissants. Les veines de la peau sont gonflées, et celle-ci est couverte de sueur. Les muqueuses, fortement injectées de sang, ont la teinte bleuâtre de l'asphyxie. Ces symptômes s'aggravent avec une telle rapidité que bientôt l'animal ne peut plus se tenir debout ; il chancelle, tombe et expire dans une dernière convulsion, souvent après avoir expulsé du sang par le nez. Cela se montre surtout chez le bœuf et chez le mouton.

En présence d'un tel accident et si redoutable, il n'y a pas de temps à perdre, on le comprend bien. En attendant l'arrivée du vétérinaire, voici la conduite à tenir, d'après M. le professeur H. Bouley, qui a fait de cette affection une étude spéciale : Il faut, autant que possible, commencer par mettre l'animal pris de chaleur à l'abri sous un arbre, près d'un mur, sous un hangar, mais non dans un lieu clos. L'air doit circuler librement autour de lui. Aussitôt, on jette en abondance de l'eau froide sur tout le corps pendant trois ou quatre minutes. On sèche ensuite, en frottant la peau avec des éponges ou des linges, ou même avec une lame de bois, pour faire tomber l'eau adhérente aux poils. En même temps, une petite saignée est pratiquée, puis renouvelée ensuite, si les frictions irritantes qui ont suivi les aspersions d'eau froide provoquent la réaction. Dans ce dernier cas, la respiration se rétablit et l'accident rentre dans les limites du trouble général, dont nous avons parlé à propos de la circulation. Le péril immédiat d'asphyxie est conjuré. Le vétérinaire remédie aux conséquences, s'il en reste.

Cornage. — On appelle ainsi la respiration sifflante ou rauque, et, dans tous les cas, anxieuse, que produit un obstacle quelconque au passage de l'air dans les premières voies respiratoires. Il ne s'agit ici que du symptôme de ce genre se présentant tout à coup comme indice d'une affection aigue survenue inopinément. La signification la plus immédiate est une menace de mort par asphyxie. Nous n'en parlons que pour faire sentir l'urgence du cas. L'angine ou esquinancie, dont le cornage est le plus souvent le signe, ne peut être traitée que par un vétérinaire. Elle marche avec une très-grande rapidité. Dès que les premières manifestations s'en présentent, il faut donc appeler l'homme de l'art sans temporiser.

Jetage. — Ce symptôme, caractérisé, comme on sait, par l'expulsion de matières purulentes ou seulement glaireuses, par une seule ou par les deux narines à la fois, a des significations pathologiques diverses. Nous avons à l'envisager seulement au point de vue de l'hygiène, que nous pouvons appeler publique. Il s'accompagne en général de l'engorgement des ganglions de l'auge. Les caractères du jetage et ceux de cet engorgement diffèrent et fournissent des indices pour le diagnostic, joints à d'autres symptômes, dont l'appréciation exacte, vu la gravité de quelques cas de ce genre, doit être nécessairement laissée au vétérinaire.

En effet, le jetage se montre à la fois comme symptôme principal de l'affection la plus bénigne et de la maladie générale la plus grave, de la gourme, du simple catarrhe nasal et de la morve. Mais, pour ce motif même, un fait domine, qui est précisément du ressort de celui qui gouverne habituellement les animaux : c'est que les deux principales affections qui se manifestent par du jetage, bien que diversement dangereuses, sont également susceptibles d'être transmises aux animaux sains de la même espèce par voie de contagion ; l'une d'elles, la morve, se communique même à l'homme. Il en résulte donc une règle hygiénique sur laquelle nous devons insister, et qui consiste en ce que tout animal solipède, cheval, âne ou mulet, qui jette par les naseaux des matières purulentes, doit être aussitôt tenu pour suspect et isolé, en attendant que le vétérinaire ait prononcé sur son sort. En cas de morve, il y va, comme on le sait fort bien, d'un arrêt de mort pour le sujet lui-même et de la conservation de ses voisins d'habitation. On ne saurait donc prendre trop de garanties.

Toux. — Ce qu'il importe de dire au sujet de la toux, c'est que ce symptôme n'attire pas en général assez l'attention. Il peut être le signe d'un simple petit rhume que des soins purement hygiéniques, le repos, les boissons chaudes, une bonne couverture sur le corps font disparaître en peu de jours, mais il accompagne aussi souvent le début d'une grave maladie de poitrine. Chez les animaux de l'espèce bovine, par exemple, la toux précède ordinairement les autres symptômes de la péripneumonie contagieuse, dont les ravages dans les étables ou les troupeaux sont tant à redouter. Dès qu'elle se manifeste, on ne peut donc pas savoir au juste quelle sera sa signification ultérieure. Il est nécessaire par conséquent, autant pour l'hygiène que pour la thérapeutique, de mettre en observation tout animal qui commence à tousser, et le mieux est encore de consulter au plus tôt un vétérinaire expérimenté qui, par un examen attentif de l'animal, juge de la valeur du signe et prescrit les mesures à prendre pour conjurer les accidents dont il peut être le principe.

En terminant, du reste, je dois confesser que, parmi les bons résultats que je me suis promis pour l'économie rurale, en écrivant ce livre, celui de faire mieux sentir l'importance et l'utilité de la science vétérinaire, ainsi que des services rendus par les hommes qui l'appliquent, n'est pas le moindre à mes yeux. Les notions sur l'organisation des animaux et sur leur hygiène, que je me suis efforcé de mettre à la portée des agriculteurs, contribueront, j'en ai du moins l'espoir, à faire apprécier la science et l'art dont elles sont une faible partie, à leur juste valeur. C'est surtout quand on ne sait rien que l'on doute de l'un et de l'autre. Plus on apprend, plus on s'aperçoit de ce qu'il reste encore à savoir.

FIN.

TABLE DES MATIÈRES

LIVRE PREMIER.

Organisation et fonctions physiologiques.

LIVRE SECOND.

Hygiène.

FIN DE LA TABLE DES MATIÈRES.

INDEX ALPHABÉTIQUE

FIN DE L'INDEX.

Montereau. — Imprimerie de LÉON ZANOTE.